FLUGLEHRE

VORTRÄGE ÜBER THEORIE UND BERECHNUNG DER FLUGZEUGE IN ELEMENTARER DARSTELLUNG

VON

DR. RICHARD VON MISES
PROFESSOR AN DER UNIVERSITÄT BERLIN

VIERTE, ERWEITERTE AUFLAGE

MIT 226 TEXTABBILDUNGEN

Springer-Verlag Berlin Heidelberg GmbH
1933

ISBN 978-3-662-35891-7 ISBN 978-3-662-36721-6 (eBook)
DOI 10.1007/978-3-662-36721-6

Ursprünglich erschienen bei Julius Springer in Berlin 1933.

Vorwort zur dritten Auflage.

Das kleine Buch, das hier zum dritten Male vor die Öffentlichkeit tritt — nachdem vorher während des Krieges drei beschränkte Auflagen erschienen sind — ist aus Vorträgen hervorgegangen, die ich erstmals zu Ostern 1913 vor deutschen Fliegeroffizieren in Berlin, dann im Februar 1916 in einem Kurs zur Heranbildung technischer Offiziere der k. u. k. Luftfahrttruppen gehalten habe. Unter mehrfacher Umarbeitung und mit verschiedenen Ergänzungen habe ich den Gegenstand in der Art dieses Buches in akademischen Vorlesungen, die sich nicht nur an engere Fachkreise wandten, wiederholt behandelt, an der Universität Straßburg 1913, an der Technischen Hochschule Dresden 1919 und an der Universität Berlin 1922 und 1925.

Die Ausführungen des Buches sind für Leser bestimmt, die, ohne in den einschlägigen Fragen über mehr als gute Schulbildung zu verfügen, aus Beruf oder Neigung die mechanischen Grundlagen kennenzulernen wünschen, auf denen unser heutiges Flugwesen beruht. Es sind daher alle Überlegungen und Untersuchungen fortgeblieben, zu denen höhere mathematische Hilfsmittel erforderlich wären; auch sonst ist an Vorkenntnissen nicht mehr vorausgesetzt, als was an höheren Schulen (in Österreich: Mittelschulen) gelehrt zu werden pflegt. Doch mag vielleicht das Buch auch dem Ingenieur, der sich der Flugtechnik erst zuwenden will, als erste Einführung dienen, dem Flieger oder dem im Flugdienst tätigen Praktiker als theoretische Ergänzung zu selbstgewonnenen Anschauungen und Erfahrungen.

Es besteht kein Zweifel darüber, daß bei der Beschränkung auf die elementarsten Hilfsmittel vieles unvollkommen oder überhaupt nicht zur Darstellung kommen kann, was heute schon zu den gesicherten Ergebnissen der Flugwissenschaft gehört. Die Erfahrung scheint aber zu zeigen, daß ein Bedürfnis nach einem weiteren Kreisen verständlichen Buche besteht, und nur von diesem Standpunkt bitte ich das in folgendem Gebotene zu beurteilen. Übrigens war ich bei allen Fragen bemüht, immer die wesentliche Seite der mechanischen Erscheinung in den Vordergrund treten zu lassen und begriffliche Schwierigkeiten, die in der Natur der Sache liegen, nicht zu umgehen.

Die vorliegende dritte Auflage ist der zweiten gegenüber stark vermehrt. Neu aufgenommen wurde vor allem ein Kapitel über den motorlosen Flug, der in letzter Zeit so viel Interesse gefunden hat, und ein Abschnitt über die Berechnung der Gipfelhöhe und der Steigzeit. Etwas näher als früher ist auf die verschiedenen Ausführungsformen und Bauarten der Flugzeuge und Motoren eingegangen worden und schließlich sind eine Reihe von Bemerkungen über den Luftverkehr und die wirtschaftliche Verwendung der Flugzeuge hinzugefügt. In diesen beiden Punkten noch weiter zu gehen, schien mir nicht gut möglich, ohne den ganzen Charakter des Buches zu verändern.

Bei der Korrektur durfte ich mich der bewährten Hilfe meines Freundes Dr. J. Ratzersdorfer in Breslau erfreuen. Die neuen Zeichnungen hat nach meinen Skizzen Dr. J. Malkin ausgeführt. Ihnen und Fräulein Hilde Karselt, die ebenfalls eine Korrektur gelesen und das Register zusammengestellt hat, danke ich auch an dieser Stelle aufs beste.

Berlin, im Oktober 1926.

R. v. Mises.

Vorwort zur vierten Auflage.

Für die vierte Auflage sind Text und Figuren in allen Teilen durchgesehen, vielfältig ergänzt und den neueren Verhältnissen angepaßt worden. Hierbei ist der Verfasser durch seinen früheren Schüler, Herrn Horst Philipps, jetzt in Potsdam, weitgehend unterstützt worden. Herr Philipps hat die neuen Abbildungen entworfen, einen großen Teil der Ergänzungen verfaßt und auch die Korrekturen gelesen. Zu dem Abschnitt über den Aufbau der Tragflächen hat Herr Prof. Dr. Ratzersdorfer, Breslau, freundlicherweise einen Beitrag beigesteuert. Beiden Mitarbeitern sei auch an dieser Stelle bestens gedankt.

Berlin, im Februar 1933.

R. v. Mises.

Inhaltsverzeichnis.

Einleitung.

Geschichtlicher Überblick.

1. Bis zum ersten Motorflug. Dem Franzosen Alphonse Pénaud glückte um das Jahr 1870 die Entdeckung, daß ein Flugzeug, um in der Längsrichtung stabil zu sein, nur einer geeigneten Schwanzflosse — Dämpfungsfläche — bedarf. Er fand auch, daß die seitliche Unstabilität durch Aufbiegen oder Aufwärtskrümmen der Tragflächen vermindert wird. Am 18. August 1871 ließ er vor Zeugen ein durch gespannte Gummizüge betriebenes Flugzeugmodell frei fliegen. Dies war der erste Flug eines „künstlichen Vogels“. Wenige Jahre darauf nahm sich Pénaud, 30 Jahre alt, aus Kränkung über die Nichtbeachtung seiner Erfindung das Leben.

Der Deutsche Otto Lilienthal entdeckte um 1890, daß gewölbte Tragflügel ebenen Flächen an Tragkraft bedeutend überlegen seien. Er suchte der Lösung des Flugproblems dadurch näher zu kommen, daß er Tragflügel am eigenen Körper befestigte und in dieser Weise von kleinen Anhöhen aus Gleit- und Schwebeversuche ausführte. Nach zahlreichen wohlgelungenen Versuchen fand er durch Absturz am 11. August 1896 seinen Tod.

Durch Lilienthal und Pénaud beeinflußt, arbeitete der Amerikaner O. Chanute weiter. Als seine Schüler gelten die Brüder Wilbur und Orville Wright, Träger des bedeutendsten Namens, den die Geschichte des Flugwesens zu nennen hat. Sie erfanden in der Verwindung der Tragflächen das Mittel zur Stabilisierung eines Flugzeuges in der Querrichtung. Sie bauten ein Flugzeug mit gewölbten Tragflächen, mit Dämpfungsfläche und Verwindung, rüsteten es mit einem rund 15 pferdigen Motor aus und machten damit am 17. Dezember 1903 in Dayton,

Staat Ohio, den ersten Flug von etwa einer Minute Dauer über eine Strecke von 260 m. So wurden die Brüder Wright die ersten Menschen, die wirklich geflogen sind.

2. Die französische Schule. Zur Zeit der ersten Versuche der Brüder Wright begann in Frankreich, geführt von Hauptmann Ferber, eine große Reihe von Männern sich mit Flugversuchen zu beschäftigen. Santos-Dumont gelang im Oktober 1906 der erste Motorflug in Europa. Unterstützt wurde die hier einsetzende Entwicklung, die durch die Namen Farman, Blériot, Voisin u. a. gekennzeichnet wird, durch die Schaffung des leichten Umlaufmotors (Gnôme), der in seiner vollkommenen Anpassung an die Bedürfnisse des Fluges lange Zeit hindurch unübertroffen blieb. Als im Juni 1908 auch die Brüder Wright nach Frankreich übersiedelten, war die Vorherrschaft Frankreichs auf dem Gebiete des Fluges auf Jahre hinaus fest begründet. Fast alle sportlichen Höchstleistungen wurden in Frankreich geschaffen, fast alle Länder der Welt wurden von der französischen Industrie mit Flugzeugen und Motoren versorgt.

In Deutschland begann August Euler um 1909 mit Flugversuchen und dem Bau von Flugzeugen im Anschluß an französische Vorbilder.

3. Entwicklung des deutschen Flugwesens. Die Entwicklung des deutschen Flugwesens knüpfte jedoch nicht unmittelbar an die Ergebnisse der französischen Schule an, sondern nahm ihren Ausgangspunkt von Österreich. Hier hatte nach verdienstvollen Vorarbeiten von Wellner, Popper-Lynkeus und anderen, Wilhelm Kress, der schon im Jahre 1880, unabhängig von Pénaud, ein freifliegendes Modell eines Flugzeuges vorführen konnte, jahrzehntelang Versuche mit Drachenfliegern unternommen. Um 1899 begann Igo Etrich, dem das letzte Gleitflugzeug Lilienthals zur Verfügung stand, mit Versuchen, die dahin zielten, die Flügelform des Zanonia-Samens (einer Gurkenpflanze aus Java) für Flugzwecke nutzbar zu machen. Er entwickelte auf Grund dieses Gedankens in Gemeinschaft mit Hugo Wels die „Taube“, deren wesentliches Merkmal die nach Art der Zanonia nach hinten aufwärts gebogenen Tragflächenenden waren; damit schuf er das Flugzeug, das bis zum Beginn des Krieges kennzeichnend für das deutsche Flug-

wesen blieb. Im Juli 1909 glückte der erste Flug in Wiener-Neustadt, von wo aus dann Hellmuth Hirth, der erste deutsche Flieger von großem Ruf, die Taube nach dem Deutschen Reich mitnahm. Fast die ganze deutsche Industrie beschäftigte sich 1910 bis 1913 mit der Vervollkommnung der Tauben-Bauart, unter ausschließlicher Verwendung der aus dem Automobilmotor entwickelten Standmotoren. Erst seit 1913 gewannen, zum Teil unter dem Einflusse französischer Vorbilder, Doppeldecker mit wesentlich glatten Tragflächen, aber — im Gegensatz zu Frankreich — durchweg mit Standmotoren ausgerüstet, allmählich größere Geltung. Namhafte Erfolge dieser Typen kennzeichneten die Entwicklung in Deutschland in der letzten Zeit vor dem Kriege.

4. Fortschritte während des Krieges. Die Weiterbildung der Flugzeugtypen während des Krieges und in den darauf folgenden Jahren, so energisch sie auch von allen Seiten betrieben wurde, war beherrscht von der durchgreifenden Tatsache, daß die Entwicklung in den Grundzügen abgeschlossen ist und das Flugzeug, im Großen gesehen, in seinem allgemeinen Aufbau und in der Mehrzahl seiner Konstruktionsteile allmählich endgültige Formen annimmt. Der Unterschied der Typen in den verschiedenen Ländern ist mehr und mehr in den Hintergrund getreten und schließlich fast ganz geschwunden. Ähnlich wie vor 4 oder 5 Jahrzehnten die stationäre Dampfmaschine, vor drei Jahrzehnten das Fahrrad, vor zwei Jahrzehnten das Automobil, so näherte sich jetzt allmählich das Flugzeug seiner „Weltform“, die wohl weiten Spielraum für konstruktive Anpassung an verschiedene Bedürfnisse, aber keinen Spielraum für phantasievolle Erfindertätigkeit bietet. Die Anforderungen des Krieges gingen in erster Reihe auf Erhöhung der Flugleistungen, Geschwindigkeit und Steigfähigkeit, in zweiter Reihe auf Vervollkommnung der Bewaffnung für Abwehr und Angriff. Verhältnismäßig am besten und am endgültigsten durchgebildet wurde die Bauart des kleinen raschen und leichten Flugzeuges, das mit einem einzigen Insassen ohne jede entbehrliche Belastung, mit dem leichten französischen Umlaufmotor ausgerüstet, gut 200 km/St. erreichte. Für größere Bauarten schien der deutsche und österreichische Standmotor mindestens gleichwertig, wenn nicht überlegen zu sein. Durchgreifend war die ganz enorme Steigerung der

Motorstärke, die vor dem Krieg bei normalen Flugzeugen nie mehr als 100 PS betragen hatte, dann aber bald allgemein 200 PS und mehr erreichte. Riesenflugzeuge mit mehreren Motoren und Tausenden von Pferdestärken, die zum Tragen großer Lasten und zahlreicher Bemannung bestimmt, die Tätigkeit der Luftschiffe übernehmen sollten, wurden schon während des Krieges erprobt, sind aber zu Verwendung in größerem Umfang nicht mehr gelangt.

5. Der gegenwärtige Stand. Nach Beendigung des Krieges war auf allen Teilgebieten des Flugwesens zunächst in allen Ländern eine naturgemäße Ermattung eingetreten. Allmählich begann man dann, die im Kriege geschaffenen Konstruktionen für die Aufgaben des militärischen Dienstes weiter aus-

Rekordtabelle (Landflugzeuge).

Zuladung	Dauer in geschl. Bahn	Entfernung in geschl. Bahn	Höhe	Geschwindigkeit über 3 km	Geschwindigkeit üb. 100 km
0,0 kg	**84 h 23 m** Lees u. Brossy (Amerika), Bellanca 225 PS-Paccard Diesel, 25.—28. 5. 31	**10372 km** Le Brix u. Doret (Frankr.), Dewoitine, 650 PS Hispano-Suiza 7.—10. 6. 31	**13,157 km** Lt. Souzek (Amerika), Wright „Apache" 450 PS Pratt & Whitney, 4. 6. 30	**448,171 km/h** Bonnet (Frankreich), Ferbois, 550 PS Hispano-Suiza 11. 12. 24	**401,279 km/h** Bettis (Amerika), Curtiss „R 3 Cl", 600 PS Curtiss 12. 10. 25
500 kg	**32 h 17 m** Le Brix u. Doret (Frankr.), Dewoitine, 600 PS Hispano-Suiza 23.—24. 3. 31	**4670,6 km** s. links nebenstehend	**9,374 km** Burtin (Frankr.) Bréguet „19" 500 PS Farman 23. 8. 29	—	**298,510 km/h** Schoenhair (Amerika), Lockheed „Vega", 425 PS Pratt u. Whitney, 18. 2. 30
2000 kg	**32 h 17 m 49 s** Le Brix u. Doret (Frankr.), Dewoitine, 600 PS Hispano-Suiza 23.—24. 3. 31	**4670,6 km** s. links nebenstehend	**7,507 km** Coupet (Frankreich), Farman „160", 2×500 PS Farman, 28. 4. 31	—	**264,628 km/h** Manning u. Wenzel (Amer.), Ford-Transport 3 × 420 PS Pratt u. Whitney, 29. 9. 30
5000 kg	**3 h 2 m** Zimmermann (Deutschland) Junkers G 38 2×600 PS Junkers, 10. 4. 30	**501,590 km** s. links nebenstehend	**3,586 km** Bossoutrot (Frankr.), Farman „Sup. Goliath". 4 × 500 PS Farman 16. 11. 25	—	**184,464 km/h** s. dieselbe Zeile erste Spalte

Rekordtabelle (Wasserflugzeuge).

Zuladung	Dauer in geschl. Bahn	Entfernung in geschl. Bahn	Höhe	Geschwindigkeit über 3 km	Geschwindigkeit üb. 100 km
0,0 kg	**36 h 57 m** Lt. Paris u. Gonord (Frankreich), Latécoère 283, 600 PS, Hispano-Suiza 4.—5. 6. 31.	**5011,210 km** s. links nebenstehend	**11,753 km** Lt. Souzek (Amerika), Wright „Apache“, 425 PS, Pratt u. Whitney 4. 6. 29	**655 km/h** Stainforth (England), „Supermarine“ Rolls Royce „S. 6 B“ 29. 9. 31	**551.800 km/h** Boothman (England), sonst wie links nebenstehend
500 kg	**31 h 1 m** Lt. Paris u. Hebert (Frankreich), Latécoère 28, 600 PS, Hispano-Suiza 16.—17. 7. 30	**4202,496 km** s. links nebenstehend	**8,037 km** Sergievsky (Amerika), Sikorsky „S 38“, 2 × 420 PS, Pratt u. Whitney 15. 6. 30	—	**259,927 km/h** Starke (Deutschland), Heinkel „HD 38“, 600 PS BMW IVa 7. 5. 29
2000 kg	**16 h 39 m** Corton u. Reber (Amerika), P. N. 12, 2 × 525 PS, Pratt u. Whitney 11.—12. 7. 28	**2208,420 km** Démougeot u. Gonord (Frankreich), Latécoère „38“, 2 × 650 PS, Hispano-Suiza 2. 9. 31	**6,074 km** Sergievsky (Amerika), Sikorsky „S 38“, 2 × 425 PS, Pratt u. Whitney 11. 8. 30	—	**220,026 km/h** Prévot (Frankreich), Latécoère „28“, 650 PS, Hispano-Suiza 5. 3. 30

Nicht in der Tabelle aufgeführt wurden folgende ohne Zuladung aufgestellte Rekorde:

Entfernung auf gerader Strecke (Landflugzeug): 8056,736 km, Boardman u. Polando (Amerika), 28. 7. 31.

Entfernung auf gerader Strecke (Wasserflugzeug): 3173,2 km, Mermoz, Gabry, Gimié (Frankreich), 12. 5. 30.

Größte Dauer m. Betriebsstoffaufnahme: 553 h 41 m, J. u. K. Hunter (Amerika), 11. 6. bis 4. 7. 30.

Größte Entfernung m. Betriebsstoffaufnahme: 5300 km, Smith u. Richter (Amerika), 27. bis 28. 8. 23.

zugestalten und ausgedehnte Luftflotten mit besonders gewählten Flugzeugtypen zu schaffen — allerdings nur außerhalb Deutschlands. Daneben traten allmählich die Aufgaben des Luftverkehrs hervor, die heute in allen Ländern mit dem größten Nachdruck verfolgt werden. Darüber wird auch im letzten Kapitel dieses Buches berichtet werden. Eine gewisse Rolle spielt auch immer noch der sportliche Wettbewerb, der einen guten Einblick in das technisch zur Zeit Erreichbare bietet. Wir geben hier in zwei Tabellen einen kurzen Überblick über die wichtigsten Weltrekorde nach dem Stande vom Januar 1932.

In den für Land- und Wasserflugzeuge aufgestellten Rekordtabellen sind hinter den Rekordzahlen folgende weitere Angaben der Reihe nach aufgeführt: der Rekordhalter, dessen Nationalität, die Bezeichnung der Flugmaschine, die Größe der Motorleistung in PS, die Fabrikatsbezeichnung des Motors und der Tag des aufgestellten Rekordes. Z. B. hält den Rekord für Dauerflug mit 5000 kg Zuladung der Pilot Zimmermann, Deutschland, mit 3 St. 2 Min. Flugdauer. Der Rekord wurde am 10. 4. 30 mit der Maschine „Junkers G 38“, die mit zwei 600 PS starken Junkersmotoren ausgerüstet ist, aufgestellt. Es bedeutet stets h die abkürzende Bezeichnung für „Stunde“, m für „Minute“.

6. Entwicklung der Fluglehre. Die Grundlagen, auf denen die Fluglehre oder die „Theorie des Flugzeuges“ beruht, sind zweierlei Art. Sie bestehen einmal aus bestimmten Ergebnissen der wissenschaftlichen Mechanik, die bekanntlich einen allgemeinen Rahmen für die Erklärung aller Bewegungserscheinungen abgibt; dann aus zahlreichen, durch planmäßige Beobachtung gewonnenen Erfahrungssätzen, die das besondere Erscheinungsgebiet, mit dem man es in der Flugtechnik zu tun hat, kennzeichnen. In beiden Richtungen, in der Erweiterung der Anwendungen mechanischer Theorien und in der Vertiefung der experimentellen Forschung, kann man eine stetige Entwicklung, die den Fortschritten der Flugtechnik paralell läuft, feststellen. Einem großen Teil der oben angeführten Namen begegnen wir in der Reihe erfolgreicher Forscher wieder, so Pénaud, Lilienthal, Ferber u. a. Besonders große Verdienste um die Beschaffung und Verbreitung zuverlässiger Versuchsergebnisse erwarb sich G. Eiffel, der vor mehreren Jahren verstorbene Erbauer des Eiffelturmes und Begründer der ersten großen aerodynamischen Versuchsanstalt in Frankreich. In Deutschland wirkt die Göttinger Versuchsanstalt unter Prandtl's Leitung mit großem Erfolg auf diesem Gebiete. Die theoretische Forschung hat namentlich drei bedeutende Ergebnisse aufzuweisen: G. Bryan eröffnete 1903 eine Reihe von Arbeiten, in denen die Stabilitätstheorie der allgemeinen Mechanik auf das Flugzeug-

problem angewandt wird, N. Joukowski gelang es 1910, die Ansätze der klassischen Hydrodynamik für eine Berechnung des Auftriebes bestimmter Tragflächenprofile nutzbar zu machen, und endlich vermochte L. Prandtl 1917 durch eine geistreiche Anwendung hydrodynamischer Sätze auch Anhaltspunkte für die Ermittlung des Tragflächenwiderstandes zu gewinnen. Diese Untersuchungen überschreiten wohl die Grenzen, die den vorliegenden Ausführungen gesteckt bleiben müssen. Hier können nur die einfachsten und am leichtesten verständlichen Elemente der Fluglehre besprochen werden. Wer sich weiter unterrichten will, wird die in den letzten Jahren mehr und mehr anwachsende Buch- und Zeitschriftenliteratur der wissenschaftlichen Flugtechnik verfolgen müssen. Auf einzelne der einschlägigen Veröffentlichungen ist an verschiedenen Stellen des vorliegenden Buches hingewiesen.

I. Allgemeines über Luftkräfte. Luftwiderstand.

1. Luftdruck.

Unter Luftdruck versteht man die auf die Flächeneinheit ausgeübte Druckkraft der atmosphärischen Luft. Man denke sich etwa einen Hohlraum luftleer ausgepumpt, so daß seine Wände nur außen den Druck der Luft auszuhalten haben. Jedes cm^2 der Wand erfährt dann eine Kraft, die unter gewöhnlichen Verhältnissen rund 1,036 kg beträgt. Für die Maßeinheit „Kilogramm pro Quadrat-Zentimeter" schreibt man zur Abkürzung at, gesprochen „Atmosphäre". Also: normaler Luftdruck = 1,036 at.

Das gebräuchlichste Maß für den Luftdruck ist die Höhe der Quecksilbersäule im Barometer. Da das spezifische Gewicht des Quecksilbers etwa 13,60 kg/l oder kg/dm^3 beträgt, ist das Gewicht einer Säule von 1 cm^2 Querschnitt und 762 mm Höhe gleich $0{,}01 \cdot 7{,}62 \cdot 13{,}60 = 1{,}036$ kg. Dem normalen Luftdruck von 1,036 at entspricht somit der Barometerstand 762 mm.

Für das Fliegen ist die Veränderlichkeit des Luftdruckes im Raume von größter Bedeutung, da vom jeweiligen Luftdruck die Dichte der Luft und von dieser die Flugmöglichkeit abhängt. Folgende Hauptgesetze gelten für ruhende oder gleichförmig bewegte Luft:

a) In jeder wagrechten Schichte ist der Luftdruck überall gleich groß. (Dabei ist nicht an Punkte von großer Ortsentfernung gedacht.)

b) Mit der Höhe nimmt der Luftdruck ab.

c) Das Maß der Abnahme hängt von der Temperatur am Boden und von der Stärke der Temperaturabnahme mit der Höhe ab.

Der Temperaturabfall für 100 m Höhe, der sogen. „Temperaturgradient", beträgt — solange man nicht in allzu weite Entfernung von der Erdoberfläche aufsteigt — ungefähr $0{,}5^0$ Celsius und liegt nach theoretischen Erwägungen zwischen 0^0 und 1^0

Zahlentafel 1.

Luftdruck in mm Quecksilbersäule für Höhen von 0 bis 8000 m bei verschiedenen Bodentemperaturen und Temperaturgradienten.

Höhe in Metern	Bodentemperatur 0° C			Bodentemperatur 10° C			Bodentemperatur 20°		
	Temperaturabfall auf 100 m:			Temperaturabfall auf 100 m:			Temperaturabfall auf 100 m:		
	0° C	0,5° C	1° C	0° C	0,5° C	1° C	0° C	0,5° C	1° C
0	762	762	762	762	762	762	762	762	762
1000	671	671	671	675	675	674	678	677	677
2000	593	590	587	598	596	593	603	601	598
3000	523	517	512	530	525	519	537	532	527
4000	462	453	443	470	462	452	478	470	461
5000	407	395	381	416	405	392	425	414	402
6000	359	344	326	369	354	337	378	364	348
7000	317	298	277	327	309	288	337	319	300
8000	280	258	233	290	269	245	300	279	256

Die vorstehende Zahlentafel 1 gibt den Luftdruck in mm Quecksilber für verschiedene Höhen an[1]), u. zw. nicht nur für den mittleren Temperatur-Gradienten 0,5°, sondern auch für 0° und 1° Abfall auf 100 m. Als Bodentemperatur sind 0°, 10° und 20° C angenommen, als Barometerstand am Boden 762 mm. Die Verhältnisse für 10° Bodentemperatur sind überdies in Abb. 1 wiedergegeben, in der Weise, daß zu jeder Höhe bis 6000 m (als Ordinate) der zugehörige Luftdruck (als Abszisse) aufgetragen

[1]) Unter Benutzung der sogenannten Zustandsgleichung für ein „ideales Gas“ — als solches kann man die Luft mit großer Annäherung auffassen — und der Gleichgewichtsbedingung der Atmosphäre erhält man bei konstantem Temperaturgradienten die Druckformel:

$$b = b_0 \left[1 - \frac{a \cdot h}{T_0}\right]^{\frac{1}{R \cdot a}}$$

Hierin bedeutet: b den Druck in mm Quecksilber in der Höhe h, $b_0 = 762$ mm den Bodendruck, T_0 die Bodentemperatur, a den Temperaturgradienten in Grad pro Meter, h die Höhe in m und $R = 29{,}24$ m/grad die Gaskonstante (d. i. Quotient: Druck durch Raumgewicht und absolute Temperatur). Mit dieser Formel sind die zweiten und die dritten Spalten (Temperaturgradient 0,5° und 1°/100 m) der Zahlentafel 1 berechnet worden. Für die ersten Spalten wurde, da für $a = 0$ die angegebene Formel versagt, das dafür geltende Gesetz:

$$b = b_0 e^{-\frac{h}{R T_0}}$$

benutzt.

wurde. Der ziemlich rasche Druckabfall mit der Höhe — in 6000 m Höhe ist der Druck bereits um mehr als die Hälfte des Bodendruckes gesunken — ist als ein für die Luftfahrt besonders wichtiger Umstand hervorzuheben. Vorgreifend sei nämlich erwähnt, daß die Geschwindigkeit des Flugzeuges bei sinkendem Druck erhöht wird, ohne daß die dazu erforderliche Motorleistung gesteigert zu werden braucht. Man erkennt an der Zahlentafel, daß die Abnahme des Luftdruckes mit der

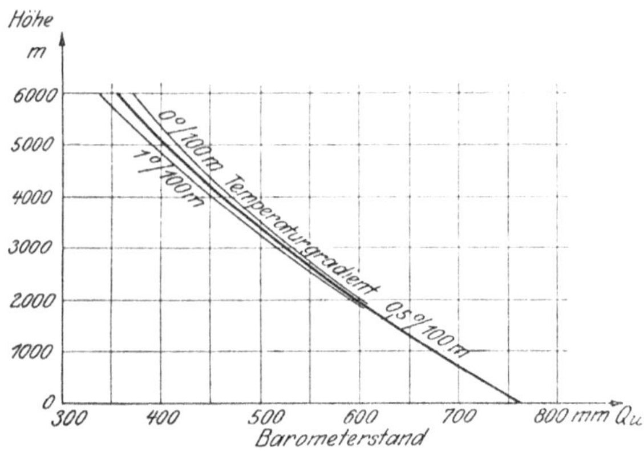

Abb. 1. Druckabnahme für Bodentemperatur 10°.

Größe des Temperatur-Gradienten wächst und auch um so stärker ist, je kleiner die Bodentemperatur angenommen wird. Dies rührt daher, daß die Dichte der Luft — wie wir noch im folgenden Abschnitt erörtern werden — mit zunehmender Temperatur abnimmt, und daß der Luftdruckunterschied zwischen zwei wagrechten Schichten lediglich durch das Gewicht der zwischen ihnen liegenden Luftmasse bedingt wird. Ist die Dichte und somit das Gewicht dieser Luftmenge kleiner, so sinkt auch der Druckunterschied zwischen den betreffenden Schichten.

Wir werden im folgenden im allgemeinen die mittlere Spalte der Zahlentafel 1 benutzen, d. h. den Druck auf 10° Bodentemperatur und 0,5° Temperaturabfall pro 100 m beziehen. In Wirklichkeit ist der Temperaturgradient vielfachen Schwankungen unterworfen und weicht für größere Höhen von dem angegebenen Werte 0,5° nicht unerheblich ab, worauf in Abschnitt 2 näher eingegangen werden soll. Bis zu Höhen von etwa 8000 m ist es hinreichend genau, mit 0,5°/100 m Temperaturabfall zu rechnen.

In allen Spalten der Zahlentafel 1 ist, wie gesagt, angenommen, daß der Barometerstand am Boden 762 mm beträgt. Bekanntlich wechselt aber von Ort zu Ort und von Zeit zu Zeit der Barometerstand in ziemlich beträchtlichen Grenzen, worüber man sich ja stets zur Kenntnis des „Wetters" unterrichtet. Unsere Zahlentafel läßt sich nun in allen Fällen zur Bestimmung des Luftdruckabfalles verwenden u. zw. wie folgt.

Wenn der Barometerstand am Boden nicht, wie in der Tabelle vorausgesetzt, 762 mm beträgt, sondern z. B. 750, so ist jede Angabe der Tabelle mit dem Verhältnis 750 : 762 zu multiplizieren. Z. B.: In 6000 m Höhe beträgt bei der Bodentemperatur 10° C unter Annahme von 0,5° C Temperaturgradient der Luftdruck (nach Zahlentafel 1) 354 mm, also bei 750 mm Barometerstand: $354 \cdot 750 : 762 = 348$ mm.

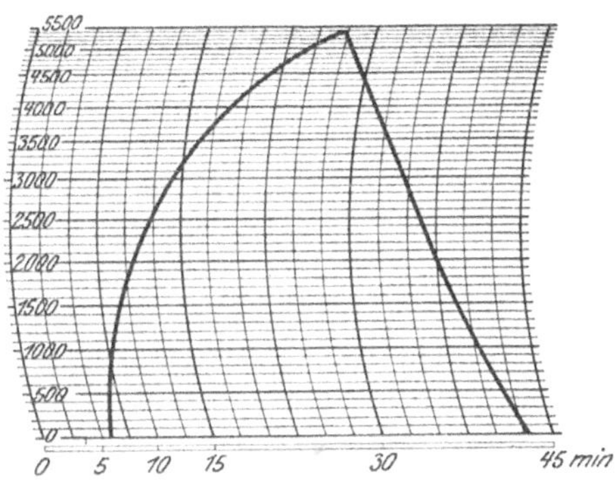

Abb. 2. Höhenschaubild (Barogramm) eines Fluges.

Man sieht, daß der Einfluß der vom Wetter bedingten Schwankungen des Luftdruckes am Boden von geringer Bedeutung gegenüber dem starken Abfall beim Steigen ist.

Es ist bekannt, in welcher Weise die Abnahme des Luftdruckes mit der Höhe zur Höhenmessung verwendet wird. Man bedient sich hierzu eines Barographen oder Höhenschreibers, d. i. eines selbstschreibenden Luftdruckmessers, der — mit einem Uhrwerk versehen — die jeweilige Größe des Luftdruckes während des Fluges auf einem gleichförmig abrollenden Papierstreifen aufzeichnet. Das Papier ist mit einer doppelten Teilung versehen, wie es unsere Abb. 2 zeigt. Den einzelnen, in gleichen Abständen aufgetragenen Kreisbögen entsprechen die Zeiten: 5, 10, 15 Minuten usf. Den wagrechten, in ungleichen Abständen aufeinanderfolgenden Linien sind Höhenangaben 500 m,

1000 m, 1500 m usf. beigesetzt. Man kann das Barogramm (Höhenschaubild) leicht in ein gewöhnliches rechtwinkliges Koordinatensystem umzeichnen, Abb. 3, indem man Punkt für Punkt den Zahlenangaben nach überträgt. Aber damit hat man noch kein einwandfreies Bild des Steigvorganges. Denn aus dem Voranstehenden geht hervor, daß die Festlegung der barometrischen Höhenskala, d. h. die Zuordnung von Höhenangaben zu den Zeigerstellungen des Luftdruckmessers, nur auf bestimmten Annahmen über Temperaturgradient, Bodendruck und Bodentemperatur beruhen kann. Da diese Annahmen nicht für jeden Flug zutreffen können, muß man, wenn es auf genaue Feststellungen ankommt, noch eine Umrechnung vornehmen. Darauf wollen wir im nächsten Abschnitt eingehen.

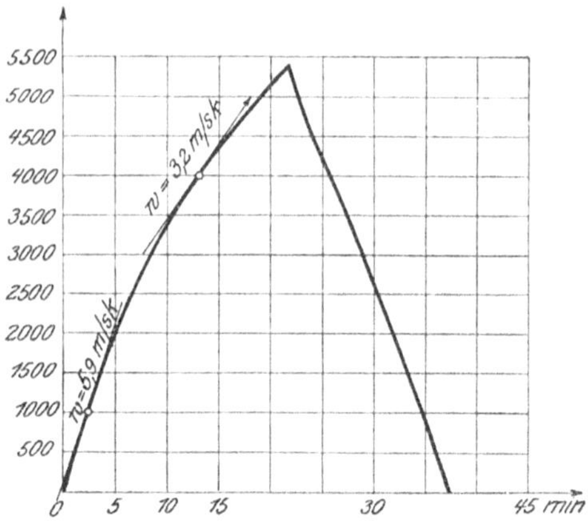

Abb. 3. Umgezeichnetes Barogramm.

2. Raumgewicht der Luft und Luftdichte. Höhenmessung.

Unter Raumgewicht oder spezifischem Gewicht eines Körpers (gelegentlicht verwendet man hierfür auch das Wort „Luftwichte“) versteht man das Gewicht der Raumeinheit dieses Körpers. Es sind daher immer, wenn man vom Raumgewicht spricht, die gewählten Maßeinheiten für das Gewicht und für das Volumen anzugeben. Z. B.: Quecksilber hat das Raumgewicht 13,6 kg/dm^3 oder 13,6 kg/l. Man pflegt das Raumgewicht mit dem griechischen Buchstaben γ (gamma) zu bezeichnen.

Führt man, was wir immer tun werden, als Raumeinheit m^3, als Gewichtseinheit kg ein, so ist das Raumgewicht des Wassers von 4° C gleich 1000, das Raumgewicht der Luft von 10° C bei 762 mm Barometerstand 1,252, d. h. 1 m^3 Luft wiegt unter den genannten Verhältnissen 1,252 kg.

Das Raumgewicht der Luft ist vom Luftdruck und der Temperatur abhängig. Es gelten hierfür folgende Gesetze:

a) Das Raumgewicht ändert sich proportional dem Luftdruck. Beispiel: Bei 762 mm Qu. und 10° C ist das Raumgewicht der Luft gleich 1,252 kg/m³; wie groß ist es bei 775 mm Qu. und 10° C? Man hat 1,252 mit dem Verhältnis 775 : 762 zu multiplizieren, also 1,252 · 775 : 762 = 1,273 kg/m³. Ist der Barometerstand nicht 775 mm, sondern allgemein b mm, so ist das Raumgewicht $\gamma = \gamma_0 \frac{b}{762}$, wenn γ_0 das spez. Gewicht bei 762 mm Barometerstand und 10° C bezeichnet.

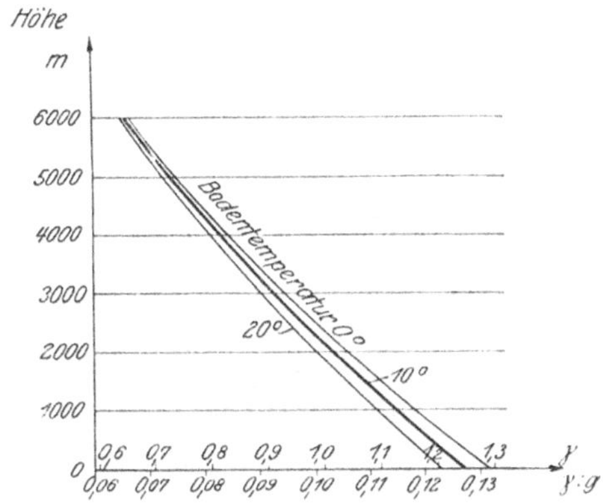

Abb. 4. Dichteabnahme für Temperaturgradient 0,5°/100 m.

b) Änderung des Raumgewichtes mit der Temperatur. Das Gewicht der Raumeinheit eines jeden Körpers ändert sich mit der Temperatur. Denn bei Erwärmung findet eine Ausdehnung statt, so daß in der Raumeinheit bei höherer Temperatur eine kleinere Menge des Stoffes enthalten ist, als bei niedriger. Der Ausdehnungskoeffizient der Luft für 0° beträgt $\frac{1}{273}$ d. h. irgendein Luftvolumen vergrößert sich bei Erwärmung von 0° auf 1° C um ein 273stel.

Beispiel: Bei 10° C ist das Raumgewicht der Luft γ_0; wie groß ist das Raumgewicht bei 20° C und beim gleichen Barometerstand? Eine Luftmenge, die bei 0° das Volumen 1 m³ hat, hat bei 10° den Rauminhalt 1 + 10/273 = 283/273 m³, bei 20°: 1 + 20/273 = 293/273 m³. In dem Maß der Vergrößerung des Luftvolumens verringert sich nun das Raumgewicht. Beträgt es γ_0 für 10° C, so ist es für 20° C:

$$\gamma = \gamma_0 \frac{283}{293} = 0{,}966\ \gamma_0;$$

analog wäre für 30° C:

$$\gamma = \gamma_0 \frac{283}{273 + 30} = \gamma_0 \frac{283}{303} = 0{,}933\ \gamma_0$$

und allgemein für t^0 C: $$\gamma = \gamma_0 \frac{283}{273 + t}$$

Die Summe $273 + t = T$ nennt man die „absolute Temperatur" der Luft.

c) In Zusammenfassung beider Gesetze folgt somit[1]): Ändert sich sowohl der Barometerstand als auch die Temperatur, so ist, gleich allgemein angeschrieben:

$$\gamma = \gamma_0 \frac{b}{762} \frac{283}{273 + t}.$$

Nach dieser Formel, in der $\gamma_0 = 1{,}252$ kg/m^3 zu setzen ist, kann man beispielsweise für die in Zahlentafel 1 angegebenen Luftdruckwerte und die zugehörigen, durch Bodentemperatur und Temperaturgradient bestimmten Temperaturen das jeweilige Raumgewicht der Luft für die verschiedenen Höhenlagen berechnen. Die Ergebnisse einer solchen Berechnung für den Wärmeabfall $0{,}5^0$ auf 100 m sind in Zahlentafel 2 und in Abb. 4 wiedergegeben. Man erkennt hier, daß beim Ansteigen auf 6000 m das Raumgewicht auf etwa die Hälfte des Bodenwertes sinkt.

Die voranstehenden Betrachtungen gründen sich auf die Annahme, daß die Temperatur einen gleichmäßigen Abfall von $0{,}5^0$ auf 100 m Höhe erleidet. Dies trifft aber nur für den

---

[1]) Nach der in der Fußnote S. 9 erwähnten Zustandsgleichung ist

$$\frac{p}{\gamma \cdot T} = \text{konstant} = R.$$

Da diese Gleichung für jeden Ort gilt, kann man sie auch für Bodendruck, Bodentemperatur und Bodenraumgewicht anschreiben:

$$\frac{p_0}{\gamma_0 T_0} = \text{konstant} = R.$$

Dividiert man die zweite Gleichung durch die erste, so folgt, da die Druckgrößen p sich wie die Barometerstände b verhalten, wenn man überdies T durch $273 + t$ ersetzt, wobei t wieder die in Celsiusgraden abgelesene Temperatur bedeutet:

$$\gamma = \gamma_0 \cdot \frac{b}{b_0} \frac{T_0}{273 + t}.$$

Insbesondere gilt für 10^0 Bodentemperatur und 762 mm Qu. Druck am Boden die im Text folgende Formel, mit $\gamma_0 = 1{,}252$. Aus diesem Ausdruck folgen die beiden Teilgesetze a) und b), je nachdem man die Temperatur oder den Druck unverändert läßt.

Zahlentafel 2.

Raumgewicht γ in kg/m³ und Dichte $m = \gamma : g$ für Höhen von 0 bis 8000 m beim Bodendruck 762 mm und Temperaturgradient 0,5° auf 100 m.

Höhe in Metern	Bodentemperatur 0° C			Bodentemperatur 10° C			Bodentemperatur 20° C		
	Temperatur	γ	$\gamma : g = m$	Temperatur	γ	$\gamma : g = m$	Temperatur	γ	$\gamma : g = m$
0	0°	1,298	0,132	10°	1,252	0,128	20°	1,210	0,123
1000	— 5°	1,165	0,119	5°	1,129	0,115	15°	1,094	0,112
2000	— 10°	1,044	0,106	0°	1,015	0,104	10°	0,988	0,101
3000	— 15°	0,933	0,095	— 5°	0,911	0,093	5°	0,890	0,091
4000	— 20°	0,833	0,085	— 10°	0,816	0,083	0°	0,800	0,082
5000	— 25°	0,741	0,076	— 15°	0.730	0,074	— 5°	0,719	0,073
6000	— 30°	0,658	0,067	— 20°	0,651	0,066	— 10°	0,644	0,066
7000	— 35°	0,583	0,059	— 25°	0,579	0,059	— 15°	0,575	0,059
8000	— 40°	0,515	0,053	— 30°	0,514	0,052	— 20°	0,513	0,052

untersten, für die Luftfahrt allerdings bisher wichtigsten Teil der Atmosphäre zu. Die Grenze der gleichmäßigen Abnahme der Temperatur liegt bei etwa 11000 m. Die Grenzfläche, die sich vom Äquator gegen die Pole senkt, teilt die gesamte Atmosphäre in zwei, ihren wesentlichen Erscheinungen nach verschiedene Teile, den unteren, die sogenannte Troposphäre und den oberen, die sogenannte Stratosphäre.

Versuche, die mit selbstregistrierenden Ballonen angestellt wurden, ergaben bei einer Bodentemperatur von 10° im Mittel folgende Werte für die Temperaturabnahme je 100 m bis zu Höhen von 16 km:

Zahlentafel 3.

Durchschnittlicher Temperaturverlauf über Mitteleuropa.

Höhe in km	Mittl. Temperatur	Temperaturgradient	Höhe in km	Mittl. Temperatur	Temperaturgradient
0	10	0,5	9	−44	0,6
1	5	0,5	10	−50	0,3
2	0	0,5	11	−53	0,1
3	−5	0,6	12	−54	0
4	−11	0,6	13	−54	0
5	−17	0,7	14	−54	0
6	−24	0,7	15	−54	0
7	−31	0,7	16	−54	
8	−38	0,6			

Man erkennt aus dieser Tabelle[1]), daß der Temperaturgradient im wesentlichen zwischen 0,5° und 0,7° schwankt. Bildet man nur aus den ersten 11 oder 12 in Frage kommenden Werten einen Mittelwert, so erhält man 0,5 bis 0,6. In Abb. 5 sind sowohl die Temperaturen als auch die Gradienten für die einzelnen Höhen aufgetragen. Bei 11 km biegt die Temperaturkurve um und verläuft annähernd parallel zur Höhenachse. Bei noch größeren Höhen — was hier nicht mehr gezeichnet wurde — werden die Temperaturen wieder höher, d. h. die schon einmal eingenommenen Temperaturzustände werden noch einmal „umgekehrt“ durchlaufen. Dem ganzen Vorgang legt man aus diesem Grunde den Namen „Temperaturumkehr“ oder auch „Temperaturinversion“, der Grenzfläche zwischen Troposphäre und Stratosphäre entsprechend den Namen „Inversionsgrenze“ bei. In die Abbildung ist außerdem noch die Gerade eingezeichnet, die den Temperaturabfall bei konstantem Temperaturgradienten darstellen würde.

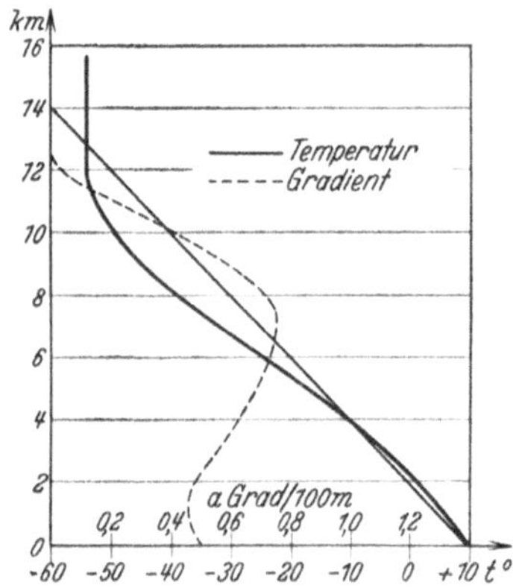

Abb. 5. Temperaturverlauf in Abhängigkeit von der Höhe.

Der Wert 11 km für die Inversionsgrenze ist nur ein Mittelwert. In den Tropen liegt die Inversionsgrenze mit 16 km fast doppelt so hoch wie in den polaren Regionen (Lappland 9 km).

Welche Bedeutung kommt nun der Inversion bei der Druck- und Dichteberechnung zu? Die Zahlentafeln 1 und 2 sind unter Benutzung zweier allgemein gültiger physikalischer Gesetze über das Gleichgewicht und die Zustandsänderungen der Luft aufgestellt worden, wobei außerdem von dem gleichmäßigen Temperaturabfall Gebrauch gemacht wurde. Die physikalischen Gesetze behalten ihre Gültigkeit auch in die Stratosphäre hinein, nicht aber die Zusatzannahme des gleichmäßigen Temperatur-

[1]) Die obenstehenden Angaben sind Mittelwerte der Temperatur und des Temperaturgradienten, die über Mitteleuropa gemessen wurden. Entnommen sind die Werte dem Buche Defant, „Meteorologie“, Sammlung Göschen Bd. 54.

abfalls. Die über 10 km hinaus in gleicher Weise fortgesetzten Zahlentafeln 1 und 2 würden also den wahren Verhältnissen nicht entsprechen. Nach welchen Gesetzen Druck und Dichte in der Stratosphäre abnehmen, könnte theoretisch erst nach genauer Kenntnis der dort vorherrschenden Temperaturverhältnisse festgestellt werden.

Die im vorangehenden durchgeführten Untersuchungen über den Zusammenhang von Druck- und Temperaturverlauf setzen uns instand, die Steigleistung eines Flugzeuges aus einem vom Höhenmeßgerät aufgezeichneten Schaubild richtig zu beurteilen. Für gewöhnliche Zwecke des Luftverkehrs reichen natürlich die Angaben des Meßstreifens unmittelbar aus. Man entnimmt z. B. der Abb. 2 oder dem umgezeichneten Barogramm in Abb. 3, daß das Flugzeug in etwa 22 Minuten auf fast 5400 m gestiegen ist und dann in weiteren 15 Minuten wieder den Boden erreicht hat. Die Steiggeschwindigkeit etwa in 4000 m Höhe erhält man, indem man im Kurvenpunkt in der Höhe 4000 die Tangente zieht; ihre Neigung ist eine solche, daß sie von 3000 auf 5000 m in etwas mehr als 10 Minuten (genau 10,4 Min. = 624 Sek.) steigt. Dies bedeutet eine Steiggeschwindigkeit von $2000:624 = 3{,}2$ m/sek. Handelt es sich aber um sehr große Höhen und um genaue Feststellungen, etwa bei einem Höhenwettbewerb, so wünscht man die Leistungsfähigkeit des Flugzeuges unabhängig von der Wetterlage des Aufstiegortes und Aufstiegtages zu beurteilen und fragt: Wie würde das Barogramm an dem „Normaltag und Normalort" aussehen? Was man als „normal" ansieht, ist natürlich Sache einer Übereinkunft. Irgendeine bestimmte Übereinkunft ist auch der Eichung des Barographen zugrundegelegt. Sind hierfür etwa die Verhältnisse, die der mittleren Spalte unserer Zahlentafeln entsprechen, gewählt, also Bodendruck 762 mm, Bodentemperatur 10^0 und Abfall $0{,}5^0$ auf 100 m, so sehen wir, daß die Höhenangaben 1000, 2000, 3000 ... des Schaubildes eigentlich die Druckwerte 675, 596, 525 ... (Zahlentafel 1) bedeuten. Hiervon ausgehend müssen wir das Schaubild in zweifacher Weise berichtigen, und hierzu benötigen wir die Kenntnis sowohl der Temperaturen t, die während des Fluges in jeder barographisch abgelesenen Höhe geherrscht haben, wie auch der Temperaturen t', die bei der Herstellung des Höhenmaßstabes benutzt worden sind. Sind die tatsächlich gemessenen Temperaturen t in den Höhen 1000, 2000, 3000, 4000 und 5000 m (d. h. in den Augenblicken, in denen der Höhenmesser diese Angaben aufwies) etwa 18°, 12°, 7°, 0°, —6° gewesen, so sind die in dem Barogramm abgegriffenen Geschwindigkeiten und die Höhen in folgender Weise zu berichtigen.

Bei der Bodentemperatur 10° und dem Abfall 0,5° auf 100 m kommt der Höhe 4000 m die Temperatur —10° und, den Bodendruck 762 mm vorausgesetzt, nach Zahlentafel 1 der Luftdruck 462 mm zu; durch die tatsächlichen Messungen ist diesem Luftdruck jedoch die Temperatur 0° zugeordnet. Also ist die im Schaubild abgelesene Geschwindigkeit von 3,2 m/sek im Verhältnis $273+0=273$ zu $273-10=263$ zu erhöhen, womit sich $3{,}2\cdot\frac{273}{263}=3{,}32$ ergibt. Denn in diesem Maße ist, nach dem Voranstehenden, die Dichte der Luft durch die Annahme der zu niedrigen Temperatur überschätzt worden; zu einer bestimmten Druckänderung gehört aber eine der Dichte umgekehrt proportionale Höhenänderung, daher muß die abgelesene Steiggeschwindigkeit im Verhältnis der theoretisch angenommenen zur wirklichen Dichte berichtigt werden. Nach der Formel ist ferner bei 462 mm Barometerstand und 0°C die Luftdichte $\gamma=1{,}252\cdot\frac{462}{762}\cdot\frac{283}{273}=0{,}788$. Die Höhe, die unter „normalen" Verhältnissen dieser Dichte entspricht, entnimmt man am besten der Abb. 4. Hier ist die dem γ-Wert 0,788 in der mittleren (stark ausgezogenen) Kurve zugehörige Ordinate gleich 4300 m. Es muß also die berichtigte Kurve so beschaffen sein, daß sie in der Höhe von 4300 m eine Neigung von 3,32 m/sek aufweist.

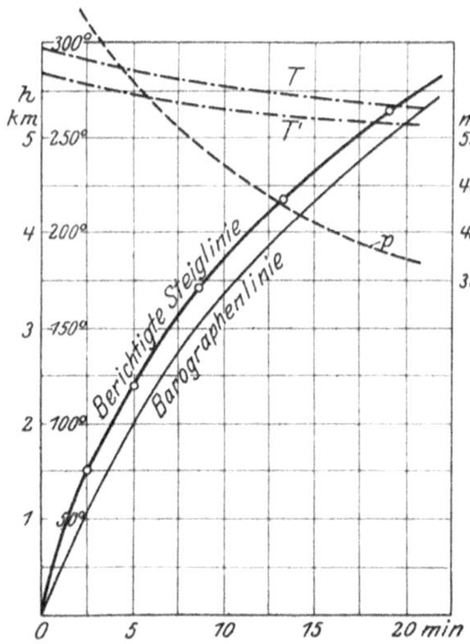

Abb. 6. Berichtigung eines Höhenschaubildes.

Das endgültig berichtigte Höhenschaubild entsteht nun in

folgender Weise. Für jeden der Flugzeitpunkte, in denen das Barogramm 1000, 2000, 3000, 4000 und 5000 m aufweist, wird die Rechnung durchgeführt, die hier für den Punkt 4000 genau erklärt wurde. Dann bildet man einen Linienzug aus einzelnen Geradenstücken (ein Polygon), indem man jedesmal in der gerechneten Höhe (und zwar ein Stück darunter und darüber) eine kurze gerade Linie von der berechneten Neigung zeichnet. Es ergibt sich hierbei folgendes Resultat:

Abgelesene	Höhe	1000	2000	3000	4000	5000
„	Geschwindigkeit	6,67	5,33	4,17	3,20	2,67
Berichtigte	„	6,98	5,56	4,36	3,32	2,77
„	Höhe	1500	2400	3400	4300	5300

In Abb. 6 ist das ganze Verfahren an unserem Beispiel durchgeführt und dabei die der Berichtigung unterworfene Linie aus Abb. 3 nochmals (schwächer ausgezogen) mit eingetragen. Die „berichtigte Steiglinie“ ist hier, wie man bei genauerem Zusehen erkennt, ein aus Geraden zusammengesetzter Linienzug. Je kürzer man die Abstände zwischen den Höhen nimmt, für die die Rechnung ausgeführt wird, um so mehr nähert sich das Resultat der stetig gekrümmten Linie, die eigentlich die richtige ist. Für alle praktische Zwecke ist es genau genug, wie in unserm Beispiel, etwa von 1000 zu 1000 m zu gehen. Die beiden strichpunktierten Linien stellen die Werte von $273 + t = T$ und $273 + t' = T'$, also die absoluten Werte der gemessenen Temperatur und der „Normaltemperatur“, die gestrichelte Linie den Druckverlauf dar. Man sieht, daß sich zwischen der ursprünglichen und der berichtigten Linie mitunter recht erhebliche Abweichungen ergeben: am „Normaltag und Normalort“ hätte das Flugzeug eine Gesamthöhe von 5700 m in 22 Minuten erreicht, gegenüber dem unmittelbar abgelesenen Wert von 5400 m in der gleichen Zeit[1]).

Das hier geschilderte Verfahren der Berichtigung eines Schaubildes gilt unabhängig von der Temperaturumkehr, da

---

[1]) Über die Berichtigung von Höhenschaubildern handelt der Aufsatz des Verfassers in der Zeitschr. f. Flugtechnik und Motorluftschiffahrt 1917, H. 23/24, S. 173 bis 177. Weitere Ausführungen hierzu enthält das Büchlein von W. Meissner, Entfernungs- und Höhenmessung in der Luftfahrt. Braunschweig: Vieweg 1922.

man bei der Korrektur der Steiggeschwindigkeit und der Steighöhe die wirklich gemessenen Temperaturwerte benutzt. Es ermöglicht stets die Beurteilung der Steigfähigkeit des Flugzeuges unabhängig von den Temperaturverhältnissen.

Unter Dichte der Luft oder spezifischer Masse versteht man den Quotienten Raumgewicht der Luft durch die Schwerebeschleunigung $g = 9{,}81\ \mathrm{m/sek}^2$. Bei 10^0 C und 762 mm Barometerstand ist daher die Dichte der Luft $\frac{\gamma_0}{g} = \frac{1{,}252}{9{,}81} = 0{,}128$, d. i. ungefähr 1/8. Diese Zahl merken wir uns als Durchschnittswert für die Luftdichte am Erdboden. Die Werte der Luftdichte für größere Höhen sind neben denen des Raumgewichtes in Zahlentafel 2 eingetragen.

Für den Quotienten $\gamma : g$, also für die Luftdichte oder spez. Masse der Luft, schreiben wir im folgenden stets den Buchstaben m. Dieser bedeutet mithin eine im allgemeinen veränderliche Größe, die (bei Wahl von Meter und Kilogramm als Maßeinheiten) für die Luft am Boden unter gewöhnlichen Verhältnissen den Wert 1/8 besitzt, in größeren Höhen auf die Hälfte und noch darunter sinkt. Bei allen Formeln und Berechnungen der Fluglehre spielt die Luftdichte eine ausschlaggebende Rolle.

Wir führen hier noch die folgenden, für Durchschnittsverhältnisse (10^0 C und 762 mm Qu. am Boden, $0{,}5^0$ C Wärmeabfall auf 100 m) berechneten Werte der verhältnismäßigen Dichteabnahme an. Es beträgt in Hundertteilen der Bodendichte

in der Höhe	1	2	3	4	5	6	7	8	9	10 km
die Dichte	90	81	73	65	58	52	46	41	36	32 v.H.

3. Bewegte Luft, Staudruck.

Wir haben in Abschn. 1 von der Veränderlichkeit des Luftdruckes mit der Höhe gesprochen; die dort aufgestellten Gesetze gelten sowohl für ruhende Luft wie für gleichförmig bewegte (Wind). Im Großen kommen auch andere als gleichförmige Bewegungen für uns nicht in Betracht. Dagegen haben wir es in der nahen Umgebung der Flugzeuge noch mit einer andern Erscheinung zu tun, die der Besprechung an dieser Stelle bedarf: Durch die Bewegung des Flugzeuges, wie überhaupt durch jede Bewegung eines Körpers in der Luft, werden die Luftteilchen der nächsten Umgebung in eine ungleichförmige Bewegung versetzt. Denn die dem Körper zunächst liegenden Teilchen müssen mit der vollen Geschwindigkeit mitgehen oder ausweichen, bei den etwas ferner liegenden verliert sich diese Bewegung allmählich. In Zusammenhang mit dieser ungleichförmigen Geschwindigkeits-Verteilung steht eine Verschiedenheit des Druckes; der Druck ist, wie wir später sehen werden, auf der Unterseite eines Tragflügels immer größer als auf der Oberseite — übrigens die grundlegende Erscheinung für die Möglichkeit des Fliegens.

Der Zusammenhang zwischen Druck- und Geschwindigkeits-Unterschieden wird durch das Grundgesetz aller Mechanik:

$$\text{Kraft} = \text{Masse} \times \text{Beschleunigung}$$

beherrscht. Um uns über die am Flugzeug auftretenden Erscheinungen zu verständigen, wollen wir uns zunächst vorstellen, daß das Flugzeug **ruht** und dabei von einem wagerecht gerichteten Luftstrom angeblasen wird. Die Bewegung der Luft hat dann die Eigenschaft „stationär“ zu sein, d. h. an jedem Ort geschieht im Laufe der Zeit immer dasselbe: Druck und Geschwindigkeit sind wohl von Punkt zu Punkt veränderlich, an jedem einzelnen Punkt aber mit der Zeit unveränderlich.

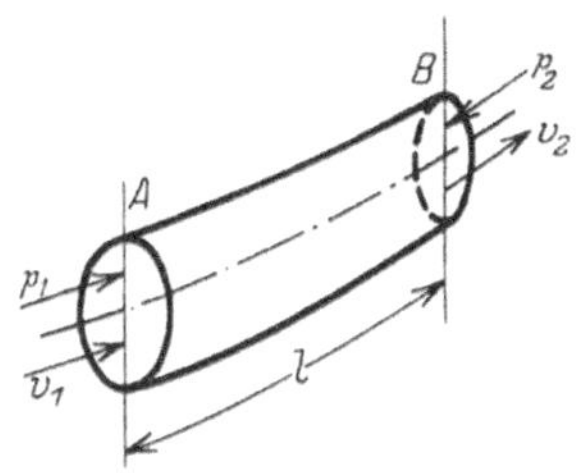

Abb. 7. Element eines Stromfadens.

Denken wir uns nun, Abb. 7, eine Reihe geradlinig oder fast geradlinig hintereinander strömender Luftteilchen, deren Geschwindigkeit auf-der Strecke $AB = l$ von v_1 auf v_2 zunimmt. Wir wollen Kraft, Masseund Beschleunigung dieser Teilchen berechnen. Der Druck in A sei p_1,der Druck in B sei p_2 und der mittlere Querschnitt des Luftfadens gleich$f$. Da dann die Kraft $p_1 \cdot f$ in der Bewegungsrichtung, $p_2 \cdot f$ in der entgegengesetzten wirkt, hat die resultierende Kraft für die betrachteten Luftteilchen die Größe $(p_1 - p_2) f$. Der Rauminhalt der Luftteilchen ist $f \cdot l$, daher die Masse $m \cdot f \cdot l$, weil m die Luftdichte oder die Masse der Raumeinheit bezeichnet. Es kommt also nur noch darauf an, die Größe der Beschleunigung zu bestimmen.

Beschleunigung ist die Geschwindigkeitszunahme in der Zeiteinheit. Wir haben vorausgesetzt, daß die Geschwindigkeit beim Durchlaufen der Strecke l von v_1 auf v_2 zunimmt. Wie groß ist die Zeit, in der diese Zunahme erfolgt? Setzen wir die mittlere Geschwindigkeit gleich $\frac{v_1 + v_2}{2}$, so ist die Zeit, gleich dem Quotienten aus Weg durch Geschwindigkeit,

$$l : \frac{v_1 + v_2}{2} = \frac{2l}{v_1 + v_2},$$

und die Beschleunigung demnach:

$$(v_2 - v_1) : \frac{2l}{v_1 + v_2} = \frac{v_2^2 - v_1^2}{2l},$$

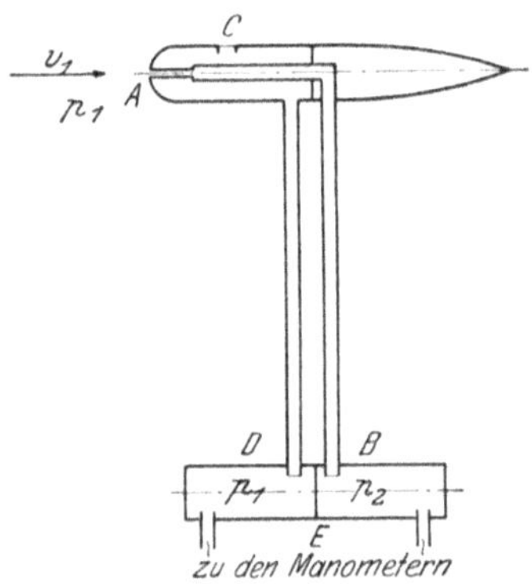

Abb. 8. Staugerät.

Multiplizieren wir diesen Ausdruck mit der Masse $m \cdot f \cdot l$, so erhalten wir $m \cdot f \cdot \frac{v_2^2 - v_1^2}{2}$, und wenn wir dieses Produkt aus Masse mal Beschleunigung der resultierenden Kraft $(p_1 - p_2) \cdot f$ gleichsetzen, fällt der Querschnitt f heraus, und es bleibt:

$$p_1 - p_2 = m \frac{v_2^2 - v_1^2}{2}$$

$$= m \frac{v_2^2}{2} - m \frac{v_1^2}{2},$$

d. h. der Druckunterschied zwischen zwei Punkten ist gleich dem Unterschied der halben Produkte aus Dichte und Geschwindigkeits-Quadrat.

Dieses Gesetz gibt uns vor allem ein Mittel an die Hand, um Geschwindigkeiten zu messen. Die Messung geschieht durch ein sog. Staugerät, dessen Grundgedanken Abb. 8 darstellt. In letzter Linie wird hier die Messung der Geschwindigkeit (ähnlich wie die der Höhe mit Hilfe des Barometers) auf eine Druck-Bestimmung zurückgeführt. Man bringt das Ende A des Gerätes an die zu untersuchende Stelle, an der die unbekannte Geschwindigkeit v_1 und der schon anderweitig bestimmte Druck p_1 herrschen.

Innerhalb des Röhrchens, das in A beginnt, dann rechtwinklig abbiegt und in die Kammer B einmündet, Abb. 8, verliert sich die Geschwindigkeit der Luftteilchen sehr rasch, so daß $v_2 = 0$ zu setzen ist; es tritt demgemäß eine Druckerhöhung ein, die man durch Anschluß eines Manometers in B messen kann. Kennt man so den Druck p_2 neben dem schon bekannten p_1, so kann man jetzt aus

$$p_2 - p_1 = m \frac{v_1^2}{2}$$

die gesuchte Geschwindigkeit v_1 berechnen. Die vorstehende Gleichung geht aus der allgemeinen Beziehung hervor, sobald man darin $v_2 = 0$ setzt. Das Gerät Abb. 8 ist überdies so eingerichtet, daß es zugleich die Messung von p_1 ermöglicht, indem an D ein zweites Manometer angeschlossen wird, (von der Öffnung C aus wird der Druck p_1 nach D übertragen), oder unmittelbar die Messung der Differenz $p_2 - p_1$, indem der Druckunterschied zwischen B und D an der Scheidewand E bestimmt wird.

Für das in der Fluglehre sehr häufig auftretende Produkt aus Luftdichte und halbem Geschwindigkeits-Quadrat hat man eine eigene Bezeichnung eingeführt; man nennt es den Staudruck und setzt dafür in der Regel den Buchstaben q:

$$q = m \frac{v^2}{2}.$$

Im Anschluß an die Ausdrucksweise der Mechanik fester Körper kann man den Staudruck auch als die lebendige Kraft einer Raumeinheit Luft bezeichnen, da m die Masse der Raumeinheit ist. Gemessen wird q, so wie der Luftdruck, in kg pro Flächeneinheit, also für uns immer in kg/m². Z. B. entspricht einer Geschwindigkeit $v = 40$ m/sek bei der normalen Luftdichte $m = 1/8$ der Staudruck

$$\frac{1}{8} \cdot \frac{1600}{2} = 100 \text{ kg/m}^2.$$

Da wir die Dichte stets als bekannt voraussetzen dürfen, ist für uns der Staudruck einfach ein Maß der Geschwindigkeit, ähnlich wie die Höhe der Quecksilbersäule ein Maß des Luftdruckes ist. Wir können auch leicht eine anschauliche

Vorstellung vom Staudruck gewinnen. Stellen wir nämlich in einen mit der Geschwindigkeit v bewegten Luftstrom einen Körper hinein, so wird es an seiner Vorderseite einen Punkt geben, an dem die auftreffenden Stromfäden sich teilen. Zwischen den beiden Scharen sich teilender Stromfäden gibt es gerade eine Stromlinie (siehe z. B. Abb. 12), die an dem Körper endet. An dieser Stelle herrscht die Geschwindigkeit Null; der Punkt heißt „Staupunkt" der Strömung. Die Druckdifferenz zwischen dem Staupunkt und einem Punkt der ungestörten Strömung, wo noch die Geschwindigkeit v besteht, ist genau gleich $m\frac{v^2}{2}$, also gleich dem zu v gehörigen „Staudruck".

Zahlentafel 4.

Staudruck in kg/m² für verschiedene Geschwindigkeiten und Luftdichten.

(Die den Luftdichten beigesetzten Höhenangaben beziehen sich auf 762 mm Qu und 10° C am Boden sowie den Temperaturgradient 0,5° C für 100 m).

Geschwindigkeit		Staudruck für die Höhe h über dem Meeresspiegel, bzw. für die Luftdichte m						
v m/sek	V km/St	$m = 0{,}128$ $h = 0$ m	0,115 1000 m	0,104 2000 m	0,093 3000 m	0,083 4000 m	0,074 5000 m	0,066 6000 m
0	0	0,00	0,00	0,00	0,00	0,00	0,00	0,00
5	18	1,60	1,44	1,30	1,16	1,04	0,93	0,83
10	36	6,40	5,75	5,20	4,65	4,15	3,70	3,30
15	54	14,40	12,94	11,70	10,46	9,34	8,33	7,43
20	72	25,60	23,00	20,80	18,60	16,60	14,80	13,20
25	90	40,00	35,94	32,50	29,06	25,94	23,13	20,63
30	108	57,60	51,75	46,80	41,85	37,35	33,30	29,70
35	126	78,40	70,44	63,70	56,96	50,84	45,32	40,43
40	144	102,40	92,00	83,20	74,40	66,40	59,20	52,80
45	162	129,60	116,44	105,30	94,16	84,04	74,92	66,82
50	180	160,00	144,00	130,00	116,00	104,00	92,50	83,00
55	198	193,60	173,94	157,30	140,66	125,54	111,13	99,83
60	216	230,40	207,00	187,20	167,40	149,40	133,20	118,80
65	234	270,40	242,94	219,70	196,46	175,34	156,32	139,43
70	252	313,60	281,75	254,80	227,85	203,35	181,30	161,70
75	270	360,00	323,44	292,50	261,56	233,44	208,13	185,63
80	288	409,60	368,00	332,80	297,60	265,60	236,80	211,20
85	306	462,40	415,44	375,70	335,96	299,84	267,33	238,43
90	324	518,40	465,75	421,20	376,65	336,15	299,70	267,30
95	342	577,60	518,94	469,30	419,66	374,54	333,93	297,83
100	360	640,00	575,00	520,00	465,00	415,00	370,00	330,00

Um die Umrechnung zu erleichtern, ist in Zahlentafel 4 für verschiedene Geschwindigkeits- und Dichte-Werte der aus der Formel $q = m\frac{v^2}{2}$ berechnete Staudruck angegeben. Dabei sind die Dichte-Werte angenommen, die nach der mittleren Spalte der Zahlentafel 2, also für 10^0 Bodentemperatur und $0{,}5^0$ Wärmeabfall auf 100 m den Höhen von 1000 zu 1000 m entsprechen.

Da der einem bewegten Körper von der Luft entgegengesetzte Widerstand dem Staudruck annähernd proportional ist, wie im nächsten Abschnitt gezeigt werden soll, kann man aus vorstehender Zahlentafel z. B. entnehmen, daß bei Stundengeschwindigkeiten von 90 bzw. 234 km in Bodennähe ungefähr der gleiche Luftwiderstand herrscht wie in 6 km Höhe bei den Geschwindigkeiten von 126 bzw. 324 km pro Stunde.

Führt man die Bezeichnung q in die oben abgeleitete Formel für die Druckdifferenz ein, so erhält man $p_1 - p_2 = q_2 - q_1$ oder

$$p_1 + q_1 = p_2 + q_2,$$

in Worten: die Summe aus Luftdruck und Staudruck ist an allen Stellen eines bewegten Luftfadens gleich. Für unsere Probleme ist überdies, wie man leicht erkennt, diese Summe auch für die verschiedenen einzelnen Luftfäden gleich, (weil nämlich in einiger Entfernung vom Flugzeug $q = 0$ gilt und hier p als konstant angesehen werden darf), so daß man überhaupt von einer Konstanz der Summe von Luftdruck und Staudruck sprechen kann: Je größer an irgendeiner Stelle die Geschwindigkeit und damit der Staudruck, um so kleiner der Luftdruck, und umgekehrt. Dieser Satz läßt uns in vielen Fällen das Zustandekommen der verschiedenen Luftkräfte besser verstehen. Man bezeichnet die Gleichung $p_1 + q_1 = p_2 + q_2$ vielfach als die „Energiegleichung der strömenden Flüssigkeit“ oder nach ihrem Urheber als die „Bernoullische Gleichung“.

Man darf aber dieser Beziehung, so wichtig sie auch ist, nicht eine Bedeutung beimessen, die über das, was ihr nach der Ableitung zukommt, hinausgeht. Wir haben bei der Ableitung angenommen, daß außer den beiden Druckkräften $p_1 \cdot f$ und $p_2 \cdot f$ keinerlei andere Kräfte auf die Luftteilchen wirken. Dies ist nicht genau richtig, da bewegte Luft sich bis zu einem gewissen Grade wie eine zähe Masse verhält, in der noch innere Kräfte verschiedener Art, ähnlich der Reibung fester Körper, wirksam sind. Daher stimmt auch die Konstanz der Summe von Luftdruck und Staudruck in solchen Fällen nicht, in denen die Zähigkeit eine größere Rolle spielt. Bei der Anwendung des Satzes ist auch zu beachten, daß er unter der Voraussetzung stationären Verhaltens der Luft gewonnen wurde, d. h. unter der Annahme, daß an ein und derselben Stelle des Raumes dauernd die gleiche Geschwindigkeit herrscht. Wir müssen also immer von der Vorstellung ausgehen, daß das Flugzeug oder der Körper, dessen Luftkräfte wir ins Auge fassen, ruht und von einem Windstrahl getroffen wird (so wie beim Versuch im Luftkanal); dort, wo die auftreffenden Luftteilchen gebremst werden, also geringere Geschwindigkeit haben, ist dann der Druck erhöht usf.

Eine zweite allgemeine Beziehung, die ähnlich wie die Bernoullische Gleichung den Einblick in das Zustandekommen der von der Luft ausgeübten Kräfte fördert, finden wir durch folgende Überlegung. Es sei zunächst wieder vorausgesetzt, daß die Bewegung stationär erfolgt, d. h. daß dauernd an gleichen Stellen des Raumes das gleiche geschieht. Die in der Bewegung aufeinanderfolgenden Teilchen erfüllen einen Stromfaden wie in Abb. 7. Wir haben in der Abb. 9 einen solchen Stromfaden wieder gezeichnet und ihn dabei der Länge nach in einzelne Stücke eingeteilt, deren jedes den gleichen Rauminhalt V aufweist: dort wo die Röhre dicker wird, ist die Höhe des abgeteilten Stückes geringer und umgekehrt. Wir können die Größe V und damit den Abstand der Teilstriche so bemessen, daß die Entfernung von einem zum nächsten gerade dem in einer Sekunde zurückgelegten Weg entspricht. Die Größe V bezeichnet dann die „pro Sekunde durch den Faden fließende Luftmenge“. Im Zeitraum einer Sekunde verändert sich der Zustand derart, daß das Stück 1 an die Stelle von 2, das Stück 2 an die Stelle von 3 tritt usf. Sind die Geschwindigkeiten der einzelnen Stücke der Reihe nach v_1, v_2, v_3 usf., so erfährt das erste Stück von der Größe V offenbar gerade die Beschleunigung $v_2 - v_1$ (nämlich Geschwindigkeitszunahme dividiert durch die Zeitdauer eine Sekunde). Der hierzu notwendige Kraftaufwand beträgt nach dem

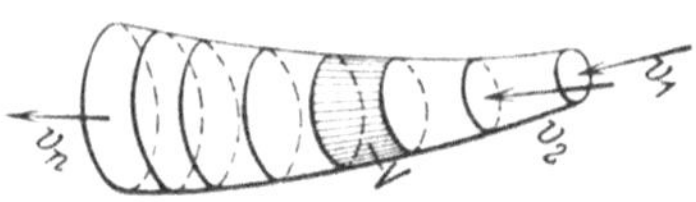

Abb. 9. Stromfaden.

Grundgesetz der Mechanik: Kraft = Masse $\times$ Beschleunigung, $mV(v_2 - v_1)$. Ebenso erfordert die Geschwindigkeitsänderung, die das Stück 2 des Stromfadens gerade erfährt, den Kraftaufwand $mV(v_3 - v_2)$. Beide Kräfte zusammen geben die Größe $mV(v_2 - v_1 + v_3 - v_2) = mV(v_3 - v_1)$. Addiert man jetzt noch die Kraft, die das dritte Stück erfährt und die offenbar die Größe $mV(v_4 - v_3)$ besitzt, so erhält man als Summe der drei Kräfte $mV(v_3 - v_1 + v_4 - v_3) = mV(v_4 - v_1)$. So geht die Rechnung weiter, und man sieht, daß die Gesamtsumme aller Kräfte, die nötig sind, um die stationäre Bewegung in dem Faden aufrecht zu erhalten, nichts anderes ist als das Produkt von mV in die Differenz: Endgeschwindigkeit weniger Anfangsgeschwindigkeit. Oder anders ausgedrückt: Die Kraftwirkung, die die stationäre Bewegung in einem Stromfaden begleitet oder aufrechterhält, ist gleich dem Produkt aus den drei Faktoren: Dichte m, sekundlich durch den Faden fließende Menge V und Geschwindigkeitszuwachs im Faden $v_n - v_1$.

In dieser Betrachtung haben wir vorausgesetzt, daß man Geschwindigkeiten (und Kräfte) so addieren bzw. subtrahieren kann wie einfache Zahlen. Das ist nur dann ohne weiteres richtig, wenn es sich um untereinander gleichgerichtete Geschwindigkeiten (bzw. Kräfte) handelt, wenn also der betrachtete Stromfaden geradlinig verläuft. Bildet er eine beliebige ebene Kurve etwa in einer Vertikalebene, so muß man so verfahren, daß man jede Kraft und jede Geschwindigkeit erst in ihre wagrechte und lotrechte Komponente zerlegt und dann mit diesen Komponenten wie mit einfachen Zahlen rechnet. Der abgeleitete Satz sagt dann Doppeltes aus, nämlich: Damit die stationäre Bewegung in dem gekrümmten Stromfaden bestehe, muß eine wagrechte und lotrechte Kraft vorhanden sein; die erstere gleich mV mal dem Zuwachs an Wagrechtgeschwindigkeit, die letztere gleich dem Produkt von mV in die Zunahme an lotrechter Geschwindigkeit zwischen Beginn und Ende des Fadens. (Bei einer doppelt gekrümmten Bahnkurve gilt der Satz analog für drei Komponenten.) Dieser Satz, den man den Impulssatz oder Satz von der Bewegungsgröße nennt, wird uns später manche aufklärende Bemerkung gestatten. Seine Geltung ist nur daran gebunden, daß die betrachtete Bewegung stationär ist. Dagegen ist — anders als bei Ableitung der Bernoullischen Gleichung — nichts darüber vorausgesetzt, ob Reibungs(Zähigkeits)einflüsse in der Luft wirksam sind oder nicht.

Mit den Druckunterschieden in der Umgebung des Flugzeuges sind nach unseren Ausführungen in Abschn. 2 natürlich auch Dichteunterschiede verbunden. Daß diese aber nur sehr unbedeutend sind, erkennt man an folgendem Beispiel. Wir haben oben für die immerhin schon beträchtliche Geschwindigkeit von 40 m/sek oder 144 km/St den Staudruck gleich 100 kg/m² = 0,01 kg/cm² = 0,01 at gefunden. Da der Luftdruck ungefähr 1 at beträgt, macht somit eine Druckerhöhung, die dem ganzen Staudruck entsprechen würde, erst etwa 1 vH aus, und da die Dichte (vgl. Abschn. 2) dem Druck proportional ist, würde auch diese nur um 1 vH zunehmen. Solche Unterschiede dürfen wir wohl vernachlässigen und daher die Dichte in der unmittelbaren Umgebung des Flugzeuges als eine konstante Größe ansehen.

4. Formeln für den Luftwiderstand, schädliche Fläche.

Wird irgendein Körper mit einer Geschwindigkeit v durch die Luft bewegt, so entstehen, wie wir eben überlegt haben, in seiner unmittelbaren Umgebung Druckunterschiede. Im allgemeinen wird der Druck auf der Vorderseite des Körpers größer, auf der Hinterseite kleiner werden, so daß eine resultierende Kraft entsteht, die der Bewegung entgegenwirkt, und die man Luftwiderstand nennt.

Für die Größe dieser Widerstandskraft, die einem durch die Luft bewegten Körper entgegenwirkt, pflegt man die folgende Formel anzuschreiben:

(a) $$W = z \cdot m \cdot F \cdot v^2 .$$

Dabei bedeuten:

W Luftwiderstand in kg

m Dichte der Luft (normal 1/8)

F die Größe der Ansichtsfläche (in m²), die der Körper in der Bewegungsrichtung darbietet. Man erhält F, indem man die Umrißlinie (Kontur) des Körpers in der Bewegungsrichtung auf eine zur Bewegungsrichtung senkrechte Ebene projiziert, die Projektion der Umrißlinie umschließt dann die Ansichtsfläche.

v Geschwindigkeit des Körpers relativ zur Luft in m/sek

z Beiwert (Koeffizient) des Luftwiderstandes (unbenannte Zahl).

Die Formel besagt demnach, daß der Luftwiderstand mit der Dichte der Luft, mit der Größe der Ansichtsfläche und mit dem Quadrat der Geschwindigkeit wächst.

Der Aufstellung dieser Formel liegt die Anschauung zugrunde, daß der Beiwert z eine nur von der Gestalt des Körpers, von seiner Querschnittsform und von seiner Oberflächenbeschaffenheit abhängige Zahl sei. Diese Abhängigkeit besteht zweifellos, und mit ihr werden wir uns weiter unten ausführlich beschäftigen. Zunächst aber wollen wir die Frage erörtern, wie weit es berechtigt ist, den Beiwert z als von den übrigen Größen, Dichte m, Fläche F und Geschwindigkeit v, unabhängig anzusehen.

a) Man nimmt an, der Beiwert ändere sich nicht, wenn sich nur die Dichte der Luft ändert und sonst alles gleich bleibt. Diese Annahme kann als durch die Beobachtung hinlänglich begründet gelten.

b) Man nimmt an, der Beiwert ändere sich nicht, wenn sich nur die Größe des Körpers und damit die der Ansichtsfläche ändert, während sonst alles gleich bleibt, insbesondere also auch die Gestalt des Körpers.

Diese Annahme gilt nicht mehr genau. Sie hat, streng genommen, zur Voraussetzung, daß nicht nur die Gestalt des Körpers, sondern auch die Strömungsform der Luft um den Körper, d. h. der Verlauf der Bahnen der ausweichenden Luftteilchen, geometrisch ähnlich bleibt. Es ist aber ein Gesetz der Aeromechanik, auf dessen Begründung wir in Abschn. 6 zurückkommen, daß mit einer Ähnlichkeit der Strömungsform nur zu rechnen ist, wenn bei Veränderung der Längenabmessungen zugleich die Geschwindigkeit in umgekehrtem Verhältnis verändert wird. Eine Kugel von 10 cm Durchmesser hat denselben Widerstandsbeiwert wie eine Kugel von 5 cm, wenn im zweiten Fall die Geschwindigkeit doppelt so groß ist. (Ähnlichkeitsregel, vgl. unter c) und später Abschn. 6) Handelt es sich aber um zwei „rauhe Kugeln“ und sind die beiden von gleichem Stoff oder wenigstens von gleicher Oberflächenbeschaffenheit, so ist der Beiwert bei der größeren doch etwas geringer. Man kann dies damit erklären, daß größere Körper von gleicher Oberflächenbeschaffenheit wie kleinere eigentlich als glatter gelten müssen, weil die gleichen Unebenheiten der

Oberfläche den größeren Abmessungen gegenüber weniger ins Gewicht fallen. Darum liefern die Versuche an verkleinerten Modellen in den Versuchsanstalten stets etwas ungünstigere Werte als die Beobachtungen an den wirklichen Flugzeugen.

c) Man nimmt endlich bei Verwendung der aufgestellten Formel auch an, der Beiwert ändere sich nicht, wenn sich nur die Geschwindigkeit ändert und sonst alles gleich bleibt.

Diese Annahme hat nur sehr beschränkte Gültigkeit. Läßt man beim Versuch mit einem bestimmten Körper die Geschwindigkeit allmählich von Null an zunehmen, so vermindert sich im allgemeinen zunächst der Beiwert, wird dann größer, nimmt bald rasch, bald langsamer wieder ab und erlangt schließlich eine annähernd konstante Größe, die er bis zu einer Geschwindigkeit von etwa 100 m/sek beibehält; darüber hinaus tritt wieder eine Vergrößerung des Beiwertes ein, die aber erst bei etwa 300 m/sek von Bedeutung wird und daher weniger für die Flugtechnik als etwa für die Ballistik in Betracht kommt. Bei manchen einfach gestalteten Körpern, wie Kugel oder Zylinder, tritt oft innerhalb der für die Fluglehre wesentlichen Geschwindigkeitsbereiches ein starker Abfall des Beiwertes ein. — Mit Rücksicht auf die unter b) erwähnte Ähnlichkeitsregel kann man die hier geschilderte Folge von Beiwerten auch erhalten, wenn man, statt die Geschwindigkeit zu vergrößern, die Abmessungen der Versuchskörper verkleinert. Näheres dazu vgl. in Abschn. 6.

Es ist jetzt auch klar, daß die Gleichung für W nur in beschränktem Sinn als „Luftwiderstandsformel" bezeichnet werden kann. Denn sobald der Beiwert z nicht konstant ist, sondern beispielsweise proportional der Geschwindigkeit wächst, folgt aus der Gleichung, daß der Luftwiderstand nicht mit dem Quadrat, sondern mit der dritten Potenz der Geschwindigkeit zunimmt. D. h. die Formel besagt eigentlich nichts, soweit nicht die Annahme berechtigt ist, daß der Beiwert bei einer gegebenen Körperform unveränderlich bleibt. Eine wirkliche Luftwiderstandsformel müßte noch die genaue Form der Abhängigkeit des Beiwertes z von allen Einfluß nehmenden Größen zum Ausdruck bringen. Immerhin leistet die Formel (a) in der Flugtechnik große praktische Dienste, da wir, wenigstens in sehr vielen Fällen, für z jenen annähernd konstanten

Wert einsetzen können, den die „Veränderliche“ z annimmt, sobald die Geschwindigkeit in den für die Anwendung in Betracht kommenden Grenzen, etwa zwischen 20 und 100 m/sek liegt. (Vgl. auch Abschn. 6.)

Man pflegt oft, namentlich in Deutschland, die Formel für W etwas anders zu schreiben und dabei an Stelle des Beiwertes z eine „Widerstandszahl“ c zu verwenden. Erinnern wir uns, daß wir im Abschn. 3 für das Produkt $m\frac{v^2}{2}$ die Bezeichnung Staudruck und den Buchstaben q eingeführt haben, so können wir genau dasselbe, was unsere mit (a) bezeichnete Widerstandsformel besagt, auch durch $W = 2\,z \cdot q \cdot F$ ausdrücken, oder auch durch die folgende neue Gestalt der Widerstandsformel, nämlich:

(b) $$W = c \cdot q \cdot F,$$

wobei c nichts anderes als $2\,z$ bedeutet. Irgendeine neue Erkenntnis, eine neue Annahme oder dgl. ist natürlich in der Gleichung (b) gegenüber (a) nicht enthalten. Man verwendet (b) nur deshalb, weil dies gewisse Bequemlichkeiten mit sich bringt:

Erstens einmal haben wir in Abschn. 3 gehört, daß bei tatsächlichen Versuchen nicht v, sondern eben nur q gemessen wird; will man also in einem bestimmten Fall v haben, so muß man erst noch die Dichte m anderweitig bestimmen, um aus m und q die Geschwindigkeit v zu berechnen. Hat man aber einen Versuch nur angestellt, um die Größe des Beiwertes z oder, was auf dasselbe hinauskommt, die Widerstandszahl $c = 2\,z$ zu ermitteln, so ist es offenbar nicht notwendig, erst die Berechnung von v durchzuführen. Es genügt, den gemessenen Widerstand durch die Ansichtsfläche und den Staudruck zu dividieren; der Quotient ist nach Formel (b) gleich dem gesuchten c.

Zweitens kann man dem c auch eine anschauliche Bedeutung beilegen, wenn man bedenkt (vgl. Zahlentafel 3), daß bei normaler Dichte $m = 1/8$ der Staudruck q für 40 m/sek Geschwindigkeit gerade den Wert 100 (nämlich $40 \cdot 40 : 2 \cdot 8 = 100$) besitzt. Es ist demnach das Hundertfache der Widerstandszahl c gleich dem auf die Flächeneinheit entfallenden Luftwiderstand (in kg/m²) für die Geschwindigkeit 40 m/sek = 144 km/St bei normaler Dichte. Im allgemeinen gibt 100 c die Größe des Luftwiderstandes für die Flächeneinheit der Ansichtsfläche in Prozenten des Staudruckes. Z. B.: Beiwert $z = 0{,}4$, Widerstandszahl 100 $c = 80$ besagt: Der Luftwiderstand beträgt 80 kg/m^2 bei der Geschwindigkeit 40 m/sek und normaler Dichte, allgemein, d. h. bei beliebiger Geschwindigkeit, pro Flächeneinheit 80 vH des Staudruckes. Aus der zweiten Erklärung erkennt man auch, daß c, und somit ebenso z, unbenannte (dimensionslose) Größen sind, was sich natürlich auch aus der ersten Widerstandsformel unmittelbar ableiten ließe. Es ist gleichgültig, in welchen Einheiten man Längen und Gewichte mißt: c und z bleiben von der Wahl der Maßeinheiten unberührt. In den meisten Fällen ist c kleiner als 1.

Wir besprechen schließlich noch eine dritte Gestalt der Widerstandsformel, mit deren Verwendung man häufig eine größere Anschaulichkeit herbeizuführen sucht. Irgend etwas grundsätzlich Neues liegt auch in dieser zweiten Umformung nicht; man darf sich durch den neuen Ausdruck, den wir jetzt zu erklären haben, die „schädliche Fläche", nicht verleiten lassen, zu glauben, es handle sich hier um eine veränderte Auffassung.

Für eine ebene Scheibe, die senkrecht zu ihrer Ebene durch die Luft bewegt wird, beträgt der Beiwert z in der Widerstandsformel (a), wenn die Scheibe in ihrer Gestalt nicht stark von einem Quadrat oder einem Kreis abweicht, 0,6 bis 0,7, im Mittel 0,65. Man kann nun den Luftwiderstand eines beliebigen Körpers auf den einer solchen ebenen Platte zurückführen, indem man in die Widerstandsformel statt der wirklichen Ansichtsfläche mit dem Beiwert z eine gedachte Fläche mit dem Beiwert 0,65 einführt. Diese sogenannte „schädliche Fläche" ist somit jene Fläche, die als ebene Platte senkrecht gegen die Luft bewegt, denselben Luftwiderstand bieten würde wie der betreffende Körper. Mit anderen Worten: Wir denken uns eine quadratische oder kreisförmige Platte, deren Abmessungen so gewählt sind, daß sie den gleichen Luftwiderstand ergibt wie der Körper, den wir eigentlich untersuchen. Nennen wir f die Größe der schädlichen Fläche, die zur Ansichtsfläche F eines bestimmten Körpers gehört, so muß $0{,}65 f$ gleich sein $z \cdot F$ also $f = z \cdot F : 0{,}65$.

Beispiel: Für einen zylindrischen Stiel von der Ansichtsfläche $F = 0{,}08\ \mathrm{m}^2$ mit dem Beiwert $z = 0{,}5$ ist die schädliche Fläche:

$$f = \frac{z \cdot F}{0{,}65} = \frac{0{,}5 \cdot 0{,}08}{0{,}65} = 0{,}062\ \mathrm{m}^2.$$

Die Widerstandsformel $W = z \cdot m \cdot F \cdot v^2$ nimmt nun die Form an:

(c) $$W = 0.65 \cdot m \cdot f \cdot v^2 \text{ oder } W = 1{,}30\, f \cdot q.$$

Führen wir in der ersten dieser Gleichungen für die Dichte m ihren Normalwert (am Boden) gleich 1/8 ein, so erhalten wir:

$$W = 0{,}08 \cdot f \cdot v^2.$$

Um die schädliche Fläche f eines bestimmten Körpers zu finden, muß man natürlich den Beiwert z kennen. Die Einführung des Begriffes der schädlichen Fläche hat, wie gesagt, nur den Zweck, eine größere Anschaulichkeit zu bewirken. Zahlenwerte für z, c und $f:F$ werden wir im folgenden Abschnitt kennen lernen.

5. Luftwiderstand verschiedener Körper.

Zunächst ein Beispiel, das uns über die große Bedeutung des Luftwiderstandes für den Flugzeugbau belehrt.

Ein zweistieliges Flugzeug älterer Bauart mit zwei Tragflächen (Doppeldecker) hat im ganzen 8 Stiele oder Streben, das sind Verbindungen zwischen der oberen und unteren Tragfläche (nämlich je 2 zu beiden Seiten, vorne und hinten). Die Geschwindigkeit des Flugzeuges betrage 40 m/sek, das ist $40 \cdot 3{,}6 = 144$ km/St. Der Abstand der beiden Tragflächen, also die Länge der Stiele sei 1,6 m, die Breite 5 cm, mithin die Ansichtsfläche eines Stieles $1{,}6 \cdot 0{,}05 = 0{,}08\ \mathrm{m}^2$.

a) Kreisförmiger Stiel. Für Kreiszylinder von großer Länge ist nach Versuchen der Beiwert z der Widerstandsformel (a) im Mittel 0,5, sobald das Produkt der Geschwindigkeit in die Breite des Stieles nicht größer ist als etwa $7{,}2\ \mathrm{m}^2/\mathrm{sek}$. Für größere Werte des Produktes fällt z auf 0,15 bis 0,2, wovon wir noch später sprechen werden. Da die Breite unseres Stiels 0,05 m beträgt, findet man aus der Gleichung:

$$0{,}05 \cdot v = 7{,}2$$

die obere Grenze der Geschwindigkeit, für die der Beiwert 0,5 noch gilt, zu $v = 144$ m/sek. Wir befinden uns also mit der angenommenen Geschwindigkeit von 144 m/sek gerade an der Grenze der z-Werte und müssen, vorsichtigerweise, mit dem großen Beiwert 0,5 rechnen. Der Widerstand hat somit bei normaler Luftdichte nach der Formel (a) die Größe $W = 0{,}5 \cdot \frac{1}{8} \cdot 0{,}08 \cdot 40 \cdot 40 = 8{,}0$ kg. Für sämtliche 8 Stiele zusammen ist $W = 8{,}0 \cdot 8 = 64$ kg. Wieviel PS braucht man, um diesen Widerstand zu überwinden? Die Leistung beträgt 64 kg · 40 m/sek = 2560 kgm/sek. Da 1 PS = 75 kgm/sek, so ist die erforderliche Propellerleistung 2560 : 75 = 34,2 PS. Rund 30 vH der Motorleistung gehen aber im Propeller verloren, so daß nur rund 0,7 der Motorleistung ausgenützt wird (vgl. Abschn. 15). Demnach beträgt die nur zur Überwindung des Widerstandes der Stiele erforderliche Motorleistung 34,2 : 0,70 = 48,7 PS. Man sieht, daß es sich hier um einen ganz bedeutenden Teil der im Motor verfügbaren Leistung handelt.

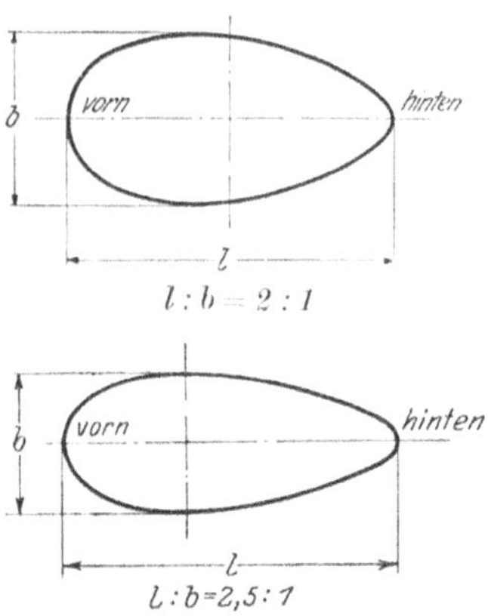

Abb. 10. Ovalrohre.

b) Eiförmiges Profil (Ovalrohr). Das günstigste Verhältnis von Höhe zu Breite für einen Stielquerschnitt wäre mit Rücksicht auf die Festigkeit (da der Stiel nach allen Seiten gleichmäßig auszuknicken droht) das Verhältnis 1 : 1. Für den Luftwiderstand ist aber ein längliches Profil mit einem Verhältnis 3 : 1 oder 2 : 1 wesentlich günstiger. Die in der Regel verwendeten, einseitig zugeschärften Ovalrohre (auch „Tropfenrohre" genannt, Abb. 10) haben ein Verhältnis Länge: Breite etwa gleich 2 : 1 bis 2,5 : 1. Bei derartiger Querschnittsgestaltung ist naturgemäß der Widerstand stets kleiner als bei Kreisrohren. Nach Versuchen (vgl. Zahlentafel 5) nimmt der Beiwert z der Luftwiderstandsformel seinen kleineren Wert von im Mittel 0,05 bis 0,06 schon an für alle Produkte aus Geschwindigkeit in Breite, die größer als etwa 0,5 m²/sek sind. Ist die Breite des Stiels z. B. wie oben gleich 0,05 m, so ergibt sich, daß der kleine Wert von z bereits für $v = 10$ m/sek gilt. Ovalrohre haben daher gegenüber kreisförmigen einen doppelten Vorteil: ihre Widerstandszahlen sind infolge der günstigeren Strömungsformen an sich geringer und der niedrige Wert von z liegt im Bereiche noch brauchbarer Geschwindigkeiten. Da der Beiwert rund 10 mal kleiner ist als der Beiwert für Kreisform, ergibt sich hiernach die Motorleistung, die erforderlich ist, um den Widerstand der 8 Stiele zu überwinden, nicht mehr zu rund 50 PS, sondern zu etwa 5 PS. Dies ist eine Leistungsgröße von geringer Bedeutung, während Leistungen von 50 PS oder dergleichen nicht für den Widerstand der Stiele allein aufgewendet werden könnten.

Die Folge der Verwendung von nicht verschalten Kreisrohren wäre, daß die Geschwindigkeit des Flugzeuges bei gegebener Motorleistung nicht 40 m/sek, sondern entsprechend kleiner würde. Hätten wir im früheren Beispiel die Geschwindigkeit gleich 20 m/sek gesetzt, so hätten wir bei Kreisform $W = 0{,}5 \cdot \frac{1}{8} \cdot 0{,}08 \cdot 20 \cdot 20 = 2{,}0$ kg für einen Stiel, daher für sämtliche Stiele zusammen $W = 16{,}0$ kg, die erforderliche Propellerleistung $20 \cdot 16 : 75 = 4{,}27$ PS, die erforderliche Motorleistung $4{,}27 : 0{,}70 = 6{,}1$ PS. Da der Luftwiderstand mit dem Quadrat der Geschwindigkeit, die zu seiner Überwindung erforderliche Arbeitsleistung also mit der dritten Potenz wächst, so bedeutet der Übergang von 40 zu 50 m/sek bei unverändertem Luftwiderstands-Beiwert eine Vermehrung des Leistungsaufwandes im Verhältnis $5^3 : 4^3 = 125 : 64 = 1{,}96$. Geht man aber gleichzeitig von Kreisrohren zu Ovalrohren über, so sinkt nach dem Gesagten der Aufwand noch rund auf ein Fünftel, würde also etwa 10 PS betragen. Nun ist freilich richtig, daß man bei größeren Geschwindigkeiten auch mit dem Kreisrohr in den Bereich kleinerer Beiwerte gelangt. Es ist aber zu bedenken, daß kein Flugzeug dauernd mit seiner Normalgeschwindigkeit fliegt, und daß man so Gefahr läuft, gerade bei gedrosseltem Motor eine Mehrbelastung durch erhöhten Luftwiderstand zu erfahren. Tatsächlich werden heute bei den meisten Flugzeugen nur Rohre von Ovalform verwendet, oder Kreisrohre mit Verschalung in Ovalform.

K a b e l und k l e i n e r e R o h r e haben einen größeren Widerstandsbeiwert als größere Querschnitte der gleichen Gestalt. Bei Kabeln, die eine Verschalung in Ovalform erhalten, kann mit doppelt so großen Beiwerten wie beim Ovalrohr gerechnet werden, also mit 0,16 bis 0,10. Gewöhnlich werden jedoch Kabel nicht verschalt, sondern behalten ihre Kreisform, wobei der Beiwert z zu 0,5 bis 0,6, die Widerstandszahl c gleich 1 bis 1,2 zu setzen ist. Gelegentlich sind auch, namentlich in England, statt der Drähte und Kabel gewöhnlicher Gestalt geeignet profilierte Stahlbänder zur Verwendung gekommen, denen ein Beiwert z von etwa 0,20 zukommt; sie haben sich nicht recht bewährt, da ihre genaue Einstellung in die Flugrichtung Schwierigkeiten bereitet.

Wenn ein Kreisrohr oder ein Kabel von Kreisquerschnitt nicht senkrecht gegen die Bewegungsrichtung steht, sondern unter einem spitzen Winkel, wie es Abb. 11 zeigt, so ergeben die Versuche viel kleinere Widerstandszahlen, als dem Kreisquerschnitt, ja selbst als dem elliptischen Querschnitt entspricht, den das Rohr in dem durch die Bewegungsrichtung bestimmten Schnitt darbietet. Für einen Winkel von 30° zwischen Rohrachse und Bewegungsrichtung (wobei also ein Ellipsenquerschnitt entsteht, bei dem die große Achse das zweifache der kleinen ist) beträgt nach englischen Versuchen der Widerstand nur 30 vH des Widerstandes eines normal gestellten Kreisrohres. Dagegen weist ein normal gestelltes Rohr, dessen Achse eine Ellipse vom Achsenverhältnisse 2 : 1 ist, etwa 50 vH des Widerstandes eines Kreisrohres auf. Man muß daraus schließen, daß die „Staffelung“ der einzelnen Querschnitte den Luftwiderstand noch besonders herabdrückt.

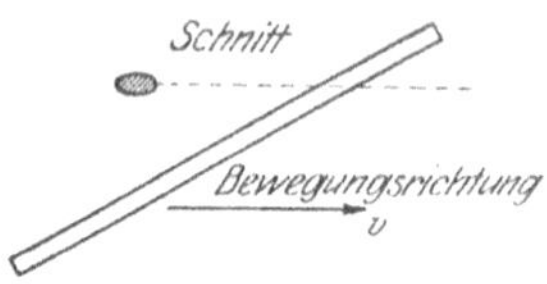

Abb. 11. Geneigte Strebe.

Über die Widerstandsbeiwerte für verschieden gestaltete Körper gibt die Zahlentafel 5 Auskunft. In der letzten Spalte ist angedeutet, für welchen Abmessungsbereich die Beiwerte ungefähr gelten. Dabei ist zu beachten, daß, wie S. 29 erwähnt, es im wesentlichen auf das Produkt der Geschwindigkeit in eine Längsabmessung ankommt. Dies Produkt, das man auch „Kennwert“ nennt, ist, abgesehen von den Zylindern in Zeile 2 und 3 der Tafel, aus dem Durchmesser des zur Bewegung senkrechten Querschnittes der Ansichtsfläche und der Geschwindigkeit gebildet. Bei den Zylindern, die als von sehr großer Länge vorausgesetzt sind, ist der Durchmesser bzw. die größte Breite der Basisfläche als Längsabmessung zur Bestimmung des Kennwertes benutzt. Behält man im Auge, was im vorangehenden Abschnitt über die Veränderlichkeit der Beiwerte gesagt worden ist, so wird man nicht übersehen, daß die Angaben der Zahlentafel nur ganz rohe Anhaltspunkte bieten können. Außer dem in dem Kennwert zum Ausdruck kommenden Einflüssen, der Geschwindigkeit und Größe des Widerstandskörpers treten bei den verschiedenen Versuchsanstalten unter sonst gleichen Verhältnissen oft recht erhebliche Unterschiede in den Versuchsergebnissen auf. Dies hängt damit zusammen, daß der ganze Fragenkreis des Flüssigkeits- oder Luftwiderstandes trotz aller wertvollen Errungenschaften des letzten Jahrzehntes noch wenig geklärt ist; dazu vgl. auch den folgenden Abschnitt.

Die kleinste Widerstandszahl hat sich bei langgestreckten Drehkörpern, wie sie heute als Luftschiffkörper Verwendung finden (siehe die Skizze in Zahlentafel 5) ergeben. Für das günstigste Luftschiffmodell ist nach Göttinger Versuchen der Beiwert z kleiner als 0,03, die Widerstandszahl c kleiner als 0,06. Die Form ist vorn gut abgerundet, rückwärts zugeschärft und damit möglichst dem Stromlinienverlauf angepaßt. Die großen Lenkluftschiffe haben heute durchwegs derartige Formen. Allgemein kann gesagt werden, daß kleine Widerstandszahlen sich stets einstellen, wenn der Körper in seinem rückwärtigen Teil günstige Abflußverhältnisse für die Luft bietet.

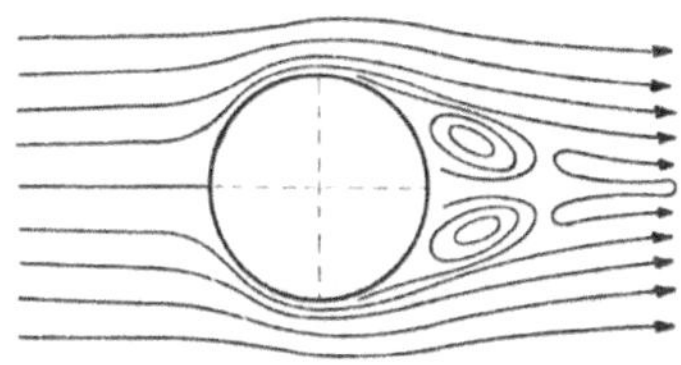

Abb. 12.
Strömung um ein Kreisrohr.

Die Gestaltung des vorderen Teiles eines Körpers ist für den Luftwiderstand von geringerer Bedeutung. Es kommt hauptsächlich darauf an, daß die vorbeiströmenden Luftfäden sich hinter dem größten Querschnitt des Körpers nicht von dessen Begrenzung ablösen, wodurch ein von Wirbeln erfüllter Totraum zwischen dem Körper und der eigentlichen Strömung entsteht, wie z. B. beim Kreisrohr Abb. 12. Im Wirbelraum herrscht geringerer Druck, wodurch die resultierende Luftkraft vergrößert wird. Bei Formen wie dem Ovalrohr Abb. 10 oder dem erwähnten günstigsten Luftschiffmodell schmiegt sich die Strömung bis ganz nahe dem hinteren Ende des Körpers genau seiner Begrenzung an. Man darf nie vergessen, daß es nicht auf schöne Umrißformen allein ankommt, sondern eben auf die Vermeidung des Loslösens und der Wirbel. Wenn man am Umfang eines sonst gut geformten Körpers Beschläge oder ähnliche Strömungshindernisse anbringt, so kann es geschehen, daß eine Ablösung der Stromlinien hervorgerufen wird, so, als ob der hintere Abflußteil gar nicht vorhanden wäre.

Diese Betrachtung läßt sich weiter verfolgen, und sie bietet den Ausgangspunkt für weit ausgreifende theoretische Überlegungen. F. W. Lanchester war wohl der erste (1907), der auf die große Bedeutung der Körper von „Stromlinienform" für die Flugtechnik hingewiesen hat[1]. Bei vollkommenster „Stromlinienform", wie sie etwa durch einen Körper nach Abb. 13 annähernd verwirklicht wird, würde der Luftwiderstand ganz verschwinden, wenn nicht zwischen Körperoberfläche und Luftteilchen Reibung bestünde. Im allgemeinen kann man den Luftwiderstand aus zwei Bestandteilen zusammengesetzt denken: der eine, der Druckwiderstand heißt, rührt davon her, daß der Druck auf der Vorderseite des bewegten Körpers größer ist als auf der Hinterseite. Außerdem ist aber längs der ganzen Oberfläche der Druck nicht genau senkrecht auf das Flächenstück zu gerichtet, auf das er wirkt, sondern hat eine kleine, der Bewegungsrichtung des Körpers entgegengesetzte, tangentiale Komponente; die Resultante dieser Teilkräfte nennt man den Reibungswiderstand. Eine sehr dünne ebene Platte, die, an den Kanten zugeschärft, in ihrer Ebene selbst bewegt wird, würde vielleicht am reinsten den Fall bloßen Reibungswiderstandes darstellen. Die Versuche zeigen übereinstimmend, daß der Reibungswiderstand schwächer wächst als das Quadrat der Geschwindigkeit; eine quadratische Platte von 1 m Seitenlänge, in ihrer Ebene mit einer Geschwindigkeit von 40 m/sec gleich 144 km/St bewegt, weist einen Widerstand von etwa 0,33 kg auf (gegenüber 120 bis 140 kg der normal gestellten Platte). Die Beobachtung zeigt, daß die Luft unmittelbar an

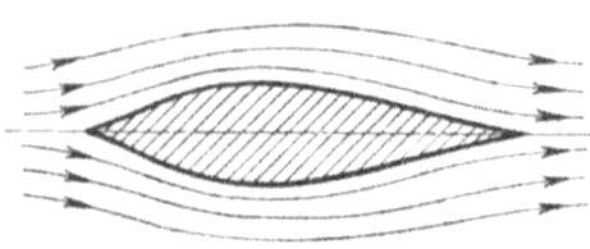

Abb. 13. Stromlinienkörper.

[1]) Lanchester, F. W.: Aerodynamik, ein Gesamtwerk über das Fliegen. 2 Bde. Leipzig: B. G. Teubner 1909/11. Das Buch ist sehr anregend, verhältnismäßig leicht verständlich, enthält hier und da nicht ganz einwandfreie Schlüsse.

Zahlentafel 5.

Luftwiderstand verschiedener Querschnittformen.

Gestalt des Körpers (→ bedeutet Bewegungsrichtung)		Beiwert z	Schädliche Fläche	Kennwert in m²/sek
Ebene dünne Platte (von ungefähr gleicher Längen- und Breitenabmessung) senkrecht bewegt		0,55 bis 0,60	0,85 F bis 0,92 F	> 0,1
Kreiszylinder senkrecht zur Achse bewegt. Länge groß gegen Durchmesser	Querschnitt 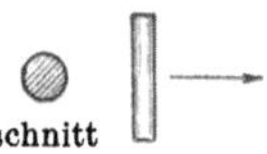	0,55 bis 0,60 0,15 „ 0,20	0,77 F bis 0,92 F 0,23 F „ 0,31 F	0,01 bis 3,0 > 7,1
Zylinder von ovalem Querschnitt. Desgl. (Tropfenrohr)	Querschnitt 	0,08 bis 0,26 0,05 „ 0,08	0,12 F bis 0,40 F 0,08 F „ 0,12 F	0,1 bis 0,3 > 0,3
Kreiszylinder in Richtung der Achse bewegt		0,42 bis 0,52	0,65 F bis 0,80 F	> 0,5
Kegel mit geschlossener Grundfläche	1:1 	0,26	0,40 F	—
	1:2 	0,17	0,26 F	—
Kugel		0,20 bis 0,24 0,10 „ 0,12[1]	0,31 F bis 0,37 F 0,15 F „ 0,18 F	0,01 bis 3,3 > 3,6
Offene Halbkugelschale konkav		0,66 bis 0,80	1,01 F bis 1,23 F	> 1
Offene Halbkugelschale konvex		0,16 bis 0,17	0,25 F bis 0,26 F	> 1
Kegel mit halbkugelförmigem Abschluß		0,081	0,12 F	—
		0,044	0,07 F	—
Ballonmodelle (Drehkörper)		0,060	0,092 F	> 10
		0,034	0,052 F	> 10
		0,028	0,043 F	> 10

[1]) Nach neueren Messungen etwa nur 0,05 (Ergebnisse der aerodyn. Versuchsanstalt Göttingen, IV. Lieferung, Berlin 1932).

dem bewegten Körper haftet, d. h. überall, wo der Luftstrom die Körperoberfläche berührt, wird die Luft mit der vollen Geschwindigkeit des Körpers mitgenommen; aber schon in sehr kleinen Abständen, oft von Bruchteilen eines Millimeters, treten erheblich geringere Geschwindigkeiten auf. Die schmale Zone, innerhalb deren dieser starke Geschwindigkeitsabfall erfolgt, nennt man die „Grenzschichte". L. Prandtl in Göttingen hat, von der näheren Betrachtung der Grenzschichten ausgehend, viel zur Aufklärung des Luftwiderstandvorganges beigetragen[1]). (Vgl. a. Abschn. 6.)

Zur Ergänzung der Zahlentafel 5 mögen noch folgende Angaben dienen.

Flugzeugrümpfe, völlig glatt, ohne Beschläge, haben, wenn sie gute Umrißform besitzen, einen Beiwert z von etwa 0,05 bis 0,10, eine Widerstandszahl c von etwa 0,1 bis 0,2. Durch Anschlüsse, Beschläge usw., hauptsächlich auch durch den aus dem Umriß herausragenden Kopf des Führers und den dahinter angebrachten Windschutz, wird der Abfluß der Luft stark verschlechtert. Daher kann für eine Rumpfform in praktischer Ausführung mit Beschlägen, Ausschnitten für die Besatzung herausragenden Motorteilen, Auftritten usw. der Beiwert z zu 0,15 bis 0,25, die Widerstandszahl c zu 0,3 bis 0,5 geschätzt werden.

Für die Kühler, die an den Flugzeugen zur Kühlung des die Motorzylinder umspülenden Wassers angebracht werden, ergeben sich je nach der Bauart sehr verschiedene Beiwerte. Bei den üblichen Stirnkühlern in Kastenform ist $z = 0{,}25$ bis 0,40, c gleich 0,5 bis 0,8; hierbei gelten die größeren Werte für Kühler von größerer Tiefe, alles bezogen auf die Ansichtsfläche des ganzen Kastens.

Flugzeugräder haben, wenn sie seitlich verschalt sind, nach Eiffel den Beiwert 0,25 bis 0,30, unverschalt 0,50 bis 0,60. Nach neueren Versuchen läßt sich dieser durch geeignete Verschalung bis zu 0,12 herabdrücken.

[1]) Die Prandtlsche Grenzschichttheorie ist in übersichtlicher Weise dargestellt in dem von L. Prandtl verfaßten „Abriß der Lehre von der Flüssigkeits- und Gasbewegung" (Handwörterbuch der Naturwissenschaften, Bd. 4). Jena: G. Fischer 1913. Neuere Bearbeitung: L. Prandtl, Abriß der Strömungslehre. Braunschweig: Fr. Vieweg 1931.

Kennt man den Beiwert z oder die Widerstandszahl c für einen Körper, so kann man ohne weiteres nach den Angaben in Abschn. 4 auch seine schädliche Fläche bestimmen. Das Verhältnis der schädlichen Fläche f zur Ansichtsfläche F ist stets gleich $z : 0{,}65$.

Die Ausrechnung ergibt z. B.:

für einen kreisförmigen Stiel $z = 0{,}5$ ist $f = 0{,}77\,F$;

für einen ovalen Stiel $z = 0{,}08$ bis $0{,}05$ ist $f = 0{,}12\,F$ bis $0{,}08\,F$;

für den Rumpf $z = 0{,}15$ bis $0{,}25$ ist $f = 0{,}23\,F$ bis $0{,}39\,F$;

für Röhrchenkühler bezogen auf die gesamte Stirnfläche $z = 0{,}25$ bis $0{,}40$ ist $f = 0{,}38\,F$ bis $0{,}61\,F$;

für verschalte Räder $z = 0{,}25$ bis $0{,}30$ ist $f = 0{,}38\,F$ bis $0{,}46\,F$;

für einen Fallschirm $z = 0{,}7$ ist $f = 1{,}076\,F$ (Z. B. für einen Fallschirm von 20 m Umfang $f = 34{,}2\ \mathrm{m}^2$.);

für einen fallenden Menschen schätzt man als schädliche Fläche $f = \frac{3}{8}\ \mathrm{m}^2$.

Dabei bedeutet F jedesmal die Ansichtsfläche des betreffenden Körpers. Weitere Angaben enthält Zahlentafel 4 in der letzten Spalte[1]).

Im allgemeinen wird die schädliche Fläche eines Körpers aus dem im Luftkanal bestimmten Beiwert und der Ansichtsfläche errechnet. Eine zweite Möglichkeit der Bestimmung von f ergibt sich durch Fallversuche. Läßt man einen Körper aus großer Höhe fallen, so wirken auf ihn zwei Kräfte, die nach unten gerichtete Schwerkraft, d. h. sein Gewicht G, und der nach oben gerichtete Luftwiderstand W. G ist unveränderlich, W zu Beginn der Bewegung Null, wächst annähernd mit dem Quadrat der Fallgeschwindigkeit. Die resultierende Kraft ist also zuerst gleich G und wird während des Fallens kleiner, bis sie einmal, von dem Augenblick an, wo der Widerstand dem Ge-

[1]) Die Lehr- und Handbücher der Flugtechnik enthalten stets zahlreiche Angaben über Luftwiderstandswerte. Man vgl. z. B. R. Fuchs u. L. Hopf, Aerodynamik, Berlin: R. C. Schmidt & Co. 1922, oder aus der englischen Literatur L. Bairstow, Applied aerodynamics, London: Longmans, Green & Co. 1920. Die Angaben mancher Autoren sind nur mit Vorsicht zu benutzen.

wicht gleich geworden ist, den Wert Null annimmt. Dann ist aber nach dem Grundgesetz der Mechanik (s. Abschn. 3) keine Beschleunigung mehr vorhanden, es stellt sich also eine konstante Geschwindigkeit v ein. Da nun

$$W = 0{,}65\, f v^2$$

ist, besteht die Gleichung:

$$G = W = 0{,}65\, f v^2 \quad \text{oder} \quad f = \frac{G}{0{,}65 \cdot v^2}.$$

Ist also das Gewicht G des Körpers und die sich einstellende Endgeschwindigkeit v bekannt, so kann man daraus die schädliche Fläche berechnen. Auf diese Weise wurden die schädlichen Flächen von Fallschirmen und die eines fallenden Menschen bestimmt. Man ließ eine Puppe von den Ausmaßen, den Formen und dem durchschnittlichen Gewichte eines Menschen aus größeren Höhen fallen und beobachtete die sich einstellende Endgeschwindigkeit zu etwa 17 m/sek. Aus der Gleichung ergibt sich dann der Wert $f = \frac{3}{8}\,\text{m}^2$.

Die gesamte schädliche Fläche eines Flugzeuges durchschnittlicher Größe für etwa 1—3 Mann Besatzung bei rund 200 PS Motorkraft beträgt je nach der Bauart und Ausführung etwa 0,60 m² bis 1,2 m². Die im Kriege viel verwendeten Großflugzeuge mit zwei Motoren außerhalb des Rumpfes hatten eine schädliche Fläche bis etwa 2,0 m². Die heutigen großen Verkehrs- oder Bombenflugzeuge kommen auf 3 m² und darüber. Bei den kleinen einsitzigen Kampf- und Sportflugzeugen vermindert sich der Betrag auf 0,40 m² oder noch darunter. Bei den im Jahre 1927 in England ausgetragenen Wettflügen um den Schneiderpokal hatte das siegreiche Flugzeug „Supermarine" eine schädliche Fläche unter 0,29 m². Als Anhaltspunkt kann gelten: Zur schädlichen Fläche des ganzen Flugzeuges trägt der Rumpf etwas weniger als die Hälfte bei. Nimmt man also den größten Rumpfquerschnitt, multipliziert ihn mit etwa 0,3, so hat man — für eine erste grobe Schätzung bei normaler Ausführung — rund 40 vH der gesamten schädlichen Fläche. Oft wird die schädliche Fläche zur Tragfläche ins Verhältnis gesetzt. Je nach der Bauart kann man annehmen, daß die schädliche Fläche etwa 2 bis 4 vH der gesamten Tragfläche ausmacht.

6. Luftwiderstand und andere Luftkräfte.

Daß die in der Luftwiderstandsformel vorausgesetzte quadratische Abhängigkeit des Luftwiderstandes von der Geschwindigkeit im allgemeinen nicht genau zutrifft, ist schon im Abschnitt 4 erwähnt worden. Wenn man den Quotienten

$$z = \frac{W}{m \cdot F \cdot v^2}$$

für einen bestimmten Körper, beispielsweise eine Kugel von 28 cm Duchmesser, bei verschiedenen Werten von v auf Grund versuchsmäßiger Feststellung von W ermittelt, so ergibt sich etwa

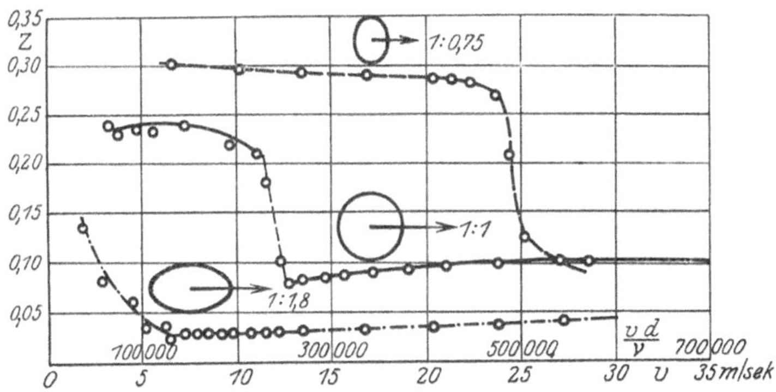

Abb. 14. Widerstandsbeiwerte für Kugel und Ellipsoid.

ein Bild wie es die mittlere der drei Linien in Abb. 14 darstellt. Hier sind als Abszissen die Geschwindigkeiten v, als Ordinaten die aus den Widerstandsmessungen berechneten Beiwerte z aufgetragen. Man sieht, daß bei einer Geschwindigkeit von ungefähr 12 m/sec der Beiwert z fast unvermittelt von etwa 0,24 auf 0,10 herabfällt. Ähnliches Verhalten zeigen die beiden anderen Linien der Abb. 14, in denen Versuchsergebnisse von ellipsoidisch gestalteten Körpern zur Darstellung gebracht sind, und zwar einmal für ein in der Bewegungsrichtung gestrecktes und einmal für ein abgeflachtes Ellipsoid. Wie zu erwarten war, finden sich die Widerstände im letzteren Fall größer, im ersteren Fall kleiner als die der Kugel, immer aber zeigt sich der grundsätzlich gleiche Verlauf, mit dem plötzlichen Abfall von einem höheren zu einem niederen Wert. (Zu Beginn des Abschn. 5 war von dieser Erscheinung beim Widerstand von Tragflügel-Stielen die Rede.) In der Göttinger Versuchsanstalt Prandtls, aus deren Veröffentlichungen Abb. 14 stammt, ist diese auffallende Erscheinung näher untersucht worden[1]. Es hat sich gezeigt, daß mit der Verminderung des Widerstandsbeiwertes z eine Änderung der Strömungsform in der Umgebung der vom Luftstrom getroffenen Kugel verbunden ist. Wie die Abb. 15 zeigt, die ebenfalls einer Veröffentlichung Prandtls entnommen ist, löst sich die Strömung bei kleineren Geschwindigkeiten ungefähr längs eines Größtkreises der Kugel ab, bei größerer Geschwindigkeit erst weiter hinten, so daß im letzteren Fall der „Totraum", dessen Ausdehnung für die Größe des Widerstandes maßgebend ist

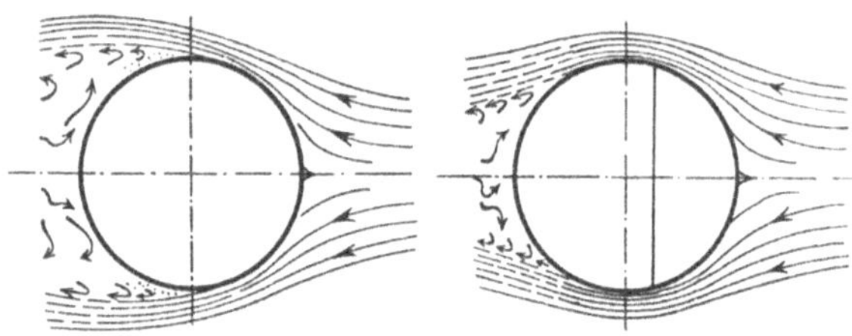

Abb. 15. Strömung um eine Kugel.

(vgl. Abschn. 5, S. 37), kleiner ausfällt[2]. Woher dieser Umschlag der Strömungsform herrührt, ist nicht aufgeklärt. Doch hat sich gezeigt, daß man durch Anbringung eines Reifens an der mit A bezeichneten Stelle die günstigere Strömungsform schon bei kleineren Geschwindigkeiten erzielen kann. Von großer Bedeutung ist es, daß — bei der natürlichen, ungestörten Bewegung — der Abfall zu kleineren Widerstandsbeiwerten um so früher erfolgt, je näher die Gestalt des Körpers

[1] Die für jeden Flugtechniker überaus wichtigen Veröffentlichungen des Göttinger Instituts führen den Titel: Ergebnisse der aerodynamischen Versuchsanstalt zu Göttingen, unter Mitwirkung von C. Wieselsberger und A. Betz herausgegeben von L. Prandtl. Bisher erschien: 1. Lieferung, 2. Aufl. 1923, 2. Lieferung 1923, 3. Lieferung 1927 und 4. Lieferung 1932. München und Berlin: R. Oldenbourg.

[2] Prandtl, L.: Der Luftwiderstand von Kugeln. Nachrichten der Göttinger Gesellschaft der Wissenschaften 1914.

der Stromlinienform steht, also in den Fällen der Abb. 14 zuerst bei dem gestreckten Ellipsoid, dann bei der Kugel, zuletzt bei dem abgeflachten Ellipsoid. Daraus erklärt sich auch der im vorangehenden Abschnitt bereits hervorgehobene große Unterschied im Widerstand zwischen einem kreiszylindrischen und einem Profilrohr. Es liegt eben so, daß man beim Kreisrohr bei den üblichen Fluggeschwindigkeiten sich noch in der Regel im Bereich der ungünstigeren Strömungsform vor dem Abfall befindet, bei den Profilrohren aber im zweiten Bereich, dort, wo der Widerstandsbeiwert schon den kleineren Wert angenommen hat.

Man erkennt, daß es von größter Wichtigkeit wäre, über den Verlauf der Abhängigkeit des z von der Geschwindigkeit v genaueren grundsätzlichen Aufschluß zu erhalten. Das einzige, was hier bisher erreicht wurde, ist die Erkenntnis des Zusammenhanges zwischen diesem Verlauf und den Abmessungen des Körpers (und der Natur des widerstehenden Mediums), und zwar im Rahmen des bereits erwähnten Ähnlichkeitsgesetzes, das von dem Amerikaner Osborne Reynolds 1883 aufgefunden wurde. Die Luft ist wie das Wasser genau genommen eine zähe Flüssigkeit, in der nicht nur Normaldrucke (Luftdruck), sondern zwischen zwei aneinander gleitenden Schichten auch Schubkräfte oder Tangentialspannungen auftreten können. Wenn etwa in Abb. 16 die rechts liegenden Teilchen vorauseilen, so wie es die eingezeichneten Geschwindigkeitspfeile in ihren verschiedenen Größen andeuten, so wirken in jeder Schnittfläche, die den Geschwindigkeiten parallel ist, Tangentialkräfte, durch welche die Schichten auf der rechten Seite gehemmt, die auf der linken beschleunigt werden. Nach einer noch von Newton herrührenden Vorstellung nimmt man an, daß die Größe der auf die Flächeneinheit entfallenden Schubkraft proportional ist dem Geschwindigkeitsgefälle, also dem Quotienten Geschwindigkeitszunahme durch Abstand der Schichten. Betrachten wir etwa ein prismatisches Teilchen, dessen Querschnitt gleich der Flächeneinheit, dessen Höhe gleich l, dessen

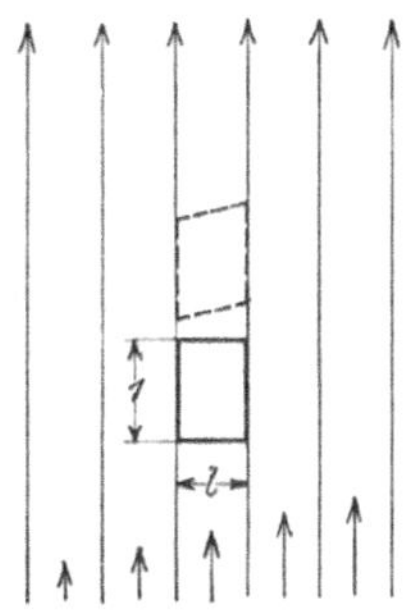

Abb. 16. Stromschichten.

Masse also gleich $m \cdot l$ (m = spezifische Masse) ist, so haben wir nach dem Grundgesetz der Mechanik (s. S. 21):

$$m \cdot l \times \text{Beschleunigung} = k \times \text{Geschwindigkeitsgefälle},$$

wenn wir mit k den Proportionalitätsfaktor in dem oben angedeuteten Newtonschen Ansatz bezeichnen. Nun ist Beschleunigung ein Quotient von Geschwindigkeit durch Zeit t, Geschwindigkeitsgefälle ein Quotient Geschwindigkeit durch Länge l. Es bleibt demnach in der angeschriebenen Gleichung, abgesehen von zwei Geschwindigkeitsgrößen, auf der linken Seite ein Ausdruck $ml:t$, auf der rechten ein Ausdruck $k:l$. Natürlich dürfen wir nicht beide Ausdrücke einander gleich setzen, weil wir ja das Verhältnis der fortgelassenen Geschwindigkeitsgrößen nicht kennen. Aber dieses Verhältnis muß eben dem Quotienten der übriggebliebenen Größen

$$\frac{ml}{t} : \frac{k}{l} = l \cdot \frac{l}{t} : \frac{k}{m}$$

entsprechen. Auf diesen Ausdruck kommt es an, wenn man den Verlauf von Strömungserscheinungen beurteilen will. Den Quotienten $k:m$, der nur von der Natur des Mediums, nicht von dem besondern Strömungsproblem abhängt, bezeichnet man schlechthin als Zähigkeitszahl des Mediums. Sie hat für Luft unter normalen Verhältnissen etwa den Wert 0,14, wenn cm und Sekunden als Maßeinheiten genommen werden, oder 0,000014, wenn man Meter und Sekunden benutzt; für Wasser von 20° C im ersten Fall den Wert 0,01, im zweiten 0,000001. Bezeichnet man die Zähigkeitszahl mit dem griechischen Buchstaben ν und setzt v für den Quotienten $l:t$, der doch eine Geschwindigkeit bedeutet, so zeigt unsere Überlegung, daß es auf den Ausdruck

$$\frac{l \cdot v}{\nu},$$

d. i. Länge mal Geschwindigkeit durch Zähigkeit, oder Kennwert durch Zähigkeit, ankommt. Man wird also bei zwei Kugeln die gleiche Widerstandszahl erwarten dürfen, wenn beidemal das Produkt aus Durchmesser und Geschwindigkeit dividiert durch die Zähigkeitszahl des Mittels gleichen Wert gibt. Dies ist das Reynoldssche Ähnlichkeitsgesetz für die Kugel, bei der die einzige charakteristische Längenabmessung eben der Durchmesser ist[1]). Beispielsweise hat eine Kugel von 28 cm Durchmesser mit 20 m/sek durch Luft bewegt die gleiche Widerstandszahl z (nicht den gleichen Widerstand W) wie eine Kugel von 14 cm bei 40 m/sek in Luft oder wie eine Kugel von 2 cm Durchmesser bei 20 m/sek in Wasser (weil die Zähigkeit der Luft 14 mal so groß ist wie die des Wassers) usf.

In Abb. 14 sind den Abszissen auch die Werte des Ausdrucks $d \cdot v : \nu$ (wo d den Durchmesser der Kugel bezeichnet), den man kurz „reduzierte Geschwindigkeit" oder „Reynoldssche Zahl" nennt, beigeschrieben. Auf diese Weise ist man instand gesetzt, den Widerstand für eine Kugel beliebiger Größe, für beliebige Geschwindigkeiten und schließlich auch für verschiedene Medien mit Hilfe der Abb. 14 zu berechnen. Sei etwa der Durchmesser $d = 10$ cm, die Geschwindigkeit in Luft $v = 20$ m/sec, so hat man $10 \cdot 2000 : 0{,}14 = 143000$. Für diesen Wert zeigt die Linie z ungefähr gleich 0,25, so daß der Widerstand die Größe erhält:

$$W = m \cdot z \cdot F \cdot v^2 = \frac{1}{8} \cdot 0{,}25 \cdot 0{,}1^2 \frac{\pi}{4} \cdot 400 = 0{,}098 \text{ kg}.$$

Ist aber die Kugel doppelt so groß, so hat man $d \cdot v : \nu = 286000$ und hierfür zeigt Abb. 14 schon ein z von ungefähr 0,1, so daß der Widerstand

$$W = \frac{1}{8} \cdot 0{,}1 \cdot 0{,}2^2 \cdot \frac{\pi}{4} \cdot 400 = 0{,}157 \text{ kg}$$

wird, also nur etwa um die Hälfte größer als bei der kleinen Kugel, obgleich die Ansichtsfläche vervierfacht ist.

Bei langen Kreiszylindern, wie sie etwa Spanndrähte oder Kabel darstellen, ist die Widerstandszahl z von dem Werte $d \cdot v : \nu$ abhängig, wenn mit d der Zylinderdurchmesser bezeichnet wird. In dem Bereich der reduzierten Geschwindigkeit bis etwa 500000 ist ein Abfall des z von seinem anfänglichen Wert 0,5 bis 0,6 nicht zu beobachten. Ein Kabel von 1 cm Durchmesser liegt daher bis zu einer Geschwindigkeit von

[1]) Eine exaktere Ableitung des Ähnlichkeitsgesetzes findet man in meinem Lehrbuch: Elemente der technischen Hydromechanik, Bd. 1, Leipzig: Teubner 1914, S. 48; eine allgemein verständliche Darstellung hierhergehöriger Fragen in dem Aufsatz von L. Hopf: Über Modellregeln und Dimensionsbetrachtungen. Naturwissenschaften 1920.

710 m/sek noch im ungünstigen Widerstandsgebiet, ein Kreisrohr von 5 cm Durchmesser bis 142 m/sek. Bei Profilrohren sind dagegen Geschwindigkeiten bis herab zu 60 m/sek schon durchaus günstige.

Die vorstehenden Bemerkungen sollen vor allem nur dazu dienen, ein Urteil über Zuverlässigkeit und Geltungsbereich verschiedener Angaben von Widerstandszahlen zu ermöglichen; genauere Untersuchungen gehören in einen Lehrgang der Aeromechanik. Wie man sieht, ist eine vollständige Kennzeichnung des Verhaltens eines Körpers im Luftwiderstand durch Angabe einer einzigen Zahl überhaupt nicht zu erreichen; noch weniger, wenn es sich um eine ganze Gruppe unbestimmt definierter Körper, wie „lange Zylinder“ u. dgl. handelt, wobei Größe, Oberflächenbeschaffenheit, Gestaltung an den Enden usw. noch sehr verschieden sein können.

Es kommt auch noch ein weiterer Umstand in Betracht, der die Vergleichbarkeit und Brauchbarkeit vieler Versuchsergebnisse beeinträchtigt. Fast alle Versuche werden im „Luftkanal“ vorgenommen, also bei einer gegenüber dem Flugzustand umgekehrten Bewegung: Der Körper ist in Ruhe und die Luft wird ihm mit der Geschwindigkeit v zugeführt. Es ist dabei nicht sehr leicht möglich, die Wirkung störender Einflüsse, namentlich einer gewissen „Unruhe“ oder „Turbulenz“ der Strömung, auszuschalten. Wird die dem Körper zugeführte Luft nicht hinreichend beruhigt, so zeigen sich meist kleinere Widerstandszahlen, namentlich bei solchen Körpern, hinter denen sich ein von Wirbeln erfüllter Totraum der Strömung ausbildet. Im allgemeinen sind die Widerstandszahlen der Göttinger Versuchsanstalt etwas größer als die von Eiffel angegebenen, was teilweise auf größere Unruhe oder „Turbulenz“ der Strömung im Eiffelschen Kanal zurückzuführen ist.

In dem Begriff des Luftwiderstandes ist die Annahme eingeschlossen, daß die Kraft, die einem Körper bei seiner Bewegung durch die Luft entgegenwirkt, gerade die Richtung entgegen der Geschwindigkeitsrichtung hat. Die Kraft rührt aber (S. 38) in erster Linie von den Druckunterschieden her, die infolge der Bewegung (Abschn. 3) an der Oberfläche des Körpers entstehen. Es ist nun eine der wichtigsten Grundtatsachen der Fluglehre, daß die Kraftwirkung, die der Luftdruck an einem Teilchen der Oberfläche eines Körpers ausübt, stets annähernd senkrecht auf dieses zu gerichtet ist. Es ist nicht notwendig, daß die Resultierende dieser, bei einem beliebig geformten Körper sehr verschieden gerichteten Einzeldrucke in die Geschwindigkeitsrichtung fällt, ja es muß überhaupt keine Einzelkraft sich als Resultierende ergeben[1]). So ist es beispielsweise eine bekannte Erfahrung, daß der Rumpf eines Flugzeuges nicht nur Widerstand sondern auch Auftrieb erhält. Damit ist nichts anderes gesagt als daß die Druckkräfte, die auf der Unter- und Oberseite des Rumpfes wirken, sich nicht ganz aufheben, wie etwa an einer wagerecht bewegten Kugel, sondern ein Überschuß der von unten nach oben wirkenden besteht. Im folgenden Kapitel werden wir uns ausführlich mit der Erscheinung des Auftriebs beschäftigen, die natürlich bei den Tragflächen oder Flügeln eine viel wesentlichere Rolle spielt als beim Flugzeugrumpf. Im vierten Kapitel werden wir dann sehen, wie die besonderen Richtungsverhältnisse der Luftkräfte bei einem Propeller sogar zu einer Zugkraft führen, wobei übrigens der Fall vorliegt, daß die Gesamtheit der Luftkräfte keine Einzelkraft zur Resultierenden hat, sondern die Verbindung einer Einzelkraft mit einem Kräftepaar. So sehr diese allgemeineren Formen der Wechselwirkung zwischen einem bewegten Körper und der umgebenden Luft von der einfachen Ausgangsvorstellung des Luftwiderstandes abweichen, sind doch in dem gemeinsamen Ursprung aller dieser Luftkräfte weitgehende Analogien begründet. Immer wieder werden uns Formeln begegnen, die den beiden Gestalten (a) und (b) der Luftwiderstandsformel:

$$\text{(a)}\quad W = z \cdot m \cdot F \cdot v^2; \qquad \text{(b)}\quad W = c \cdot F \cdot q$$

vollständig analog sind. Es drückt sich darin die allgemeine — wie wir oben gehört haben, stets mit gewisser Vorsicht zu benutzende — Annahme aus, daß die Luftkräfte der Luftdichte, dem Quadrat der Geschwindigkeit und der Flächengröße proportional, im übrigen nur von den geometrischen

[1]) Die allgemeine Theorie des Gleichgewichtes fester Körper besagt, daß eine beliebige Gruppe einzelner Kräfte nicht immer einer einzigen Kraft gleichwertig ist.

Verhältnissen (Gestalt und Stellung des Körpers gegenüber der Bewegung) abhängig sind. Viele von den an den Begriff des Luftwiderstandes geknüpften allgemeinen Bemerkungen gelten dann sinngemäß auch für die verschiedenen Luftkräfte, die wir in der Folge kennen lernen werden: den Auftrieb und Rücktrieb der Tragfläche, die Zugkraft und Widerstandskraft der Luftschraube, die Luftkräfte an den Rudern (Steuerflächen) und Flossen.

II. Die Tragfläche.

7. Wirkungsweise der Tragfläche. Auftrieb und Rücktrieb.

Die Wirksamkeit der Tragfläche ist in erster Linie von ihrer Querschnittsform, dem sogenannten Tragflächenprofil abhängig. Das Profil hat das Aussehen einer Sichel, die an

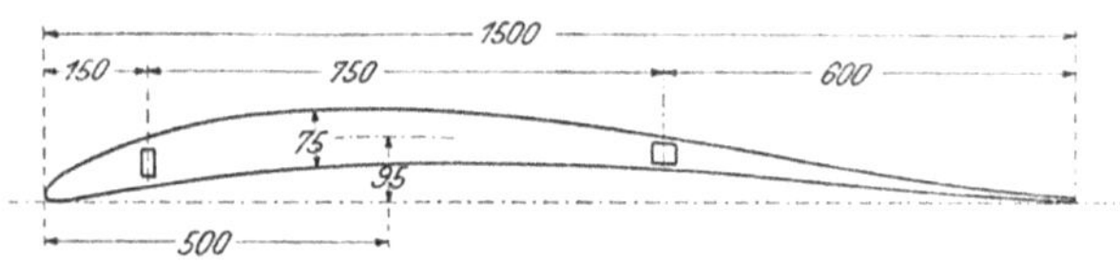

Abb. 17. Querschnitt durch eine Tragfläche.

dem hinteren Ende spitz zuläuft, an dem vordern ausgerundet ist (Abb. 17).

Unter dem Anstellwinkel versteht man den Winkel, den die Sehne des Tragflächenprofils, also der Sichel, mit der Bewegungsrichtung einschließt. Der Anstellwinkel ist für dasselbe Flugzeug beim Fliegen in wagrechter Richtung, beim Steigen und Gleiten verschieden. Bei wagrechter Bewegung liegt der Anstellwinkel in der Regel zwischen 1,5 und 4°, bei sehr raschen Flugzeugen noch darunter, manchmal selbst unter Null (Winkel a in Abb. 18).

Die Wirkungsweise ist nun folgende.

Infolge der Bewegung in schräger Lage tritt vorne auf der Unterseite der Tragfläche eine Druckerhöhung der Luft, auf der Oberseite eine Druckerniedrigung ein. Der Druck ist daher auf der Unterseite größer als auf der Oberseite, und es wirkt eine resultierende Luftkraft von unten nach oben. Da, wie am Schlusse von Abschn. 6 hervorgehoben wurde, die Druckwirkung stets annähernd senkrecht zu den sie aufnehmenden Flächenteilchen gerichtet ist, die gesamte Tragfläche aber nicht viel von einer Ebene abweicht, so haben alle Teilkräfte ungefähr die gleiche Richtung: „senkrecht zur Tragfläche“. Die resultierende Luftkraft liegt also annähernd senkrecht zur Tragfläche, bzw. zur Sehnenrichtung, Abb. 18. Nach dem Satz vom Kräfteparallelogramm kann man eine solche geneigte Kraft in eine lotrechte und eine wagrechte Komponente zerlegen. Die lotrechte Komponente ist in unserem Falle nach aufwärts gerichtet, also entgegengesetzt der Schwerkraft und heißt daher Auftrieb; die wagrechte, infolge des kleinen Anstellwinkels verhältnismäßig kleine Komponente wirkt entgegen der Be-

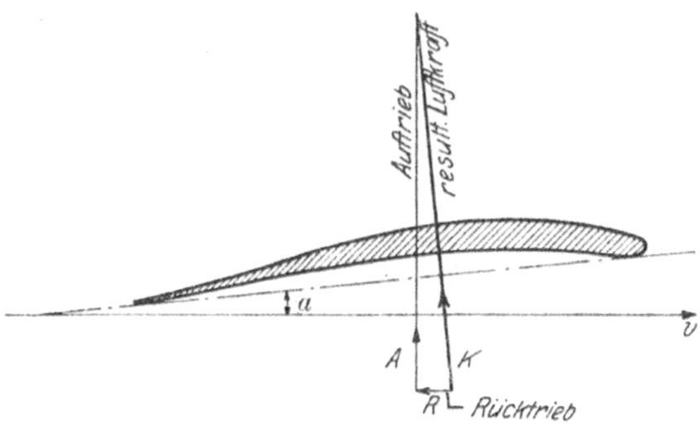

Abb. 18. Kräfte an der Tragfläche.

wegungsrichtung und heißt der Widerstand der Tragfläche oder der Rücktrieb.

Das Wesen des Motorfluges (wie übrigens auch des Segelfluges) liegt in letzter Linie darin, daß bei der Bewegung einer Tragfläche durch die Luft Kräfte geweckt werden, die nicht lediglich der Bewegung entgegenwirken, also sie zu hindern suchen, sondern daß, wie eben gezeigt wurde, außer diesen Kräften auch anders gerichtete entstehen, die die Schwerkraft überwinden. Wird irgend ein gewöhnlicher Körper, z. B. ein zylindrischer Stab, durch die Luft bewegt, so entsteht im wesentlichen nur ein Widerstand; eine geeignet geformte „Tragfläche“ ergibt neben dem Widerstand einen Auftrieb.

Der Quotient Rücktrieb : Auftrieb heißt aus Gründen, die wir in Abschn. 44 kennen lernen werden Gleitzahl der Tragfläche. Je geringer die Gleitzahl (d. h. also bei gegebenem Auftrieb auch der Widerstand) ist, um so besser ist die Tragfläche. Die Tragflächen der ersten Flugzeuge hatten Gleitzahlen von rund 0,2, d. h. der Rücktrieb betrug rund ein Fünftel des Auftriebes. Die kleinste bis jetzt erreichte Gleitzahl ist 0,05 bis 0,06, d. h. es ist der Rücktrieb der Tragfläche auf 5 bis 6 vH des Auftriebes heruntergedrückt. Die Gleitzahl ist jedoch für eine Tragfläche keine unveränderliche Größe, sondern sie ändert sich je nach dem Betriebszustand, d. h. sie ist für Steigen anders als für Wagrechtflug. Die angeführten Zahlen sind die Kleinstwerte für möglichst günstige Verhältnisse. Darüber wird noch später ausführlich zu sprechen sein.

In vielen Darstellungen der Fluglehre findet man Erklärungen für die „Herkunft“ oder „Ursache“ des Auftriebs, die dem Anfänger als im Widerspruch mit dem hier Gesagten erscheinen könnten. Es heißt z. B., der Auftrieb rühre nur davon her, daß bei der Bewegung der Tragfläche durch die Luft bestimmte Luftmassen nach abwärts „geworfen“ werden. Eine andere, mehr wissenschaftliche Erklärung geht dahin, daß nur die „Zirkulation der Luft“ um den Flügel den Auftrieb bewirke usf. Die Verhältnisse liegen nun in der Tat so: Wenn wir eine Tragfläche durch die Luft bewegt denken, so ist damit nach den Gesetzen der Mechanik der Druck und die Geschwindigkeit der Luft in der ganzen Umgebung eindeutig bestimmt. Der Zustand der umgebenden Luft weist gleichzeitig einen Druckunterschied zwischen Ober- und Unterseite des Flügels, eine Zirkulation der Luft um den Flügel, endlich eine Abwärtsbewegung der Luft unterhalb des Flügels auf. Jede dieser drei Erscheinungen kann daher mit gleichem Recht als die „Ursache“ des Auftriebs angesehen werden.

Wie die Abwärtsbewegung oder das „Abwärtswerfen“ der Luftteilchen mit dem Auftrieb zusammenhängt, zeigt folgende auf den Impulssatz (Abschn. 3 S. 26) gestützte Überlegung. Denkt man sich das Flugzeug samt der es umgebenden Luft in eine genügend große Kugel eingeschlossen (die sich mit dem Flugzeug mitbewegt), so wirken auf die in der Kugel eingeschlossene Luftmenge — von ihrem Gewicht, das geringfügig ist, abgesehen — erstens Kräfte von außen her an der Kugeloberfläche, die sich aber aufheben, weil in genügender Entfernung vom Flugzeug einfach der ungestörte, also überall gleiche Luftdruck herrscht, und zweitens Kräfte von innen her, an den Teilen, mit denen die Luft das Flugzeug berührt. Diese letzteren Kräfte sind die Gegenwirkung der Kräfte, die von der Luft auf die Oberfläche des Flugzeuges ausgeübt werden, also diesen entgegengesetzt gerichtet und der Größe nach gleich. Wenn daher das Flugzeug einen Auftrieb erfahren soll, muß die Luftmasse eine resultierende abwärts gerichtete Kraft aufnehmen, und das ist nach dem Impulssatz nur möglich, wenn die Luftteilchen einen Geschwindigkeitszuwachs nach unten oder eine abwärts gerichtete Beschleunigung besitzen. Würde man die Luftmenge V kennen, die in jeder Sekunde in den Wirkungsbereich des Flügels ohne Vertikalgeschwindigkeit eintritt, und die Abwärtsgeschwindigkeit w, mit der sie diesen Bereich verläßt, so hätte man nach dem Impulssatz in dem Produkt $m \cdot V \cdot w$ die Größe des Auftriebs A.

Um die Bedeutung der „Zirkulation" und ihren Zusammenhang mit dem Auftrieb zu verstehen, denken wir uns das Flugzeug in Ruhe und von einem wagrechten Luftstrom angeblasen. Würden die Luftteilchen an der Ober- und Unterseite der Tragfläche mit ungefähr der gleichen Durchschnittsgeschwindigkeit entlang streichen, so müßte nach dem in Abschn. 3 abgeleiteten Satz, wonach die Summe aus Druck- und Geschwindigkeitshöhe immer gleichen Wert hat, auch der durchschnittliche Druck oben und unten gleich sein. In diesem Fall wäre also kein Auftrieb vorhanden. Ist aber Auftrieb da, somit der Druck unten größer als oben, so muß nach dem angeführten Satz die Geschwindigkeit oben größer und unten kleiner sein. Man kann sich das so vorstellen, als ob zu der gleichförmigen, ungefähr wagrechten und parallelen Bewegung noch eine Zusatzbewegung hinzukommt, die auf der Oberseite die Richtung des Anblasestromes, auf der Unterseite die entgegengesetzte Richtung besitzt. Die Zusatzbewegung für sich betrachtet stellt demnach ein Umkreisen des Flügels dar, und zwar im Sinne des Uhrzeigers, wenn der Anblasestrom von links kommt. Da dieser Strom entgegengesetzt zur Flugrichtung zu denken ist, besitzt ein Flugzeug, das wir nach links fliegen sehen, von unserm Beobachtungsstandpunkt aus Zirkulation der Luft im Uhrzeigersinn, andernfalls entgegen dem Uhrzeiger. Wie man die

Zirkulation mißt und wie man aus ihrer Größe auf die des Auftriebes schließt, kann im Rahmen dieses Buches nicht erklärt werden[1]).

8. Abhängigkeit des Auftriebes A und des Rücktriebes R vom Anstellwinkel α.

Auftrieb und Tragflächenwiderstand sind Komponenten einer Luftkraft. Für sie gelten — vgl. die Bemerkungen am Schlusse vom Abschn. 6 — ähnliche allgemeine Gesetze wie für den im ersten Kapitel behandelten Luftwiderstand eines beliebigen Körpers. Nämlich: Die Kräfte sind unter sonst gleichen Verhältnissen proportional der Dichte der Luft, der Tragflächengröße und dem Quadrat der Geschwindigkeit und im übrigen bestimmt durch eine Zahl, die jetzt „Beiwert des Auftriebes" bzw. „Beiwert des Rücktriebes" heißt.

Bezeichnen wir den in kg gemessenen Auftrieb mit A, den Widerstand der Tragfläche oder Rücktrieb mit R, die Größe der Tragfläche in m² mit F, endlich mit z_a und z_r die beiden Beiwerte, so gelten die Formeln:

$$A = z_a \cdot m \cdot F \cdot v^2; \qquad R = z_r \cdot m \cdot F \cdot v^2. \tag{a}$$

Hierbei beachte man, daß F die Größe der Tragfläche (nicht die Ansichtsfläche, die in Abschn. 4 eingeführt wurde), v wie früher die Geschwindigkeit des Flugzeuges in m/sek, m die Dichte der Luft (normal 1/8) bedeuten.

Analog wie in Abschn. 4 kann jetzt gesagt werden:

Die Proportionalität mit der Luftdichte m gilt zuverlässig; die mit dem Quadrat der Geschwindigkeit hier für die praktisch

---

[1]) Von dem Begriff der Zirkulation ausgehend hat N. Joukowski (und vor ihm teilweise schon E. Kutta) mit den Hilfsmitteln der theoretischen Hydromechanik die Größe des Auftriebs für bestimmte Tragflächenprofile berechnet. Die allgemeine Theorie für beliebige Profile, die auch zur Bestimmung der Lage der Auftriebskraft führt, ist vom Verfasser entwickelt worden in zwei Aufsätzen „Zur Theorie des Tragflächenauftriebs" in der Zeitschr. f. Flugtechn. u. Motorluftsch. 1917 H. 21/22 und 1920 H. 5 und 6. Die Theorie ist in zahlreiche Lehrbücher aufgenommen worden, z. B. in das S. 133 genannte von Glauert. Als ausführliche Darstellung sei auch empfohlen: Harry Schmidt, Aerodynamik des Fluges, Berlin, Walter de Gruyter, 1929.

in Frage kommenden Werte besser als beim Luftwiderstand beliebiger Körper. Die Proportionalität mit der Fläche gilt nicht vollständig genau; große Flächen verhalten sich etwas günstiger als kleinere. Der Vergleich von Modellversuchen mit Beobachtungen an Tragflächen in natürlicher Größe hat bei letzteren kleineren Rücktrieb und größeren Auftrieb ergeben, so daß die Gleitzahl um etwa 10 vH kleiner, also günstiger wurde.

Führt man, ähnlich wie es in Abschn. 3 geschehen ist, für das halbe Produkt aus Masse und Geschwindigkeits-Quadrat den Buchstaben q (Staudruck) ein und setzt $c_a = 2 z_a$, $c_r = 2 z_r$, so erhält man die zweite Gestalt der Formeln für Auftrieb und Rücktrieb:

(b) $$A = c_a \cdot q \cdot F; \qquad R = c_r \cdot q \cdot F.$$

Wir nennen c_a bzw. c_r die Auftriebs- bzw. Rücktriebszahl. Nach dem, was in Abschn. 3 gesagt wurde, ist $100\,c_a$ gleich der Auftriebskraft, die bei 144 km/Std. Flugzeuggeschwindigkeit auf die Flächeneinheit der Tragfläche entfällt, ebenso $100\,c_r$ die Rücktriebskraft bei dieser Geschwindigkeit.

Beim Doppeldecker hat man natürlich für F die Summe beider Tragflächengrößen einzusetzen. Es ist jedoch zu beachten, daß Flächen, die nicht genügend voneinander entfernt sind, einander gegenseitig stören und daß dann ungünstige Verhältnisse entstehen. Man soll durchschnittlich den Abstand der beiden Tragflächen mindestens gleich der Flächentiefe (d. i. der Länge der Sichel in Abb. 11) machen.

Die Beiwerte z_a und z_r (und natürlich ebenso die Zahlen c_a und c_r) sind bei ein und derselben Fläche mit dem Anstellwinkel veränderlich. Der Verlauf der Werte von z_a und z_r für die verschiedenen Anstellwinkel kennzeichnet das besondere Flächenprofil. In den Abb. 19 bis 21 sind für das in Abb. 17 skizzierte Profil die Werte von z_a und z_r und die des Quotienten $z_r : z_a = \varepsilon$ für die Anstellwinkel von 0^0 bis 18^0 dargestellt. Liest man in den Abb. 19 und 20 die Ordinaten nicht nach den links angeschriebenen Maßstäben ab, die für die z gelten, sondern nach den 200 mal enger geteilten, die rechts stehen, so geben dieselben Kurven die Werte von $100\,c_a$ und $100\,c_r$ an. Für die Abb. 21 kommt natürlich dieser Unterschied gar nicht in Frage.

Die Ermittlung der Kurven für verschiedene Profile erfolgt in aerodynamischen Versuchsanstalten und zwar in der Weise, daß ein Modell der Fläche unter den entsprechenden Winkeln in einen Luftstrom (Luftkanal) hineingehängt wird und die Kräfte A und R mittels Wägeeinrichtungen gemessen werden. Aus den gemessenen Werten A und R werden dann die Zahlen c_a und c_r der Formel berechnet, indem man die Kräfte durch Flächen-

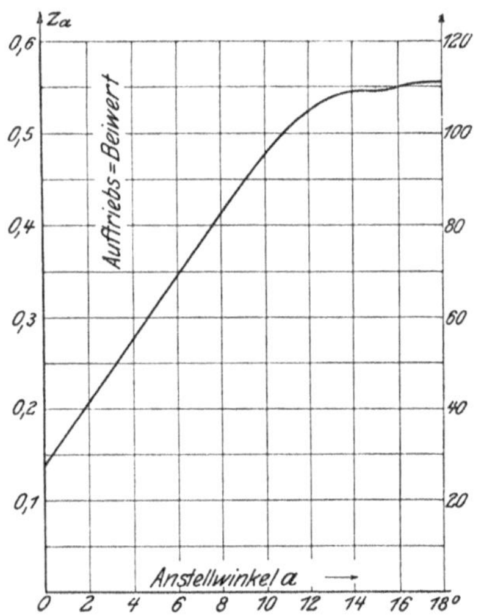

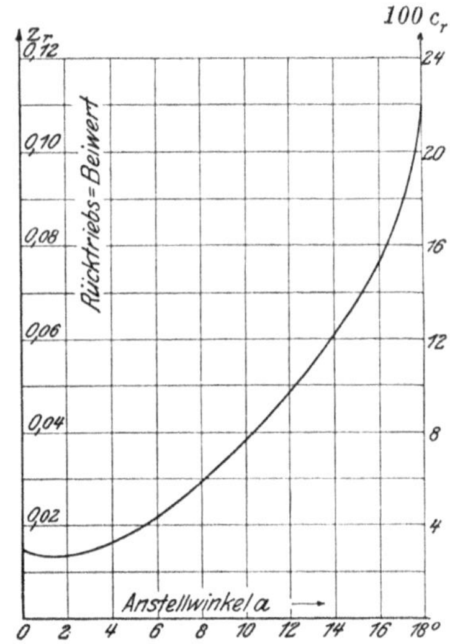

Abb. 19. Abb. 20.

Auftriebs- und Rücktriebs-Beiwerte zum Profil Abb. 17.

größe des Modells und den Staudruck dividiert. Daraus ergeben sich auch die Beiwerte z_a und z_r. Wie die Kurven dann verwendet werden, zeigt folgendes Beispiel.

Man liest z. B. für den Anstellwinkel 6^0 aus den Abb. 19 und 20 die Beiwerte $z_a = 0{,}34$, $z_r = 0{,}022$ ab. Nehmen wir nun ein Flugzeug an, dessen Tragfläche 24 m² Ausmaß hat (das ist also die Summe der oberen, unteren, rechten und linken Tragfläche), dessen Geschwindigkeit 38 m/sek = 137 km/Std. und dessen Gewicht 1270 kg ist. Dann beträgt für einen Anstellwinkel von 6^0, wenn das in Abb. 17 gezeichnete Flächenprofil gewählt wird, der Auftrieb $A = 0{,}34 \cdot 24 \cdot \frac{1}{8} \cdot 1444 = 1473$ kg, der Rücktrieb $= 0{,}022 \cdot 24 \cdot \frac{1}{8} \cdot 1444 = 95$ kg.

Später werden wir hören, daß ein Wagrechtfliegen nur stattfinden kann, wenn der Auftrieb gleich dem Gewicht des Flugzeuges ist. Es entspricht also in unserm Beispiel der Anstellwinkel von 6^0 keinem wagrechten Flug, sondern einem Steigen (vgl. Abschn. 28).

In Abb. 22 ist der Vollständigkeit wegen noch eine Linie wiedergegeben, die die sog. Wanderung des Druckmittelpunktes für das Profil Abb. 17 darstellt. Die Ordinaten dieser

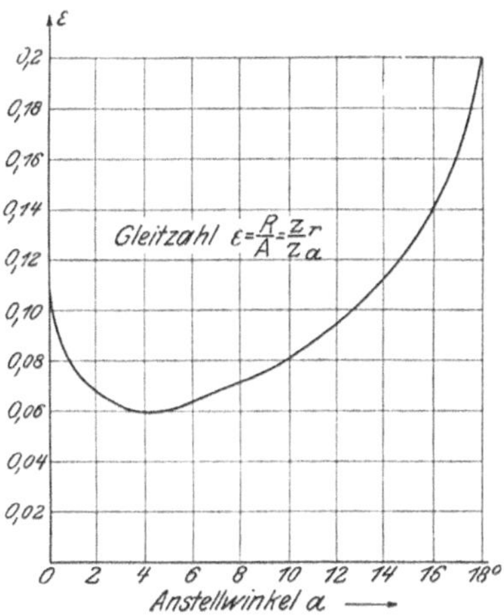

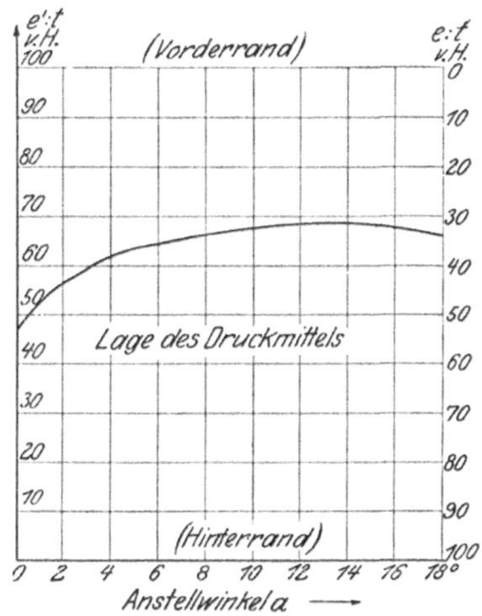

Abb. 21. Abb. 22.
Gleitzahl und Druckmittel-Wanderung zum Profil Abb. 17.

Linie geben, von der untern Wagrechten an gemessen, in Prozenten der Gesamttiefe t des Flügels die Entfernung e' des Angriffspunktes der Luftkraft vom Hinterrand des Flügels; von der oberen Wagrechten nach abwärts gemessen liefern sie in gleicher Weise den Abstand e vom Vorderrand. Auf diesen Gegenstand kommen wir erst in Abschn. 34 zu sprechen.

9. Querschnitt und Grundriß der Tragflügel.

Für die Wirksamkeit einer Tragfläche ist, wie schon erwähnt, die Gestalt ihres Querschnittes, das sog. Profil, von überragender Bedeutung; demgegenüber treten alle anderen Fragen, wie z. B. die nach der Grundrißform wesentlich zurück. Es bedeutete einen entscheidenden Schritt in der Vervollkommnung der Flugzeuge als man den großen Wert sorgfältig ausgebildeter Profile mit guter Abrundung am vorderen Ende und mit besonderen Kurven für die Saug- und Druckseite erkannte (etwa um 1911). Seither sind in großer Zahl die verschiedensten Profile in Versuchsanstalten untersucht worden, zunächst in Frankreich

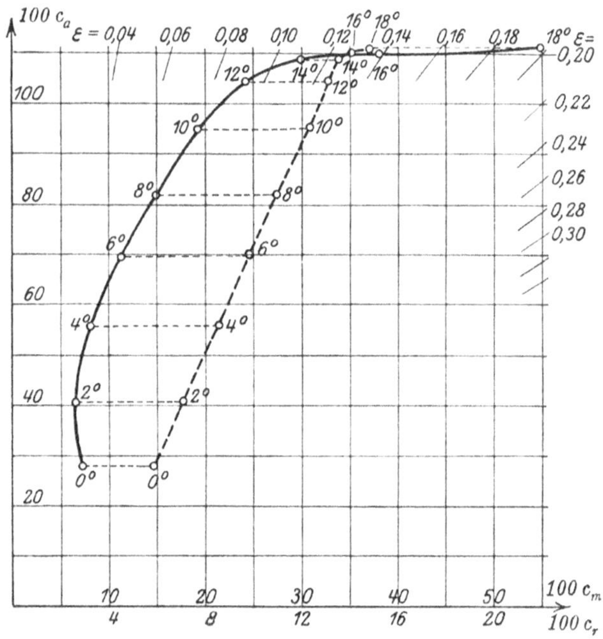

Abb. 23. Polardiagramm zum Profil Abb. 17.

von Eiffel, der in umfangreichen Tafelwerken die Linien für die Auftriebs- und Rücktriebsbeiwerte (als Funktionen des Anstellwinkels) veröffentlichte. In Deutschland arbeitet die 1908 begründete aerodynamische Versuchsanstalt in Göttingen unter Leitung von L. Prandtl mit großem Erfolg auf diesem Gebiet. Die Eiffelschen und Prandtlschen Ergebnisse und die einiger neuerer, nach dem Vorbild der Pariser und der Göttinger errichteter Versuchsanstalten bilden heute eine gesicherte Grundlage für die Konstruktion der Flugzeuge.

Für die Darstellung der Versuchsergebnisse hat sich eine von Lilienthal herrührende Form eingebürgert, die auch in den folgenden Abbildungen benutzt ist. Statt nämlich die Auftriebs-, Rücktriebs- und Gleitzahl als Ordinaten zu den Anstellwinkeln als Abszissen aufzutragen und somit drei Kurven zu verwenden, faßt man alle Ergebnisse, die ein Profil betreffen, in einer einzigen Linie zusammen. In einem rechtwinkligen Achsenkreuz kennzeichnet man nach jedem Versuch den Punkt dessen Abszisse gleich der Rücktriebszahl c_r, dessen Ordinate gleich der Auftriebszahl c_a ist, und schreibt den zugehörigen Anstellwinkel dem Punkte bei. Die Neigung der Geraden, die

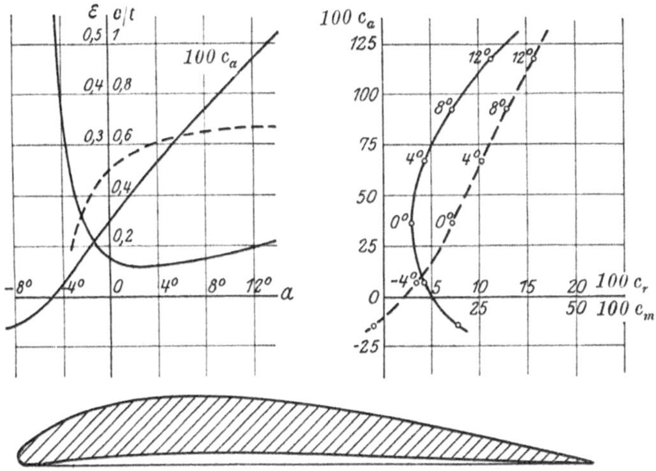

Abb. 24. Göttinger Profil Nr. 360.

von einem solchen Punkt nach dem Anfangspunkt des Koordinatenkreuzes gezogen wird, gibt dann ein Maß für die Gleitzahl $c_r : c_a$. In der Linie, die die einzelnen Versuchspunkte verbindet und das Polardiagramm der Tragfläche heißt, erhält man ein einheitliches Bild für die Eigenschaften der Tragfläche, die früher in den drei Linien für c_a, c_r und die Gleitzahl (Abb. 19—21) zum Ausdruck gebracht wurden. Unsere Abb. 23 bezieht sich auf dasselbe Profil, das im vorhergehenden Abschnitt behandelt wurde. Man wird mit Hilfe der an der wagrechten und lotrechten Achse angeschriebenen Maßstäbe für 100 c_r und 100 c_a leicht die Übereinstimmung der Angaben von Abb. 23 und Abb. 19 bis 21 prüfen können. Um die Gleitzahl für irgend einen Anstellwinkel aus dieser Darstellung zu finden, legt man ein Lineal so an, daß es den betreffenden Punkt der Linie mit dem Anfangspunkt des Achsenkreuzes verbindet und liest auf der oberen Wagrechten oder auf der rechts begrenzenden Lotrechten dort, wo das Lineal die eine bzw. die andere dieser Geraden trifft, den Wert der Gleitzahl ab. Die gestrichelte Linie in den Abb. 23 bis 27 betrifft, wie Abb. 22, die später erst zu besprechende Druckmittel-Wanderung, u. zw. liefern die Abszissen der Linie zu den jeweiligen c_a-Werten

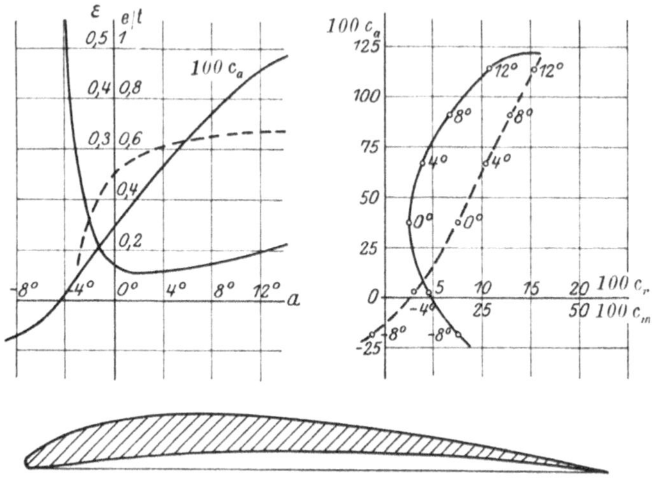

Abb. 25. Göttinger Profil Nr. 361.

der Ordinaten die Werte des Ausdrucks $c_m = c_a \cdot e/t$, wo e und t die am Schlusse von Abschn. 8 erklärte Bedeutung besitzen.

In den Abb. 24 bis 27 sind vier verschiedene, heutigen Anforderungen entsprechende Profile, nach einer Veröffentlichung der Göttinger Versuchsanstalt[1]) mit den Ergebnissen der Versuche dargestellt. Die Bedeutung der einzelnen Linien geht aus dem eben Gesagten hervor. In dem links stehenden Diagramm sind zu jedem Querschnitt die Linien für Auftriebszahl c_a, Gleitzahl ε und die Druckmittel-Wanderung (gestrichelt) entsprechend den Abb. 19, 21 und 22 jedesmal gleichzeitig eingetragen. Der

[1]) Vgl. die Fußnote S. 44.

Maßstab für ε ist unmittelbar angegeben, der von c_a ist der gleiche wie im daneben stehenden Polardiagramm.

Die ersten drei Abbildungen zeigen verschieden starke verschieden gewölbte und verschieden zugeschärfte Formen von eigentlichen Tragflügel-Querschnitten, die vierte bezieht sich auf ein Profil, das in dieser Gestalt und Lage nur für Luftschrauben (s. Kap. IV) in Betracht kommt. Auffallend ist die große Übereinstimmung im Verlauf der Versuchslinien. Die Linie der $100\,c_a$, im rechtwinkligen Diagramm beginnt ungefähr im Punkte -4^0

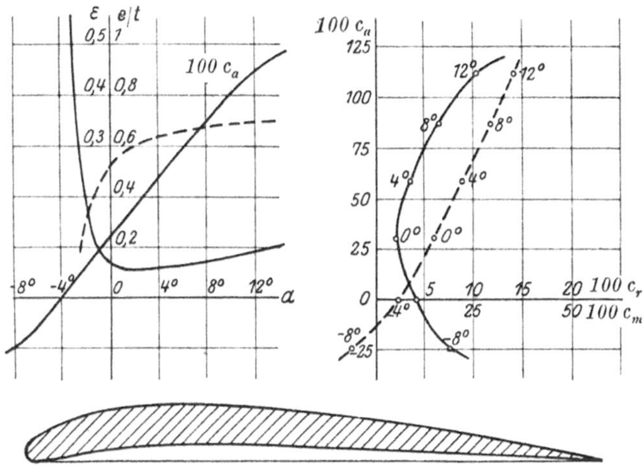

Abb. 26. Göttinger Profil Nr. 401.

mit dem Wert Null und steigt fast geradlinig bis etwa 10^0 auf den Wert 100 an. Die kleinste Gleitzahl liegt durchweg bei rund 0,05 bis 0,06 und wird für Winkel von 2^0 erreicht. Dabei ist im Falle der Abb. 27 die eingezeichnete Bezugslinie, von der aus (an Stelle einer Profilsehne) die Anstellwinkel gemessen werden, absichtlich so gelegt worden, daß die Übereinstimmung in den Winkeln herbeigeführt wird. Man erkennt hier, daß es vorwiegend auf den vorderen Teil des Profils ankommt und das Fehlen des sichelförmigen Abschlusses an der Hinterkante in Abb. 27 offenbar nicht viel ändert. Im übrigen entspricht der großen Ähnlichkeit der Versuchslinien untereinander allerdings auch eine gewisse Gleichförmigkeit der Querschnitte selbst. Sie haben alle eine stärkste Stelle und zugleich wagrechte Tangente der oberen Begrenzung bei ungefähr ein Drittel der Tiefe, die mittlere Wölbung beträgt etwa $^1/_{15}$, die Wölbung der Unterseite etwa $^1/_{25}$, die größte Stärke (abgesehen von Abb. 27) etwa $^1/_{10}$ bis $^1/_{15}$ der Tiefe.

Von großer Bedeutung ist es, das einmal entworfene Profil bei der Ausführung auch möglichst genau zu verwirklichen. Die früher fast ausschließlich verwendete Leinwandbespannung

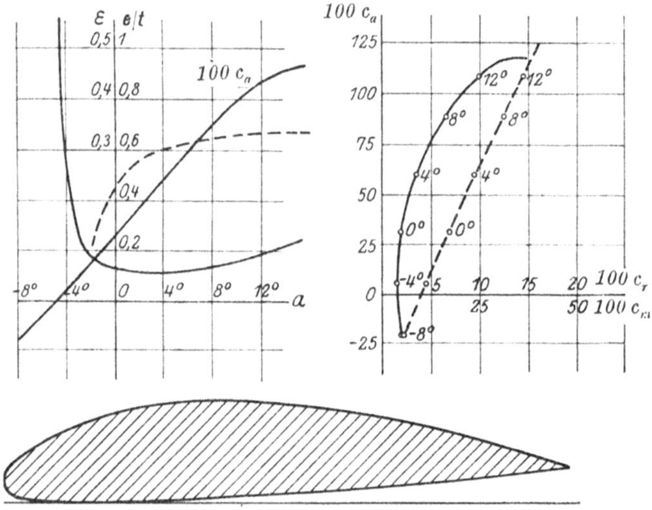

Abb. 27. Göttinger Profil Nr. 423.

über einzelne Rippen (vgl. Abschn. 11) bringt notwendig Unvollkommenheiten mit sich, da sich zwischen je zwei Rippen die Leinwand etwas einsenkt. Benutzt man statt der Leinwand dünne Sperrholzplatten, die sich leicht in die vorgeschriebene Gestalt bringen lassen, so hat man den Nachteil, daß sich die Platten unter dem Einfluß von Feuchtigkeit verziehen. In neuerer Zeit geht man mehr und mehr dazu über, Tragflügel ganz aus Metall herzustellen (s. Abschn. 11), so daß auch ihre Oberfläche aus einer dünnen Blechhaut besteht. In allen Fällen muß man, um den Rücktrieb klein zu halten, den größten Wert auf möglichst glatte Oberfläche der Flügel (Leinwand mehrfach lackiert und celloniert), sowie auf eine recht scharfe Auslaufkante am hinteren Ende legen.

Die Grundrißform der Tragflächen (ob abgerundet, rechteckig oder trapezförmig) ist nicht von großem Einfluß auf die aerodynamischen Verhältnisse. Es sind tatsächlich alle möglichen Formen mit ungefähr gleichem Erfolg versucht worden. Abb. 28 zeigt mehrere Beispiele (vier verschiedene Flügelhälften links von der Mittelachse), die hinsichtlich Auftrieb und Widerstand ziemlich gleichwertig sind, wenn sie auch zum Teil besondere Stabilitätseigenschaften aufzuweisen haben — hierüber wird in Kap. VII einiges gesagt werden. Nur das Verhältnis der Tiefe t zur Spannweite b beeinflußt die Werte von z_a und z_r bedeutend. (Vgl. dazu auch den folg. Abschn.) Die Gleitzahl ist weniger veränderlich und bei einem Verhältnis 1:6 bis 1:8 erfahrungsgemäß am günstigsten. Noch weitere Verkleinerung von $t:b$ verringert zwar bei manchen Profilen die Gleitzahl, aber in so unerheblichem Maße, daß es nicht lohnt, die Nachteile übergroßer Spannweite in Kauf zu nehmen. Der Auftriebsbeiwert selbst wächst sehr stark mit Abnahme von $t:b$. Bei den eben angeführten üblichen Abmessungen beträgt er nur ungefähr $^2/_3$ des Größtwertes, der — theoretisch und bei bestimmten experimentellen Anordnungen — für „unendlich" breite Flügel erreicht wird. Dabei werden immer solche Anstellwinkel miteinander verglichen, die (bei der ursprünglichen Darstellung nach Abb. 19) gleich weit von der Nullstelle der z_a-Linie liegen. Die Neigung dieser Linie (bei kleineren Winkeln) ist für alle gegenwärtig verwendeten Tragflächen ungefähr die gleiche, und zwar etwa 0,1 Anstieg auf 3^0. Überhaupt sind, wie schon erwähnt, die Unterschiede der Kraftverhältnisse innerhalb der heute in Gebrauch stehenden Tragflügel nicht sehr groß und kommen nur für genauere Berechnungen oder eingehendere Untersuchungen in Frage. Dies erkennt man deutlich an den Abb. 23 bis 27, die durchweg von Modellversuchen mit einem Verhältnis $t:b = 1:6$ bis 1:7 herrühren. — Hat eine Tragfläche veränderliche Tiefe,

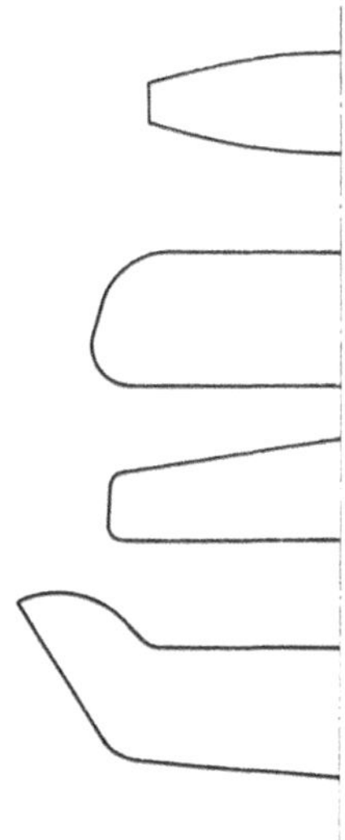

Abb. 28. Tragflächengrundrisse.

so setzt man für t in allen Rechnungen zweckmäßig den Quotienten Fläche durch Spannweite ein.

Alle bisher gegebenen Diagramme für Auftrieb und Widerstand zeigen den Verlauf der einzelnen Kurven nur innerhalb eines kleinen Bereiches veränderlicher Anstellwinkel, nämlich von $a = -8^0$ bis zu etwa $a = +15^0$. Auf eine Fortsetzung der Untersuchung über diesen Bereich hinaus wird in der Regel verzichtet, weil die für den Flug verwendbaren Anstellwinkel weit innerhalb der Grenzen von -8^0 und $+15^0$ liegen, und darüber hinaus die Flugverhältnisse immer ungünstiger werden.

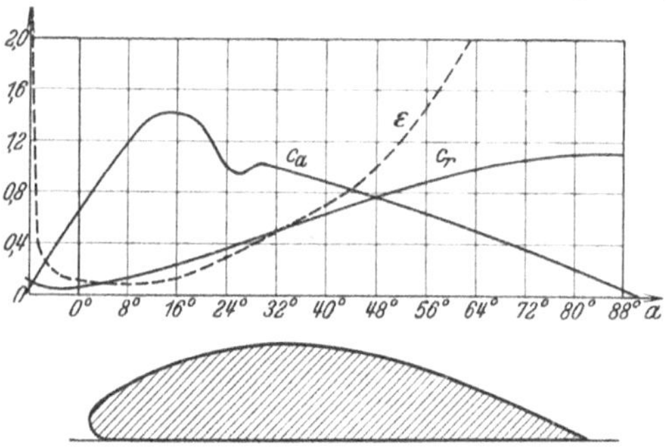

Abb 29. Verlauf der Auftrieb- und Rücktrieb-Beiwerte über den ganzen Winkelbereich.

In Abb. 29 ist ein Diagramm aufgenommen, das die Auftriebs- und Widerstandszahlen für alle Winkel von -8^0 bis $+90^0$ sowie die zugehörigen Gleitzahlen enthält[1]). Man erkennt aus der Abbildung, deren Kurven sich auf das darunter abgebildete Profil beziehen, daß der Höchstwert des Auftriebs bei etwa $+15^0$ liegt, und daß für große Anstellwinkel ein rasches Absinken der Auftriebszahl erfolgt, während die Widerstandszahl stetig ansteigt. Die Gleitzahlen nehmen aus diesem Grunde mit wachsendem Anstellwinkel besonders stark zu, wie aus dem Bild hervorgeht.

Unsere Diagramme lassen weiterhin erkennen, daß die Veränderung der Profilform zwar die einzelnen Kurven teilweise beeinflußt, aber doch den Höchstwert der Auftriebszahl eine bestimmte obere Grenze von etwa 1,25 nicht überschreiten läßt.

[1]) R. Fuchs und W. Schmidt, Luftkräfte und Luftkraftmomente bei großen Anstellwinkeln und ihre Abhängigkeit von der Tragwerksgestalt. Zeitschr. f. Flugtechn. u. Motorluftsch. 1930, S. 1.

Eine Erklärung für das Absinken der Auftriebsgröße bei größeren Winkeln liegt darin, daß von dem zum Maximalwert gehörigen Anstellwinkel an die Strömung dem Umriß nicht mehr folgt, auf der Oberseite dem Profil nicht mehr anliegt, sondern sich hier ablöst und einen von Wirbeln erfüllten Totraum bildet (vgl. Abb. 30), in dem ein geringerer Unterdruck (geringere Saugwirkung) herrscht, so daß der Auftrieb vermindert wird. Versuche, die dem Zwecke einer bedeutenden Auftriebserhöhung dienen sollen, müssen daher die Verhinderung oder die Verzögerung der Ablösung zum Ziel haben. Solche Bestrebungen, die auf Lachmann (1917) zurückgehen, führten zu einer ungewöhnlichen, erstmalig bei den englischen Großflugzeugen von Handley-Page zur Verwendung gekommenen Tragflügelform. Hier ist, wie Abb. 31 zeigt, das Profil unterteilt, d. h. es besteht aus einem Hauptteil von ungefähr der gewöhnlichen Form und einem vorgelagerten, durch einen Spalt vom Hauptteil getrennten Vorderstück.

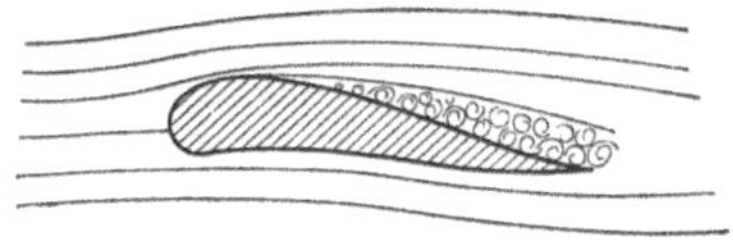

Abb. 30. Ablösung der Strömung auf der Oberseite eines Tragflügels.

Die Wirkungsweise des Spaltes erhellt aus folgendem: Neben der Zirkulation um den Hauptflügel bildet sich eine Zirkulation um den Hilfsflügel im gleichen Drehsinn aus. Im Spalt entstehen also zwei entgegengesetzte Strömungen, die als Resultierende eine Strömung mit einer geringeren Geschwindigkeit ergeben, als sie an derselben Stelle ohne den Hilfsflügel herrschen würde. Das bedeutet, daß der Hauptflügel eine verringerte Zirkulation, also auch verringerten Auftrieb besitzt. Die Verringerung wird durch den vom Hilfsflügel erzeugten Auftrieb annähernd kompensiert. Die Konstruktion des Hilfsflügels bewirkt also keine wesentliche Änderung des gesamten Auftriebs bei gegebenem Anstellwinkel, dagegen werden durch die Veränderung der Kontur und damit der Strom-

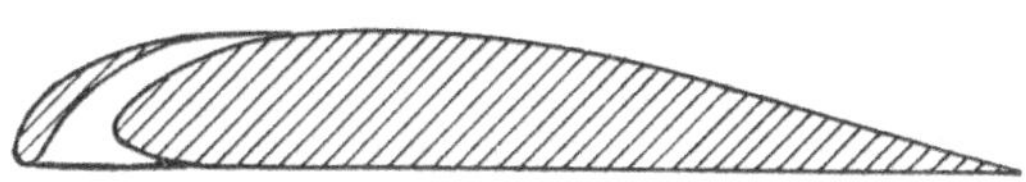

Abb. 31. Lachmann-Handley-Page-Flügel.

linien Bedingungen geschaffen, die eine Verzögerung der Ablösung ermöglichen. Während die c_a-Kurve eines gewöhnlichen Profils schon bei 15° nach stetigem Anstieg zu fallen beginnt, wird die c_a-Kurve des Schlitzflügelprofils bis zu größeren Anstellwinkeln stetig steigen, ehe die Ablösung eintritt und sich durch das Fallen der Kurve anzeigt. Der Auftrieb des Schlitzflügels ist, wie aus der Abb. 32 hervorgeht, bei gleichem Anstellwinkel

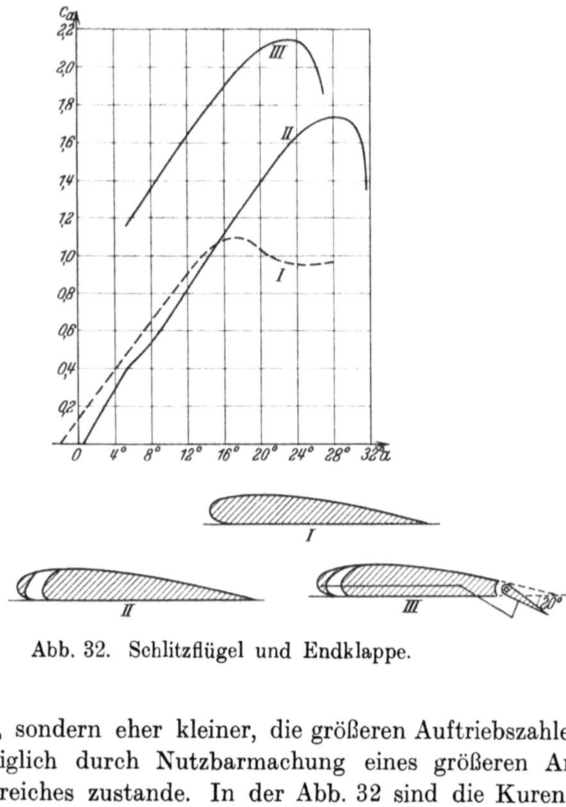

Abb. 32. Schlitzflügel und Endklappe.

nicht größer, sondern eher kleiner, die größeren Auftriebszahlen kommen lediglich durch Nutzbarmachung eines größeren Anstellwinkelbereiches zustande. In der Abb. 32 sind die Kuren *I* und *II* für die Auftriebszahlen c_a der darunter gezeichneten Profile eingetragen. Dem Höchstwert 1,08 der Auftriebszahl für das spaltlose Profil steht ein maximaler Wert $c_a = 1{,}72$ des Spaltflügels gegenüber. Die Verwendung des Spaltes bedeutet also eine Verbesserung um rund 60%. Die Abszissen der beiden Höchstwerte sind die Anstellwinkel 17° und 28°.

Die Ablösung läßt sich grundsätzlich auch auf andere Weise vermeiden, indem man nämlich dafür sorgt, daß an der Stelle, an der die Ablösung eine Druckerhöhung (Verringerung des Unterdrucks) mit sich bringen würde, diese Druckerhöhung tatsächlich verhindert wird. Dies erzielt man dadurch, daß man an den kritischen Punkt auf der Oberseite des Flügels die Mündung einer Saugpumpe ansetzt, die den Unterdruck zwangläufig herbeiführt. Dabei wird natürlich eine gewisse Luftmenge abgesaugt und man kann den Vorgang auch so deuten, als ob die „Grenzschichte“, die sich sonst ablösen würde, weggesaugt würde. Der Verwendung der Absaugflügel in der Praxis stehen jedoch bisher noch nicht überwundene technische Schwierigkeiten im Wege.

Eine andere Möglichkeit der Auftriebserhöhung ist die Verwendung stark gekrümmter Profile. Dem steht als Nachteil der große Widerstand gegenüber, den solche Profile besitzen. Nun ist aber, wie wir noch in Abschnitt VIII näher besprechen werden, beim Landen eine Steigerung der Auftriebszahl zur Herabsetzung der Landegeschwindigkeit besonders erwünscht. Man wird daher versuchen, für die Landung, bei der wieder der größere Widerstand keine Nachteile mit sich bringt, ein Profil mit starker Krümmung herzustellen. Zu diesem Zweck konstruiert man die Profilvorderseite wie bei den gewöhnlichen Profilen ohne oder nur mit geringer Krümmung, macht aber die Profilspitze in einem Gelenk in der Profilebene drehbar, so daß sie sich gegen die Profilsehne in einen beliebigen Winkel einstellen läßt, wie es *III* in Abb. 32 zeigt (sog. Profil mit Endklappen).

Kombiniert man die beiden genannten Möglichkeiten Schlitzflügel und Endklappe so, wie *III* in Abb. 32 es zeigt, so ergibt sich bei 20^0 Neigung der Klappe die c_a-Kurve *III*. Das Maximum liegt hier beim Anstellwinkel $\alpha = 24^0$ und beträgt mehr als 2,1. Als Maßstab für die Auftriebsverbesserung mag vielleicht noch angeführt werden, daß der bei einem Anstellwinkel von 17^0 erreichte Höchstwert für das gewöhnliche Profil durch den Schlitzflügelmechanismus mit Endklappe bei demselben Anstellwinkel um rund $82^0/_0$ erhöht wird. — Eine andere Ausführung sieht, ähnlich der Drehung der Klappe zur Verminderung der Landegeschwindigkeit, die Herstellung des Schlitzes während des Fluges vor, indem der vordere Teil des Tragflügels verschiebbar gemacht wird.

10. Druckverteilung. Einfluß des Seitenverhältnisses.

Auf der Oberseite einer bewegten Tragfläche entsteht, wie zu Beginn des Abschn. 7 besprochen wurde, eine Saugwirkung, auf der Unterseite eine Druckwirkung. Die durchschnittliche Saugwirkung ist in der Regel fast zweimal so groß wie die durchschnittliche Druckwirkung, d. h. es trägt zum Auftrieb die Luftverdünnung an der Oberseite annähernd doppelt so viel bei wie die Verdichtung an der Unterseite. Man kann daraus schließen, daß die richtige Ausbildung (Formgebung) der Oberseite der Tragfläche wichtiger ist, als die der Unterseite. Abb. 33 zeigt zwei Linien, die den Druckverlauf auf den beiden Seiten eines Tragflächen-Querschnittes für einen bestimmten Fall darstellen. Die durchgezogene wagrechte Gerade entspricht dem Luftdruck in der ungestörten Luft, der gleich 1 at gesetzt ist. Die untere Linie mit Drucken von mehr als 1 at bis etwa 1,003 at gibt die Pressung an der Unterseite der Tragfläche wieder, die obere Linie, die bis 0,996 at reicht, entspricht den Unterdrucken auf der Oberseite der Tragfläche. Es beträgt also der größte Überdruck über dem atmosphärischen Druck unten 0,003 at $= 30$ kg/m², der größte Unterdruck unter dem atmosphärischen Druck auf der Oberseite der Tragfläche 0,004 at $= 40$ kg/m². Die mittleren Werte sind auf der Unterseite 0,0010 at $= 10$ kg/m² auf der Oberseite 0,024 at $= 24$ kg/m². Im ganzen hat somit unsere Tragfläche in dem betrachteten Querschnitt einen resultierenden mittleren Auftrieb von $10 + 24 = 34$ kg/m². Das Beispiel ist einem Versuchsergebnis für 40 m/sek Fluggeschwindigkeit entnommen.

Von Querschnitt zu Querschnitt wechselt die Belastung nur mäßig. Bildet man die Flügel völlig symmetrisch aus und läßt das Profil in allen Schnitten unverändert, so haben die außen, am Flügelende liegenden Querschnitte etwas weniger resultierenden Druck als die inneren, nahe dem Rumpf gelegenen. Oft läßt man aber den Anstellwinkel der Profile nach außen hin kleiner werden, oder man vermindert die Tiefe des Profils allmählich, indem man den Grundriß nicht rechteckig gestaltet, um die Abnahme des Druckes noch zu verstärken. Dadurch werden sowohl die Flugeigenschaften verbessert, als auch konstruktiv günstigere Verhältnisse geschaffen, weil die resultierende Auftriebskraft auf jeder Flügelhälfte an kleinerem Hebelarm angreift.

Wenn man das Gesamtgewicht G eines Flugzeuges (mit Bemannung, allen darin befindlichen Lasten usw.) durch die Gesamtgröße F der tragenden Fläche (bei einem Doppeldecker linker und rechter, oberer und unterer Flügel) teilt, so erhält man die durchschnittlich auf eine Flächeneinheit entfallende Belastung, kurz die „Flächenbelastung des Flugzeuges". Diese liegt bei unseren heutigen Flugzeugen in der Regel zwischen 30 und 60 kg/m², steigt aber bei den neueren, schnellen Flugzeugen bis etwa 85 kg/m² und darüber, während sie früher bei großen, langsamen Maschinen nur etwa 25 kg/m² und gelegentlich noch weniger betragen hatte. Die englischen Rennmaschinen, die 1929 bzw. 1927 den Geschwindigkeitsrekord erreichten, flogen mit einer Flächenbelastung von 175 und 200 kg/m². Die mittlere Flächenbelastung muß übereinstimmen mit der oben betrachteten Summe aus mittlerer Saug- und Druckwirkung bzw. mit deren durchschnittlichem Wert, wenn man berücksichtigt, daß die Tragkraft des Flügels von innen nach außen abnimmt. Über die Bedeutung der „Flächenbelastung" für die Flugeigenschaften usf. sprechen wir noch später (Abschn. 32).

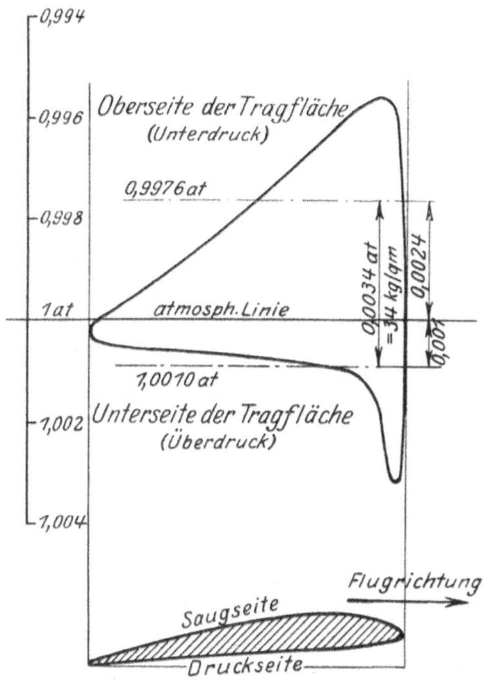

Abb. 33. Druckverteilung über die Tiefe einer Tragfläche.

Die Abnahme der Tragkraft von der Flügelmitte gegen die Flügelspitzen hin ist mit einer überaus wichtigen Erscheinung verknüpft, der man in neuerer Zeit viel Aufmerksamkeit geschenkt hat. Unterhalb der Tragfläche ist der Überdruck, auf der Oberseite der Unterdruck in der Mitte stärker als außen, Dies bedeutet, daß unten eine Druckabnahme von innen nach außen, oben eine Druckabnahme von außen nach innen stattfindet. Demgemäß müssen die Luftteilchen, wenn wir uns das Flugzeug feststehend, von der Luft angeblasen, denken, neben ihrer Hauptbewegung in Richtung der Flugzeugachse noch eine kleine Nebenbewegung ausführen, indem sie unterhalb des Flügels seitwärts ausweichen und — immer dem Druckgefälle folgend — auf der Oberseite von außen nach innen strömen. Man bedenke nun, daß die Teilchen, sobald sie vermöge der Hauptbewegung an dem Flügel vorbeigekommen sind, die den Flügel umkreisende Nebenbewegung nicht sofort verlieren können. Hinter dem Flügel wird sich ein Bewegungszustand einstellen, wie ihn Abb. 34 (Ansicht in der Flugrichtung) erkennen läßt, und den man als eine Kette von Wirbelfäden oder eine Wirbelkette zu deuten pflegt (Prandtl). Denkt man sich nämlich die einzelnen in der Abbildung angedeuteten Wirbelfäden, mit den eingezeichneten Drehrichtungen, gleichzeitig vorhanden, so heben sich an den Seiten, wo die Fäden aneinander grenzen, die Wirbelungsgeschwindigkeiten, weil sie entgegengesetzt gerichtet sind, auf, und es bleibt nur eine Strömung unten von der Mitte nach außen und oben von den Flügelenden nach der Mitte zu übrig. Wenn wir sagen, die Tragfläche setze sich an der Hinterkante in eine Wirbelkette fort, so meinen wir nichts anderes damit, als dieses eigentümliche Aneinandervorbeischieben der Luftschichten oben und unten. Die Stärke der Wirbelbewegung ist dabei an jeder Stelle, d. h. in jedem Querschnitt durch den Flügel, proportional dem Abfall des Auftriebs in dem betreffenden Flügelquerschnitt anzunehmen. In der Größe der die Wirbel andeutenden kleinen Kreise in der Abb. 34 soll die von innen nach außen wachsende Wirbelstärke zum Ausdruck kommen.

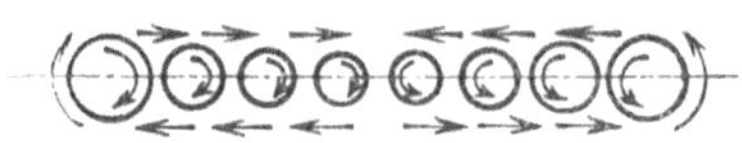
Abb. 34. Wirbelkette.

Man kann das Bestehen der Wirbelkette hinter der Tragfläche in einen bemerkenswerten Zusammenhang mit der Erscheinung des Auftriebs und des Tragflächenrücktriebs bringen.

In Abb. 35 ist ein Paar entgegengesetzt gleicher Wirbelfäden mit seiner Geschwindigkeits-Verteilung besonders herausgezeichnet. Das ganze Band der Abb. 34 besteht nur aus einer stetigen Folge solcher Paare. Als Grundeigenschaft eines Wirbels ist in Abb. 35 angenommen, daß er eine kreisende Bewegung mit festem Mittelpunkt und nach außen proportional der Entfernung abnehmenden Geschwindigkeiten bedeutet[1]). Setzt man die Geschwindigkeiten, die darnach von zwei nebeneinanderliegenden, gleichen, aber verschieden gerichteten Wirbelfäden

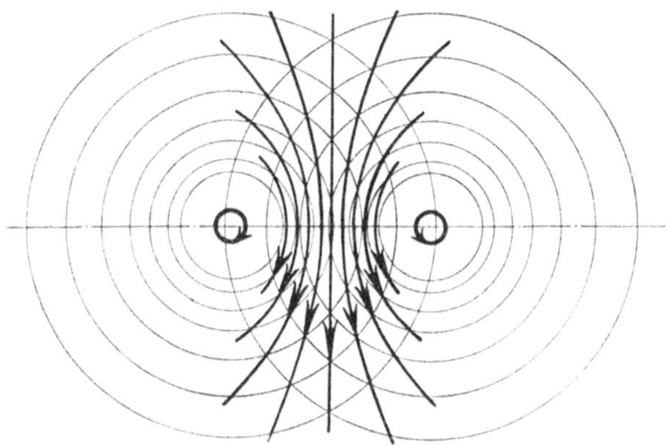

Abb. 35. Geschwindigkeitsfeld eines Wirbelpaares.

herrühren, zusammen, so erhält man wie Abb. 35 zeigt, im wesentlichen abwärts gerichtete Geschwindigkeiten in dem Bereich zwischen den beiden Wirbelfäden. Die Gesamtheit der Wirbelpaare muß also ungefähr über die ganze Breite der Hinterkante hinweg ein solches abwärts gerichtetes Geschwin-

---

[1]) Die Geschwindigkeiten in unmittelbarer Nähe des Wirbelzentrums sind demnach „unendlich“ groß gegenüber den entfernteren. Daher darf man, wenn man eine Stelle der Wirbelschicht betrachtet, wie es vorhin oben geschehen ist, nur die an der Stelle selbst liegenden Wirbelfäden, nicht aber die weiteren berücksichtigen. In einigem Abstand von der Wirbelschicht hingegen wirken alle Wirbelfäden zusammen. Das Ganze hat man sich so zu denken, daß der einzelne Wirbelfaden „unendlich“ schwach ist, so daß er in seiner unmittelbaren Nähe oben und unten eine endliche Geschwindigkeit hervorruft, während in einiger Entfernung erst durch das Zusammenwirken aller Fäden ebenfalls endliche Bewegungen hervorgerufen werden.

digkeitsfeld ergeben, das also in letzter Linie nur davon herrührt, daß die Tragkraft der einzelnen Flügelquerschnitte von der Mitte nach außen hin abnimmt. Hätten wir einen Flügel von unbeschränkter Breite mit überall gleichem Auftrieb, so gäbe es keine seitliche Nebenströmung unten und oben, keine Wirbelkette und kein abwärts gerichtetes Geschwindigkeitsfeld hinter der Tragfläche. Nehmen wir an, daß in diesem Falle rein vertikaler Auftrieb vorhanden wäre, und daß die Luftkraft stets senkrecht zu der Richtung der hinter dem Flügel abfließenden Luftteilchen bleibt, so haben wir unter den tatsächlichen Verhältnissen, wenn w die mittlere Abwärtsgeschwindigkeit bezeichnet, eine resultierende Luftkraft, die einen Winkel vom Tangens $w:v$ mit der Vertikalen bildet (Abb. 36). In dieser Weise ist wenigstens grundsätzlich das Auftreten eines Rücktriebs, der nicht von der besonderen Gestalt des Flügelprofils oder seiner Oberflächenbeschaffenheit abhängt, sondern lediglich durch die Tatsache der seitlichen Begrenzung des Flügels bedingt wird, erklärt. Man nennt diesen Teil des Tragflächenwiderstandes den „induzierten" Widerstand R_i und hat für ihn den Ansatz $R_i : A = w : v$. Zur Ermittlung des Widerstandes läßt sich diese Beziehung nicht heranziehen, solange man über die Abwärtsgeschwindigkeit w nichts weiß.

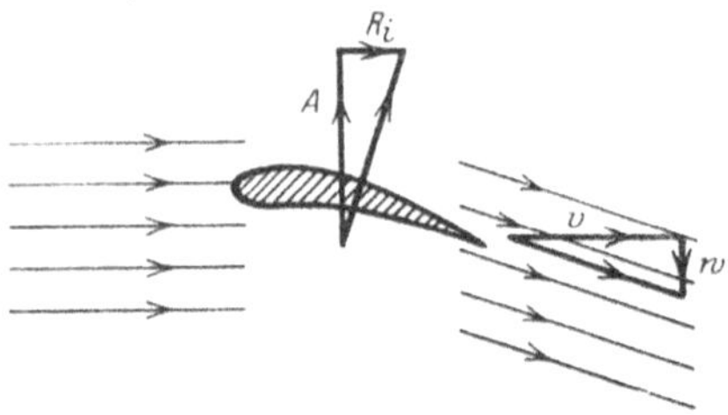

Abb. 36. Geschwindigkeitsverhältnisse hinter der Tragfläche.

Eine zweite Beziehung für den induzierten Widerstand ergibt sich aber, wenn man annimmt, daß der Arbeitsaufwand, der zu seiner Überwindung erforderlich ist, zur Gänze in die lebendige Kraft der Abwärtsbewegung hinter dem Flügel übergeht. Ist etwa F' die Größe des Querschnittes quer zur Flugrichtung, über den sich die mittlere Geschwindigkeit w' verbreitet, so wächst in jeder Sekunde der Raumteil, der von der so bewegten Luft erfüllt ist, um das Maß $F' \cdot v$. Es wird also, wenn m, wie bisher, die Masse der Raumeinheit Luft bezeichnet, in der Sekunde die lebendige Kraft

$$m F' v \cdot \frac{w'^2}{2}$$

neu erzeugt, und diese ist gleich zu setzen der sekundlichen Arbeit $R_i \cdot v$ des induzierten Widerstandes. Demnach ist

$$R_i = m F' \cdot \frac{w'^2}{2}.$$

Andrerseits läßt sich der Auftrieb A daraus bestimmen, daß in jeder Sekunde einer Luftmenge von der Größe $F' \cdot v$ die Abwärtsgeschwindigkeit w' erteilt wird (S. 44), nämlich zu

$$A = m F' v \cdot w'.$$

Rechnet man aus dieser Gleichung $w' = A : m F' v$ und setzt das Quadrat hiervon in die frühere Gleichung ein, so erhält man

$$R_i = m F' \frac{1}{2} \left(\frac{A}{m F' v}\right)^2 = \frac{A^2}{2 m v^2 F'}.$$

Diese Gleichung ist natürlich nur dann brauchbar, wenn man etwas von der Querschnittsgröße F' weiß, von der man von vornherein annehmen wird, daß sie im wesentlichen von der Spannweite b des Flügels und von der Grundrißform, d. h. von der Verteilung der Flügeltiefe über die Spannweite, abhängt. Theoretische Überlegungen lehren nun, daß der größte (und daher günstigste) Wert von F' (weil er zu dem kleinsten R_i führt) gleich dem der Kreisfläche über der Spannweite als Durchmesser ist, also $F' = \frac{\pi}{4} b^2$. Man erhält so den kleinsten induzierten Widerstand zu

$$R_i = \frac{2}{\pi} \frac{A^2}{m v^2 b^2}.$$

Er wird (theoretisch) erreicht, wenn der Grundriß der Tragfläche elliptisch ist. Setzt man hier für A und R_i die Ausdrücke (a) von Abschn. 8 ein und beachtet dabei, daß die Flügelfläche F gleich $b \cdot t$, Spannweite mal Tiefe, ist, so erhält man (wenn z_r sich jetzt nur auf den induzierten Teil des Rücktriebs bezieht):

$$z_r \cdot m \cdot F \cdot v^2 = \frac{2}{\pi} \frac{z_a^2 \cdot m^2 \cdot b^2 t^2 \cdot v^4}{m v^2 b^2}$$

und nach entsprechender Vereinfachung durch Kürzen

$$z_r = \frac{2}{\pi} z_a^2 \cdot \frac{t}{b}.$$

Wenn man statt der Beiwerte z_a und z_r die 2fachen c_a und c_r benutzt, so wird daraus

$$c_r = \frac{1}{\pi} c_a^2 \cdot \frac{t}{b},$$

$$\text{z. B. für} \quad \frac{t}{b} = \frac{1}{6} \quad \text{wird} \quad c_r = 0{,}0531\, c_a^2.$$

Diese Beziehung zwischen der Auftriebs- und Rücktriebszahl, zu der die Theorie führt und die in dem Koordinatensystem der Flügelpolaren Abb. 23, wo c_r und c_a als gewöhnliche rechtwinklige Koordinaten erscheinen, eine Parabel liefert, ist in Abb. 37 in dem gleichen Maßstab aufgezeichnet, der in Abb. 23 benutzt wurde. Zugleich ist das der Beobachtung entstammende Polardiagramm aus Abb. 23 zum Vergleich wieder eingetragen. Man erkennt, daß der Gesamtverlauf der Beobachtungslinie einigermaßen durch die theoretische Parabel wiedergegeben wird.

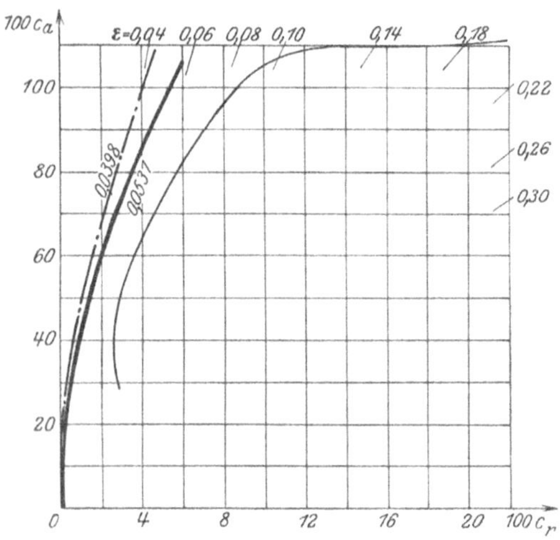

Abb. 37. Parabeln des induzierten Widerstandes.

Die erstere erscheint etwas nach rechts verschoben, worin der Umstand zum Ausdruck kommt, daß der tatsächliche Rücktrieb größer ist als der „induzierte“ (von dem überdies nur das theoretische Minimum für einen im Grundriß elliptischen Flügel eingesetzt wurde). Der Unterschied zwischen Gesamt-Rücktrieb und induziertem Widerstand wird oft als „Profilwiderstand“ bezeichnet. Damit will man zum Ausdruck bringen, daß der „induzierte“ Teil des Rücktriebes in der Hauptsache von der Grundrißgestalt, d. h. Spannweite und Tiefenverteilung, abhängt, während der Rest wesentlich durch die Profilform bestimmt wird. Genau genommen gelten die Parabeln in Abb. 37 nur für

Flügel von elliptischem Grundriß, aber sie ändern sich sehr wenig, wenn man, bei gleichem Verhältnis $b:t$, zu einer anderen üblichen Form übergeht. Daher kann der wagrechte Abstand zwischen der Parabel und der aus Versuchen ermittelten Polaren als Maß für den Profilwiderstand gelten. Die ganze Betrachtung lehrt — und darin liegt ihr hauptsächlichster Wert —, daß man durch Veränderung des Profils den Rücktrieb nicht unter einen gewissen Betrag herabdrücken kann, der fast nur vom Seitenverhältnis $b:t$ abhängt, und daß unsere heutigen Profile diesem günstigsten Wert schon ziemlich nahe kommen.

Vergrößert man das Verhältnis $b:t$, Spannweite zu Tiefe, so wird, wie unsere letzte Gleichung zeigt, der induzierte Rücktrieb kleiner; z. B. für $b:t=8$ hat man $c_r = 0{,}0398\, c_a^2$ (strichpunktierte Parabel in Abb. 37). Will man aus einer Versuchsreihe mit dem Seitenverhältnis $6:1$ auf die vermutlichen Werte bei $8:1$ schließen, so hat man die wagrechten Abstände zwischen der gefundenen Polaren und der zugehörigen Parabel, also die Formwiderstände, rechts an die neue Parabel anzutragen. Die Bezifferung (die Anstellwinkel) darf man dabei nicht einfach mit übertragen, sondern muß berücksichtigen, daß es auf den Winkel zwischen der Fläche und der hinter ihr liegenden abwärts geneigten Strömung ankommt, der um den Wert $w:v = R_i:A$ kleiner ist als der Winkel zwischen der Fläche und der Wagrechten. Eigentlich ist $w:v$ der tangens dieses Winkels, der aber, da es sich um kleine Winkel handelt, der Größe des Winkels selbst gleichgesetzt werden kann. Für die Punkte der ersten Parabel ist $R_i:A = 0{,}0531\, c_a$, für die der zweiten $0{,}0398\, c_a$. Man hat daher die Bezifferung der Polare in der Höhe c_a beim Übergang vom Seitenverhältnis $6:1$ auf $8:1$ um den Wert $0{,}0133\, c_a$ zu vermindern; z. B. den Wert $\alpha = 6^0$ bei $c_a = 0{,}70$ auf $5\,^1/_2{}^0$ herabzusetzen, weil der Winkel, dessen Bogenmaß (oder dessen sinus oder tangens) ungefähr $0{,}70 \cdot 0{,}0133 = 0{,}00931$ ist, im Gradmaß etwa 0,53 mißt. Die Durchführung dieses Gedankens gibt für die in der Technik in Frage kommenden Bereiche gute Anhaltspunkte zur Beurteilung des Einflusses des Seitenverhältnisses auf die Luftkraftgrößen[1]).

[1]) Die hier nur flüchtig angedeutete Theorie stammt von L. Prandtl, der sie in zwei Veröffentlichungen in den Nachr. d. Göttinger Gesellschaft d. Wissensch. 1918 und 1919 erstmals entwickelt hat. Zahlreiche Ar-

11. Aufbau der Tragflächen.

Die Tragflächen, als ein Bauteil des Flugzeuges angesehen, bilden ein Tragwerk, ähnlich dem Gerüst eines Laufkrans, dem Unterbau einer Brücke od. dgl. Ganz grob hat man sich etwa vorzustellen, daß der in der Mitte der Flügel angreifende Auftrieb, während die Belastung zwischen den Flügeln, im Rumpf, abwärts wirkt, die am Rumpf befestigte Tragkonstruktion auf Biegung beansprucht (Abb. 38). Erst allmählich hat sich im Flugzeugbau die Erkenntnis durchgesetzt, daß die Konstruktion des Tragwerks eine Aufgabe der Baustatik ist, bei der die Ergebnisse dieser hoch entwickelten Wissenschaft nutzbar gemacht werden müssen. Grundsätzlich unterscheiden wir heute „selbsttragende“ Flügel (neuere Bauart), die ihre Tragfähigkeit der eigenen Festigkeit verdanken, und Flügel mit äußeren Tragorganen (ältere Bauart), die erst in Verbindung mit außerhalb des Flügels liegenden Teilen, wie Streben, Seilen usf., eine tragfähige Konstruktion bilden.

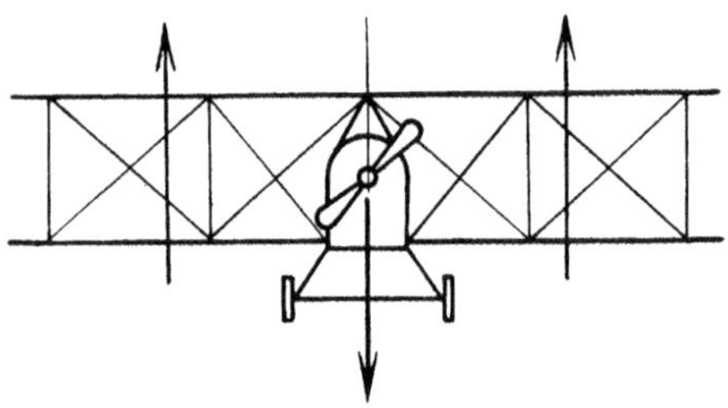

Abb. 38. Lastverteilung am Flugzeug.

Die älteste Bauart, die man schon zu Beginn der Flugtechnik vorfindet, ist der Eindecker. Die ersten flugfähigen Modelle von Pénaud, Kreß u. a. waren freitragende Eindecker, aber die ersten wirklichen Flugzeuge waren sog. „verspannte Eindecker“, wie sie die Abb. 39 erkennen läßt. Sie zeigt einen Aufriß des ganzen Flugzeuges (unter Weglassung unwesentlicher Teile) in Vorderansicht und einen Seitenriß des mittleren Stückes, das nach Abbrechen der Rumpfspitze und des Rumpfendes übrig bleibt. Durch eine große Zahl von Seilen ist die Tragfläche mit Festpunkten ober- und unterhalb des Rumpfes verbunden. In dem vertikalen Abstand dieser Festpunkte voneinander ist die

beiten haben sich daran angeschlossen, deren Titel usf. in der S. 35 genannten Veröffentlichung der Göttinger Versuchsanstalt genau angeführt sind. Eine für einen weiteren Leserkreis bestimmte Darstellung hat A. Betz in den „Naturwissenschaften“ 1918 Heft 38/39 gegeben.

erforderliche „Konstruktionshöhe“ gegeben. Die vielen Kabel bilden aerodynamisch, wegen ihres Luftwiderstandes einen schweren Nachteil und so stellt demgegenüber der durch wenige Streben gestützte Eindecker der Abb. 40 eine bedeutende Verbesserung dar.

Die Hauptteile des Tragwerkes der heute noch weit verbreiteten älteren Bauart von Doppeldeckern zeigt Abb. 41. Der Aufriß (Vorderansicht) stellt eine Flügelhälfte, die sog. rechte „Zelle“, und der Grundriß die rechte obere Tragfläche des Flugzeuges dar. Aus den beigeschriebenen Erklärungen

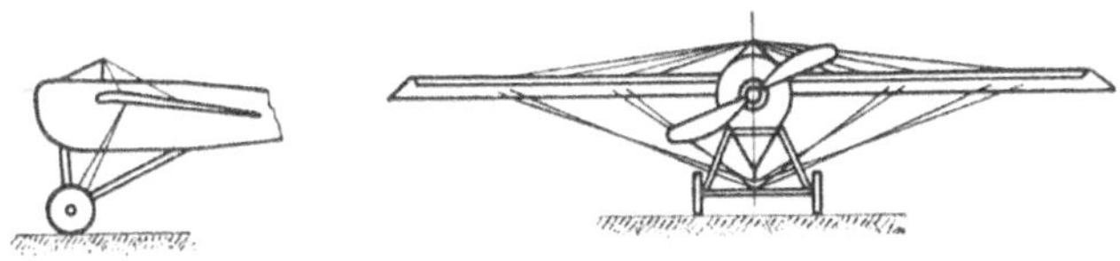

Abb. 39. Alter, verspannter Eindecker.

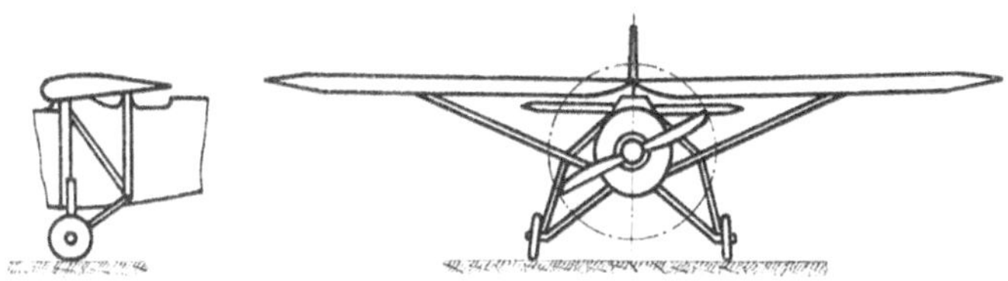

Abb. 40. Einstieliger Eindecker.

geht die Bedeutung der Ausdrücke „Holme, Stiele, Distanzrohre, Innenverspannung, Haupt- und Gegenkabel“ hervor. Im Kreuzriß sichtbar ist die „Querverspannung“ bestehend aus den „Tiefenkreuzkabeln“, d. s. Kabel oder Seile, die als Diagonalen in das von zwei Stielen und zwei Distanzrohren gebildete Parallelogramm eingezogen sind. Die obere und die untere Tragfläche werden oft gegeneinander wagrecht um die sog. „Staffelung“ verschoben. Die Holme sind fast stets aus Holz, Stiele aus Holz oder Stahl, Distanzrohre meist aus Stahl, die Verspannungen sind Stahlkabel oder -seile. Die eben genannten Elemente mit den zum Anschluß an den Rumpf notwendigen Teilen (Pyramide oder Baldachin) bilden das eigentliche Tragwerk und werden in ihren Abmessungen (Höhe und Breite der Holme, Stärke der Stiele und Kabel usw.) durch die „statische Berechnung“ nach den Regeln der Baustatik und der Festigkeitslehre bestimmt. Dabei ist wesentlich, daß Ober- und Unterfläche ein einheitliches Tragsystem bilden, vergleichbar etwa einem Brückenträger, dessen Ober- und Untergurt so weit voneinander abstehen, wie die Tragflächendistanz beträgt. Da man große Lasten immer nur durch große Trägerhöhen bewältigen kann, wenn das Konstruktionsgewicht nicht zu groß sein soll, erkennt man hier einen Vorteil der Doppeldecker gegenüber den Eindeckern: Bei diesen muß man erst durch besondere Hilfsmittel, wie Hinziehen der Ver-

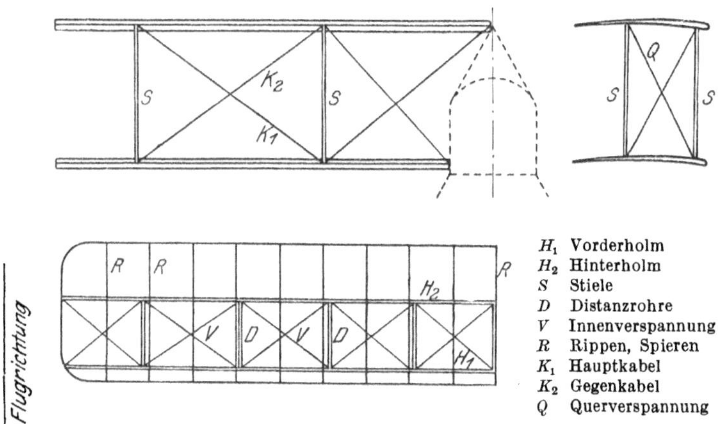

Abb. 41. Hauptteile des Tragwerkes eines normalen Doppeldeckers.

spannung nach Festpunkten des Fahrgestells oder Rumpfes, Einfügen einer „Brücke“ od. dgl., eine gewisse Konstruktionshöhe zu schaffen suchen, die beim Doppeldecker durch die Höhe der Zelle ohne weiteres gegeben ist. In diesen konstruktiven Verhältnissen und nicht in irgendwelchen flugtechnischen Vorzügen muß man den Grund dafür erblicken, daß die Eindecker lange Zeit hindurch fast vollständig von den Doppeldeckern verdrängt worden sind.

Einen Überblick über solche Bauarten von Flugzeugtragwerken sollen die Abb. 42 bis 44 vermitteln. Sie zeigen wieder jedesmal einen Aufriß des ganzen Flugzeuges in Vorderansicht und einen Seitenriß des mittleren Stückes, das nach Abbrechen der Rumpfspitze und des Rumpfendes übrig bleibt. Abb. 42 entspricht der normalen, schon in Abb. 41 behandelten Ausführungsform eines „zweistieligen" Doppeldeckers, der rechts und links, in der Vorder- und Hinterebene je zwei Stiele (Streben) besitzt. In der gleichen Art werden auch drei- und vierstielige Großflugzeuge gebaut. Der Vorteil dieser Bauart ist die Einfachheit und Klarheit der statischen Verhältnisse, d. h. der Kraftver-

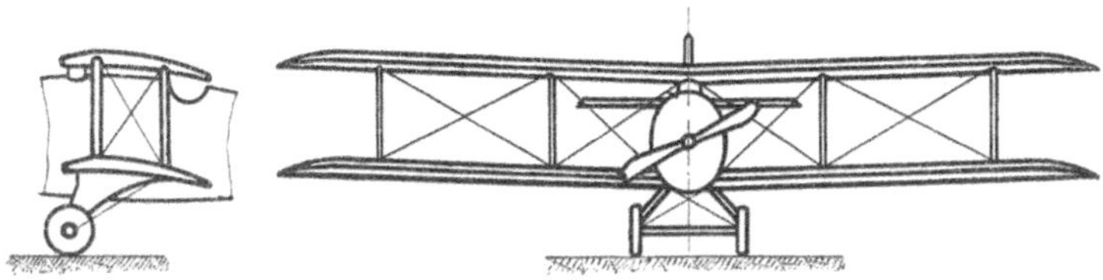

Abb. 42. Zweistieliger Doppeldecker.

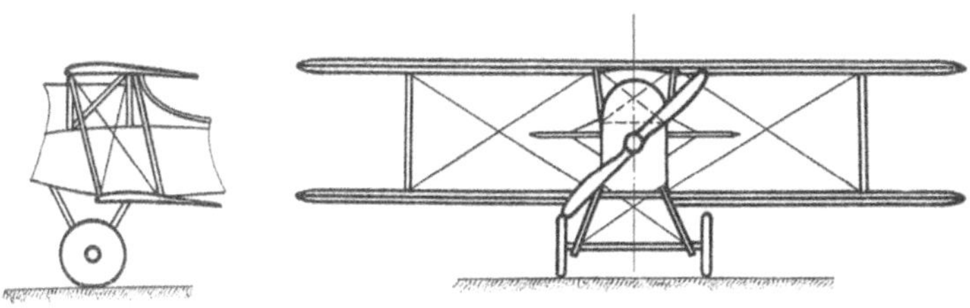

Abb. 43. Einstieliger Doppeldecker.

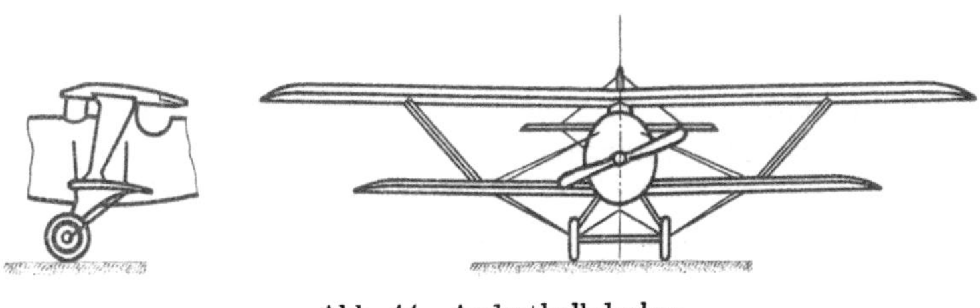

Abb. 44. Anderthalbdecker.

teilungen und Beanspruchungen; ein schwerwiegender Nachteil liegt aber darin, daß die große Zahl langer Kabel und Seile beträchtliche Luftwiderstände mit sich bringt, die das Erreichen größerer Geschwindigkeiten unmöglich machen. In diesem Sinn stellt der „Einstieler" Abb. 43 einen Fortschritt dar; bei nicht viel verminderter Spannweite ist hier das Auslangen mit nur je einem Stiel gefunden worden. Dabei ist die Kabelanordnung eine etwas andere, indem ein sog. Stirnkabel von der hinteren Stielebene oben nach einem vorn gelegenen Punkt des Rumpfes geführt ist. Eine für Sport- und Kampfzwecke sehr verwendbare Bauart zeigt Abb. 44 in dem sog. „Anderthalbdecker“ (Nieuport). Hier hat die untere Fläche nur einen Holm, von dem ein gabelförmig auseinandergespreizter Stiel zu den beiden Holmen des oberen Tragdecks führt. Auf diese Weise werden

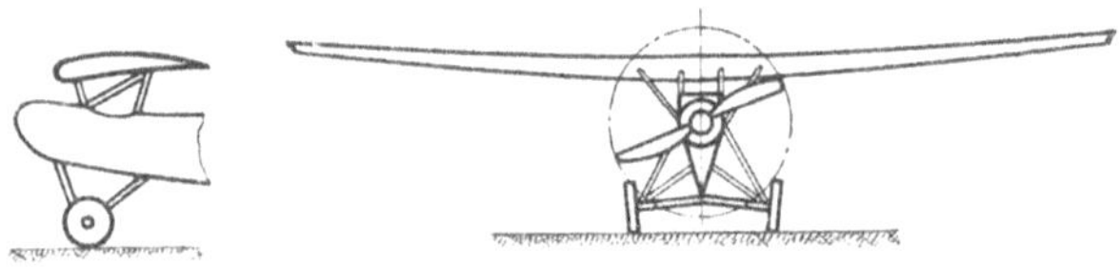

Abb. 45. Freitragender Eindecker.

die Querverspannungen erspart, und überdies sind auch die Kabel, die sonst in den Holmebenen liegen, durch Streben ersetzt; allerdings wird dabei der untere Holm in ungünstiger Weise auf Torsion beansprucht. Erwähnt sei noch, daß auch kabellose Zellen von Doppeldeckern versucht worden sind, bei

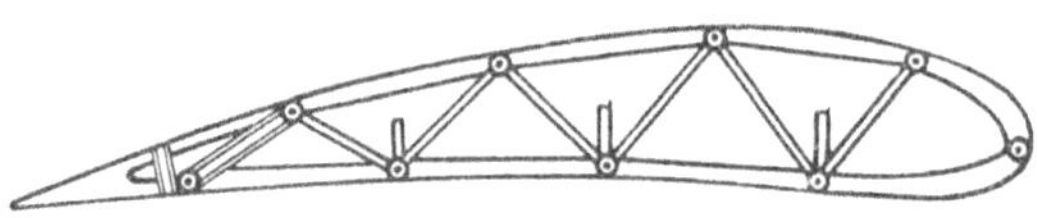

Abb. 46. Querschnitt eines Ganzmetallflügels.

denen durchweg nur Streben verwendet wurden, sowie Zellen mit durch Gelenke unterbrochenen Holmen.

Das aus Stielen, Kabeln und Holmen bestehende Traggerüst wird ergänzt durch die auf die Holme aufgezogenen Holzrippen oder Spanten (*R* in Abb. 41), die das Profil der Fläche festlegen. Über die Rippen werden zunächst Bänder parallel den Holmen gezogen, dann wird Leinwand darüber gespannt. Die Leinwand überzieht man mit besonders imprägniertem Cellonlack, um sie möglichst glatt, widerstandsfähig gegen Witterungseinflüsse und feuersicher zu machen. Statt der Leinwandbespannung wird auch hie und da ein Belag aus dünnen Sperrholzplatten verwendet, der jedoch Feuchtigkeit schlecht verträgt. Bei manchen Bauarten erhalten die Flügel eine obere und untere Begrenzung durch dünne Platten aus Metallblech. Vom aerodynamischen Standpunkt kommt es nur darauf an, daß das beabsichtigte Flügelprofil möglichst gut verwirklicht wird. Da die Leinwand in den Zwischenräumen der Spanten dem äußeren Druck leicht nachgibt, wären die Metallflügel im Vorteil, wenn hier nicht das Übel bestände, daß das dünne Blech leicht verbeult wird.

In neuerer Zeit hat die fortgeschrittene Technik des Flugzeugbaues wieder sehr brauchbare Eindeckerformen zutage gefördert. Die Abb. 45 zeigt eine völlig freitragende Bauart. Sie ist nur dadurch ermöglicht, daß der Flügel selbst, d. h. der Raum zwischen seiner oberen und unteren Begrenzung als tragende Konstruktion ausgebildet ist. Die ersten Flügelkonstruktionen dieser Art stammen von Prof. Junkers-Dessau, der gleichzeitig auch dem aerodynamischen Gesichtspunkt, daß hohe (dicke) Profile günstig wirken, Rechnung trug. Die Abb. 46 zeigt einen solchen Flügelquerschnitt für ein in Leichtmetall (Duralumin) ausgeführtes Flugzeug. Die Längsträger (Holme) sind durch ein Fachwerkgitter miteinander verbunden und durch ein Aluminiumblech oder eine Wellblechhaut zusammengeschlossen. Die einzelnen Fachwerkglieder sind teils dünnwandige Rohre, teils aus dünnem Blech hergestellte Träger (Kleinausführungen nach dem Muster von eisernen Trägern, wie sie im Hochbau oder Brückenbau verwendet werden). — Bei der Bauart der Firma Rohrbach in Berlin ist ein biegungs- und torsionssteifer Kastenholm der tragende Teil des Flügels, und daran sind Vorder- und Hinterteil der Fläche befestigt (Abb. 47). — Die von Dornier, Fokker und vielen französischen Konstrukteuren benützte Bauart besteht (ähnlich wie die älteste Eindeckerausführung) aus einem Gerippe von zwei oder mehreren Holmen mit Querstäben (Rippen) und einer das Ganze verbindenden Haut. Die Beplankung mit dünnen Platten aus Holz bzw. Metall bildet dabei einen Teil der Tragkonstruktion. — Diese Beschreibung kann nur in großen Zügen ein Bild von der Ausbildung der freitragenden Flügel geben. Je nach der Art, wie Rippen und Haut zur „Verbundwirkung“ herangezogen werden, sind verschiedene konstruktive Lösungen möglich. Neuerdings

Abb. 47. Querschnitt eines Flügels mit Kastenholm.

sind in den Junkers-Werkstätten auch Tragflügel vollkommen ohne Rippen gebaut worden. Die um die Holme, der Profilform entsprechend gelegte Haut besteht, wie durchgängig bei Junkersflugzeugen, aus so festem Wellblech, daß das Tragwerk die nötige Festigkeit auch ohne Rippenkonstruktion besitzt.

Manche Eindecker und auch einige Systeme von modernen Doppeldeckern besitzen als Tragflächen „halb-freitragende" Flügel; die Flügel sind hierbei nicht vollständig selbsttragend, und zum Aufbau des Tragwerks sind noch außerhalb liegende

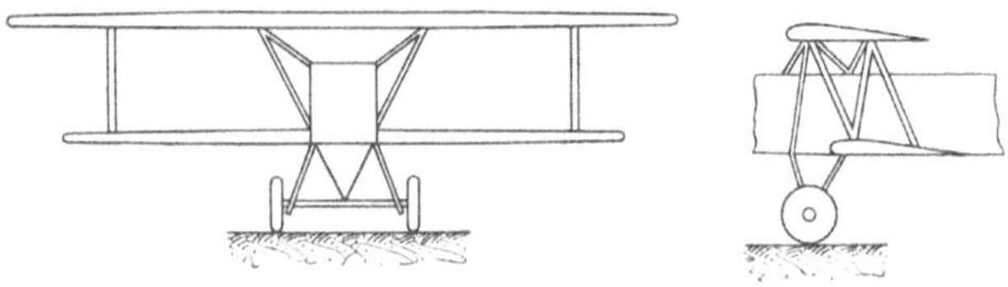

Abb. 48. Zelle mit „N-Stiel".

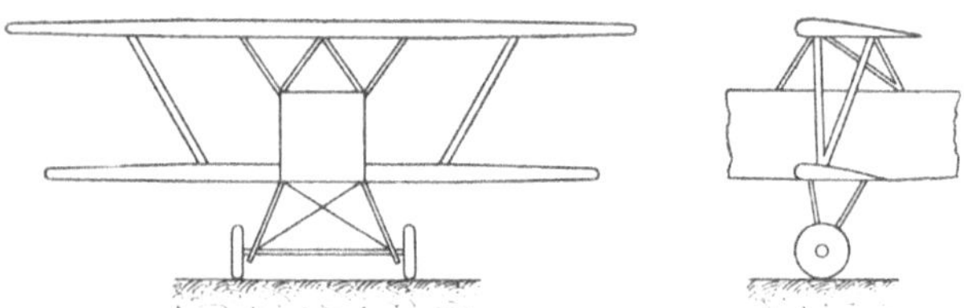

Abb. 49. Zelle mit „V-Stiel".

Streben usw. erforderlich. Die Abb. 48 zeigt eine solche Zelle mit einem „N-Stiel", die Abb. 49 ein System mit „V-Stiel".

Um das Tragwerk eines Flugzeuges zu berechnen, ist es vor allem notwendig, die während des Fluges auftretenden Belastungen zu kennen. Diese Kräfte lassen sich nicht genau vorausbestimmen, und man untersucht deshalb einige Grenzfälle der Belastung, d. h. man berechnet die Schranken, die nach aller Voraussicht die wirklich vorhandenen Wirkungen einschließen. Die physikalischen Unterlagen für solche Annahmen bilden einerseits die Untersuchungen von Tragflächen-Modellen im Luftkanal, andrerseits Kontroll-Messungen von Spannkräften und Verformungen von Zellenorganen während des Fluges.

Die größte bei einem gegebenen Flugzustand möglicherweise vorhandene „äußere Kraft" bezeichnet man als die „sichere Last" des betreffenden Zustandes[1]). Diese Last multipliziert man mit einem sog. „Sicherheitsgrad" und erst unter dem Angriff der so vervielfachten Last dürfen die Baustoffe des Tragwerks bis an die Grenze ihrer Leistungsfähigkeit ausgenützt werden. — Der Sicherheitsfaktor soll nicht nur der Ungenauigkeit der Belastungsannahmen Rechnung tragen, sondern auch den Unvollkommenheiten der Festigkeitslehre, der Konstruktion und der Ausführung, endlich den unvermeidlichen Unregelmäßigkeiten in der Beschaffenheit der Baustoffe und ihrer Veränderung während des Betriebes. — Die gegenwärtig in Geltung stehenden Vorschriften der „Deutschen Versuchsanstalt für Luftfahrt" fordern, nach Abschätzung aller Fehlermöglichkeiten, daß frühestens bei einer etwa zweifachen Vergrößerung der „sicheren Last" die Festigkeitsgrenzen der einzelnen Bauteile erreicht werden dürfen.

Die Flugzeuge werden in den Vorschriften nach den im Betrieb zu erwartenden Beanspruchungen in fünf Gruppen eingeteilt: in 1. Flugzeuge für sehr geringe Beanspruchung, 2. für geringe, 3. für normale, 4. für hohe und 5. in Flugzeuge für sehr hohe Beanspruchung. Sport- und Schulflugzeuge werden z. B. für eine sehr hohe Beanspruchung konstruiert. Die Festigkeitsberechnung des Tragwerks wird für verschiedene Belastungsfälle durchgeführt.

Das „Abfangen" entspricht im wesentlichen einem normalen Flug mit großem Anstellwinkel. Ist G_1 das Gewicht des vollbelasteten Flugzeuges, G_2 das Gewicht der Tragzelle, so ist das sog. rechnungsmäßige Fluggewicht G gleich $G_1 - G_2$, da man annimmt, daß die Zelle „sich selbst trägt", d. h. daß ihr Gewicht unmittelbar durch den Auftrieb ausgeglichen und nicht durch das Tragwerk weiter geleitet wird. — Die Kräfte können sich im Betrieb möglicherweise erhöhen, und man multipliziert, um den Grenzwert der sicheren Last zu bekommen, die einfache Last mit einer Zahl n, die bei den verschiedenen Flugzeuggruppen verschieden eingeschätzt wird. Dieser Zahlenwert steigt bei den

[1]) Vgl.: Vorläufige Belastungsannahmen für die Festigkeitsberechnung von Flugzeugen, herausgeg. v. d. Deutschen Versuchsanstalt f. Luftfahrt, Berlin-Adlershof, Oktober 1931.

oben angeführten Gruppen 1 bis 5 von ca. 1,65 bis 6 an, und zwar wird angenommen (G = Gewicht in t):

bei Flugzeuggruppen 1 . . . . $n = 1{,}6 + \frac{1}{G + 1{,}5}$,

„ „ 2 . . . . $n = 1{,}8 + \frac{1}{G + 1{,}5}$,

„ „ 3 . . . . $n = 2{,}0 + \frac{2}{G + 2}$,

„ „ 4 . . . . $n = 4$,

„ „ 5 . . . . $n = 6$.

Da eine mindestens 2,0-fache Bruchsicherheit gefordert ist, hat man z. B. bei Gruppe 5 die einfache Last mit $6 \cdot 2 = 12$ zu multiplizieren, um die Gewichte zu erhalten, bei denen erst der Bruch des Tragwerks durch Überwinden der Spannung in den einzelnen Teilen eintreten darf.

Der in den Vorschriften als „Gleitflug“ bezeichnete Betriebszustand ist etwa ein schneller Flug mit kleinem Anstellwinkel. Die mögliche Zunahme der Kräfte wird hier geringer gewertet als beim Abfangen und die sicheren Lastvielfachen werden mit $n_B = \frac{2}{3} \cdot n$ angenommen. Der „Sturzflug“ ist ein Belastungszustand, bei dem der Auftrieb, also c_a gleich Null wird und bei dem nur der Rücktrieb und, wie aus Flügelmessungen im Luftkanal hervorgeht, ein Drehmoment auftritt. Dieses entsteht dadurch, daß im vorderen Teil des Flügelprofils von oben nach unten gerichtete Kräfte und im hinteren Teil von unten nach oben gerichtete Kräfte wirken. Beim Lastfall „Rückenflug“ (Oberdruck) ist das vorgeschriebene sichere Lastvielfache gleich $n_D = \frac{1}{3} \cdot n$. Der Betriebszustand „Abfangen in den Rückenflug“ wird nur für die Beanspruchungsgruppen 4 und 5 untersucht, wenn die Flügelpolare negative Auftriebszahlen über den Wert 0,30 hinaus aufweist. Schließlich werden auch Lastzustände nachgeprüft, die einem „Hochreißen vor Hindernissen“ und einer „Böenbeanspruchung“ Rechnung tragen sollen. Das Hochreißen wird nur bei Flugzeugen der Gruppen 2 und 3 berücksichtigt.

Es ist selbstverständlich, daß man die Tragwerkteile, die beim Landen beansprucht werden, für die beim Landen auftretenden Kräfte (ähnlich wie das Fahrwerk, vgl. Abschn. 41)

untersuchen muß. Die Flügelhinterkanten müssen auch eine zur Flügelsehne senkrecht wirkende Kraft aushalten, die einer Belastung beim Aufbau (Montage) entspricht.

Die beschriebenen Lastzustände sind, wie schon oben hervorgehoben wurde, z. T. willkürlich festgelegt. Sie sind jedoch so gewählt, daß das Tragwerk in jeder Richtung von Kräften beansprucht ist, von denen man annimmt, daß sie gewisse Grenzwerte vorstellen. Wenn man nun mit diesen Lastfällen die statische Berechnung der Zelle durchführt und jeden Bauteil nach der ungünstigsten Wirkung dimensioniert, so wird man sicher sein dürfen, daß das System allen Angriffen genügt.

Ist eine neue Flugzeugtype auf Grund der statischen Be-

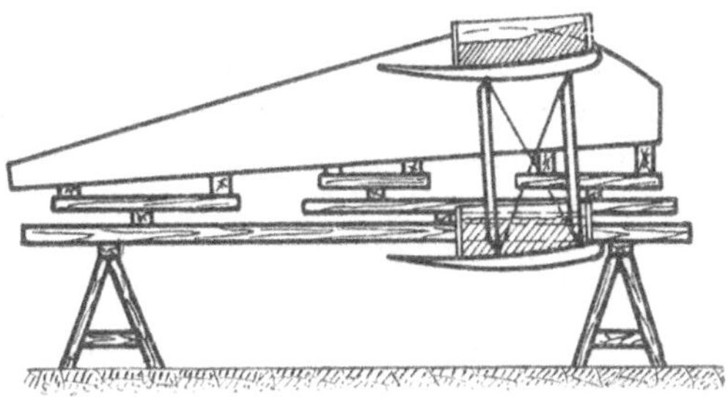

Abb. 50. Bruchprobe.

rechnungen konstruiert worden, so wird die Tragfähigkeit der Zelle häufig noch durch eine Belastungsprobe kontrolliert. Die Unsicherheit in der Schätzung der Materialkonstanten, die Rechnungsannahmen, bei denen bis zum Bruch ein elastisches Verhalten des Materials vorausgesetzt wird, lassen eine solche Überprüfung mitunter als ratsam erscheinen. Gewöhnlich wird eine solche Untersuchung für den ersten Betriebszustand, das „Abfangen“, vorgenommen. Es geschieht dies dann in der Weise (Abb. 50), daß man das Flugzeug umwendet, die Flügel mit Sand belastet und dabei das Tragwerk dort unterstützt, wo im Betriebszustand die größten Lasten angreifen, also längs des Rumpfes beim Motorspant, dem Führersitz usf. Damit erreicht man, daß die Kräfte relativ zum Tragwerk in dem gleichen Sinn wirken wie beim Fluge, nämlich die Sandlast an Stelle des Auftriebs und die Auflagerkräfte an Stelle der eigentlichen Belastung des Flugzeuges. Die Verteilung des Sandes über den Flügel muß man möglichst der Auftriebsverteilung anpassen und ebenso die Verteilung der Auflagerkräfte der Belastungen. Das letztere geschieht mit Hilfe eines geeignet berechneten Hebelsystems, wie es Abb. 50 andeutet.

Um die Belastungsprobe auszuführen, muß man vor allem das Gewicht der Flügel (oder das nicht wesentlich davon abweichende Gewicht der Zelle) kennen. Dies beträgt bei den heutigen Ausführungen auf einen Quadratmeter Flügelfläche etwa 3 bis 5 kg, selten etwas mehr. Hat man nun ein Flugzeug zu prüfen, dessen Flächenbelastung in dem in Abschnitt 10 erklärten Sinn etwa 34 kg/m² beträgt, so muß man — das Flügelgewicht zu 4 kg/m² angenommen — zunächst eine Sandlast von $34 - 8 = 26$ kg/m² aufbringen. Denn dann ist die tatsächliche Last, die das Tragwerk während der Prüfung trägt, gleich $26 + 4 = 30$ kg/m²; ebensoviel haben die Tragwerkteile im Fluge aufzunehmen, weil von der ganzen Gewichtsbelastung mit 34 kg/m² eben die 4 kg/m² des Flügelgewichts abzuziehen sind, die an Ort und Stelle durch den Auftrieb kompensiert und nicht durch das Tragwerk weiter geleitet werden. Ist in der vorgeschriebenen Weise für die Flugzeugtype z. B. $n = 6$ anzunehmen, so ist die sichere Last erreicht, wenn zu den ersten 26 kg/m² Sandlast noch weitere $5 \cdot 30 = 150$ kg/m² aufgebracht werden. Dann ist die Zelle mit 176 kg/m² Sand und 4 kg/m² Eigengewicht belastet, also mit $6 \cdot (G_1 - G_2)$ nach unserer früheren Bezeichnung. Soll nun eine 2-fache Bruchsicherheit bestehen, so darf die Konstruktion erst bei einer weiteren Last von 180 kg/m² ihre Tragfähigkeit verlieren. — Bei der Bruchprobe wird die schwächste Stelle des Tragwerks aufgefunden, und man erkennt, ob die Zelle den geforderten Sicherheitsgrad aufweist. Alle etwa vorhandenen konstruktiven Mängel lassen sich damit natürlich nicht aufdecken, und da das Verfahren kostspielig ist, führt man häufig auch Versuche aus, bei denen das Tragwerk nur mit der sicheren Last beansprucht wird. Durch sorgfältige Messungen können dann die Annahmen der Festigkeits-Berechnung nachgeprüft werden. — Außer dem normalen Betriebszustand des „Abfangens" sucht man bei anderen Belastungsproben auch noch die Verhältnisse, die beim Gleitflug, bei Sturzflügen usw. vorkommen, durch besondere Art der Anordnung zu verwirklichen. Darüber gibt die umfangreiche Literatur der Flugzeugstatik nähere Auskunft[1]).

12. Berechnung der Geschwindigkeit und der erforderlichen Zugkraft bei gegebenem Anstellwinkel.

Die in Abschnitt 8 angestellten Überlegungen ermöglichen es, die Geschwindigkeit des Wagrechtfluges für ein Flugzeug zu berechnen, sobald wir sein Gewicht, die Größe der Tragfläche, sowie den Anstellwinkel beim Wagrechtflug kennen und das Tragflächenprofil hinsichtlich seiner Beiwerte schon untersucht haben. Wir hatten S. 54 die Gleichung aufgestellt:

$$A = z_a \cdot m \cdot F \cdot v^2.$$

Beim Wagrechtflug müssen der Auftrieb und das Gewicht G des Flugzeuges (samt allen darin befindlichen Lasten) gleich sein. Wäre ein Überschuß an Auftrieb vorhanden, so würde das Flugzeug steigen, im umgekehrten Fall würde es sinken. Wir haben also die Gleichung:

$$G = A = z_a \cdot m \cdot F \cdot v^2.$$

Löst man diese Gleichung nach der Geschwindigkeit v auf, so erhält man:

$$v^2 = \frac{G}{z_a \cdot m \cdot F}, \quad v = \sqrt{\frac{G}{z_a \cdot m \cdot F}}.$$

---

1) Ein Lehrbuch der Flugzeugstatik ist z B.: A. van Gries, Flugzeugstatik, Berlin: Julius Springer 1921. Einen zusammenfassenden Bericht über alle hierhergehörigen Fragen findet man in dem Aufsatz von J. Ratzersdorfer in der Zeitschr. f. angew. Mathem. u. Mechanik Bd. 1, 1921, S. 47 bis 61; oder bei W. Hoff, Die Festigkeit deutscher Flugzeuge, 8. Heft der „Berichte und Abhandlungen" der Wissensch. Gesellschaft f. Flugtechnik, München: R. Oldenbourg 1922. Zu den in neuerer Zeit viel behandelten Spezialproblemen vgl. die einschlägigen Aufsätze in der Zeitschr. f. Flugtechn. u. Motorluftsch. sowie in der „Luftforschung"; u. a. H. Reißner, Neuere Probleme der Flugzeugstatik, Zeitschr. f. Flugtechn. u. Motorluftsch. **17** (1926), Heft 9 und 18; **18** (1927), Heft 7. Endlich wird eine äußerst gründliche Einführung in die statischen Aufgaben des heutigen Flugzeugbaus geboten in Thalau u. Teichmann, Aufgaben aus der Flugzeugstatik, Berlin: Julius Springer 1933.

Den Beiwert z_a muß man der durch Versuche festgestellten Auftriebslinie entnehmen, was nur dann möglich ist, wenn man den Anstellwinkel des Wagrechtfluges kennt. Sei beispielsweise der Anstellwinkel $\alpha = 2^0$ und das Profil Abb. 17 gewählt, dann zeigt die Abb. 19 ein $z_a = 0{,}205$; für ein Flugzeug von 1200 kg Gewicht und 35 m² Tragfläche hat man sonach, wenn man für die Dichte der Luft den Normalwert 1/8 setzt,

$$v = \sqrt{\frac{1200}{0{,}205 \cdot \frac{1}{8} \cdot 35}} = 36{,}6 \text{ m/sek.}$$

Wäre der Anstellwinkel nicht 2^0, sondern 4^0, so ergäbe die Abb. 19 ein $z_a = 0{,}276$; dann wäre $v = 31{,}4$ m/sek. Bei 6^0 zeigt die Abb. 19 ein $z_a = 0{,}350$, daraus rechnet sich $v = 28{,}0$ m/sek. Man erkennt so, daß die Geschwindigkeit mit zunehmendem Anstellwinkel abnimmt.

Eine vollständige Berechnung der Fluggeschwindigkeit ist dies, wie man sieht, noch nicht, da wir ja nicht wissen, wie wir den Anstellwinkel zu finden haben. Es ist auch selbstverständlich, daß man die Fluggeschwindigkeit nicht berechnen kann, wenn man nichts über die Motorleistung weiß. Wir werden erst im Kapitel VI die vollständige Berechnung durchführen können; doch ist es schon hier möglich, noch einen Schritt weiterzugehen.

Wir können nämlich, zurückgreifend auf die Überlegungen von Abschnitt 8 und auf die am Schlusse von Abschnitt 5 über die „schädliche Fläche" eines Flugzeuges gemachten Bemerkungen, die für jeden Anstellwinkel erforderliche Zugkraft bestimmen. Die Zugkraft, die der Motor durch die Luftschraube ausüben muß, um das Flugzeug im Wagrechtfluge zu erhalten, muß ja genau so groß sein wie die Widerstände, die das Flugzeug zu überwinden hat. Wir haben nun zweierlei Widerstände kennen gelernt: Im Kapitel I den „schädlichen" Widerstand der verschiedenen Teile des Flugzeuges, Rumpf, Stiele, Kabel usw., und jetzt den Tragflächenwiderstand oder Rücktrieb. Beide zusammen müssen der erforderlichen Zugkraft Z gleich sein. Es gilt also:

$$Z = \text{Tragflächenwiderstand} + \text{Schädlicher Widerstand.}$$

Bezeichnen wir die schädliche Fläche des ganzen Flugzeuges, d. i. die Summe der schädlichen Flächen aller Teile (mit Ausschluß der Tragflächen) mit f, so ergibt die Zusammenstellung der beiden Widerstände die Formel:

$$Z = z_r \cdot m \cdot F \cdot v^2 + 0{,}65 \cdot m \cdot f \cdot v^2.$$

Der erste Summand auf der rechten Seite entspricht der Formel (a) von Abschn. 8, der zweite der Formel (c) am Schlusse von Abschn. 4. In dem eben behandelten Beispiel, also für $F = 35\ \mathrm{m}^2$, hatten wir beim Anstellwinkel 2^0 die Geschwindigkeit gleich 36,6 m/sek gefunden. Das zweite Diagramm unseres Profils, Abb. 20, zeigt, daß der Beiwert z_r für $a = 2^0$ ungefähr 0,013 beträgt. Nehmen wir die schädliche Fläche zu $0{,}9\ \mathrm{m}^2$ an, so ergibt sich eine erforderliche Zugkraft:

$$Z = 0{,}013 \cdot \tfrac{1}{8} \cdot 35 \cdot 36{,}6^2 + 0{,}65 \cdot \tfrac{1}{8} \cdot 0{,}9 \cdot 36{,}6^2 = 176\ \mathrm{kg}.$$

Ist der Anstellwinkel nicht 2^0, sondern 4^0, so besagt unsere frühere Rechnung, daß die Geschwindigkeit 31,4 m/sek beträgt, und die Abb. 20 zeigt den Beiwert $z_r = 0{,}017$. Die Ausrechnung ergibt dann:

$$Z = 0{,}017 \cdot \tfrac{1}{8} \cdot 35 \cdot 31{,}4^2 + 0{,}65 \cdot \tfrac{1}{8} \cdot 0{,}9 \cdot 31{,}4^2 = 146\ \mathrm{kg}.$$

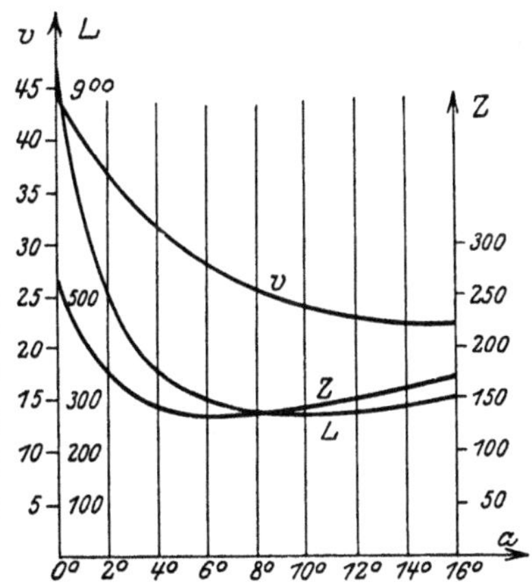

Abb. 51. Geschwindigkeit, Zugkraft und Zugleistung.

Für den Anstellwinkel von 6^0 findet sich in gleicher Weise $v = 28{,}0$ m/sek, $z_r = 0{,}022$ und die erforderliche Zugkraft $Z = 133$ kg.

Multipliziert man die in irgend einem Fall berechnete Zugkraft Z mit der Größe der Geschwindigkeit v, so erhält man in dem Produkt $Z \cdot v$ die Größe der zur Überwindung von Rücktrieb und schädlichem Widerstand erforderlichen Zugleistung L. Beim Anstellwinkel 2^0 war $v = 36{,}6$ m/sek und $Z = 176$ kg, also ergibt sich $L = 36{,}6 \cdot 176 = 6442$ kgm/sek; bei $a = 4^0$ findet man aus $v = 31{,}4$ m/sek und $Z = 146$ kg die erforderliche Zugleistung $L = 4584$ kgm/sek. In Abb. 51 sind die in dieser Weise berechneten Werte der Geschwindigkeit v, der erforderlichen Zugkraft Z und Zugleistung L als Funktionen des

Anstellwinkels a eingetragen. Als Maßeinheit für die Leistung wird in der Regel statt kgm/sek die 75mal so große „Pferdestärke" (PS) gewählt. Den beiden oben berechneten Leistungswerten entsprechen dann 86 PS bzw. 61 PS.

Mit welchem Anstellwinkel das Flugzeug nun tatsächlich wagrecht fliegt, hängt davon ab, welche Zugkraft der Motor durch die Luftschraube auszuüben vermag. Darüber können wir erst in den folgenden Kapiteln sprechen. Unser bisheriges Ergebnis besteht nur darin, daß wir zu jedem angenommenen Anstellwinkel die Geschwindigkeit, die erforderliche Zugkraft und die erforderliche Leistung der Luftschraube berechnen können. An dieses Ergebnis werden wir im Kapitel VI, nachdem wir vorher die Wirkungsweise der Luftschraube und des Motors besprochen haben, wieder anknüpfen.

III. Der motorlose Flug.

13. Fliegen aus eigener Kraft und Ähnlichkeitsgesetz.

Zu den wesentlichen Teilen eines vollständigen Flugzeuges im gewöhnlichen Sinne dieses Wortes gehören außer der Tragfläche Luftschraube und Motor. Keine nennenswerte praktische Verkehrsleistung ist bisher auf andere Weise erzielt worden als durch Aufwendung erheblicher motorischer Kräfte unter Vermittlung einer Luftschraube. Gleichwohl hat in den letzten Jahren vom sportlichen Standpunkt der motorlose Flug oder Segelflug so sehr die Teilnahme der Öffentlichkeit gefunden, daß wir einer Besprechung des Gegenstandes hier nicht aus dem Wege gehen wollen. In der Vorstellung des Laien verknüpft sich der Segelflug mit dem Gedanken an eine menschliche Nachahmung des Vogelfluges, bei der also der Flieger seine eigenen Muskelkräfte in den Dienst der Fortbewegung oder der Erhaltung des Schwebezustandes stellt. Die folgenden Überlegungen sollen uns zunächst über die etwaige Möglichkeit eines solchen Fliegens „aus eigener Kraft" belehren.

Im vorangehenden Kapitel haben wir gelernt, daß und wie eine geeignet geformte Tragfläche, wenn sie wagrecht durch die Luft bewegt wird, Auftrieb erfährt. Zugleich mit dem Auftrieb entsteht aber unvermeidlich ein Rücktrieb, d. i. ein der Bewegungsrichtung entgegenwirkender Widerstand, und zu diesem tritt noch, in gleichem Sinn wirkend, der im ersten Kapitel ausführlich besprochene „schädliche Widerstand" aller übrigen Teile des bewegten Flugkörpers. Zusammenfassend konnten wir im letzten Abschnitt des vorigen Kapitels die Größe der bei einem beliebigen Anstellwinkel erforderlichen Zugkraft und Zugleistung berechnen. Die gefundene, nicht unbeträchtliche Zahl von Pferdestärken müßte der Flieger aus eigener Kraft aufbringen, wenn er ohne Motor mit der der Rechnung zugrundegelegten Tragfläche fliegen wollte. Nun ist es selbstverständlich, daß man ohne Motor nicht so viel Auftrieb, also auch nicht so große Tragflächen braucht und gewiß auch noch an „schädlicher Fläche" sparen kann. Um einen Anhaltspunkt hierfür zu bekommen, wollen wir einen Vergleich mit dem Vogelflug ziehen und dabei von Betrachtungen ausgehen, die bis zu einem gewissen Grade in gleichem Sinn schon Hermann v. Helmholtz im Jahre 1873 angestellt hat[1]).

Am Schluß von Abschnitt 6 ist darauf hingewiesen worden, daß für die verschiedenen Luftkräfte, mit denen wir es bei der Flugbewegung zu tun haben, in erster Annäherung gleichförmige Gesetzmäßigkeiten bestehen: Man kann die Größe einer solchen Kraft, wenn die geometrischen Verhältnisse der Körper, die sie bestimmen, unverändert bleiben, proportional setzen der Luftdichte, dem Quadrat der Geschwindigkeit und der Flächengröße oder — was bei untereinander ähnlichen Körpern auf dasselbe hinausläuft — dem Quadrat der linearen Abmessungen. Daß die Beiwerte, die in den Formeln auftreten, tatsächlich keine Konstanten sind, sondern z. B. noch von der Geschwindigkeit abhängen (oder wie in Abschnitt 6 gezeigt, von einer aus Geschwindigkeit, linearer Abmessung und Zähigkeit zusammengesetzten Größe), kommt erst für feinere Fragen, nicht für die grobe Abschätzung, die wir jetzt vorhaben, in Betracht. Das durchschnittliche spezifische Gewicht oder Raumgewicht des Flugkörpers wollen wir mit s bezeichnen, eine die Größe des Körpers kennzeichnende Längenabmessung mit l. Dann ist das

[1]) Veröffentlicht in den Monatsberichten der Kgl. preußischen Akad. d. Wissenschaften 1873, S. 501.

Gewicht dem Produkt sl^3 proportional, jede Luftkraft dem Produkt ml^2v^2, wo m, wie bisher, die Luftdichte, v die Fluggeschwindigkeit bedeuten. Da eine Luftkraftkomponente, nämlich der Auftrieb, dem Gewicht gleich sein muß, erkennt man, daß beim Übergang vom Modell zur Wirklichkeit oder von einer kleineren zu einer größeren Ausführung die Größen sl^3 und ml^2v^2 in gleichem Maße wachsen müssen. Ähnliche, d. h. einander entsprechende, Verhältnisse bei zwei Flugzeugen oder zwei beliebigen fliegenden Körpern, die in allen Teilen geometrisch ähnlich sind, liegen also nur dann vor, wenn beidemal der Quotient $sl^3 : ml^2v^2$, oder $sl : mv^2$ den gleichen Wert hat. Nimmt man überdies an, daß für beide Körper das mittlere spezifische Gewicht s das gleiche ist, und daß beide sich in Luft gleicher Dichte m bewegen, so kann man die Faktoren s und m ganz fortlassen und das Ähnlichkeitsgesetz oder die „Modellregel" auch so aussprechen: Ähnliche Flugzustände an zwei geometrisch ähnlichen Körpern sind verwirklicht, wenn $v^2 : l$ beidemal gleichen Wert hat, d. h. wenn die Geschwindigkeiten sich wie die Wurzeln aus den Längenabmessungen verhalten. Da die Kräfte proportional l^2v^2 sind, so nehmen sie, wenn v^2 wie l wächst, proportional l^3 zu. Die zur Überwindung der Kräfte erforderlichen Arbeitsleistungen sind dem Produkt aus Kraft und Geschwindigkeit, d. i. hier l^3 mal $\sqrt{l}$ oder $\sqrt{l^7}$ proportional. Beachtet man, daß das Gewicht mit l^3 wächst, so kann man die Arbeitsleistung als proportional dem Produkt von Gewicht und Wurzel aus Längenabmessung bezeichnen. In diesen Aussagen ist die Helmholtzsche Modellregel oder das Helmholtzsche Ähnlichkeitsgesetz enthalten.

Helmholtz schließt nun folgendermaßen weiter. Es ist bekannt, daß beispielsweise der Storch, der ein Körpergewicht von etwa 4 kg besitzt, ein ausdauernder Flieger ist. Ein Mensch von etwa 68 kg Gewicht ist gerade 17 mal schwerer. Nehmen wir an, er wollte den Storchenflug nachahmen, indem er sich mit Flügeln von passender Gestalt usw. ausstattet. Wächst das Gewicht wie 1 : 17, so nimmt die Längenabmessung, konstantes spezifisches Gewicht vorausgesetzt, wie 1 : dritte Wurzel aus 17, d. i. wie 1 : 2,57 zu. Die Quadratwurzel aus der Längenabmessung wächst dabei wie 1 : 1,60 und demnach zufolge der oben gefundenen Regel die erforderliche Arbeitsleistung wie $1:17\cdot 1{,}60 = 1:28{,}2$. Dieser Erhöhung der Leistung entspricht aber nach Helmholtz' Meinung nicht die Arbeitsfähigkeit des Menschen im Vergleich zu der des Storches. Die Muskelsubstanz sei, meint Helmholtz, bei allen tierischen Organismen ungefähr gleichwertig und der Mensch habe, bei 17fachem Gesamtgewicht, eben auch nur 17 mal so viel Muskelsubstanz wie der Storch, also auch nur 17 fache Arbeitsfähigkeit. Um fliegen zu können, müßte der Mensch den Flugmechanismus des Storches im Verhältnis 1:1,60 verbessern oder, mit andern Worten, den Wirkungsgrad der Flugbewegung um 60 vH steigern. Dies hält Helmholtz nicht für ausführbar und darum erklärt er es für unmöglich, daß der Mensch aus eigener Kraft jemals würde fliegen können.

Dieser letzten Überlegung können wir heute nicht ohne weiteres folgen. Daß technische Einrichtungen eine „natürliche“ Bewegungsform durch eine wirtschaftlich vorteilhaftere, Arbeit sparende ersetzen können, sehen wir an vielen Beispielen, ganz besonders deutlich am Fahrrad. Ohne jede motorische Unterstützung kann der Radfahrer weite Strecken mit einer Geschwindigkeit, die um ein Vielfaches die der schnellsten Läufer unter den Tieren übertrifft, bewältigen. Es liegt dies daran, daß durch Vermittlung des Rades die schwingende Bewegung der Beine in die weit vorteilhaftere Drehbewegung verwandelt und die viel Arbeit verzehrende Reibung am Boden fast ganz vermieden wird. Auch am Schwingenflug der Tiere ist vieles nur physiologisch zu erklären und nicht gerade vom Standpunkt der Maschinentechnik das Zweckmäßigste. Warum soll man es als ausgeschlossen betrachten, daß es der Technik gelingt, eine Form der Flugbewegung zu finden, die im Arbeitsaufwand um 60 vH günstiger ist als die tierische? Gewisse rechnerische Untersuchungen, die wir noch näher andeuten werden, legen es nahe, anzunehmen, daß eine Verbesserung in diesem Maße schon durch die heutigen Flugzeuge erreicht ist. Wenn gleichwohl an ein Fliegen aus eigener Kraft heute noch nicht gedacht werden kann, so rührt das von einem andern, sehr ausschlaggebenden Fehler der Helmholtzschen Betrachtung her.

Helmholtz nimmt ohne weiteres an, daß der 17 mal schwerere Mensch auch ungefähr 17 mal soviel Muskelgewicht zur Verfügung hat wie der Storch. Dies ist jedoch bei weitem nicht der Fall. Man hat das Gewicht der Brustmuskeln eines 4 kg schweren Storches auf etwa 0,5 kg geschätzt, während Waden- und Brustmuskeln eines rund 70 kg schweren Menschen nur etwa 2,2 kg wiegen. Im ersten Fall sind also rund 12 vH, im zweiten nur 3 vH des Gesamtgewichtes Muskelsubstanz! Nach neueren Messungen sollen die guten Flieger unter den Vögeln sogar bis 30 vH ihres Körpergewichtes an Flugmuskulatur besitzen, während beim Menschen Brust- und Wadenmuskeln zusammen höchstens 4 vH seines Gewichtes ausmachen. Legt man die letzteren Zahlen zugrunde, nach denen der menschliche Körper für den Flug etwa 7 mal ungünstiger gebaut ist als der der Vögel, so sieht man, daß eine Wirkungsgrad-Verbesserung nicht wie 1:1,60, sondern wie $1:7\cdot 1{,}60 = 1:10$ erforderlich wäre, wenn der Mensch aus eigener Kraft fliegen soll. Von einer Erfüllung dieser Forderung sind wir heute noch sehr, sehr weit entfernt.

Man kann die Flugbedingungen für Menschen und für Vögel mit Hilfe der im vorangehenden Kapitel abgeleiteten Ansätze noch etwas weiter verfolgen. Multipliziert man die S. 89 oben gegebene Gleichung für die erforderliche Zugkraft mit der Geschwindigkeit v, so erhält man für die erforderliche Zugleistung L den Ausdruck

$$L = Z\cdot v = z_r\cdot m\cdot F\cdot v^3 + 0{,}65\cdot m\cdot f\cdot v^3.$$

Die Größe von v kann man aus der Auftriebsgleichung $A = z_a\, m\, F v^2$ berechnen, wenn man darin $A = G$, Auftrieb gleich Gewicht setzt. Man erhält wie schon unten S. 87

$$v = \sqrt{\frac{G}{z_a\cdot m\cdot F}},$$

und wenn man dies in die Gleichung für L einführt:

$$L = \frac{z_r}{\sqrt{z_a^{\,3}}}\cdot\sqrt{\frac{G^3}{m\cdot F}} + \frac{0{,}65}{\sqrt{z_a^{\,3}}}\cdot\frac{f}{F}\cdot\sqrt{\frac{G^3}{m\cdot F}},$$

Die dem ersten Wurzelzeichen voranstehende Vorzahl $z_r : \sqrt{z_a^{\,3}}$ ist nur von den Profileigenschaften des Flügels abhängig. In jedem der in den Abb. 24 bis 27 dargestellten Fälle können wir den Wert der Vorzahl für alle Anstellwinkel berechnen. Es zeigt sich, daß der kleinste, also günstigste Wert des Ausdrucks etwa bei 0,10 liegt. Nehmen wir an, daß dieser Wert durch besondere Formgebung (sehr schmale Flügel) vielleicht noch etwas unterschritten werden kann, und rechnen wir mit 0,08, setzen dann für die Luftdichte m ihren Bodenwert 1/8 ein, so wird der erste Bestandteil von L gleich

$$0{,}08\sqrt{8}\sqrt{\frac{G^3}{F}} \qquad \text{oder} \qquad 0{,}226\,G\sqrt{\frac{G}{F}}.$$

Bei gegebenem Gewicht G wächst also dieser Teil der aufzuwendenden Leistung proportional der Wurzel aus der Flächenbelastung.

Beim Storch ist, wie erwähnt, G etwa gleich 4 kg, und für die Flügelgröße F kann rund 0,5 m² angesetzt werden, so daß die Flächenbelastung 8 kg/m² beträgt, bedeutend weniger als bei unseren Flugzeugen, vgl. S. 69. Der Leistungsbedarf zur Überwindung des Rücktriebs ist darnach $0{,}226 \cdot 4 \cdot \sqrt{8} = 2{,}56$ kgm/sec.

Schwieriger abzuschätzen ist die Größe des schädlichen Widerstandes und der hierfür erforderlichen Leistung. Nach O. Lilienthal hat der Storchkörper einen Querschnitt von etwa 0,008 m². Setzt man diesen mit einem Beiwert von 0,2 in Rechnung, entsprechend den Verhältnissen an einem durchschnittlichen Flugzeugrumpf, so daß für $0{,}65\,f$ jetzt $0{,}2 \cdot 0{,}008 = 0{,}0016$ einzuführen wäre, so muß man außerdem noch den Wert des Auftriebsbeiwertes z_a kennen. Wir wollen ihn möglichst hoch wählen, weil die Formel zeigt, daß der Leistungsaufwand mit wachsendem z_a kleiner wird und wir eine untere Grenze für die Flugleistung des Storches suchen. Nach den Abb. 24 bis 27 ist $c_a = 1$, also $z_a = 0{,}5$ schon ein recht erheblicher Wert. Wir erhalten damit für den zweiten Teil des Leistungsbedarfes

$$\frac{0{,}0016}{\sqrt{0{,}125}}\,\frac{1}{F}\,\sqrt{8}\sqrt{\frac{G^3}{F}} \qquad \text{oder} \qquad 0{,}0128\,\frac{G}{F}\sqrt{\frac{G}{F}}.$$

Mit $G = 4$, $F = 0{,}5$ gibt das 0,29 kgm/sek. Beide Bestandteile zusammen liefern also die Flugleistung des Storches zu 2,56 + 0,29 = 2,85 kgm/sek[1]).

Berücksichtigen wir jetzt noch, daß ein Mensch von 68 kg Gewicht, um fliegen zu können, eine mehr oder weniger schwere Flug-Ausrüstung mit sich nehmen muß, so ist das Fluggewicht mit insgesamt 108 kg, gleich dem 27fachen Storchgewicht, wohl nicht zu hoch geschätzt. Nach der Helmholtzschen Regel würde also die dynamische Ähnlichkeit eine Vergrößerung im linearen Maßstab 1 : 3 voraussetzen, womit eine Leistungserhöhung im Verhältnis $1:27\cdot\sqrt{3} = 1:46{,}8$ verbunden wäre. Nach dieser Rechnung hätte der fliegende Mensch $2{,}85 \cdot 46{,}8 = 133{,}5$ kgm/sek (in den Einzelteilen 119,9 + 13,6), also nahezu 2 Pferdestärken aufzubringen. Man kann sich aber wohl denken, daß die Verhältnisse günstiger gestaltet werden, wenn nicht die Ähnlichkeit mit dem Storchenflug aufrecht erhalten wird. Wählen wir die Tragfläche nicht 0,5 m^2 mal dem Quadrat der errechneten Linearvergrößerung, also 4,5 m^2, sondern dreimal so groß zu $F = 13{,}5$ m^2, so vermindert sich der erste Leistungsbestandteil im Verhältnis $\sqrt{3}:1$ auf rund 69, der zweite im Verhältnis $3\sqrt{3}:1$ auf rund 3 kgm/sek, so daß im ganzen sich rund 72 kgm/sec ergeben. Rechnen wir damit, daß der Übertragungsmechanismus noch etwa 15 vH der Arbeitsleistung verzehrt, so kommen wir auf rund 85 kgm/sec, also über 1 Pferdestärke. Eine weitergehende Vergrößerung der Tragflächen wird man aus konstruktiven Gründen kaum empfehlen können.

Alle Beobachtungen stimmen darin überein, daß ein kräftiger Mann einigermaßen anhaltend höchstens ein Fünftel Pferdestärke oder 15 kgm/sec leisten kann. Wir sind also auch durch diese Rechnung, die keine Angaben über die Muskelgrößen zugrundelegt, zu wesentlich dem gleichen Ergebnis gelangt wie früher: daß nach dem heutigen Stande der Technik zu anhaltendem Wagrechtflug des menschlichen Körpers mindestens

---

[1]) Über die Mechanik des Vogelfluges spricht O. Lilienthal in seinem für die Flugtechnik bahnbrechenden Werk: Der Vogelflug als Grundlage der Fliegekunst (1890), 2. Aufl. München: R. Oldenbourg 1910. Historisch Interessantes bringt auch das kleine Buch von J. Popper-Lynkeus, Der Maschinen- und Vogelflug, Berlin: M. Krayn 1912.

sechs- bis siebenmal soviel Arbeitsleistung erforderlich ist, als der durchschnittlich kräftige Mensch aufzubringen vermag.

Eine gewisse Bestätigung finden die vorstehenden Berechnungen durch die aus dem Segelflugsport hervorgegangenen, in letzter Zeit mit großem Erfolg ausgeführten Leichtflugzeuge. Während die zu militärischen oder Verkehrszwecken gebauten Flugzeuge kaum je mit weniger als 100 PS starken Motoren ausgerüstet wurden, hat man sich jetzt davon überzeugt, daß z. B. zwei Personen ganz gut mit 4 bis 5 PS fliegen können.

Über etwaige Möglichkeiten, in späterer Zukunft ohne Motorunterstützung zu fliegen, sagen unsere Rechnungen nichts Bestimmtes aus. Die Auffassung von Helmholtz, daß die natürliche Bewegungsform des Vogelfluges nicht durch wesentlich zweckmäßigere, d. h. arbeitsparende, ersetzt werden könnte, erscheint uns unhaltbar. Jedenfalls gibt es auch nicht, wie man vor einigen Jahrzehnten, in den Anfängen der Fluglehre, annahm, einen theoretischen Mindestwert an „Schwebearbeit“, der unter allen Umständen, unabhängig von der Bewegungsart, zur Erzielung des Auftriebs aufgebracht werden müßte. Kein Gesetz der Mechanik oder Physik spricht gegen die Möglichkeit eines Fliegens mit 10 oder 15 kgm/sec Arbeitsleistung bei 100 kg Fluggewicht — aber die heutige Technik gibt uns kein Mittel an die Hand, eine solche Möglichkeit zu verwirklichen[1]).

14. Statischer und dynamischer Segelflug.

Unter Segelflug versteht man eine Flugbewegung ohne Motor, bei der die zur Überwindung aller Widerstände erforderliche Arbeitsleistung der bewegenden Kraft des natürlichen Windes entnommen wird. Es ist üblich, „statischen“ und „dynamischen“ Segelflug zu unterscheiden, indem man meint, daß der erstere vorwiegend ruhige, gleichförmige Luftbewegung, „Wind“ im engeren Sinn, ausnutzt und dabei auf

[1]) Die Überlegungen dieses Abschnittes sind in etwas mehr mathematischer Ausdrucksweise vom Verfasser früher veröffentlicht worden in einem Aufsatz „Segelflug und Ähnlichkeitsgesetz“ in der Zeitschr. f. angew. Mathem. u. Mechanik, Bd. 3, 1923, S. 64.

einem Gleichgewichtszustand ähnlich dem des Motorfluges beruht, während der „dynamische“ Segler Luftströmungen, die örtlich und zeitlich stark wechseln, durch geschicktes Manövrieren für sich verwertet. Wir sprechen zunächst von statischem Segelflug.

Die an einem wagrecht bewegten Flügel angreifenden Luftkräfte, wie wir sie in Abb. 18 dargestellt haben, bestehen aus dem lotrecht aufwärts wirkenden Auftrieb A und dem wagrechten, der Bewegung entgegengerichteten Rücktrieb R, die zusammen die etwas schräge, resultierende Luftkraft K ergaben. Drehen wir das Bild des Flügelquerschnittes um den Winkel,

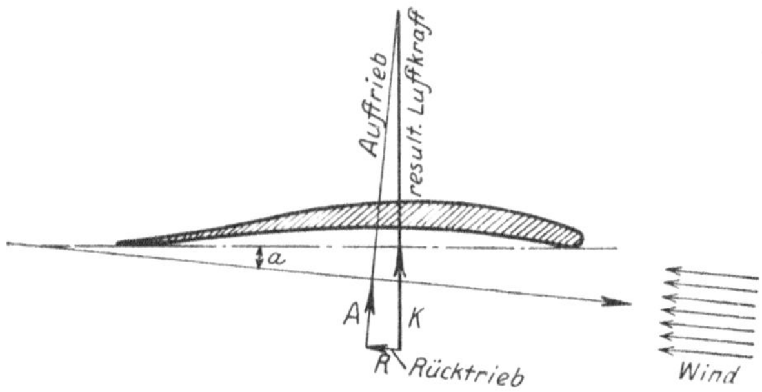

Abb. 52. Statischer Segelflug.

der zwischen den Kräften K und A besteht, so erreichen wir (Abb. 52), daß K lotrecht wird. Belastet man die Tragfläche jetzt so, daß das Gesamtgewicht gleich K ist, so herrscht Gleichgewicht. Die Bewegungsrichtung ist allerdings jetzt nicht mehr wagrecht, sondern etwas abwärts gerichtet: Wir haben den Zustand eines sog. Gleitfluges vor uns. Aber die Kräfte A, R und K, die von der Bewegung des Flügels durch die Luft geweckt werden, hängen offenbar nur von der Geschwindigkeit des Flügels relativ zur umgebenden Luft ab, und nur, wenn wir annehmen, daß der Flug in einer an sich ruhenden Luftmasse stattfindet, ist das Auftreten der Kräfte A, R, K an die flach abwärts gerichtete Geschwindigkeit v geknüpft. Ist aber die Luft selbst in Bewegung, etwa so, wie es Abb. 52 andeutet, mit einer Windgeschwindigkeit von eben der Größe v, schwach aufwärts in entgegengesetztem Sinn gerichtet, so wird der belastete Flügel in der gezeichneten Stellung unbewegt im Gleichgewicht verharren (wie das ja z. B. jeder Versuch im Luftkanal vor Augen führt). Ist die Windströmung vertikal aufwärts gerichtet, mit einer Geschwindigkeit w, die der Größe nach der Abwärtskomponente von v in Abb. 52 gleich kommt (Abb. 53a), so wird die erforderliche Relativgeschwindigkeit v zwischen Flügel und Luft dadurch erzielt, daß der Flügel sich wagrecht mit einer Geschwindigkeit c nach rechts bewegt, die der Größe nach der Wagrechtkomponente von v gleich ist. Hat der Wind w neben der Aufwärtskomponente auch eine beliebige wagrechte, links gerichtete Komponente (Abb. 53b), so genügt eine kleinere Fluggeschwindigkeit c der Forderung nach Herstellung der Relativgeschwindigkeit v. Und schließlich, wenn der Wind nach rechts aufwärts bläst (Abb. 53c), muß der Flügel eine vergrößerte Wagrechtgeschwindigkeit c besitzen, wenn wieder die frühere, geneigte Relativgeschwindigkeit v zustandekommen soll. In allen drei Fällen der Abb. 53 haben wir Gleichgewichtszustände bei wagrechter Flugbewegung ohne jede äußere Antriebskraft. Dies ist der statische Segelflug, und zwar seine vollkommenste Form, nämlich Segeln ohne Höhenverlust. Der wesentliche Unterschied zwischen diesem Segeln und dem früher betrachteten Wagrechtflug (der auch in den folgenden, dem Motorflug gewidmeten Kapiteln den Gegenstand unserer Betrachtung bilden wird), besteht darin, daß jetzt die resultierende Luftkraft K, und nicht seine Auftriebskomponente A, vertikal gerichtet und der Größe nach gleich dem Gewicht ist.

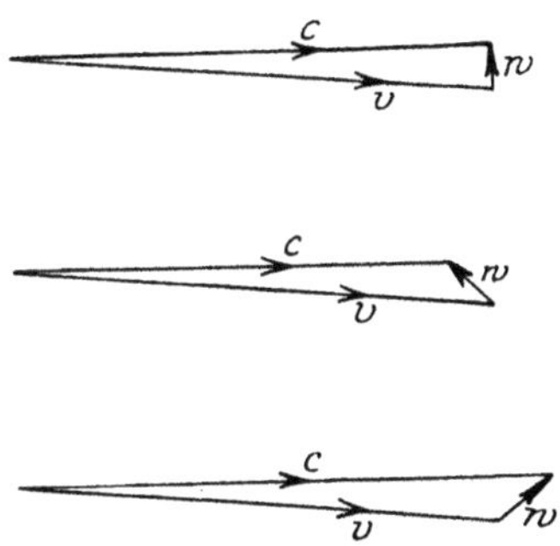

Abb. 53. Geschwindigkeitsdreiecke.

Wollen wir den Segelflug etwas genauer verfolgen, so müssen wir berücksichtigen, daß außer der Luftkraft auf die Tragfläche noch der schädliche Widerstand auf die übrigen Teile des Flugzeuges wirkt. Die Resultierende aus Auftrieb, Rücktrieb und schädlichem Widerstand muß beim Segelflug eines vollständigen Flugzeuges dem Gesamtgewicht das Gleichgewicht halten. Da die beiden letzteren Kräfte gleichgerichtet sind, addieren sie sich einfach und man erhält das Kräftesystem Abb. 54, wo R und W zur „Zugkraft" Z zusammengefügt erscheinen. Da Z parallel, A senkrecht zur Richtung der Relativgeschwindigkeit v steht, bildet diese mit der Wagrechten den gleichen Winkel b, den die Auftriebsrichtung mit der Vertikalen einschließt, und der gegeben ist durch

$$\sin b = \frac{R + W}{G} = \frac{Z}{G}$$

oder

$$\operatorname{tg} b = \frac{Z}{A}.$$

Führen wir in die zweite dieser Gleichungen die uns aus Kap. II, namentlich von S. 87 bis 89 bekannten Ausdrücke für A und Z, nämlich

$$A = z_a \cdot m \cdot F \cdot v^2,$$

$$Z = z_r \cdot m \cdot F \cdot v^2 + 0{,}65 \cdot m \cdot f \cdot v^2$$

ein, wo wieder F die Tragflügelgröße, f die schädliche Fläche, m die Luftdichte, v die Geschwindigkeit (Relativgeschwindigkeit!), z_a und z_r Auftriebs- bzw. Rücktriebsbeiwerte des Flügelprofils bezeichnen, so erhalten wir durch Dividieren

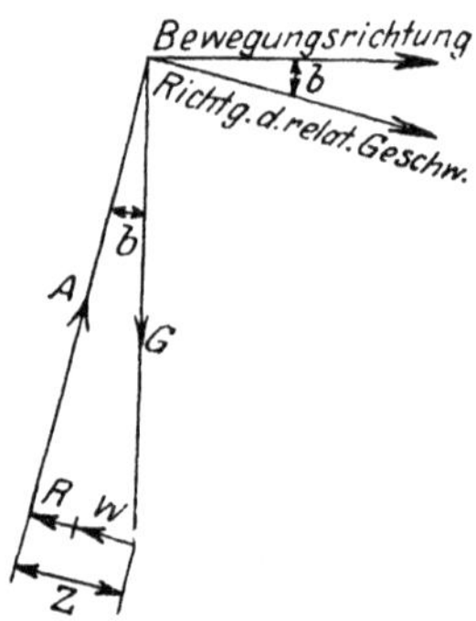

Abb. 54. Gleichgewicht im Segelflug.

$$\operatorname{tg} b = \frac{z_r\, m\, F v^2 + 0{,}65\, m\, f v^2}{z_a\, m\, F v^2} = \frac{z_r + 0{,}65\, f/F}{z_a}.$$

Nehmen wir an, das Segelflugzeug habe eine Flügelfläche $F = 15\ \text{m}^2$ und seine schädliche Fläche f sei auf $0{,}3\ \text{m}^2$ herabgedrückt, was gewiß erreichbar ist, so haben wir $f/F = 0{,}3 : 15 = 0{,}02$ und für $\operatorname{tg} b$ ergibt sich der Quotient $(z_r + 0{,}013) : z_a$, der für jeden Anstellwinkel a einen bekannten Wert hat, sobald einmal der Flügelquerschnitt gewählt ist. Gesetzt, es sei das in Abb. 25 mit seinen Kennlinien dargestellte Göttinger Profil Nr. 361 gewählt. Beim Anstellwinkel 0^0 entnehmen wir den Diagrammen $100\, c_a = 36$; $100\, c_r = 2{,}6$ als die 200 fachen Werte von z_a und z_r. Demnach ist für $a = 0^0$ der Winkel b bestimmt durch $(0{,}013 + 0{,}013) : 0{,}18 = 0{,}026 : 0{,}18 = 0{,}145$. Der Winkel selbst ergibt sich durch Aufzeichnen eines rechtwinklichen Dreieckes mit den Katheten 2,6 und 18 (oder durch Nachschlagen in einer Tangenstabelle) zu $8{,}3^0$. (Näherungsweise kann man bei Winkeln bis etwa 10^0 die Gradzahl aus dem sinus oder tangens durch Multiplikation mit rd. 57 erhalten.) Will man für mehrere Anstellwinkel den Wert von b finden, so verfährt man am besten so, daß man im Polardiagramm des Flügelprofils (Abb. 55) links vom Anfangspunkt die Strecke $0{,}65\, f : F$ im Maßstab der z_r wagrecht abträgt, also das 200 fache davon im Maßstab der Abbildung. In unserm Fall ist der Punkt p demgemäß in der Entfernung von $200 \cdot 0{,}013 = 2{,}6$ Abszisseneinheiten links vom Anfangspunkt angenommen. Verbindet man diesen Punkt p mit dem Punkt 0^0 der Polaren, so erhält man ein rechtwinkliges Dreieck, dessen Katheten $200\, z_a$ und $200\, z_r + 2{,}6$ sind. Wären die Maßstäbe für Abszissen und Ordinaten im Polardiagramm nicht verschieden gewählt, so wäre der Winkel b' dieses Dreiecks genau unser b. Die Verschiedenheit der Maßstäbe bewirkt, daß der Winkel vergrößert, und zwar sein Tangens verfünffacht wird. Jedenfalls kann man, ähnlich wie es in Abb. 23 geschehen ist, einen Maßstab für die Schräglinien anbringen, der zu jeder von ihnen den Wert von tang b, oder gleich den von b, angibt. Besonders bemerkenswert ist, daß man durch Ziehen der **Berührungsgerade** an die Polare den **kleinsten** Winkel b finden kann, für den ein Segelflug noch gerade möglich ist. In Abb. 56 sind die in dieser Weise berechneten Werte b für alle Anstellwinkel von $a = -2^0$ bis $a = 12^0$ eingetragen. Der kleinste Wert von b ist rd. $5^0\,40'$ und wird bei einem Anstellwinkel von ungefähr 4^0 erreicht.

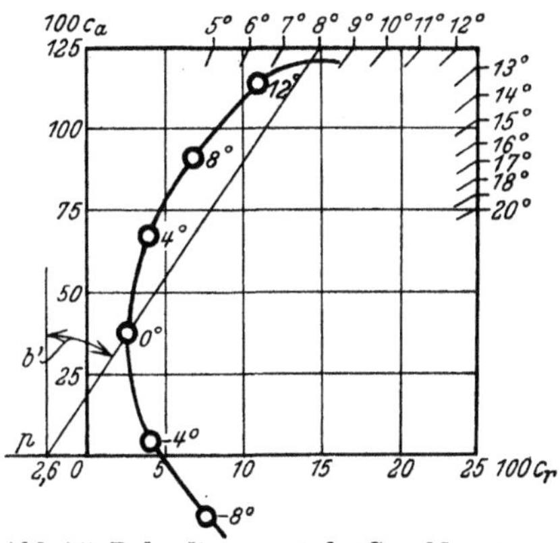

Abb. 55. Polardiagramm des Segelfluges.

Aus Abb. 54 ist zu entnehmen, daß $G \cos b = A$ ist, so

daß, wenn wir für den Auftrieb den oben angeführten Ausdruck $z_a \cdot m \cdot F \cdot v^2$ einsetzen, sich die Geschwindigkeit v aus

$$G \cos b = z_a \cdot m \cdot F \cdot v^2$$

zu

$$v = \sqrt{\frac{G \cos b}{z_a \cdot m \cdot F}}$$

berechnen läßt. Da der Cosinus eines kleinen Winkels wenig von 1 verschieden ist (bei 10^0 ist er erst um 1,5 vH kleiner als 1), sagt diese Gleichung ungefähr dasselbe aus wie die S. 87 abgeleitete. Nehmen wir für die Flächenbelastung $G:F$ etwa $11 \mathrm{kg/m^2}$, wie das bei Segelflugzeugen angemessen erscheint, und setzen wir die Luftdichte $m = 1/8$, so wird aus der Formel für v:

$$v = \sqrt{8 \cdot 11 \frac{\cos b}{z_a}}$$

$$= 9{,}38 \sqrt{\frac{\cos b}{z_a}}.$$

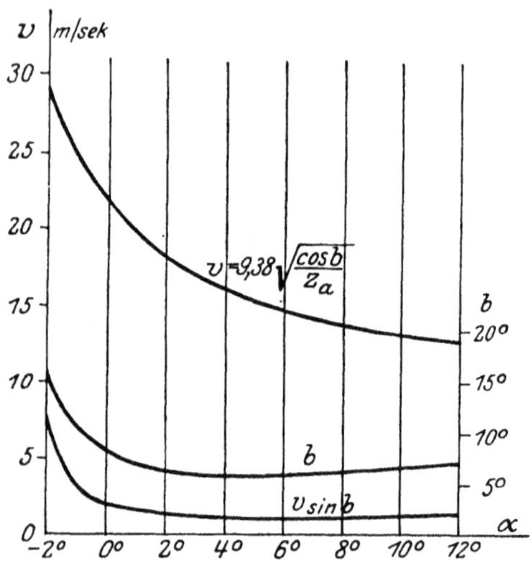

Abb. 56. Gleitwinkel und Gleitgeschwindigkeit.

Gehen wir jetzt die einzelnen Anstellwinkel 0^0, 2^0, 4^0 ... durch, suchen jedesmal z_a in dem Polardiagramm Abb. 55 auf und entnehmen (falls nicht für $\cos b$ einfach 1 gesetzt wird) b aus der bereits gefundenen Linie in Abb. 56, so erhalten wir die den Anstellwinkeln zugeordneten Geschwindigkeitswerte, wie sie ebenfalls in Abb. 56 eingetragen sind.

Schließlich können wir — und damit gelangen wir zum Schluß dieser rechnerischen Betrachtungen — jeden v-Wert mit dem zugehörigen Wert von $\sin b$ multiplizieren (für die praktische Durchführung vgl. den oben gegebenen Hinweis über sin und tang kleiner Winkel). Das Geschwindigkeitsdreieck in Abb. 54 oder in Abb. 53a zeigt, daß $v \cdot \sin b$ die Größe der erforderlichen Aufwärtskomponente des Windes ist, durch die ein Segeln ohne Höhenverlust ermöglicht wird. Daher haben wir das Produkt $v \cdot \sin b$ aus den beiden früher gewonnenen Linien für b und v der Abb. 56 für alle Anstellwinkel berechnet und seinen Verlauf als dritte Linie in Abb. 56 eingetragen Man erkennt, daß $v \sin b$ zwischen 1,5 m/sek unde 7,5 m/sek liegen muß, wenn wagrechtes Segeln stattfinden soll. Ist in einem genügend großen örtlichen Bereich Aufwind in diesen Grenzen vorhanden, so hat der Flieger nur mit Hilfe des Höhensteuers den richtigen Anstellwinkel zu erzielen und kann sich dann beliebig lange in unveränderter Höhe halten. Ist der während des Fluges vorhandene Aufwind größer als das Minimum, das für wagrechtes Segeln erforderlich ist, so kann das Segelflugzeug sogar steigen, liegt er nur sehr wenig unterhalb des Minimums, so wird das Flugzeug außerordentlich langsam sinken.

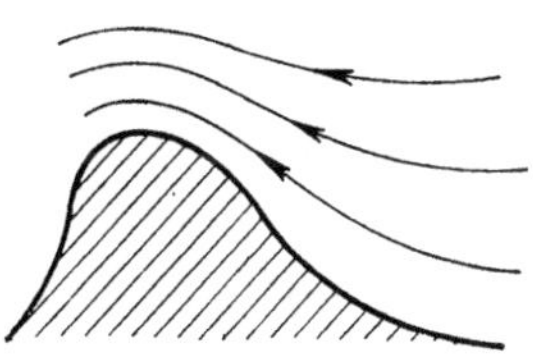
Abb. 57. Hangwind.

Daß tatsächlich Windbewegungen mit einer vertikal aufwärts gerichteten Komponente von 1 bis 3 m/sek vielfältig vorkommen, zeigen die einfachsten meteorologischen Beobachtungen. Wenn ein gewöhnlicher wagrecht gerichteter Wind gegen eine Anhöhe trifft, Abb. 57, muß er sich nach oben wenden. Bei 5 m/sek Wagrecht-Windgeschwindigkeit genügt eine Ablenkung von 30°, um eine Aufwärtskomponente von rd. 2,9 m/sek zu erzeugen. Der statische Segelflug wird nun dadurch eingeleitet, daß der Segler auf der Höhe der Kuppe entgegen der Windrichtung etwas Anlauf nimmt und sich dann dem Winde auf der Luvseite der Höhe überläßt. War die Endgeschwindigkeit des Anlaufs genügend groß, so wird das Flugzeug zunächst ziemlich rasch steigen, weil der Wind in unmittelbarer Nähe des Hanges etwas gehemmt ist und erst in einiger Entfernung frei wirkt. Durch Einstellen des Höhensteuers regelt der Flieger seine Steig- und Sinkgeschwindigkeit in den durch die Größe des Aufwindes gegebenen Grenzen. Natürlich muß er darauf achten, nicht aus dem Gebiet des Aufwindes hinauszukommen. Zu diesem Zweck wird der Segler Kreise oder Schleifen (Kehren) beschreiben müssen, wenn er lange in der Luft bleiben will.

Seinen Landungsplatz kann er in gewissem Umfang frei wählen, auch unter Umständen an den Ausgangspunkt zurückkehren. In den mechanischen Bedingungen des statischen Segelfluges ist nichts enthalten, was auf eine Begrenzung der Flugdauer oder des zurückgelegten Weges hinweist. Abb. 58 zeigt den Grundriß der vielfach verschlungenen Bahn eines $8^1/_2$ stündigen Segelfluges, der im Mai 1924 bei Rossitten ausgeführt wurde. In den letzten Jahren sind gelegentlich auch weite gerade Strecken im Segelflug überwunden worden, was bei entsprechenden Aufwindverhältnissen natürlich immer möglich ist. Darüber sprechen wir noch im Abschn. 15, S. 112.

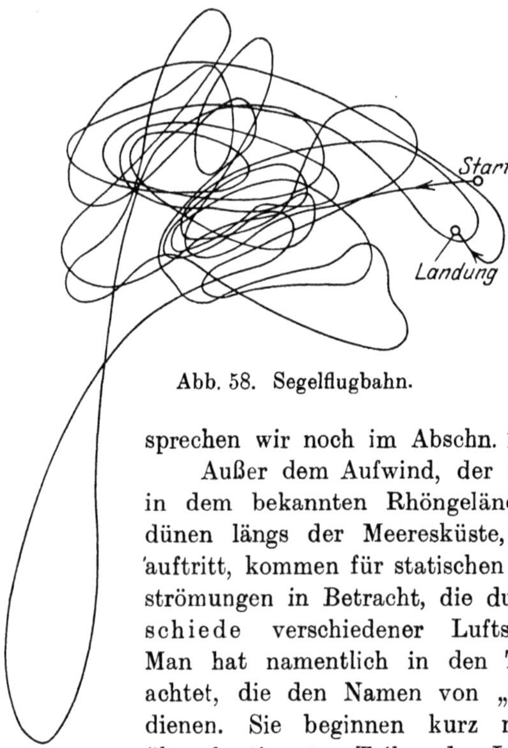

Abb. 58. Segelflugbahn.

Außer dem Aufwind, der an Berghängen, wie in dem bekannten Rhöngelände, oder an Steildünen längs der Meeresküste, wie bei Rossitten, auftritt, kommen für statischen Segelflug noch Luftströmungen in Betracht, die durch Wärmeunterschiede verschiedener Luftschichten entstehen. Man hat namentlich in den Tropen Vögel beobachtet, die den Namen von „Sonnenseglern" verdienen. Sie beginnen kurz nach Sonnenaufgang über bestimmten Teilen des Landes ruhige Kreise zu ziehen, ohne einen Flügelschlag zu tun, und setzen diesen Flug stundenlang fort. Es ist anzunehmen, daß die Erde, die die erwärmende Wirkung der Sonnenstrahlen rascher aufnimmt als die Luft, später die unteren Luftschichten erwärmt und so zum Aufsteigen bringt. Natürlich muß an anderen Stellen gleichzeitig ein Sinken der Luft stattfinden und die „Kamine" mit aufsteigender Strömung sind oft eng begrenzt.

Theoretische Überlegungen zeigen, daß der in diesen Kaminen herrschende Aufwind, der sogenannte „thermische Aufwind“, oberhalb des Minimums an erforderlichem Auftrieb liegt, also größer als 1,5 bis 2 m/sek, in genügender Höhe sogar weit größer werden kann. An verschiedenen Orten vorgenommene Messungen ergaben, daß in der Tat Aufwindgeschwindigkeiten, die auf Temperaturunterschiede zurückzuführen sind, in dieser Größe erreicht werden. Insbesondere hat man in Kumuluswolken thermische Aufwinde von starker Intensität gemessen. Diese Tatsache haben sich die Segelflieger in den letzten Jahren (während der Rhön-Segelwettbewerbe) in der Weise zunutze gemacht, daß sie zunächst durch den Hangwind Anschluß an geeignete Wolken anstrebten und dann in deren thermischem Aufwind Höhe zu gewinnen suchten, um den Flug zur nächsten Wolke fortsetzen zu können. Offenbar sind die in letzter Zeit erfolgten Streckenflüge der Kombination des Hang- und Wolkensegelns zu verdanken gewesen. Wenn auch — ein Vorteil, der von den Anhängern des Segelflugsportes geltend gemacht wird — der thermische Aufwind nicht lokal beschränkt ist wie der Hangwind und dadurch bessere Flugmöglichkeiten bietet, so darf man seine Bedeutung für den Segelflug doch nicht überschätzen.

Neben diesen beiden Arten von Aufwind gibt es noch eine dritte, früher wenig beachtete, auf die man durch die Austragung von Küstensegelwettbewerben aufmerksam wurde. Es handelt sich hierbei um einen Reibungsaufwind, der dadurch entsteht, daß ein vom Meere herkommender Wind durch die stärkere Bodenreibung beim Übergang vom Meer zur Küste gebremst wird. Daß durch die Bremswirkung eine nach oben gerichtete Strömung entsteht, macht man sich am besten folgendermaßen klar. Denken wir an die in Abb. 7 gezeichnete Stromröhre mit den Querschnitten f_1 und f_2 und den zugehörigen Stromgeschwindigkeiten v_1 und v_2. Die durch die beiden Querschnitte hindurchtretenden Mengen Luft sind dann $m v_1 f_1$ bzw. $m v_2 f_2$. Da aber durch jeden Querschnitt in der Zeiteinheit die gleiche Menge Luft fließt, muß $v_1 : v_2 = f_2 : f_1$ sein, d. h. der Querschnitt der Stromröhre muß mit abnehmender Geschwindigkeit größer werden. Das bedeutet in Anwendung auf unseren Fall der durch Reibung gebremsten Luft, daß bei der Erweiterung der Stromröhre die einzelnen Stromlinien nach außen divergieren, also nicht mehr parallel zur Küste, sondern geneigt verlaufen. Die Vertikalkomponente dieser nach oben weisenden Strömung ist der Reibungsaufwind. Theoretische Überlegungen, die durch Messungen bestätigt sind, zeigen, daß der Reibungsaufwind stark genug sein kann, einen Segelflug zu ermöglichen. Vermutlich sind die im Rossittener Gebiet erzielten Flugresultate nicht nur dem Hangwind, sondern auch dem Mitwirken des Reibungsaufwindes zuzuschreiben.

Sehr viel zweifelhafter und vielfach ungeklärt ist die Frage

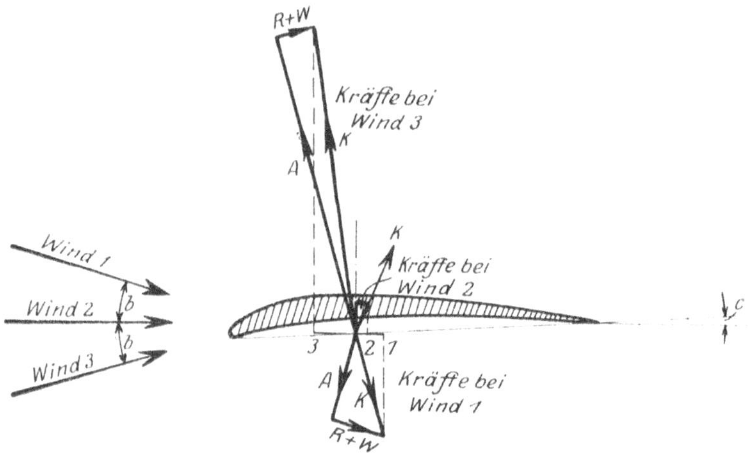

Abb. 59. Kräftegleichgewicht beim dynamischen Segelflug.

des sog. „dynamischen" Segelns. Die mechanische Theorie ist freilich sehr einfach. Man kann leicht zeigen, daß es möglich ist, sich ohne Höhenverlust schwebend zu erhalten, wenn ein in ganz bestimmter Weise periodisch veränderlicher Wind weht, der im Mittel, d. h. im zeitlichen Durchschnitt über eine volle Periode genommen, keine Aufwärtskomponente besitzt. Eine solche Annahme bringt etwa Abb. 59 zur Anschauung. Das hier eingezeichnete, unter dem Winkel $c = 3^0$ gegen die Wagrechte abwärts geneigte Flügelprofil denken wir uns zunächst ruhend und von einem Wind angeblasen, dessen Winkel b gegen die Wagrechte zwischen zwei Werten, z. B. $+17^0$ und -17^0, hin und her schwankt. Drei Lagen der Windrichtung, die beiden äußersten und die mittlere, sind links in der Abbildung eingezeichnet und mit „Wind 1“, „Wind 2“, „Wind 3“ beschrieben. Die Windgeschwindigkeit sei in allen drei Fällen gleich v. Kommt der Wind von unten, Lage 3, so beträgt der Anstellwinkel $17 - 3 = 14^0$, kommt er von oben, so haben wir einen negativen Anstellwinkel $a = -20^0$, in der Mittellage ist $a = -3^0$. Sind die Auftrieb- und Rücktriebbeiwerte des Profils für diesen ganzen Bereich von Anstellwinkeln bekannt, so kann man für die drei Lagen wie auch für alle Zwischenlagen die aus Auftrieb und Rücktrieb resultierende Luftkraft bestimmen. In Abb. 59 haben wir, gleich unter Einbeziehung des schädlichen Widerstandes, die drei Kräftedreiecke mit den Katheten A und $R + W$ für $a = 14^0$, $a = -3^0$ und $a = -20^0$ eingezeichnet. Oder richtiger: Es sind nicht die Kräfte selbst, sondern die Beiwerte z_a und $z_r + 0{,}013$ als Katheten aufgetragen. Die Größen von z_a und z_r entsprechen ungefähr dem, was bei einem durchschnittlich guten Flügelquerschnitt zu erwarten ist — genaue Messungen für so sehr von den gebräuchlichen abweichende Anstellwinkel liegen nicht vor. Was die Richtungen der Katheten bzw. der Kraftkomponenten angeht, so ist natürlich $z_r + 0{,}013$ immer parallel und gleichsinnig mit der Windrichtung, z_a senkrecht zum Wind aufzutragen, und zwar für die Anstellwinkel 14^0 und -3^0 nach oben, für $a = -20^0$ nach unten. Jedes bekannte Polardiagramm zeigt ja, daß für negative Anstellwinkel unter 4 bis 5^0 der Auftrieb ein negativer (eigentlich ein „Abtrieb“) ist.

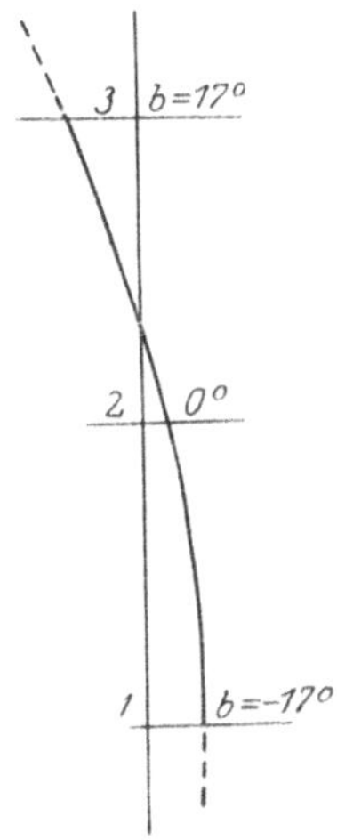

Abb. 60. Verlauf der Wagrechtkraft.

Sieht man nun die Kräftedreiecke näher an, so erkennt man sofort, daß die Wagrechtkomponenten der resultierenden Luftkraft verschieden gerichtet sind: bei Wind3 nach links, bei Wind 1 ungefähr ebenso weit nach rechts, bei Wind 2 ist sie rechts gerichtet, aber recht klein. Die mit 1, 2, 3 bezeichneten Punkte auf der Wagrechten unterhalb des Profils begrenzen die Komponentenlängen. In Abb. 60 sind diese Wagrechtkomponenten nochmals eingetragen, und zwar jetzt in einem Schaubild, als dessen Ordinaten die Winkel b des Windes gegen die Wagrechte dienen, bei $b = 17^0$ die Kraft 3, bei $b = 0^0$ die Kraft 2, bei $b = -17^0$ die Kraft 1. Die drei Endpunkte sind durch eine Kurve verbunden, die einigermaßen zur Anschauung bringt, wie sich die Wagrechtkomponente der Luftkraft während der ganzen Drehung des Windes von $b = 17^0$ bis $b = -17^0$ verändert. Man sieht, daß sie während des kleineren Teils der Periode links gerichtet, während des zweiten, etwas längern Teils rechts gerichtet ist, und dabei, wie schon hervorgehoben, zu Beginn und zu Ende ungefähr gleich große Beträge annimmt. Fragt man nach dem mittleren Wert der Wagrechtkomponente, so gewährt Abb. 60 gewiß den Eindruck, daß die rechts gerichteten Kräfte etwas überwiegen. Allein es kommt noch stark auf das Zeitgesetz an, nach dem die Windrichtung schwankt. Nehmen wir an, daß der Bereich von -17^0 bis 17^0 so durchlaufen wird, wie ein gewöhnliches Pendel um seine Ruhelage schwingt, also die mittlere Partie bei 0^0 sehr schnell, während die äußeren, nahe den Umkehrstellen liegenden, längere Zeit hindurch in die Erscheinung treten, so vermindert sich jedenfalls das Übergewicht der rechtsgerichteten Kräfte, weil es ja dann hauptsächlich auf die äußersten Enden der Kurve ankommt. Überdies kann man durch Veränderung des Einstellungswinkels c und vor allem durch Vergrößerung des Schwingungsbereiches über $\pm 17^0$ hinaus die Verhältnisse noch günstiger gestalten. Denn wie die gestrichelte Fortsetzung der Kurve erkennen läßt, wachsen die links gerichteten Kräfte noch stark, wenn man über 17^0 hinausgeht, während auf der andern Seite keine Vergrößerung der rechts gerichteten eintritt. Im ganzen wird das Urteil zulässig sein: Es kann vorkommen, daß ein Wind von unveränderlicher Stärke, dessen Richtung um die Wagrechte herum regelmäßig schwankt, auf ein ruhendes Flugzeug Kräfte ausübt, die im Mittel keine Wagrechtkomponente ergeben. Andrerseits ist ohne weiteres zu erkennen, daß für die lotrechten Komponenten der Luftkräfte keineswegs etwas Ähnliches gilt. Hier überragt der Wert der aufwärts gerichteten Kraft bei „Wind 1“ die abwärts gerichtete bei „Wind 3“ um mehr als das Dreifache, und auch bei „Wind 2“ ist noch Aufwärtskraft vorhanden. Hält man dies mit dem Ergebnis hinsichtlich der Wagrechtkräfte zusammen, so kommt man zu dem Schluß: **Bei geeignet veränderlichem Wind erfährt das ruhende Flugzeug im Durchschnitt reinen Auftrieb.**

Erhält man den Flugzeugkörper nicht künstlich in Ruhe, sondern belastet ihn nur mit einem Gewicht, dessen Größe dem des mittleren Auftriebs gleich ist, so heben sich natürlich nicht in jedem Augenblick die wirkenden Kräfte gegenseitig auf, wie es das Kennzeichen eines Gleichgewichtszustandes wäre. Denn das Gewicht wirkt dauernd gleichförmig nach unten, die Gegenkraft aber macht periodische Schwankungen. Dies hat zur Folge, daß fortdauernd Beschleunigungen wechselnder Richtung an dem Flugzeugkörper bestimmt werden. Nimmt man aber an, daß einerseits die Masse des Flugzeuges groß, andrerseits die Periode sehr kurz, d. h. die Zahl der Richtungswechsel in der Sekunde sehr bedeutend ist, so folgt, daß das Flugzeug den Beschleunigungen nur wenig nachgibt, nur sehr kleine periodische Lagenänderungen und sehr geringe, ebenfalls periodisch wechselnde Geschwindigkeiten erfährt. Unter diesen Voraussetzungen bleiben also die Bedingungen, unter denen der frei schwebende Flugzeugkörper sich befindet, annähernd die gleichen wie die des ruhenden; das Kräftespiel wird dann nahezu genau das besprochene sein und das entsprechend der **mittleren** Auftriebsgröße belastete Flugzeug wird sich — von den geringfügigen periodischen Erschütterungen abgesehen — **im Gleichgewicht befinden.**

Abb. 61. Dynamischer Segelflug.

Endlich ist es auch nicht notwendig, sich das Flugzeug selbst ohne konstante Eigenbewegung zu denken. Da es, wie wiederholt hervorgehoben, nur auf die relativen Geschwindigkeiten zwischen Flugzeugkörper und umgebender Luft ankommt, kann der in Abb. 59 und 60 dargestellte Zustand auch dadurch verwirklicht werden, daß das Flugzeug eine unveränderliche Wagrechtgeschwindigkeit c nach links besitzt und dabei eine wesentlich lotrechte, abwechselnd auf- und abwärts gerichtete Windströmung besteht, wie es Abb. 61 andeutet. Weht der Wind aufwärts, so ergibt sich eine Relativbewegung gleich der im früheren Fall 3, weht er nach abwärts, so entspricht das dem Fall 1, und im dazwischen liegenden Zeitpunkt ohne Vertikalwind haben wir den Fall, der früher als „Wind 2" bezeichnet wurde. So sind wir zu dem Schluß gekommen, daß ein Wagrechtfliegen mit konstanter Geschwindigkeit ohne motorischen Antrieb möglich ist, auch wenn kein dauernder Aufwind vorhanden ist, sondern nur eine genügend rasch periodisch wechselnde Auf- und Abwärtsbewegung der Luft. Der Grund ist — kurz zusammengefaßt — der, daß beim periodischen Durchlaufen der verschiedenen Anstellwinkel die Aufwärtskomponenten der Luftkraft die abwärts gerichteten überwiegen, während die wagrechten, rechts und links gerichteten, sich im Mittel aufheben. Dies ist die Theorie des dynamischen Segelfluges, die man oft durch Heranziehung von Analogien aus anderen Gebieten der Mechanik (Modelle von Wellenbahnen, über die Kugeln laufen, u. dgl.) zu erläutern sucht, ohne damit etwas wesentliches zur Erklärung beitragen zu können[1]). Eine andere Möglichkeit des Segelfluges ohne Aufwind ergibt sich durch die Ausnutzung der Geschwindigkeitsunterschiede des Windes in verschiedenen Höhenschichten. Hierüber hat L. Prandtl interessante Beobachtungen veröffentlicht[2]).

Ob der Theorie des dynamischen Segelns irgendeine praktische Bedeutung zukommt, hängt davon ab, ob es überhaupt Luftbewegungen der hier vorausgesetzten Art von hinreichender Beständigkeit und in nennenswertem Umfang gibt. Man hat allen Grund zu der Annahme, daß alle bisherigen Erfolge im Segelfluge, zumindest in der Hauptsache, Ausnützung von Aufwindströmungen sind.

15. Einige Segelflugzeuge und ihre Leistungen.

Die Versuche, ohne Motorkraft zu fliegen, sind so alt wie das gesamte Flugwesen. Otto Lilienthal suchte in den 90er Jahren des vorigen Jahrhunderts Fertigkeit im Segelflug zu erlangen als Vorübung für motorisches Fliegen, und ähnlich war auch der Entwicklungsgang, den die meisten anderen er-

---

[1]) Man vgl. z. B. den zusammenfassenden Bericht von W. Hoff, Der Segelflug und die Rhön-Segelflug-Wettbewerbe, in der Zeitschr. f. angew. Math. u. Mechanik Bd. 2, S. 207 bis 218, 1922.

[2]) Zeitschr. f. Flugtechn. u. Motorluftsch. 1930, S. 116.

folgreichen Pioniere der ersten Zeit der Flugtechnik eingeschlagen haben. Daß es damals zu nennenswerten Segelflugleistungen nicht kommen konnte, liegt großenteils daran, daß man die reiche Konstruktionserfahrung nicht besaß, die wir den Fortschritten des Motorflugs verdanken und die uns heute instand setzt, überaus leichte, bei geringem Rücktrieb sehr tragfähige Flügel und leichte Flugkörper von sehr kleinem Widerstand zu bauen. Andrerseits liegt vielleicht der größte praktische Nutzen des heute viel gepflegten Segelfluges darin, daß er uns lehrt, die Erfahrungen des „Leichtbaus“ aufs vollkommenste zu verwerten, zu ergänzen und auszugestalten.

Die ersten Aufsehen erregenden Segelflugleistungen wurden beim Rhön-Wettbewerb 1921 erzielt, nachdem im Jahre 1920 Klemperer bereits eine 1830 m lange Strecke durchflogen und damit die Möglichkeit des Streckensegelfluges praktisch erwiesen hatte. Die Wettbewerbe in den Jahren 1922 und 1923 stellten dann noch bedeutende Steigerungen dar. Außer im Rhöngebiet wurden in Deutschland auch im Bereich der Steildünen an der Ostseeküste, namentlich bei Rossitten, erfolgreiche Segelflüge ausgeführt. Anfangs 1923 brachten französische Flieger vorübergehend den Weltrekord für Dauerflug auf ihre Seite. Am 2. Oktober 1925 anläßlich des russischen Segelflugwettbewerbes in der Krim erzielte Ferdinand Schulz auf dem in Abb. 62 dargestellten Segelflugzeug einen Dauerweltrekord von 12 Stunden 6 Minuten, am 1. Oktober Hesselbach den Dauerrekord mit Fluggast von 5 Stunden 52 Minuten, am 9. Oktober Nehring auf einem Flugzeug der Darmstädter akademischen Fliegergruppe den Entfernungsrekord von 24,4 km bei 435 m Überhöhung des Startplatzes.

Nach Überwindung der für den Segelflugsport ungünstigen Jahre 1924 bis einschließlich 1927 gab die in acht Jahren gesammelte Erfahrung erneut Anlaß zu Leistungen, gegenüber denen die früheren erheblich zurückblieben. Sie wurden einerseits dadurch erzielt, daß man gelernt hatte, rein konstruktiv alle Möglichkeiten auszuschöpfen und immer tragfähigere und aerodynamisch günstigere Modelle zu konstruieren, andererseits dadurch, daß man genügend Flugerfahrung erworben und außerdem verschiedene bisher gar nicht oder wenig beachtete Aufwindmöglichkeiten (s. Abschn. 14) erschlossen hatte. Die ersten großen, von Kronfeld auf dem Segelflugzeug „Wien" ausgeführten Streckenflüge des Jahres 1929, die mit einer Flugstrecke von 150 km die ersten wirklichen Überlandflüge waren, wurden ermöglicht durch Ausnutzung verschiedener und verschieden gearteter Aufwindgebiete. Die Methode Kronfelds, im thermischen Wolkenaufwind erst Höhe zu gewinnen, um dann in langgestrecktem Gleitflug ein Gebirge anzufliegen, in dessen Hangwinden abermals zu steigen usf. hat in den darauffolgenden Jahren viel Schule gemacht. Die Leistungen Kronfelds vom Jahre 1929 wurden in den Jahren 1930 und 1931 durch ihn selbst, durch Wolfgang Hirth und vor allem durch Groenhoff überboten, der unter anderem auch den Schleppstart versuchte, um Höhe zu gewinnen — besonders über ebenem Gelände. Die großen Streckenflüge von Hirth auf „Musterle", von Kronfeld auf „Wien" und von Groenhoff auf „Fafnir" — Flüge von 165 bis 220 km, zum Teil durch Segeln im sehr intensiven Aufwindfeld vor Gewitterfronten durchgeführt — sind die bisher bedeutendsten.

In der folgenden Zahlentafel 6 geben wir eine Übersicht über die wesentlichen Abmessungen der wichtigsten an den Rhön-Segelflugwettbewerben der letzten Jahre beteiligt gewesenen Flugzeuge. In der ersten Spalte ist der Name des Flugzeuges und der Hersteller oder Eigentümer genannt; eine beigefügte (2) bedeutet „Zweisitzer". Die zweite Spalte gibt die Tragflächengröße F in m², die dritte die mittlere Spannweite b. Aus diesen beiden Größen ist die durchschnittliche Tiefe $t = F:b$ (bei Doppeldeckern $F:2b$) und daraus das Verhältnis $t:b$ berechnet, das an vierter Stelle angegeben ist. Hierauf folgt die Angabe des Leergewichts und der mittleren Flächenbelastung. Bei den Flugzeugen, bei denen das Fluggewicht nicht bekannt war, wurde die mittlere Flächenbelastung durch Addition von 65 kg zum Leergewicht und Division mit F ermittelt.

An diesen Zahlen ist vor allen Dingen zweierlei bemerkenswert: das Seitenverhältnis der Flügel Tiefe : Spannweite ist im Durchschnitt erheblich kleiner als bei Motorflugzeugen (bei denen es etwa 1:6 bis 1:8 beträgt) und die Flächenbelastung ist viel geringer, etwa nur ein Drittel bis ein Viertel der heute im Motorflugzeugbau üblichen. Die beiden Umstände hängen miteinander zusammen. Denn nur bei geringer Belastung der Flügel kann man die Spannweite so sehr ausdehnen, ohne zu

Zahlentafel 6.

Hauptabmessungen einiger Segelflugzeuge aus den Rhönwettbewerben der letzten Jahre.

Name des Segelflugzeuges, Hersteller oder Eigentümer	Tragfläche m^2	Spannweite m	$t:b$	Leergewicht kg	Flächenbelastung kg/m^2
1. Austria (Kupper) . . .	34,97	30,0	1 : 25,7	392,4	13,8
2. Fafnir (Lippisch)	20,0	20,0	1 : 20,0	—	—
3. Kakadu (Akad. Fliegergruppe München)	17,6	19,2	1 : 20,9	168,6	13,5
4. Wien (Lippisch)	18,0	19,1	1 : 20,2	158,1	12,6
5. Elida (Niederhess. Verein für Luftfahrt)	20,0	18,7	1 : 17,5	186,2	12,8
6. Mecklenburg III (2) (Aero-Klub, Rostock) . .	26,5	18,0	1 : 12,2	153,0	11,3
7. Kassel (wie 5.)	20,5	17,5	1 : 14,9	140,0	10,2
8. Rhönadler (2) (Schleicher-Poppenhausen)	27,0	17,5	1 : 11,6	207,0	12,8
9. Professor (Kegel-Kassel)	18,6	16,09	1 : 13,9	155,0	11,8
10. Westpreußen (Kegel-Kassel)	17,8	16,0	1 : 14,4	155,0	12,4
11. Lore (Württ. Luftf.-Verb.)	16,6	16,0	1 : 15,4	161,8	14,0
12. Schloß Mainberg (Kegel-Kassel)	17,0	16,0	1 ; 15,0	142,8	12,5
13. Herkules (2) (wie 5.) . .	27,0	15,5	1 : 8,9	193,5	12,4
14. Luftikus (Berliner Segelflugverein)	15,4	15,0	1 : 14,6	143,0	13,9
15. Aachen (Luftfahrtverein Aachen)	16,8	14,5	1 : 12,5	120,4	11,3
16. Stadt Stuttgart (Akad. Fliegergruppe Stuttgart) .	16,0	14,5	1 : 13,1	140,6	13,2
17. Karlsruhe (wie 15.) . .	17,0	14,5	1 : 12,4	120,0	10,9
18. Vampyr (Madelung) . .	16,0	12,6	1 : 9,9	—	—

große Beanspruchungen und damit unverhältnismäßig schwere Tragkonstruktionen zu bekommen. Anderseits wissen wir aus Kap. II, daß die aerodynamischen Verhältnisse schmaler Flügel, d. h. großer Spannweite bei geringer Tiefe, günstiger sind. In Abschnitt 10 ist gezeigt worden, daß das Verhältnis zwischen induziertem Widerstand (dem Hauptteil des Rücktriebs) und dem Quadrat des Auftriebs geradezu dem Seitenverhältnis $t:b$ proportional ist. Während wir bei einem Seitenverhältnis 1 : 6 hatten: $c_r = 0{,}0531\, c_a^2$, folgt nach der dort angegebenen allgemeinen Gleichung

$$c_r = 0{,}0318\, c_a^2 \quad \text{für} \quad t:b = 1:10.$$

Bei einer Auftriebszahl $c_a = 0{,}5$ ($z_a = 0{,}25$) hat man also im ersten Fall die theoretische Gleitzahl $c_r : c_a = 0{,}0265$, im zweiten $c_r : c_a = 0{,}0159$, wobei allerdings nur die induzierten Widerstände berücksichtigt sind. Dazu kommen noch der Profilwiderstand des Flügels und, wenn wir die Gleitzahl des ganzen Segelflugzeuges bestimmen wollen, die schädlichen Widerstände des Rumpfes usf. Gute Ausführungen haben Kleinstwerte der

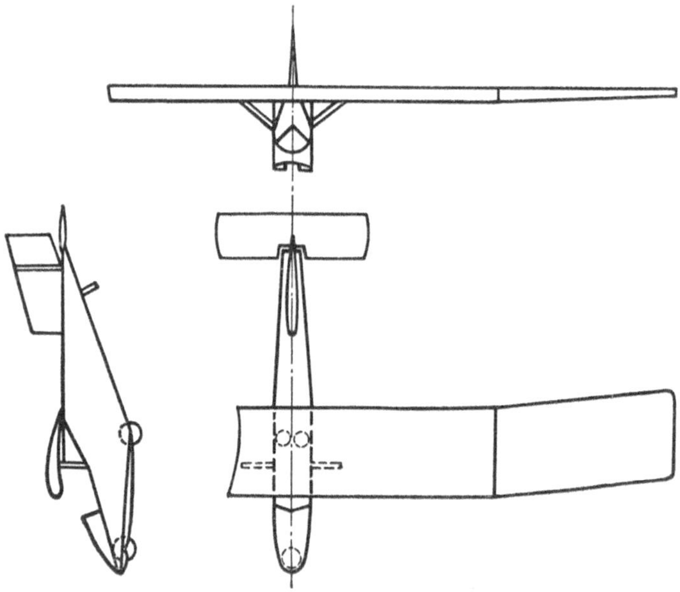

Abb. 62. Segelflugzeug „Vampyr“ 1921.

Gesamtgleitzahl bis hinunter zu $1:22 = 0{,}0455$ und darunter ergeben, bei Auftriebswerten von $c_a = 0{,}5$ bis $0{,}7$.

In den Abb. 62 bis 64 sind drei Typen erfolgreicher Segelflugzeuge aus den Jahren 1921, 1924 und 1929 dargestellt. Abb. 62 zeigt das Segelflugzeug „Vampyr“, das in der Hannoverschen Waggonfabrik nach einem Entwurf von G. Madelung 1921 und 1922 erbaut wurde, und durch seine Konstruktion den Weg bestimmte, der beim Bau der Segelflugzeuge bis heute maßgebend war. Es ist ein freitragender sog. Hochdecker (das Tragdeck über dem Kopf des Führers) von 12,6 m Spannweite und 16 m² Tragfläche. Der Flügel, der ein dickes Profil von sehr guten aerodynamischen Eigenschaften besitzt, besitzt nur einen durchgehenden Holm. Der Vampyr ist hauptsächlich

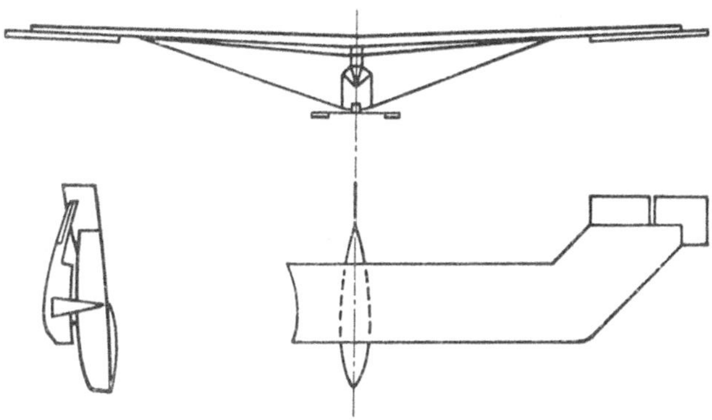

Abb. 63. Segelflugzeug „Charlotte“ 1924.

durch die Stundenflüge bekannt geworden, die Martens und Hentzen im Rhön-Wettbewerb 1922 darauf ausgeführt haben.

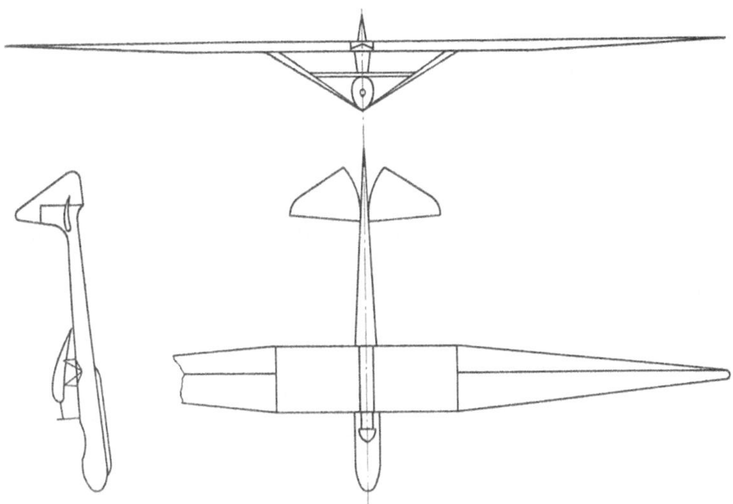

Abb. 64. Segelflugzeug „Wien“.

In Abb. 63 sehen wir das Flugzeug „Charlotte“, das von Studierenden der Technischen Hochschule Charlottenburg 1924 erbaut worden ist. Hier ist der Flügel nicht freitragend, sondern mit dem Rumpf verstrebt. Eine besondere Eigentümlichkeit ist die stark nach hinten gezogene Tragfläche. Wie in Abschn. 39 noch näher ausgeführt wird, hat dies eine Verbesserung der Längsstabilität zur Folge.

Abb. 64 endlich zeigt das Segelflugzeug „Wien“, einen neueren Hochdecker mit sehr großer Spannweite und günstiger Gleitzahl, bei dessen Bau bereits reiche Konstruktionserfahrungen verwertet wurden. Der Flügel ist mit dem Rumpf verstrebt. Mit diesem Flugzeug wurde im Jahre 1929 der Streckenweltrekord von Kronfeld aufgestellt[1]).

IV. Die Luftschraube.

16. Gestalt und Wirkungsweise eines Luftschraubenelements.

Der Propeller oder die Luftschraube eines Flugzeuges dient dazu, die Drehbewegung des Motors in eine Fortbewegung des Flugzeuges, das vom Motor ausgeübte Drehmoment in eine Zugkraft zu verwandeln. Wie eine Luftschraube im großen Ganzen aussieht, setzen wir als bekannt voraus. (Vgl. Abb. 65 und 70).

Denken wir uns in der Draufsicht eines Propellerblattes, Abb. 65, in der die Propellerachse als ein Punkt O erscheint, zwei nahe benachbarte Kreisbögen mit dem Mittelpunkt O gezeichnet, so grenzen sie einen schmalen Streifen des Blattes ab, der in der Abb. 65 schraffiert ist. Wenn wir jetzt längs der beiden Kreisbögen je einen Schnitt parallel der Achse (also so, daß die Schneidkante senkrecht zur Bildfläche steht), ausführen, so schneiden wir damit ein schmales Stück aus dem Propeller heraus, das wir als Propellerelement bezeichnen wollen. Wie dieses Stück in den Schnittflächen, in radialer Richtung betrachtet, aussieht, zeigt der über der Draufsicht des

---

[1]) Die Literatur über Segelflugzeuge ist sehr umfangreich, aber nicht ebenso inhaltsreich. Am besten unterrichtet man sich in der Zeitschr. f. Flugtechn. u. Motorluftsch., Jahrg. 1921 ff. Eine Zusammenstellung von praktischen Daten und Zeichnungen bietet A. Gymnich, Der Gleit- und Segelflugzeugbau, Berlin: R. C. Schmidt 1925. W. v. Langsdorff, Das Segelflugzeug, 2. Aufl., München: J. F. Lehmann 1931, enthält namentlich eine Reihe von wertvollen Baumustern.

ganzen Blattes in Abb. 65 angedeutete Querschnitt. In größerem Maßstabe sind Propellerquerschnitte in den Abb. 66 und 68 wiedergegeben; hier bezeichnet V die Richtung der Luftschraubenachse, in der das Flugzeug fortschreitet, H die Richtung, in der sich das Propellerelement bei Rotation des Propellers am Stand bewegt. Unverkennbar ist die Ähnlichkeit dieser Bilder etwa mit Abb. 18, die den Querschnitt durch eine Tragfläche darstellt. Die gesamte Wirksamkeit einer Luftschraube, die wir uns stets aus lauter Elementen der

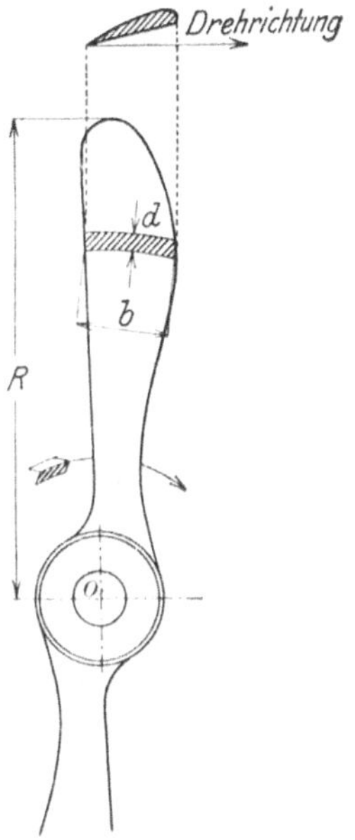

Abb. 65. Ansicht u. Querschnitt einer Luftschraube.

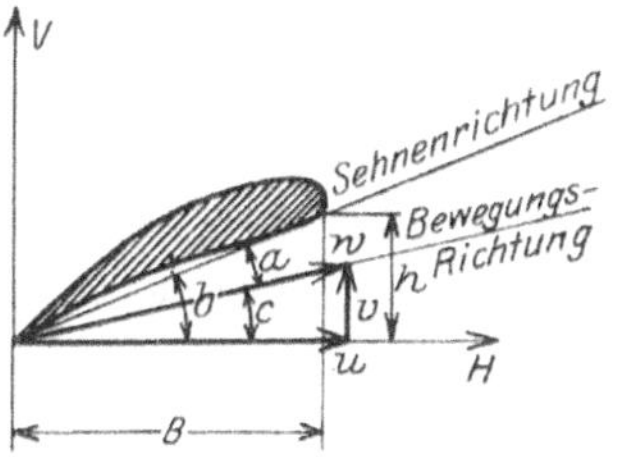

Abb. 66. Kräfte am Propeller-element.

eben beschriebenen Art zusammengesetzt denken können, werden wir aus dieser Analogie mit der Tragfläche erklären können.

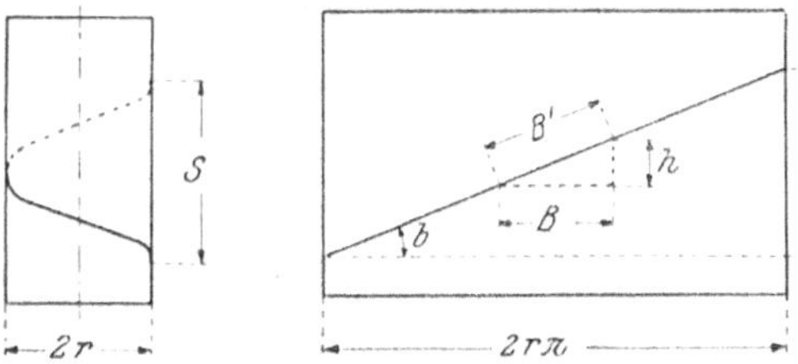

Abb. 67. Schraubenlinie.

Um zunächst den für die Luftschraube wesentlichen Begriff des Steigungswinkels und der Steigung zu erläutern, erinnern wir kurz an die Konstruktion und die Eigenschaften einer Schraubenlinie.

Abb. 67 zeigt das Bild eines Kreiszylinders und einer darauf verlaufenden Schraubenlinie. Wickelt man den Zylindermantel ab, nachdem man ihn längs einer Kante aufgeschnitten hat, so erscheint in der Abwicklung die Schraubenlinie als eine gerade Linie (rechts in Abb. 67). Der Winkel b, den diese Gerade mit der Abwicklung des Zylinderkreises einschließt, heißt der Steigungswinkel der Schraubenlinie. Unter „Steigung" versteht man jene Höhe S, um die die Schraubenlinie ansteigt, während sie einmal um den ganzen Zylinder herumläuft. Aus Abb. 67 ist zu ersehen, in welcher Weise der Steigungswinkel b mit der Steigung S und dem Zylinderhalbmesser r zusammenhängt. Denn bei der Abwicklung des Zylinders ergibt sich die wagrechte Grundlinie des Dreiecks gleich dem Zylinder- oder Kreisumfang $2\,r\,\pi$, somit ist $\operatorname{tg} b = \frac{S}{2\,r\,\pi}$. Fragen wir uns, wieviel die Schraubenlinie ansteigt, wenn man nicht den ganzen Zylinderumfang durchläuft, sondern nur ein Stück von der Größe B, so findet sich für den zugehörigen Anstieg h die Proportion $h : S = B : 2\,r\,\pi$, woraus $h = \frac{B \cdot S}{2\,r\,\pi} = B \cdot \operatorname{tg} b$.

Jedes Element eines Propellers entspricht einem kurzen Stück einer bestimmten Schraubenlinie, und zwar einem Stück von der Breite B, wobei man B als die „Blattbreite" des Propellers bezeichnet[1]). In Abb. 66 ist die Blattbreite B und der zugehörige Anstieg h zwischen Ein- und Austrittskante des Propellerelementes eingezeichnet. Eine Luftschraube habe beispielsweise einen Durchmesser $D = 280$ cm, eine Steigung $S = 180$ cm und am äußeren Ende die Blattbreite $B = 28$ cm. Es ist dann für das äußerste Propellerelement

$$\operatorname{tg} b = \frac{S}{2 r \pi} = \frac{180}{2 \cdot 140 \cdot 3{,}14} = 0{,}205$$

$$h = B \cdot \operatorname{tg} b = 28 \cdot 0{,}205 = 5{,}7 \text{ cm}.$$

---

[1]) Mitunter wird die Blattbreite des Propellers nicht, wie wir es voraussetzen, in der Projektion auf die zur Achse senkrechte Ebene, sondern längs der Profilsehne gemessen. Bezeichnen wir diese so gemessene Blattbreite mit B', so erhalten wir $h = B' \sin b$. Wenn b ein kleiner Winkel ist, so besteht kein großer Unterschied zwischen $\sin b$ und $\operatorname{tg} b$.

Für ein anderes Element, z. B. für das im Abstand 1 m von der Achse liegende, hat man $r = 100$ cm, somit bei der gleichen Steigung wie früher $\operatorname{tg} b = \frac{180}{200 \cdot 3{,}14} = 0{,}287$ und, gleiche Blattbreite angenommen, $h = 28 \cdot 0{,}287 = 8{,}0$ cm. Man sieht daraus, daß der Höhenunterschied h zwischen Eintritts- und Austrittskante für verschiedene Elemente derselben Schraube verschieden sein muß, und zwar innen größer als außen, wenn die Blattbreite und die Steigung überall gleich sind.

Der Querschnitt eines Propellerelementes sieht, wie bereits hervorgehoben wurde, ganz ähnlich wie der Querschnitt einer Tragfläche aus und darauf beruht auch die Wirkungsweise der Luftschraube. Jedes Propellerelement erhält durch die Drehung des Propellers und durch die Bewegung des Flugzeuges eine Geschwindigkeit w, deren Richtung in Abb. 66 eingezeichnet ist. Diese Geschwindigkeit ist die Resultante der Drehgeschwindigkeit u, welche die Richtung H hat, und der Flugzeuggeschwindigkeit v in der Richtung V der Propellerachse, wie das Geschwindigkeitsdreieck in Abb. 66 zeigt. Auf der Unterseite des Elementes entsteht infolge der Bewegung, genau wie bei der Tragfläche, eine Druckerhöhung, auf der Oberseite eine Druckerniedrigung. Es wirkt somit eine resultierende Luftkraft nach oben, und zwar annähernd senkrecht zur Sehnenrichtung des Elementes (Abb. 68). Wir zerlegen diese Kraft in zwei Komponenten nach den Richtungen H und V. Die in der Abb. 68 lotrecht erscheinende Komponente der Kraft hat die Richtung der Propellerachse, und zwar im Sinne der fortschreitenden Bewegung des Flugzeuges, bildet daher eine Zugkraft am Propellerelement. Die in der Abbildung wagrechte Komponente ist der Drehbewegung entgegengerichtet und bedeutet einen Widerstand, den das Propellerelement bei der Bewegung findet. In Abb. 69 ist oben rechts im wesentlichen die Abb. 68 wiederholt. Darunter ist der Schnitt gestellt, denman erhält, wenn man die andere

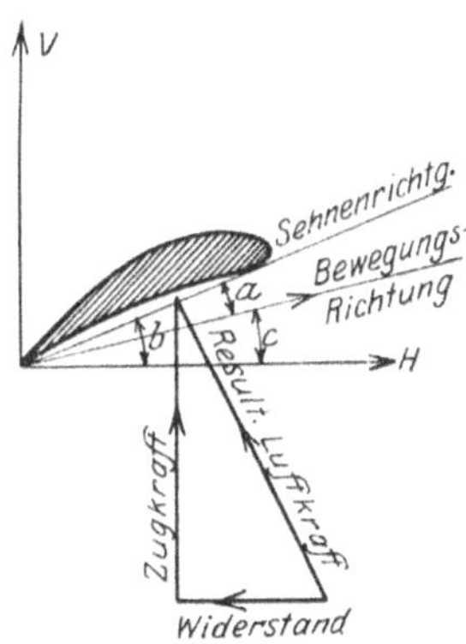

Abb. 68. Kräfte am Propellerelement.

Hälfte des Propellerblattes (die untere in Abb. 65) im Achsabstand r schneidet. Jede Luftschraube wird so ausgeführt, daß die beiden Schnitte in gleichen Entfernungen von der Achse genau symmetrisch zueinander ausfallen. Die Richtung V der Propellerachse ist für beide Schnitte dieselbe, die Richtung H der Drehgeschwindigkeit aber oben und unten entgegengesetzt. Die Kräftedreiecke fallen daher auch symmetrisch aus und man erkennt ohne weiters, daß die Zugkräfte der beiden Elemente die gleiche, die Widerstände aber entgegengesetzte Richtung haben.

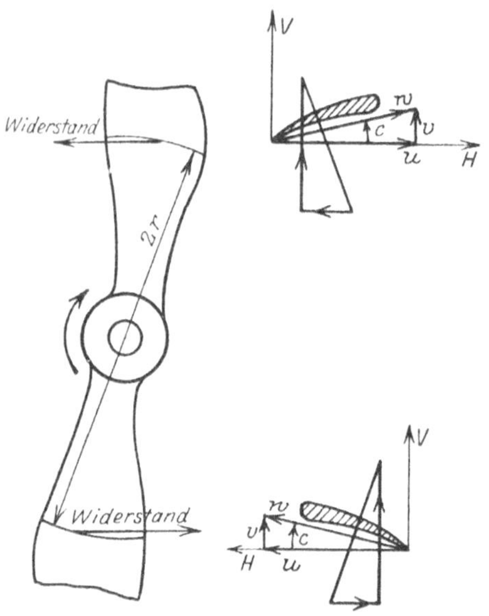

Abb. 69. Die gegenüberliegenden Propellerelemente.

Das ganze Propellerblatt kann man sich in schmale Elemente der in Abb. 65 gekennzeichneten Art zerlegt denken. Auf jedes Element wirken Luftkräfte in der eben besprochenen Weise, wobei natürlich nicht behauptet werden soll, daß die Größe der an einem Element angreifenden Kraft von dem Vorhandensein der Nachbarelemente ganz unabhängig ist. Jedenfalls aber können wir annehmen, daß zunächst die durchaus in gleichem Sinne (in Abb. 69 rechts vertikal aufwärts) wirkenden Zugkräfte aller Elemente sich zu einer Gesamtkraft der gleichen Richtung zusammensetzen werden, die wir die Zugkraft der Luftschraube nennen wollen. Mit den Widerstandskräften der Elemente können wir nicht in gleicher Weise verfahren, da immer je zwei Elemente gleich große, entgegengerichtete Kräfte ergeben, sodaß die Summe Null herauskäme. Man erkennt aber, daß die beiden Kräfte, die im Abstand $2r$ voneinander wirken, ein „Kräftepaar" bilden, dessen Kraftmoment oder Drehmoment die Größe $2r$ mal der Kraftgröße und einen Drehsinn gleich dem der Uhrzeigerbewegung entgegengesetzten aufweist.

Die Momente, die von den einzelnen Propellerelementen herrühren, können wir wieder addieren und sie ergeben als Summe das, was wir das Widerstandskraftmoment der Luftschraube nennen. Mit diesem und der Zugkraft des Propellers werden wir uns in Abschn. 18 ausführlicher beschäftigen.

Bei Bewegung des Flugzeuges setzt sich, wie wir schon sagten, die Bewegung des Propellerelements aus zwei Bestandteilen zusammen: aus der Drehbewegung der Luftschraube mit der Umlaufgeschwindigkeit u in Richtung H (Abb. 66) und aus der fortschreitenden Bewegung des Flugzeuges mit der Geschwindigkeit v in Richtung V. Aus u und v ergibt sich die auch in Abb. 68 eingezeichnete resultierende Geschwindigkeit w. Der Winkel zwischen der resultierenden Geschwindigkeit und der Sehnenrichtung des Elements[1]) ist der Anstellwinkel des Elements, den wir wieder, wie bei der Tragfläche, mit a bezeichnen. Am Stand, d. h. wenn keine Fluggeschwindigkeit v da ist, fällt der Anstellwinkel mit dem Steigungswinkel b zusammen; im Flug ist er stets kleiner als der Steigungswinkel. Je kleiner die Flugzeuggeschwindigkeit bei gleichbleibendem u, um so größer wird, wie man sieht, der Anstellwinkel; den größten Wert erreicht er beim Standlauf. Nun wachsen mit dem Anstellwinkel, wie wir aus Abschnitt 8 wissen, stets auch die Beiwerte z_a und z_r und daher auch die Kräfte, also hier Widerstands- und Zugkraft. Beim größten Anstellwinkel, am Stand, ist der Widerstand am größten; es muß daher mit einem gegebenen Motor der Propeller am Stand am langsamsten laufen. Beim Steigen hat, wie wir noch später hören werden, die Geschwindigkeit des Flugzeuges einen kleineren Wert als beim Wagrechtflug. Es ist daher beim Steigen der Anstellwinkel der Propellerelemente und somit auch der Propellerwiderstand größer; daher macht der Propeller beim Steigen weniger Umdrehungen in der Minute als im Wagrechtflug, vorausgesetzt, daß der Motorhebel nicht verstellt wird.

---

[1]) Bei Propellern finden oft auch Profile Verwendung, deren Begrenzung beiderseits konvex ist, sodaß eine eigentliche „Sehnenrichtung“ nicht angegeben werden kann, wie es Abb. 27 zeigt. (Vgl. a. die Propeller-Querschnitte in Abb. 79 u. 80). Man muß dann, um den Anstellwinkel zu definieren, irgend eine Richtung im Profil festlegen; in welcher Weise es geschieht, ist für die Sache gleichgültig.

Auch die Zugkraft wächst mit dem Anstellwinkel; sie ist beim Laufen am Stand am größten, wesentlich kleiner beim Wagrechtflug, beim Steigen endlich etwas größer als beim Wagrechtflug. Wir werden darauf in Kapitel VI noch zu sprechen kommen.

Die Geschwindigkeit v des Flugzeuges und die Umlaufgeschwindigkeit u eines Propellerelements bestimmen einen Winkel, der in den Abb. 66 und 68 mit c bezeichnet ist $\operatorname{tg} c = v : u$. Es ist das der Winkel, den die Bewegungsrichtung mit der Wagrechten H einschließt. Man erkennt aus den Abbildungen, daß c der Differenz zwischen dem Steigungswinkel b und dem Anstellwinkel a gleich ist, $c = b - a$. Der Winkel c ändert sich von einem Element zum andern, da die Umlaufgeschwindigkeit u der Entfernung r von der Achse direkt proportional ist. Es wird also c nach außen hin immer kleiner und kleiner. Da man den Anstellwinkel a möglichst konstant halten will (entsprechend den bei der Tragfläche gefundenen günstigsten Werten von wenigen Graden), so muß man den Steigungswinkel b nach außen hin abnehmen lassen, damit die Differenz $b - c = a$ möglichst ungeändert bleibt. Jede Luftschraube hat daher nach außen hin abnehmende Steigungswinkel, was beim ersten Anblick schon auffällt; das Maß der Abnahme ist verschieden.

In der Regel, aber nicht immer, werden die Propeller so konstruiert, daß die Steigung aller Elemente gleich bleibt. Aus der oben angegebenen Formel $\operatorname{tg} b = S : 2\, r \pi$ geht hervor, daß wenn S konstant bleiben soll, b (wegen des Wachsens von r) in ganz bestimmtem Maße nach außen hin abnehmen muß. Nur in diesem Falle kann man eigentlich von einer „Steigung der Luftschraube“ schlechthin sprechen. Es gibt aber auch Propeller, bei denen die Steigung nicht für alle Elemente die gleiche, sondern so geregelt ist, daß b genau in demselben Maße abnimmt wie c, damit die Differenz $b - c = a$ unveränderlich bleibt. (Diese Bedingung kann natürlich nur für eine bestimmte Umlaufzahl und für ein bestimmtes v genau erfüllt werden, da das Maß der Abnahme von c von der Umlaufzahl und der Geschwindigkeit abhängt.) Um sich von diesem Mangel so weit wie möglich frei zu machen, hat man in letzter Zeit auch Luftschrauben mit veränderlicher Steigung konstruiert; gewöhnlich in der Art, daß die Flügelblätter um eine senkrecht zur Luftschraubenachse im Propeller liegende Achse drehbar angeordnet werden. Sehr diffizile Konstruktionen sehen sogar die selbsttätige Steuerung der Steigungsänderung durch die Geschwindigkeitsänderung vor. Alle diese Konstruktionen dienen dem Zwecke, zu dem jeweiligen Verhältnis $v:U$ ($U =$ Umlaufgeschwindigkeit am äußersten Umfang) ein S so einzustellen, daß die Differenz $b-c$ für möglichst viele Luftschraubenelemente eines Propellers geeignete Anstellwinkel ergibt. — In jedem Falle, in dem S nicht konstant ist, versteht man unter der Steigung einen Mittelwert aus den Steigungen der einzelnen Elemente. Dazu vgl. auch Abschn. 19, wo noch ein etwas anderer Steigungsbegriff eingeführt wird.

17. Herstellung und Prüfung der Luftschrauben.

Bisher wurden die Luftschrauben für Flugzeuge vorwiegend aus Holz hergestellt. Schmale Lamellen (Bretter), die einander fächerartig überdecken, werden mittels eines wetterbeständigen Leims von großer Klebefähigkeit zusammengehalten. Die Schnitte der einzelnen Lamellen-Ebenen (die senkrecht zur Schraubenachse stehen) mit der Schraubenfläche sind auf dieser als lang laufende Linien erkennbar (Abb. 70). Zur Verminderung des Widerstandes werden die Außenflächen sorgfältig lackiert, in neuerer Zeit wohl auch mit einer Zelluloseschicht bedeckt. Bei Wasserflugzeugen wird an den äußeren Enden ein Metallüberzug angebracht, da sonst durch Wassertropfen, die auf den rotierenden Propeller fallen, Beschädigungen entstehen.

Abb. 70. Ansicht des Propellerblattes.

Fast durchweg verwenden wir zweiflügelige Luftschrauben. Die Lamellen für die beiden Flügel laufen durch und die Nabe wird aus ihnen ausgeschnitten. Man hat gelegentlich auch vierflügelige Propeller versucht: durchgehende Hauptbalken überkreuzen einander rechtwinklig; dazwischen werden abwechselnd in beiden Richtungen Lamellen eingelegt, die nur bis zur Nabe reichen, also nicht durchlaufen. Grundsätzlich andere Propeller-Konstruktionen sind in großer Zahl vorgeschlagen und zum Teil erprobt worden, z. B. Flügel aus Stoff, die durch eingelegte Eisenstücke bei der Rotation gespannt werden (Parseval), oder Propeller mit durchlaufendem Eisenkern und querliegenden Holzlamellen. In neuerer Zeit macht sich mehr und mehr das Bestreben geltend, im Propellerbau zu Metallkonstruktionen überzugehen. Duralumin und Stahl sind die hierbei bevorzugten Baustoffe.

Von entscheidender Bedeutung für die Wirksamkeit einer Luftschraube ist, ähnlich wie bei der Tragfläche, die Gestalt des Querschnittes oder das Profil. In höherem Maße als bei der Tragfläche ist man hier auf die Wahl starker (dicker) Profile angewiesen, weil die Luftschraube ohne weitere Hilfskonstruktion (wie sie die Verbindung zweier Tragflächen beim Doppeldecker, s. Abschn. 11, darstellt) die ganze Belastung durch den Flächendruck und überdies die von der Fliehkraft herrührende Beanspruchung aufnehmen muß. Die mittlere Flächenbelastung einer Luftschraube schwankt sehr stark je nach der Umlaufzahl und hat im Durchschnitt etwa die Größenordnung 500 kg/m^2. Namentlich gegen die Nabe zu muß man sich bei der Wahl der Querschnittsform hauptsächlich von konstruktiven Rücksichten statt von aerodynamischen Gesichtspunkten leiten lassen. Darin liegt auch ein Grund dafür, daß die Wirkungsgrade der Luftschrauben heute noch oft unbefriedigend sind.

Um sich in einem bestimmten Fall von der Eignung einer Luftschraube zu überzeugen, muß man eine Reihe von Untersuchungen vornehmen, die wir hier kurz besprechen wollen, da sie einen Einblick in das Wesen und die Verwendung der Luftschrauben gewähren.

a) Geometrische Nachprüfung. Es ist zunächst festzustellen, ob die Steigung und die Profilform des Propellers richtig sind. Um die Steigung zu überprüfen, wird die Luftschraube auf einen Meßtisch so aufgelegt, daß die Achse genau senkrecht zur Tischplatte steht. Hierauf wird mit einem entsprechend großen Zirkel ein Kreisbogen, dessen Mittelpunkt in der Achse liegt, auf dem Propellerblatt beschrieben (Radius r). Dieser Kreisbogen schneidet die Eintrittskante und die Austrittskante in je einem Punkt; der Höhenunterschied der beiden Punkte wird gemessen und habe die Größe h. Die Blattbreite sei an dieser Stelle mit B bestimmt worden. Nach Abschnitt 16 ergibt sich nun die Steigung S aus $\frac{S}{h} = \frac{2r\pi}{B}$; diese Größe muß also mit der verlangten übereinstimmen. — Zur Nachprüfung der Profilform verwendet man besondere Schablonen, die an den Propeller in verschiedenen Abständen von der Achse angelegt werden.

b) Statische Ausbalancierung. Ein Propeller heißt dann statisch ausbalanciert, wenn sein Schwerpunkt in der Drehachse liegt. Ist dies nicht der Fall, so entstehen Flieh-(Zentrifugal-) Kräfte. Zur Prüfung wird (Abb. 71) eine zylindrische Welle durch die Nabe der Luftschraube durchgesteckt und auf zwei Schneiden aufgelegt. Auf diesen wird der Propeller von Hand aus lang-

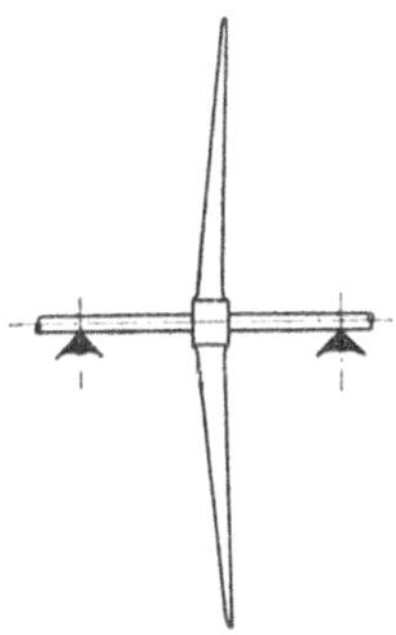

Abb. 71.
Statische Ausbalancierung.

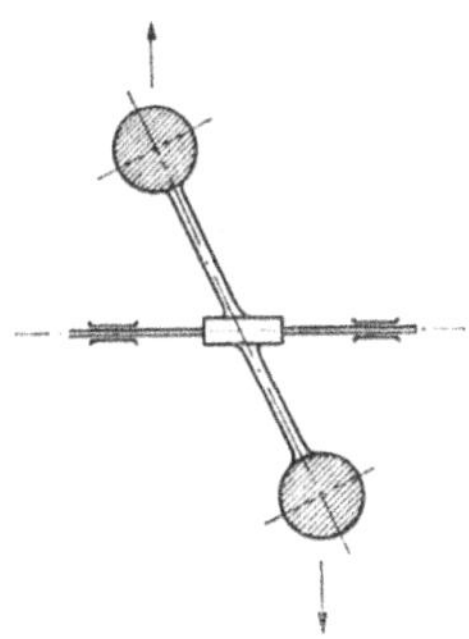

Abb.72
Fliehkraft-Moment.

sam hin und her bewegt; bleibt er in jeder Lage gleichmäßig stehen, so ist er statisch ausbalanciert.

c) Dynamische Ausbalancierung (Auswuchtung). Es genügt jedoch nicht, daß der Schwerpunkt der Luftschraube in der Achse liegt, damit alle schädliche Fliehkraftwirkung ausgeschlossen wird. Abb. 72 zeigt einen Körper, der aus zwei starr verbundenen Kugeln besteht und um eine gegen die Verbindungsstange geneigte Achse drehbar ist. Der Schwerpunkt dieses Körpers liegt sicher in der Drehachse, wenn die Kugeln gleich und gleich weit von der Drehachse angeordnet sind. Aber es entstehen bei der Drehung Fliehkräfte (in den eingezeichneten Pfeilrichtungen), die einander nicht aufheben, sondern ein bestimmtes Kraftmoment auf die Achse ausüben. Ein solcher Körper, wie der in Abb. 72 gezeichnete, heißt für seine Drehachse „statisch“ ausbalanciert, aber nicht „dynamisch“. Eine Luftschraube ist nur dann dynamisch ausbalanciert, wenn keine Fliehkräfte auftreten, die aneinander vorbeiwirken, oder richtiger ausgedrückt, wenn die Fliehkräfte kein resultierendes Moment (Kräftepaar) bilden. Mechanische Vorrichtungen zur Überprüfung der Auswuchtung sind sehr umständlich; man begnügt sich gewöhnlich damit, den Propeller laufen zu lassen und durch Beobachtung der Bewegung zu beurteilen, ob ein Fliehkraftmoment auftritt.

Auch bei statisch und dynamisch richtig ausbalancierten Propellern können noch unerwünschte Bewegungserscheinungen auftreten. Wir nennen vor allem das sog. Flattern der Luftschraube, das wohl von einer Resonanz zwischen Umdrehungszahl und Eigenschwingungszahl des Propellers herrührt. Hier liegen, namentlich, wenn man zu leichteren Metallflügeln übergehen will, noch mannigfache, zum Teil ungelöste Schwierigkeiten vor.

d) Zugprobe am Stand. Die Zugkraft eines Propellers kann in einfacher Weise am Stand gemessen werden. In dem fertig ausgerüsteten Flugzeug wird der Motor mit dem zugehörigen Propeller in Gang gebracht. Das Flugzeug, das dabei genau wagrechte Lage haben muß, wird an seinem hinteren Ende unter Zwischenschaltung einer geeichten Zugfeder (Federwage) mit einem festen Pflock verbunden. An der Dehnung der Feder kann man nun die Kraft ablesen, mit der bei der betreffenden Drehzahl die Luftschraube zieht. Durchschnittlich beträgt die Zugkraft unserer Luftschrauben am Stand 2 bis 4 kg/PS, also bei einem 160-PS-Motor 320 bis 640 kg. Erheblich höhere Werte erhält man bei sog. Hubschrauben, die eigens zur Entwicklung großer Zugkräfte bei geringer oder ganz verschwindender Fortbewegung gebaut sind. Diese Zahl, Zugkraft am Stand pro PS, ist jedoch kein ausschlaggebendes Kennzeichen für die Luftschraube eines Flugzeuges. Maßgebend ist vielmehr der Wirkungsgrad, d. h. das Verhältnis der im Fluge von der Luftschraube abgegebenen Leistung (Zugkraft mal Geschwindigkeit) zur Motorleistung (siehe Abschn. 19); die Zugkraft im Fluge kann aber aus der Zugkraft am Stand nicht allgemein erschlossen werden. Die Standprobe darf nur als Anhaltspunkt für die Beurteilung einer Reihe von Luftschrauben derselben Type dienen; nur wenn man sicher weiß, daß zwei Luftschrauben in der Bauart völlig gleich sind, darf man vermuten, daß die am Stand stärkere auch im Flug mehr zieht.

e) Erprobung in Fahrt. Die vollständige Untersuchung einer Luftschraube erfordert die Messung der Zugkraft und des Widerstandskraftmomentes bei den im Flug tatsächlich vorhandenen Verhältnissen. Diese Prüfung kann auf zweierlei Weise geschehen. Man kann die Luftschraube in einem Luftkanal prüfen, d. h. in einem geschlossenen Raum, in dem ihr ein Luftstrom mit einer dem Flug entsprechenden Geschwindigkeit entgegengetrieben wird; dadurch erreicht man annähernd dieselben relativen Bewegungsverhältnisse wie im Fluge. Oder man kann die Luftschraube mit dem Motor auf einem Wagen aufstellen und diesen mit Fluggeschwindigkeit über ein Geleise laufen lassen. Beide Verfahren haben gewisse Vor- und Nachteile. Die Prüfung im Luftkanal gestattet, die Messungen genauer durchzuführen. Die Prüfung im fahrenden Wagen besitzt den Vorzug, daß die Versuchsanordnung dem Flugzustand besser angepaßt ist, jedoch sind die Messungen schwieriger. Das Ergebnis der Messungen gelangt in beiden Fällen in den Schaubildern zum Ausdruck, wie wir sie im folgenden Abschnitt an Hand der Abb. 75 bis 77 besprechen werden.

Sehr wichtig ist es, bei allen Zugproben darauf Rücksicht zu nehmen, daß die hinter dem Propeller liegenden Teile des Flugzeuges, namentlich der Rumpf, die Zugkraft in hohem Maße beeinflussen. Dies kommt teils daher, daß durch diese Teile die Strömungsform der abfließenden Luft und damit die Größe der Luftkräfte auf die Schraube beeinflußt wird, teils davon, daß der von der Schraube nach rückwärts geworfene Luftstrom an den Flugzeugteilen selbst Luftkräfte hervorruft, die der Zugkraft entgegenwirken. Will man also aus dem Versuche brauchbare Schlüsse gewinnen, so muß man auch in dieser Richtung die Verhältnisse, die im Fluge vorhanden sind, beim Versuch möglichst genau nachahmen. Das zuverlässigste Verfahren zur Messung der wirksamen Kräfte ist es daher, in das Flugzeug selbst Meßvorrichtungen einzubauen und diese während des Fluges in Tätigkeit treten zu lassen.

18. Zugkraft und Widerstandskraftmoment der Luftschraube.

Die Zugkraft und die Widerstandskraft eines Luftschraubenelementes sind, wie wir in Abschnitt 16 gehört haben, Komponenten einer Luftkraft, ganz analog dem Auftrieb und dem Widerstand einer Tragfläche. Es müssen also auch hier dieselben allgemeinen Gesetze gelten, wie sie am Schluß von Abschnitt 6 besprochen wurden, und zwar nicht nur für jedes einzelne Element, sondern auch für die ganze Schraube. Wir denken zunächst an die Zugkraft einer am Stand laufenden Schraube. Die Umlaufgeschwindigkeit am äußeren Umfang gemessen, oder kurz die Umfangsgeschwindigkeit, sei mit U bezeichnet. Wir werden hier dem Früheren entsprechend ansetzen dürfen, daß die Zugkraft proportional der Luftdichte m, der Luftschrauben-Fläche F und dem Quadrat der Umfangsgeschwindigkeit U ist, im übrigen aber durch einen Beiwert bestimmt wird, der von der Gestalt (Profilform, Steigung usw.) der Luftschraube abhängt und der mit z_p als „Beiwert der Propellerzugkraft" bezeichnet sei, also:

$$Z = z_p \cdot m \cdot F \cdot U^2.$$

Das einzige, was an dieser Formel gegenüber der in Abschnitt 8 für den Tragflächenauftrieb A verwendeten einer Erklärung bedarf, ist, daß wir hier willkürlich die Geschwindigkeit gerade des äußersten Elementes ausgewählt haben, während wir bei der Tragfläche, da sich dort alle Elemente mit gleicher Geschwindigkeit bewegen, die Geschwindigkeit schlechthin einsetzen konnten. Aber solange die Luftschraube am Stand läuft, sind ja alle Geschwindigkeiten untereinander proportional; sobald infolge Erhöhung der Umlaufzahl die Umfangsgeschwindigkeit U wächst, nehmen in gleichem Maße die Geschwindigkeiten aller anderen Elemente zu. Es drückt also unsere Formel ganz richtig den Tatbestand aus, daß für jedes einzelne Luftschraubenelement die Zugkraft dem Quadrat seiner Geschwindigkeit proportional ist.

Anders wird die Sache freilich, wenn die Luftschraube im bewegten Flugzeug umläuft. Jetzt sind die Geschwindigkeiten der Elemente nicht alle durch die Größe von U allein bestimmt, sondern durch U in Verbindung mit der Flugzeuggeschwindigkeit v. Z. B. ergibt sich für das äußerste Element die Geschwindigkeit aus dem rechtwinkligen Dreieck in Abb. 69 gleich der Wurzel aus $U^2 + v^2$. Wenn man also U beispielsweise verdoppelt, so ändern sich die Geschwindigkeiten der einzelnen Elemente in sehr verschiedenem Maße, die der innen liegenden bleiben fast unverändert, die der außen liegenden werden annähernd verdoppelt. Z. B.: Bei einer Flugzeuggeschwindigkeit $v = 30$ m/sek sei die Umfangsgeschwindigkeit der Luftschraube von 2,80 m Durchmesser einmal 70 m/sek und einmal 140 m/sek. Die Geschwindigkeit des äußersten Luftschraubenelementes ist im ersten Fall Wurzel aus $30^2 + 70^2$, d. i. 76 m/sek, im zweiten Wurzel aus $30^2 + 140^2$, d. i. 143 m/sek. Ein Element aber, das nur 14 cm Abstand von der Achse besitzt, gleich dem zehnten Teil des Luftschraubenhalbmessers, hat zur Umlaufgeschwindigkeit auch nur ein Zehntel von U, im ersten Fall 7, im zweiten 14 m/sek; die Gesamtgeschwindigkeiten dieses Elementes sind im ersten Fall Wurzel aus $30^2 + 7^2$, d. i. 31 m/sek, im zweiten Wurzel aus $30^2 + 14^2$, d. i. 33 m/sek. Beim äußeren Element tritt also eine Vergrößerung von 76 auf 143, beim inneren nur von 31 auf 33 ein.

Sollen die Geschwindigkeiten aller Luftschraubenelemente in gleichem Verhältnis vergrößert oder verkleinert werden, so ist das nur in der Weise möglich, daß beide Komponenten, nämlich Flugzeuggeschwindigkeit v und Luftschrauben-Umfangsgeschwindigkeit U in demselben Verhältnis geändert werden. Bleibt der Quotient $v:U$ der gleiche, so bleiben alle Bewegungsverhältnisse der Luftschraubenelemente unverändert. Es folgt daraus, daß wir die Formel für die Luftschraubenzugkraft, die oben unter Voraussetzung des Laufens am Stand aufgestellt wurde, auch für beliebige Luftschraubenbewegung im Fluge anwenden dürfen, wenn wir beachten, daß der Beiwert z_p je nach der Größe, die der Quotient $v:U$ hat, richtig eingesetzt wird. Kurz gesprochen: Der Beiwert z_p der Luftschraubenzugkraft hängt außer von der Gestalt der Luftschraube (Profil, Steigung usw.) auch von dem jeweiligen Verhältnis $v:U$ (Flugzeuggeschwindigkeit zu Luftschrauben-Umfangsgeschwindigkeit) ab.

Man bezeichnet das Verhältnis $v:U$, das bei der Luftschraube eine ähnliche Rolle spielt, wie der Anstellwinkel bei der Tragfläche, als den **Fortschrittsgrad der Luftschraube**. Die Bewegung am Stand entspricht dem Fortschrittsgrad null.

Abb. 75 zeigt das durch Versuche im Luftkanal bestimmte z_p für die in Abb. 73 und 74 in Draufsicht und (vergrößerten) Querschnitten dargestellte Luftschraube. Man sieht, daß die Zugkraft — bei gleichbleibender Umlaufzahl — am Stand am größten ist und mehr und mehr abnimmt, wenn die Flugzeuggeschwindigkeit v (und damit das Verhältnis $v:U$) wächst. Beispiel: Eine Luftschraube der in Abb. 73/74 gekennzeichneten Gestalt habe einen Durchmesser $D = 2\,R = 2{,}80$ m. Die übrigen Abmessungen ergeben sich dann aus Abb. 73, indem man in dem

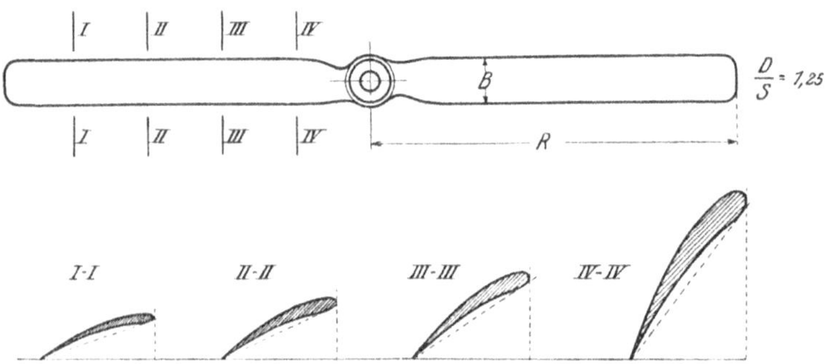

Abb. 73 u. 74. Ansicht und Querschnitte einer Luftschraube.

Maßstab abliest, der durch die Angabe des Durchmessers bestimmt wird. Es erweist sich die Blattbreite gleich 168 mm und die Fläche der Draufsicht $F = 0{,}43$ m² (das ist etwas weniger als das Produkt $D \cdot B$, weil die Nabe und die Abrundungen abzurechnen sind). Bei 1350 Umdrehungen pro Minute ist die Umfangsgeschwindigkeit $U = 2{,}80\,\pi\,\frac{1350}{60} = 198$ m/sek, denn ein Umfangspunkt legt den Weg $2{,}80\,\pi$ in 60 Sekunden 1350 mal zurück. Sei die Flugzeuggeschwindigkeit $v = 35$ m/sek, so ist der Quotient $v:U = 35:198 = 0{,}177$. Für dieses $v:U$ zeigt Abb. 75 den Beiwert z_p zu 0,13 an. Also ist die Zugkraft

$$Z = 0{,}13 \cdot \tfrac{1}{8} \cdot 0{,}43 \cdot 198^2 = 274 \text{ kg}.$$

Am Stand besitzt dieselbe Luftschraube bei derselben Umlaufzahl die Zugkraft

$$Z = 0{,}20 \cdot \tfrac{1}{8} \cdot 0{,}43 \cdot 198^2 = 421 \text{ kg},$$

denn die z_p-Linie gibt für $v:U = 0$ den Beiwert z_p zu 0,20 an.

Für die zweite beim Propeller auftretende Luftkraft-Größe, das Widerstandskraftmoment, kann man eine ganz analoge Formel wie für Z aufstellen, nur muß man hier beachten, daß es sich um ein Moment, d. i. Produkt aus Kraft und Abstand, handelt. Bezeichnet daher wie oben R den Halbmesser der Luftschraube, so setzen wir:

$$M = z_m \cdot m \cdot R \cdot F \cdot U^2.$$

Das Einfügen von R in diese Formel ist notwendig, weil das Moment die Dimension eines Produktes von Kraft und Länge besitzt, also z_m die Dimension einer Länge haben müßte, wenn R nicht dastünde. Dann wäre z_m bei einem Modellversuch sovielmal kleiner gegenüber dem wirklichen Wert wie das Modell der ausgeführten Schraube gegenüber verkleinert ist. Wir halten aber daran fest, daß unsere Beiwerte dimensionslose Größen seien, damit sie in jedem Fall gebraucht werden können, welche Maßeinheiten oder Modellgrößen man auch der Rechnung zugrunde legt. Wir nennen z_m den „Beiwert des Widerstandskraftmomentes". Sein Wert, der bei gegebener Gestalt der Schraube wieder von dem Fortschrittsgrad $v:U$ abhängen muß, ist für das in Abb. 73/74 dargestellte Beispiel in Abb. 76 als Funktion von $v:U$ eingetragen. Für unser Zahlenbeispiel mit $R = 1{,}40$ m, $v:U = 0{,}177$, $U = 198$ m/sek zeigt Abb. 76 den Beiwert $z_m = 0{,}0355$ an. Es beträgt somit das zur Drehung der Luftschraube mit 1350 Umdrehungen in der Minute bei 35 m/sek Fluggeschwindigkeit erforderliche Moment

$$M = 0{,}0355 \cdot \tfrac{1}{8} \cdot 1{,}4 \cdot 0{,}43 \cdot 198^2 = 105 \text{ kgm}$$

Um die Schraube am Stand mit derselben Umlaufzahl zu bewegen, ist das Moment

$$M = 0{,}054 \cdot \tfrac{1}{8} \cdot 1{,}4 \cdot 0{,}43 \cdot 198^2 = 160 \text{ kgm}$$

erforderlich, da die Abb. 76 an der Stelle $v:U = 0$ den Beiwert $z_m = 0{,}054$ gibt. Man sieht an dem Beispiel, daß die Umdrehungszahl am Stand notwendig kleiner werden muß, wenn das Moment, mit dem der Motor wirkt, unverändert bleibt.

Gelegentlich werden auch etwas andere Formeln für Zugkraft und Widerstandskraftmoment eines Propellers angeschrieben, die sich aber von den hier verwendeten nur unwesentlich

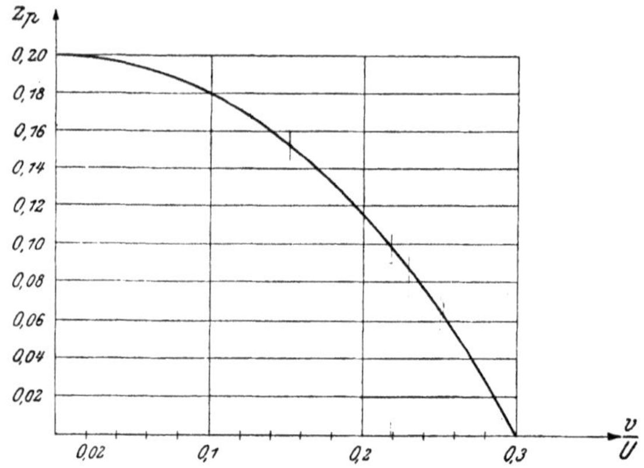

Abb. 75. Zugkraftbeiwert der Luftschraube Abb. 73/74.

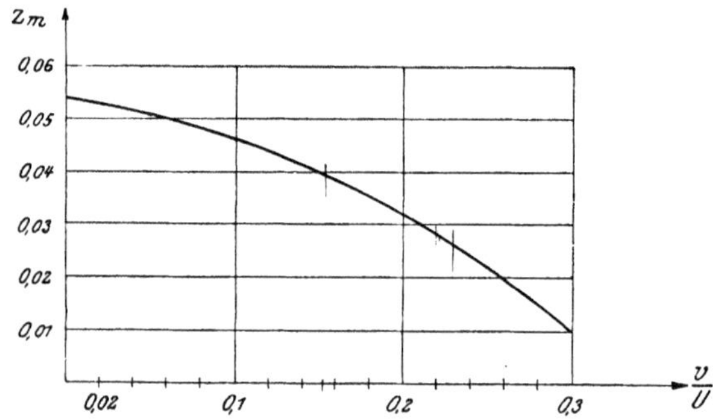

Abb. 76. Widerstandsbeiwert der Luftschraube Abb. 73/74.

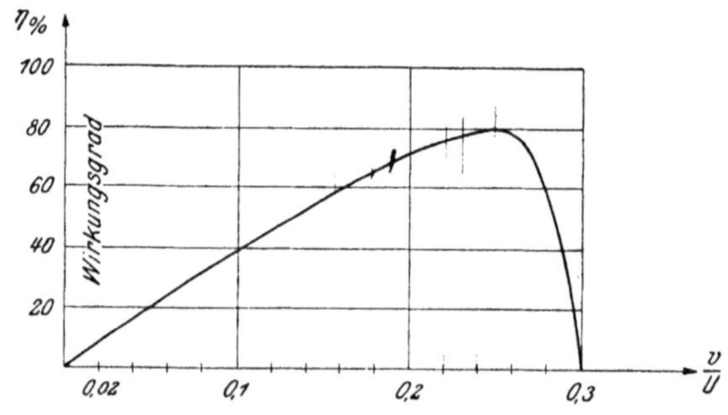

Abb. 77. Wirkungsgrad der Luftschraube Abb. 73/74.

unterscheiden. Z. B. kann man die Fläche F der Schraube als einen Bruchteil φ der gesamten Kreisfläche $R^2\pi$ ansetzen: $F = \varphi \cdot R^2\pi$. Schreibt man dann z'_p für das Produkt $z_p \cdot \varphi$ und z'_m für das Produkt $z_m \cdot \varphi$, so lauten die Formeln

$$Z = z'_p \cdot m \cdot R^2\pi \cdot U^2; \qquad M = z'_m \cdot m \cdot R^3\pi \cdot U^2.$$

Hierin bezeichnet man z' kurz als „Schubwert", z'_m als „Drehwert" der Luftschraube. Der Vorteil bei Verwendung dieser Größen an Stelle unserer Beiwerte ist der, daß man von der immerhin umständlichen und nie genau ausführbaren Messung der Draufsichtfläche F der Schraube frei ist. Andrerseits haben unsere Beiwerte z_p und z_m den Vorteil größerer Anschaulichkeit, da sie in unmittelbarem Zusammenhang mit der Flächenbelastung stehen. Für eine bestimmte Luftschraube unterscheiden sich die beiden Zahlenpaare natürlich nur um den konstanten Faktor φ, d. h. in Abb. 75 und 76 wären nur die Maßstäbe zu verändern, wenn man z'_p und z'_m ablesen wollte.

Ähnlich wie man die Wirksamkeit eines Tragflügels auf das „Abwärtswerfen von Luft" durch den bewegten Flügel zurückführen kann (vgl. Abschn. 7 Schluß), so kann man auch die Zugkraft einer Luftschraube dadurch „erklären", daß man bemerkt, es werde die dem Propeller auf der Vorderseite in der Achsrichtung (entgegen dem Flugsinn) zuströmende Luft durch den Propeller beschleunigt. In dieser Bemerkung liegt nur die Erkenntnis von der Gültigkeit des allgemeinen Bewegungsgesetzes: Kraft = Masse $\times$ Beschleunigung. Wäre die in der Zeiteinheit zuströmende Luftmenge V und die Größe w' der Geschwindigkeitszunahme beim Durchgang durch den Schraubenkreis bekannt, so hätte man in dem Produkt $m \cdot V \cdot w'$ die Größe des Propellerzuges. Die weitere Ausführung der Überlegungen, die sich hier anknüpfen lassen und auf die wir in Abschnitt 19 noch kurz eingehen wollen, bezeichnet man als die „Strahltheorie" des Propellers[1]).

---

[1]) Eine gute Übersicht über die verschiedenen „Propellertheorien" enthält das neue Buch: The elements of aerofoil and airscrew theory von H. Glauert, Cambridge: University Press 1926. Deutsch von H. Holl, Berlin, Springer 1929. Im übrigen vgl. die gebräuchlichen Lehr- und Handbücher der Flugtechnik.

19. Leistung, Wirkungsgrad und Schlüpfung einer Luftschraube.

Die Arbeit, die eine Luftschraube im Fluge pro Zeiteinheit leistet, ist gleich dem Produkt aus Zugkraft und Fluggeschwindigkeit v. Die Arbeit, die die Luftschraube aufnimmt, rechnet sich aus dem Widerstandskraftmoment M und der Umfangsgeschwindigkeit U. Jedes Kraftmoment ist als Größe einer am Hebelarm Eins wirkenden Kraft anzusehen, also die Leistung gleich dem Produkt aus Moment und Umlaufgeschwindigkeit im Achsabstand 1. Diese Geschwindigkeit hat den Wert $U:R$, daher ist die aufgenommene Leistung gleich $M \cdot U : R$. In unserm Beispiel am Schlusse von Abschn. 18 mit $M = 105$ kgm, $U = 198$ m/sek, $R = 1{,}4$ m beträgt die aufgenommene Leistung $105 \cdot 198 : 1{,}4 = 14850$ kgm/sek, oder $14\,850 : 75 = 198$ PS. Dagegen wäre die von der Schraube abgegebene Leistung mit $Z = 274$ kg, $v = 35$ m/sek nur $274 \cdot 35 = 9590$ kgm/sek gleich $9590 : 75 = 128$ PS.

Das Verhältnis zwischen abgegebener und aufgenommener Leistung bezeichnet man als den Wirkungsgrad der Luftschraube. Sein Wert ist:

$$\eta = Z \cdot v : \frac{M \cdot U}{R} = \frac{Z}{M:R} \cdot \frac{v}{U}.$$

Beachtet man nun die in Abschnitt 18 aufgestellten Formeln für Z und M, so sieht man, daß bei Bildung des Quotienten Z durch $M:R$ die Dichte m, die Propellerfläche F und das Geschwindigkeitsquadrat U^2 herausfallen und nur die beiden Beiwerte z_p und z_m übrigbleiben:

$$\eta = \frac{z_p}{z_m} \cdot \frac{v}{U}.$$

Man erhält somit den Wirkungsgrad der Luftschraube, indem man das Verhältnis der beiden Beiwerte der Luftschraube $z_p : z_m$ mit dem Fortschrittsgrad $v:U$ multipliziert. Für jeden Wert von $v:U$ kann man den Abb. 75 und 76 die beiden Beiwerte entnehmen, den Quotienten bilden, ihn mit dem Wert der Abszisse multiplizieren und dann in einem neuen Schaubild auftragen. So ist Abb. 77 entstanden, die den Verlauf des Wirkungsgrades η für alle Werte von $v:U$ (für die Luftschraube der Abb. 73/74) darstellt. Man erkennt ohne weiteres, daß wie z_p und z_m zu den Beiwerten z_a und z_r der Tragfläche, so auch der Wirkungsgrad η zu der Gleitzahl ε eine gewisse Analogie bildet. Für unser Beispiel mit $v : U = 0{,}177$, $z_p = 0{,}13$, $z_m = 0{,}0355$ ergibt sich der Wirkungsgrad $\eta = \frac{0{,}13}{0{,}0355} \cdot 0{,}177 = 0{,}65$ (gleich dem Verhältnis der Leistungen 128 : 198). Der höchste Wirkungsgrad unserer Luftschraube wird, wie die Abb. 77 zeigt, beim Fortschrittsgrad 0,25 erreicht und beträgt etwa 80 vH. Die besten heute erreichbaren Wirkungsgrade von Luftschrauben liegen wenig höher als dieser Wert.

Die in Abb. 77 gegebene Kurve stellt den experimentell bestimmten Wirkungsgrad der Luftschraube dar, denn zu ihrer Konstruktion wurden die im Windkanal ermittelten Größen z_p und z_m herangezogen. Eine theoretische Bestimmung des Wirkungsgrades kann man versuchen unter Benutzung des in Abschn. 3 entwickelten Impulssatzes, den man hier ähnlich anzuwenden hat, wie es in Abschn. 7 und 10 gelegentlich der Besprechung der Tragflächenwirkung angedeutet wurde. Viel ist allerdings auf diesem Wege nicht zu erreichen.

Um den Impulssatz in der Form anwenden zu können, wie er für stationäre Bewegungen abgeleitet wurde, müssen wir uns die Luftschraube ruhend und die Luft, der Fahrtrichtung entgegengesetzt, mit der Geschwindigkeit v an sie von vorn herangebracht denken. Die Wirkung der rotierenden Schraube besteht nun darin, daß sie die an sie herankommende Luftmenge mit einer etwas erhöhten Geschwindigkeit $v + w$ nach hinten wirft. Ist V die in der Sekunde zuströmende Luftmenge, so stellt das Produkt $m V w$ die Kraft dar, die einerseits die Schraube auf die Luft ausübt und die andererseits als Gegenwirkung der Luft auf die Schraube in der Größe der Zugkraft Z in Erscheinung tritt. Wir haben demgemäß $Z = m V w$. Die von der Luftschraube abgegebene Leistung ist wieder wie früher $Z v = m V w v$. Die Leistungsgröße, die von der Schraube theoretisch aufgewandt werden muß, um die zuströmende Luft von der Geschwindigkeit v auf die Geschwindigkeit $v + w$ zu bringen, berechnet sich aus dem Unterschied der lebendigen Kraft hinter und vor der Schraube. Da lebendige Kraft (oder kinetische Energie) durch das Produkt der halben Masse in das Quadrat der Geschwindigkeit gemessen wird, beträgt die in Frage kommende Differenz in unserem Fall

$$\tfrac{1}{2} m V (v + w)^2 - \tfrac{1}{2} m V v^2 = m V w v + \tfrac{1}{2} m V w^2.$$

Als theoretischer Wirkungsgrad ist dann zu bezeichnen das Verhältnis der abgegebenen zur aufgewandten Leistung, also

$$\eta_0 = \frac{m V w v}{m V w v + \frac{1}{2} m V w^2}$$

oder, wenn man Zähler und Nenner durch $m V w v$ kürzt,

$$\eta_0 = \frac{1}{1 + \frac{1}{2} \frac{w}{v}}.$$

Man erkennt hier, daß der theoretische Wirkungsgrad nur dann berechenbar wäre, wenn das Verhältnis der von der Luftschraube erzeugten Zusatzgeschwindigkeit w zur Fahrtgeschwindigkeit v für alle in Betracht kommenden Werte von v bekannt wäre. Es gibt aber leider zu wenig und nur zu ungenaue Anhaltspunkte zur Bestimmung dieses Verhältnisses. Außerdem sieht man leicht ein, daß im Verlauf des theoretischen Wirkungsgrades keinesfalls die wesentlichen Erscheinungen wiedergegeben werden, die man an dem versuchsmäßig bestimmten Wirkungsgrad kennen lernt. Die Abb. 77 zeigt, daß bei einem bestimmten Wert der Fahrtgeschwindigkeit v der Wirkungsgrad 0 eintritt. Der theoretische Ausdruck für η_0 würde aber nur dann Null ergeben, wenn das Verhältnis $w : v$ unendlich würde, was offenkundig keinen Sinn hat. Die Abweichungen zwischen den wirklichen und den in der „Strahltheorie“ vorausgesetzten Verhältnissen sind sehr mannigfacher Art; an der Stelle tatsächlich verschwindenden Wirkungsgrades liegt es offenbar so, daß kein Strahl, der eine Beschleunigung erfährt, durch den Luftschraubenkreis hindurchgeht, so daß gar keine nutzbare Arbeit geleistet wird, während durch Reibungen, Wirbelbildung usf. Arbeitsverlust entsteht.

Nehmen wir jetzt den zweiten in Abschnitt 18 betrachteten Fall, den Standlauf, vor, so erkennen wir ohne jede Rechnung, daß hier $\eta = 0$ sein muß, da ja beim Standlauf von der Schraube Arbeit wohl aufgenommen, aber nicht an das Flugzeug abgegeben wird. Man versteht jetzt, wie verfehlt es wäre, die Zugkraft am Stand schlechthin als Maß für die

Güte eines Propellers anzusehen (vgl. Abschnitt 17, d). Unser Abb. 77 zeigt aber, daß, abgesehen von der Stelle $v = 0$, der Wirkungsgrad η auch noch ein zweitesmal null wird, und zwar in unserem Beispiel bei $v:U = 0{,}3$. Für dieses Geschwindigkeitsverhältnis wird, wie man der Abb. 75 entnimmt, der Beiwert z_p und damit die Zugkraft null, während nach Abb. 76 immer noch ein gewisses Widerstandskraftmoment zu überwinden bleibt. Man kann sich auch leicht erklären, daß der Propeller bei einem bestimmten Wert des Verhältnisses $v:U$ nicht mehr zieht. Denn wir haben in Abschnitt 16 gehört, daß mit zunehmendem Fortschrittsgrad der Anstellwinkel der einzelnen Propellerelemente abnimmt, und wir wissen schon aus Abschnitt 8, daß mit abnehmendem Anstellwinkel die Luftkräfte im allgemeinen kleiner werden. Es ist demnach verständlich, daß man einmal zu einem $v:U$ kommen kann, bei dem die eine Komponente der Luftkraft verschwindet. Noch anschaulicher ist aber folgende Überlegung, die uns gleichzeitig zur Einführung eines neuen Begriffes, der „Schlüpfung" einer Luftschraube, führen wird.

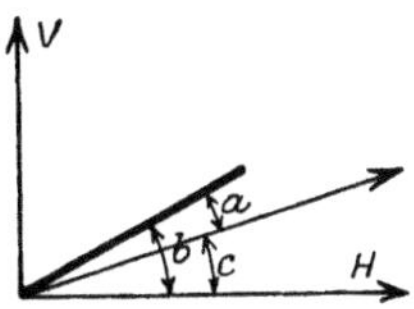

Abb. 78. Element einer ideellen Schraube.

Stellen wir uns vor, das Propellerblatt wäre eine ideale, unendlich dünne geometrisch richtige Schraubenfläche, d. h. jeder Schnitt von der zu Beginn von Abschnitt 16 erklärten Art würde nichts anderes als das Stück einer Schraubenlinie von ganz bestimmter Steigung S ergeben. An Stelle des in Abb. 66 schraffierten Profiles würde dann eine geneigte, nahezu gerade Linie treten (Abb. 78), deren Neigung gegen die Wagrechte H durch den Winkel b mit $\operatorname{tg} b = \frac{S}{2\,r\,\pi}$ (vgl. Abschnitt 16) bestimmt wäre. Wenn wir die Analogie mit der Tragfläche, die uns bisher immer geleitet hat, aufrechterhalten, so müssen wir jetzt an den Fall denken, daß ein Tragflügel durch eine vollkommene geometrische Ebene ersetzt wird. Ein derartiges Propellerblatt, das erst mit Recht den Namen der „Luftschraube" verdiente, mag sich nun mit der Umlaufzahl n pro Minute drehen, so daß die Umlaufgeschwindigkeit u eines Punktes im Achsabstand r gerade $2\,r\,\pi\,\frac{n}{60}$ betrage. Bei der Fluggeschwindigkeit v

wird dann der in Abschnitt 16 erklärte Winkel c der Geschwindigkeitsrichtung (Abb. 78) durch $\operatorname{tg} c = v : U = \frac{v}{2 r \pi} : \frac{n}{60}$ bestimmt. Man sieht, daß, wenn die Geschwindigkeit v gerade gleich $S \cdot \frac{n}{60}$, d. i. Steigung mal Umdrehungszahl pro Sekunde, gewählt wird, die beiden Winkel b und c für alle Elemente gleich, ihre Differenzen $a = b - c$, also die Anstellwinkel, null werden müssen. Die ganze ideelle Schraubenfläche bewegt sich dabei in sich selbst fort, so wie eine Ebene beim Anstellwinkel null sich in sich selbst verschiebt. Gehen wir in unserer Idealisierung so weit, daß wir von aller Oberflächenreibung absehen, so ist es klar, daß bei der eben betrachteten Bewegung keinerlei Luftkräfte auftreten: Eine ideelle Luft-„Schraube“ liefert keine Zugkraft, wenn die Fluggeschwindigkeit v gerade dem Produkt aus Steigung S und sekundlicher Umdrehungszahl gleichkommt. Da die Umfangsgeschwindigkeit $U = 2 R \pi \frac{n}{60}$ beträgt, ist der Fortschrittsgrad $v : U$ für den jetzt betrachteten Fall verschwindender Zugkraft gleich $S \cdot \frac{n}{60} : 2 R \pi \cdot \frac{n}{60} = \frac{S}{2 R \pi}$, d. i. Steigung durch äußeren Umfang des Schraubenkreises.

Ein wirklicher Propeller weicht ja nun vielfach von einem ideellen Schraubenblatt ab, aber er kann immerhin stets mit einer bestimmten geometrischen Schraube verglichen werden. Andernfalls dürfte man ja auch gar nicht von einer „Steigung“ des Propellers schlechthin sprechen. Rechnen wir nun für eine gegebene Luftschraube das Verhältnis $S : 2 R \pi$, Steigung durch äußeren Umfang, aus, so werden wir eine Zahl finden, die sicherlich nicht weit von jenem Wert von $v : U$ entfernt ist, für den die Zugkraft und damit der Wirkungsgrad tatsächlich null werden. Ja, man pflegt manchmal sogar als Steigung jenen Wert zu definieren, der, durch $2 R \pi$ dividiert, gerade den Fortschrittsgrad, für den der Wirkungsgrad null ist, ergibt; dies nennt man dann oft die „effektive“ Steigung des Propellers. Die „geometrische“ Steigung, die man nach Abschnitt 16 aus der Neigung der Sehne an das Profil der einzelnen Elemente bestimmt, ist in der Regel etwas kleiner als die

„effektive“ (vgl. d. folg. Abschnitt). Jedenfalls steht fest, daß man aus der Angabe der (geometrischen) Steigung und des Durchmessers einer Luftschraube mit größerer oder geringerer Genauigkeit den „kritischen“ Wert von $v:U$ (für den der Wirkungsgrad null ist) bestimmen kann.

Es ist nun vielfach üblich, bei der Angabe des Betriebszustandes einer Luftschraube von dem Zustande, in dem der Fortschrittsgrad $v:U$ den kritischen Wert hat, auszugehen. Dies führt zu dem Begriff der „Schlüpfung“. Man versteht unter „Slip“ oder „Schlüpfung einer Luftschraube“ das Maß der Abweichung ihres Fortschrittsgrades im tatsächlichen Betriebszustande von demjenigen Wert des Fortschrittsgrades, in dem die Zugkraft null ist. In der Regel wird diese Abweichung in Prozenten des kritischen Fortschrittsgrades angegeben. Z. B. hatten wir in unserem Zahlenbeispiel oben den Zustand $v:U = 0{,}177$ betrachtet. Da nach Abb. 77 (oder 75) der kritische Wert $v:U = 0{,}3$ beträgt, so ist der Slip oder die Schlüpfung der Schraube in dem betrachteten Fall $\frac{0{,}3-0{,}18}{0{,}3}\,100 = 40$ vH. Den höchsten Punkt erreicht die Wirkungsgradlinie Abb. 77 bei $v:U = 0{,}25$, also bei $\frac{0{,}3-0{,}25}{0{,}3}\,100 = 16{,}7$, d. i. bei rund 17 vH Slip.

Die Angabe der Schlüpfung einer Luftschraube kennzeichnet wie die Angabe des Wertes von $v:U$ den augenblicklichen Betriebszustand der Schraube, doch hat sie gegenüber der Angabe des Fortschrittsgrades den Vorteil größerer Allgemeinheit. Denn bei Verwendung der Umfangsgeschwindigkeit U zur Definition des Fortschrittsgrades haben wir willkürlich gerade das äußerste Propellerelement herausgegriffen, während wir ebensogut z. B. immer die Umlaufgeschwindigkeit u_1 des Elementes im Achsabstand $r = 1$ m od. dgl. hätten benutzen können. Der Slip ist als Verhältniszahl zwischen zwei $v:U$-Werten von dieser willkürlichen Wahl unabhängig. Daher kann man z. B. mit gewisser Allgemeingültigkeit aussprechen: Die Höchstpunkte der Wirkungsgradlinie gewisser üblicher Schrauben liegen bei rund 15 vH Slip. Von diesem Satz oder einem ähnlichen wird man mit Vorteil Gebrauch machen, wenn man die Steigung eines für ein bestimmtes Flugzeug zu wählenden Propellers finden will.

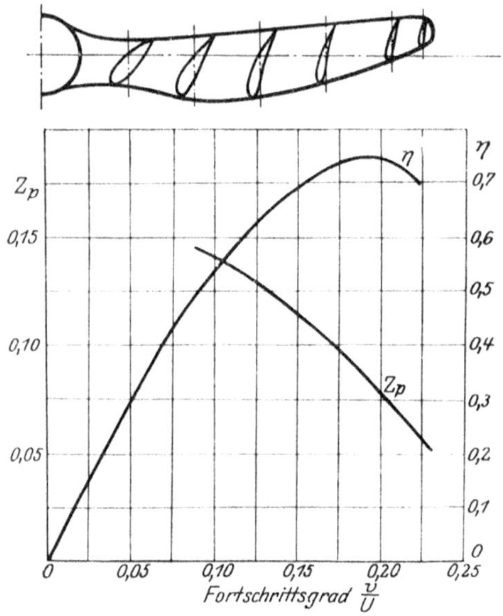

Abb. 79.

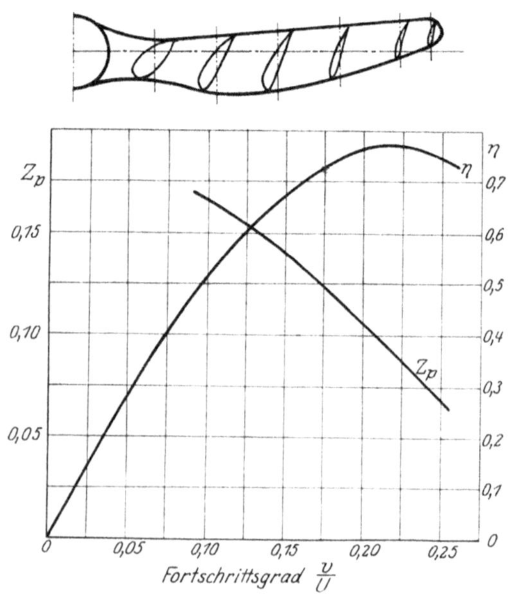

Abb. 80.

Abb. 79/80. Versuchsergebnisse an zwei Luftschrauben.

Sei z. B. die Flugzeuggeschwindigkeit $v = 45$ m/sek, die Umlaufzahl $n = 1300$, der Schraubenhalbmesser $R = 1{,}20$ m gegeben, dann rechnet man $v : U = \frac{v}{2 . R \pi} : \frac{n}{60} = 0{,}276$. Soll dieser Wert gerade 15 vH Slip entsprechen, so muß $0{,}276 : (1 - 0{,}15) = 0{,}276 : 0{,}85 = 0{,}325$ der „kritische" Wert, also gleich $S : 2 R \pi$ sein. Demnach erhält man die zu wählende Steigung $S = 0{,}325 \cdot 2{,}4\,\pi = 2{,}45$ m.

In den Abb. 79 und 80 sind nach englischen Versuchen[1]) die Beobachtungswerte für z_p und η für die beiden oberhalb der Schaubilder skizzierten Luftschrauben wiedergegeben. Man erkennt, daß ähnlich den Verhältnissen bei Tragflächenprofilen (S. 61/62) die Linien für verschiedene Propeller ziemlich gleichförmig verlaufen. Die Wirkungsgrade steigen bis 75—78 vH und fallen dann bei Vergrößerung des Fortschrittsgrades rasch ab.

20. Zusammenwirken der Luftschraubenelemente.

(Dieser Abschnitt kann ohne Schaden für den Zusammenhang übergangen werden.)

Im Abschnitt 18 haben wir gezeigt, wie man Zugkraft und Widerstandskraftmoment einer Luftschraube bestimmen kann, sobald man die zugehörigen Beiwerte z_p und z_m kennt. Der Vorgang war ganz analog dem bei Berechnung von Auftrieb und Widerstand einer Tragfläche. Aber ein Unterschied besteht doch: Bei der Tragfläche genügte es, um die Beiwerte kennen zu lernen, das Profil einmal zu untersuchen, gleichgültig, wie die Fläche selbst, die das Profil besitzt, im übrigen gestaltet ist (wofern nur das Verhältnis Tiefe: Breite nicht zu weit von dem der Messung zugrunde gelegten abweicht). Die beiden Luftschraubenbeiwerte sind aber von der Gestalt der Luftschraube, ihrer Steigung usw. abhängig, müßten also für jede Luftschraube neu bestimmt werden. Es gibt nun auch ein Mittel, die Berechnung der Luftschraube auf die Untersuchung des Profils allein zurückzuführen, und damit wollen wir uns jetzt kurz befassen.

---

[1]) Die Versuche von W. Taylor, über die im Journal of the Royal Aeronautical Society, Nr. 175 ausführlich berichtet wird, galten hauptsächlich der Frage, wieweit man aus Ergebnissen an kleinen Modellen auf die wirklichen Verhältnisse schließen kann.

In Abb. 68 hatten wir ein Luftschraubenelement mit der an ihm angreifenden resultierenden Luftkraft dargestellt; diese wurde dort in zwei Komponenten zerlegt, von denen die eine lotrecht nach oben wirkend erscheint und, wie wir wissen, die Zugkraft des Luftschraubenelementes bedeutet, während die andere wagrecht erscheinende zum Widerstandskraftmoment der Luftschraube beiträgt. Ein ganz ähnliches, aber nicht vollkommen gleiches Bild zeigt die ein Tragflächenelement darstellende Abb. 18, wo ebenfalls die Luftkraft in eine lotrechte und eine wagrechte Kraft zerlegt ist, die dort als Auftrieb A und als Rücktrieb R bezeichnet sind. Der Unterschied zwischen den beiden Abbildungen ist leicht erkennbar. Beim Tragflächenelement wird die Kraft in zwei Komponenten zerlegt, die senkrecht bzw. parallel zur Bewegungsrichtung liegen; beim Luftschraubenelement aber weichen die beiden Komponenten, in die zerlegt wird, um den Winkel c von der Normalen bzw. Parallelen zur Bewegungsrichtung ab. Denn die Bewegungsrichtung ist in Abb. 68 nicht die Wagrechte, sondern, wie auch aus dem Vergleich mit Abb. 69 hervorgeht, um den Winkel c gegen die Wagrechte geneigt.

Kennt man zu irgendeiner Profilform für alle Anstellwinkel die Beiwerte für Auftrieb und Rücktrieb, wie sie in den Formeln des Abschnittes 8 vorkommen, so kann man bei gegebener Geschwindigkeit und Fläche zunächst den Auftrieb A und den Rücktrieb R berechnen, dann aber auch durch Konstruktion der Hypothenuse des rechtwinkligen Dreieckes mit den Katheten A und R die resultierende Luftkraft selbst bestimmen. Natürlich läßt sich dann wieder diese resultierende Luftkraft in zwei Komponenten zerlegen, deren Richtungen um den Winkel c von Auftriebs- und Rücktriebsrichtung abweichen (s. Abb. 81), so daß wir sagen können: Ist das Profil, das für ein Luftschraubenelement verwendet wurde, hinsichtlich seiner Beiwerte z_a und z_r untersucht, so kann man auch Zugkraft und Widerstandskraft des Elementes bestimmen, sobald man den Fortschrittsgrad der Schraube und damit den Winkel c kennt.

In Abb. 81 ist die Zusammensetzung und Zerlegung durchgeführt. Man denke sich das schraffierte Element zuerst als Tragfläche betrachtet, wobei die Luftkraft sich aus R und A zusammensetzt. (Die Richtungen sind in der Abbildung deshalb nicht wagrecht und lotrecht, weil auch die Bewegungsrichtung nicht wagrecht, sondern geneigt erscheint.) Wird dann das Profil als das eines Propellerelementes angesehen, so ist die Luftkraft, wie in Abb. 68, in Zugkraft und Drehwiderstand zu zerlegen. Aus Abb. 81 geht hervor, daß die Zugkraft um das Stück ce kleiner ist als die Kathete ab des rechtwinkligen Dreieckes abc. Die Seite ab ist gleich $A \cos c$, während die Strecke ce als Kathete im Dreieck cde gleich ist $R \sin c$, demnach die Zugkraft $A \cos c - R \sin c$. Benutzt man die Formeln für A und R aus Abschnitt 8 und bedenkt, daß die Geschwindigkeit des Luftschraubenelementes mit w bezeichnet wurde, so ergibt sich die Zugkraft des Elements gleich

$$m \cdot (z_a \cos c - z_r \sin c)\, F \cdot w^2.$$

In ganz gleicher Weise zeigt die Abb. 81, wenn man die Katheten bc und ed der beiden Dreiecke abc und cde berechnet, daß der Widerstand des Luftschraubenelementes gleich $A \sin c + R \cos c$ ist, also

$$m \cdot (z_a \sin c + z_r \cos c)\, F \cdot w^2.$$

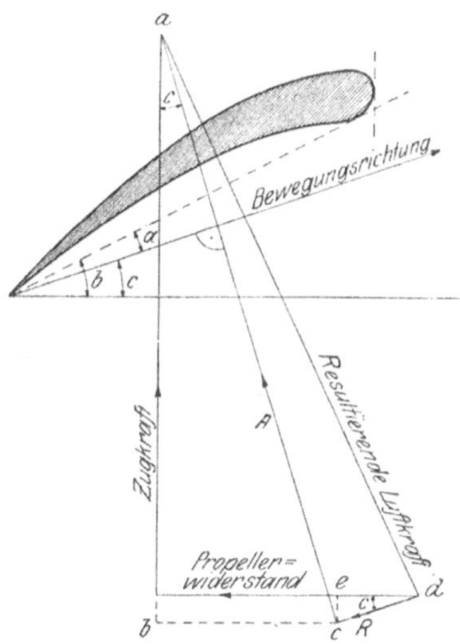

Abb. 81. Kräftezerlegung am Propellerelement.

In diesen beiden Formeln sind die Beiwerte z_a und z_r den an dem betreffenden Profil gewonnenen Versuchsergebnissen zu entnehmen. Dabei ist der Anstellwinkel a die Differenz aus dem Steigungswinkel b und dem Winkel c. Über die Berechnung von b, c und w ist folgendes zu sagen.

Die Flugzeuggeschwindigkeit v werde als bekannt vorausgesetzt, z. B. $v = 30$ m/sek. Dann ist der Winkel c nach Abschnitt 16 durch das Verhältnis von v zur Umlaufgeschwindigkeit u bestimmt. Diese berechnet sich aus der Luftschrauben-Umlaufzahl n pro Minute für ein Element im Abstand r von der Achse zu

$$u = \frac{2\, r \pi n}{60} = \frac{r \pi n}{30}.$$

(Der Weg $2r\pi$ wird n mal in der Minute, also $n/60$ mal in der Sekunde, zurückgelegt.) Z. B. hat bei 1350 Umdrehungen/Min. das Element im Abstand $r = 1$ m von der Achse die Umlaufgeschwindigkeit $u = 141$ m/sek. Bei $v = 30$ m/sek ergibt dies (nach Abschn. 16) tg $c = 30:141 = 0{,}212$, demnach $c = 12^0$. Hat man die Rechnung für alle Elemente einer Schraube auszuführen, so geht man besser vom Fortschrittsgrad $v:U$ aus. Denn da die Proportion $u:U = r:R$ gilt, hat man auch

$$\operatorname{tg} c = \frac{v}{u} = \frac{v}{U} \cdot \frac{R}{r},$$

d. h. man braucht bloß das jeweilige Verhältnis $R:r$ mit dem Fortschrittsgrad zu multiplizieren, um tg c zu erhalten.

Das Quadrat der resultierenden Geschwindigkeit w berechnet sich aus dem rechtwinkligen Dreieck Abb. 69 zu $w^2 = v^2 + u^2$, also in unserem Beispiel $w^2 = 30^2 + 141^2 = 900 + 19881 = 20781$.

Um endlich b zu bestimmen, nehmen wir an, die Luftschraube habe die Steigung $S = 1{,}8$ m. Der Steigungswinkel b der Schraube im Abstand $r = 1$ m ist demnach (Abschn. 16) gegeben durch

$$\operatorname{tg} b = \frac{S}{2r\pi} = \frac{1{,}8}{2\pi} = 0{,}29,$$

also (nach einer Tangens-Tafel) $b = 16^0$. Der Anstellwinkel ergibt sich, wie oben erwähnt, als Differenz von b und c, zu $a = 16^0 - 12^0 = 4^0$.

Hat das Luftschraubenelement, das wir betrachten, einen Querschnitt, der der Abb. 17 entspricht, so können wir jetzt die Beiwerte z_a und z_r für $a = 4^0$ den Diagrammen Abb. 19 und 20 entnehmen. Wir finden dort die Werte 0,275 und 0,016. Es ist aber zu bedenken, daß diese Versuche, wie in Abschnitt 10 bemerkt wurde, mit Modellen von einem Grundrißverhältnis etwa 1:6 bis 1:7 vorgenommen wurden, während ein Propellerblatt, schmäler und länger, vielleicht einem Verhältnis 1:10 bis 1:15 entspricht, also nach Abschnitt 10 größere Luftkräfte aufweisen muß. Wir wollen die Vergrößerung der Beiwerte zu 25 vH schätzen, also das mit den abgelesenen Beiwerten errechnete Resultat schließlich mit 1,25 multiplizieren. Sei endlich die Blattbreite der Luftschraube an der betrachteten Stelle 280 mm und die Länge des von uns betrachteten Elementes 50 mm, also $F = 0{,}28 \cdot 0{,}05 = 0{,}014\ \text{m}^2$, so erhalten wir für die Zugkraft des Elementes, da (nach Tafel) $\cos 12^0 = 0{,}978$ und $\sin 12^0 = 0{,}208$,

$$\tfrac{1}{8}(0{,}275 \cdot 0{,}978 - 0{,}016 \cdot 0{,}208) \cdot 0{,}014\,(30^2 + 141^2) \cdot 1{,}25 = 12{,}1\ \text{kg}$$

und für den Widerstand dieses Elementes

$$\tfrac{1}{8}(0{,}275 \cdot 0{,}208 + 0{,}016 \cdot 0{,}978) \cdot 0{,}014\,(30^2 + 141^2) \cdot 1{,}25 = 3{,}31\ \text{kg}.$$

Diese Kräfte wirken mithin auf einen 5 cm breiten Streifen der Luftschraube, der sich im Abstand 1 m von der Achse befindet, und zwar die erste in der Richtung der Propellerachse, die zweite entgegen dem Umlaufsinn. Die ganz gleiche Rechnung kann man nun für sämtliche Elemente der Schraube durchführen. Die Zugkräfte aller Streifen sind einfach zu summieren und ergeben dann die Luftschraubenzugkraft Z. Die anderen Kräfte, die einen Widerstand gegen die Drehbewegung bilden, sind jedoch erst mit ihrem Abstand von der Drehachse zu multiplizieren, da sie wie an einem Hebel mit ihrem Moment wirken. Für unser Element ist das in Betracht kommende Widerstandskraftmoment gleich

$$3{,}3\ \text{kg} \cdot 1\ \text{m} = 3{,}3\ \text{kgm}.$$

Die Momente sämtlicher Elemente sind zu addieren und ergeben das Widerstandskraftmoment M, das der Motor überwinden muß, damit die Luftschraube mit 1350 Umdrehungen/Min. bei 30 m/sek Fluggeschwindigkeit umläuft.

Man gelangt also auf diesem Wege zu Z und zu M. Während sich aber bei Benutzung der z_p und der z_m nur die gesamte Zugkraft und das Moment ergaben, gewinnt man jetzt einen Überblick über die Verteilung der Zugkraft und des Momentes längs der Luftschraube. Stellt man die Fläche F eines betrachteten Luftschraubenelementes als Produkt der Flächenbreite B' in die Länge 0,01 m dar, so braucht man nur den Ausdruck:

$$0{,}01 \cdot m \cdot (z_a \cos c - z_r \sin c)\, B'\, (v^2 + u^2)$$

für eine Reihe von r-Werten zu berechnen und die erhaltenen Größen als Ordinaten zu den Abszissen r aufzutragen, um in der auf diese Weise entstehenden Kurve die Verteilung der Zugkraft längs der Luftschraube zu erhalten. Diese Rechnung ist in der Abb. 82 durchgeführt worden für eine Luftschraube mit folgenden Abmessungen:

$$D = 2{,}00\,\text{m};\quad S = 1{,}5\,\text{m};\quad B = 0{,}16\,\text{m} \quad \text{und} \quad n = 1400.$$

Als Profil wurde das in Abb. 29 mit seinem Beiwertdiagramm und als Betriebszustände der Standlauf und die den Werten $v:U = 0{,}1;\ 0{,}2;\ 0{,}3$ entsprechenden gewählt. Der Vergrößerungsfaktor wurde schließlich wieder mit 1,25 angesetzt. Setzt man eine konstante Umdrehungszahl $n = 1400$ voraus, so entsprechen den gewählten Betriebszuständen die Geschwindigkeiten $v_0 = 0$, $v_1 = 14{,}7$ m/sek, $v_2 = 29{,}3$ m/sek und $v_3 = 44{,}0$ m/sek. Wir werden später sehen, daß dies eigentlich nicht zulässig ist, da zu jeder Umlaufzahl eines Motors genau eine bestimmte Geschwindigkeit gehört und nicht mehrere. Wir können uns aber die einzelnen Betriebszustände der Abb. 82 etwa dadurch realisiert denken, daß die Schraube an verschiedene Motoren angeschlossen wird, die jeweils bei den einzelnen Geschwindigkeiten v_0, v_1, v_2, v_3 gerade die Umlaufzahl 1400 ergeben, was durchaus möglich ist. Die mit 0, 1, 2 und 3 bezeichneten Linien der Abb. 82 beziehen sich auf die Geschwindigkeiten v_0 bis v_3. Will man also z. B. wissen, welche Zugkraft auf ein 5 cm langes, 60 cm vom Drehpunkt entferntes Element der vorgegebenen Luftschraube bei rund 30 m Sekundengeschwindigkeit wirkt, so hat man nur den Wert der Linie 2 an der Stelle 0,6 abzulesen und das Resultat 90 mit 0,05 zu multiplizieren. Die Zugkraft beträgt also rund 4,5 kg.

Die Zunahme der Zugkraft nach außen erfolgt nicht einfach proportional mit wachsender Entfernung vom Drehpunkt, sondern nach einem viel stärkeren Abstandsgesetz. Aus der Überschneidung der einzelnen Kurven ersieht man, daß eine Luftschraube bei einem bestimmten Betriebszustand eine größere Zugkraft als bei einem anderen haben kann, ohne daß dasselbe für alle ihre Elemente einzeln gelten muß. Die Gesamtzugkraft ist durch die Fläche gegeben, welche die betreffende Linie mit den Achsen einschließt. In der Abb. 82 ist für jede Kurve die mittlere Ordinate eingezeichnet, d. h. die Ordinate, die mit $2\,R$ multipliziert genau die Größe dieser Fläche ergibt. So findet man z. B.. als Zugkraft für den Betriebszustand 2: $y_2 \cdot 2\,R = 80 \cdot 2 = 160$ kg. Um für die Luftschraube der Abb. 82 die z_p-Linie zu gewinnen, hat man nur für die einzelnen Betriebszustände auf diese Weise die Zugkräfte zu bestimmen, sie dann durch das Produkt aus Luftdichte, Flächengröße der Luftschraube und Quadrat der Umfangsgeschwindigkeit zu dividieren und die so gefundenen Werte als Ordinaten zu den Abszissen r aufzutragen. Dann ergibt sich die z_p-Linie der Abb. 83, die einen ganz ähnlichen Verlauf zeigt, wie die in Abb. 75 dargestellte, durch Windkanalmessungen ermittelte. Eine bessere Übereinstimmung mit der experimentell gewonnenen Kurve der Abb. 75 läßt sich schon deshalb nicht erwarten, weil die von uns gemachte Annahme, daß jedes Element bei der Ermittlung der Zugkraft unabhängig von seinen Nachbarn betrachtet werden darf, in Wirklichkeit nicht erfüllt ist. Für die Bestimmung der Momentenverteilung und des Gesamtmomentes gelten ganz ähnliche Überlegungen.

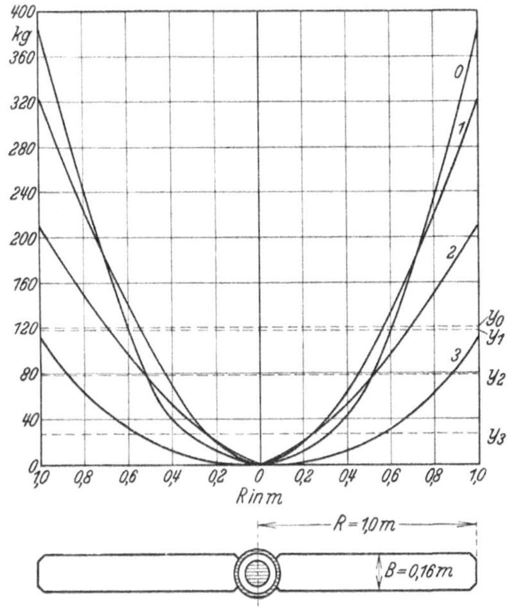

Abb. 82. Verteilung der Zugkraft über das Propellerblatt.

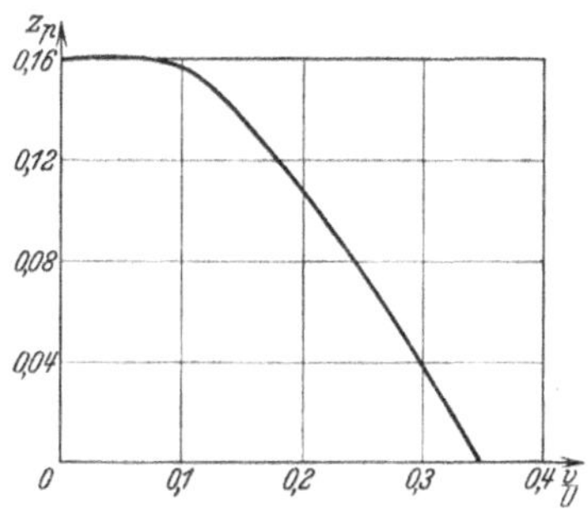

Abb. 83. Kennlinie des Propellers aus den Einzelwirkungen berechnet.

In dieser Weise wird die Berechnung einer Luftschraube vollständig auf die Untersuchung der Profileigenschaften zurückgeführt. Man brauchte somit keine besonderen Versuche mit Propellermodellen vorzunehmen, sondern könnte die z_p- und z_m-Linie aus den Ergebnissen der Anblaseversuche mit Tragflächenmodellen, deren Querschnitte denen des Propellers in den verschiedenen Achsabständen gleich sind, herleiten. Doch wird dies Verfahren viel ungenauere Werte liefern als der unmittelbare Propellerversuch, weil man wie gesagt über die gegenseitige Beeinflussung der Elemente, die Störung durch die Nabe, den Wert des oben mit 1,25 eingeführten Vergrößerungsfaktors usw. nichts Genaueres weiß. Immerhin kann man sich den grundsätzlichen Verlauf der z_p- und z_m-Linien sehr wohl auf Grund der jetzt gegebenen Herleitung erklären, wie dies ja die Abb. 83 auch deutlich zum Ausdruck bringt. Wir erwähnen nur die eine, oben in Abschn. 19 kurz gestreifte Tatsache, daß die „effektive" Steigung immer größer ist als die „geometrische", d. h. daß die Zugkraft erst bei einem höheren Wert von $v:U$ null wird als dem durch $S:2R\pi$ gegebenen (wo S die geometrische Steigung bezeichnet). In Abb. 84 ist die Konstruktion der Abb. 81 für den Fall, daß der Anstellwinkel null ist, also $b = c$, d. h. $S:2r\pi = v:u$ wird, durchgeführt; das Verhältnis $R:A$ ist dabei den Angaben der Diagramme Abb. 19 und 20 für $a = 0$ entnommen. Man sieht, daß hier noch eine positive Zugkraft vorhanden ist und daß es also noch einer weiteren Abnahme des Anstellwinkels und Zunahme von $v:U$ bedarf, um die Zugkraft zum Verschwinden zu bringen.

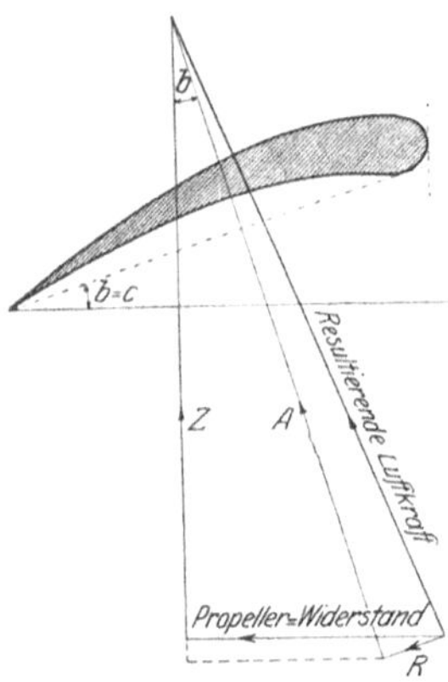

Abb. 84. Gleichgewicht beim Anstellwinkel null.

V. Der Motor.

21. Wirkungsweise des Motors.

Der Motor hat den Zweck, die Luftschraube in Drehung zu versetzen und dadurch die Zugkraft zu erzeugen. Aus den früheren Kapiteln wissen wir: Die geneigte Tragfläche erweckt eine aufwärts gerichtete Luftkraftkomponente, den Auftrieb, bringt aber gleichzeitig einen Widerstand, den Rücktrieb, mit sich. Diesen Widerstand und überdies den des Rumpfes usw. (den „schädlichen" Widerstand) muß die Luftschraube durch ihre Zugkraft überwinden. Nun entsteht aber gleichzeitig mit der Zugkomponente der Propellerkraft eine zweite Komponente, die den Luftschraubenwiderstand ergibt. Zur Überwindung dieses Widerstandes braucht man die Motorkraft; ohne eine solche ist ein Wagrechtfliegen in ruhender Luft nicht möglich.

Der Motor wirkt dadurch, daß er die Wärmeenergie des Brennstoffes in mechanische Energie umwandelt; als Brennstoff dient in der Regel das Benzin, seltener, aber neuerdings in steigendem Maße das Benzol, mitunter auch ein Gemisch von beiden. Benzin wird aus dem Rohöl oder Mineralöl durch fraktionierte Destillation gewonnen. Es besteht aus verschiedenen Kohlenwasserstoffen, die in nicht immer gleichen Verhältnissen vertreten sind. Das Raumgewicht des für Flugmotoren zumeist verwendeten Benzins liegt etwa zwischen 0,70 und 0,72 kg/l. Es ist ein vielfach verbreitetes Vorurteil, daß die Güte einer Benzingattung an ihrem geringen Raumgewicht erkannt werden kann; oft enthalten schwerere Benzinsorten mehr wertvolle Bestandteile. Benzol bildet sich bei der trockenen Destillation der Steinkohlen, stellt also ein wichtiges Nebenprodukt der Kokereien und Gasfabriken dar. Es ist ein weniger ergiebiger, d. h. energieärmerer Brennstoff als das Benzin, hat aber den Vorteil, daß seine Selbstentzündungstemperatur höher liegt, sodaß es höhere „Verdichtungsgrade" (vgl. Abschn. 24) gestattet. Das Raumgewicht beträgt etwa 0,88 kg/l. In neuester Zeit geht man, wie erwähnt, mehr und mehr zur Verwendung von Gemischen aus Benzin und Benzol über und hat auch schon mit Erfolg versucht, statt des Gemisches aus Benzin und Benzol Schweröl zu verwenden, das den Vorzug größerer Wirtschaftlichkeit besitzt und weniger leicht brennbar ist als Benzin oder Benzol. Jedoch sind die Versuche, die besonders bei Junkers in Dessau recht gute Ergebnisse gezeitigt haben, noch nicht abgeschlossen.

Zerstäubt und mit Luft gemischt ergibt Benzin oder Benzol ein explosives Gemenge, das durch einen Zündfunken zur raschesten Verbrennung gebracht wird. Bei Verbrennung von 1 kg Benzin werden durchschnittlich 10000 bis 11000 Kalorien, je nach der Güte des Benzins, erzeugt. Dies drückt man mit den

Worten aus, der Heizwert des Benzins betrage 10000 bis 11000 Kalorien. Genauere Angaben für den Heizwert sind: für durchschnittliche Benzinsorten etwa 10600, für Benzol 6900. Bei Umwandlung von Wärme in mechanische Arbeit entspricht bekanntlich einer Wärmemenge von 1 Kalorie eine Arbeit von 427 kgm (d. i. das sog. mechanische Wärmeäquivalent). Wieviel PS kann man nun durch Verbrennung von 1 kg Benzin in der Stunde gewinnen?

Da bei Verbrennung von 1 kg Benzin, wie wir eben hörten, rund 10000 Kalorien entstehen, und da einer Kalorie ein Arbeitswert von 427 kgm entspricht, so kann 1 kg Benzin 4270000 kgm Arbeit hergeben. Unter „Leistung“ versteht man immer die Arbeit pro Sekunde. Wenn nun in einer Stunde, gleich 3600 Sekunden, im ganzen 4270000 kgm geleistet werden, so sind das 42700 : 36 = 1188 kgm/sek, d. s. 1188 : 75 = 15,8 PS. Für 1 PS braucht man demnach theoretisch 1 : 15,8 = 0,063 kg = 63 g Benzin pro Stunde. Der tatsächliche Verbrauch in unseren Flugmotoren ist jedoch bedeutend höher, bis 250 g pro Stunde für 1 PS; auch bei den besten Motoren noch 190 bis 220 g. Es wird daher in unseren Motoren nur etwa 63 · 100 : 220 = rd. 29 vH des Heizwertes nutzbar gemacht und in Arbeit umgesetzt; 71 vH gehen verloren. Der Verlust ist ein sehr bedeutender; allein man muß beachten, daß Benzinmotoren fast noch die wirtschaftlichsten unter allen Wärmekraftmaschinen sind. Eine normale Dampfmaschinenanlage mit Kohlenkessel hat nur etwa 15 vH Wirkungsgrad und nur bei Wasserkraftmaschinen (Turbinen) hat man wesentlich höhere Wirkungsgrade bis zu 80 und selbst 90 vH. Von den rund 70 vH Verlust beim Benzinmotor entfallen etwa 30 bis 40 vH auf die von den Auspuffgasen mitgeführte Wärmemenge, rund 20 bis 30 vH der Wärmemenge gehen an die Zylinderkühlung verloren, die übrigen Verluste verteilen sich auf Reibung usw. Die Wärmeenergie der Auspuffgase wird

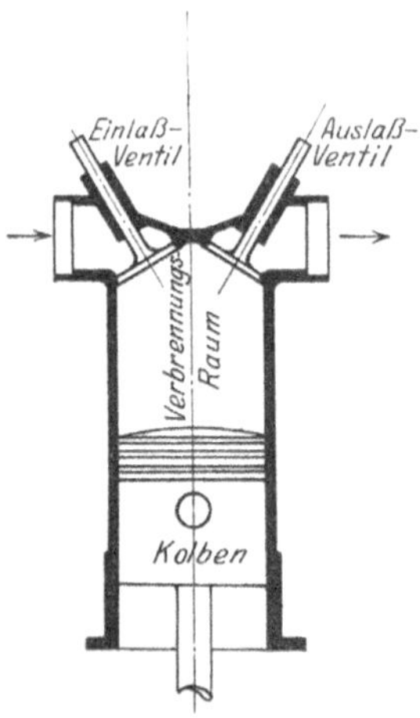

Abb. 85. Zylinder mit Kolben und Ventilen.

mitunter teilweise zum Antrieb eines „Vorverdichters“ (vgl. Abschn. 23 Schluß) ausgenützt.

Der wesentlichste Teil des Motors ist der Verbrennungszylinder, kurz der „Zylinder“ genannt (Abb. 85), der unten durch den beweglichen Kolben, oben durch die beiden Ventile, das Einlaß- und das Auslaßventil, abgeschlossen wird. In dem Zylinder verbrennt das Benzin-Luft-Gemenge und setzt durch die bei der Verbrennung entstehenden hohen Gasdrucke den Kolben in Bewegung. Über die einzelnen Bauteile, Zylinder, Kolben usf. sprechen wir noch weiter unten (Abschn. 25), hier sei zunächst die Wirkungsweise des Motors näher beschrieben.

Der Vorgang der Verbrennung, bzw. der Umsetzung von Wärme in mechanische Energie, spielt sich bei unseren heutigen Flugmotoren allgemein in gleicher Weise ab: Das beim Abwärtsgang des Kolbens in den Zylinder oberhalb des Kolbens durch das geöffnete Einlaßventil angesaugte Gemisch wird beim darauffolgenden Rückgang des Kolbens komprimiert (verdichtet), am Schlusse dieses Rückganges durch einen elektrischen Funken entzündet und explodiert während der Umkehr des Kolbens am oberen Totpunkt. Die Explosion ist nichts anderes als eine äußerst schnelle Verbrennung. Der darauf folgende zweite Abwärtsgang des Kolbens ist der eigentliche Arbeitshub, bei dem die durch die Explosion erzeugten hochgespannten Gase allmählich expandieren und dadurch den Kolben und mit ihm die Kurbelwelle in Bewegung versetzen. Natürlich sind während der Verdichtung, der Verbrennung und der Expansion beide Ventile geschlossen. Sobald die Expansion beendet ist, werden beim folgenden Rückgang des Kolbens nach oben die im Hubraum des Zylinders enthaltenen verbrauchten Gase durch das geöffnete Auspuffventil entfernt. Der ganze Vorgang zerfällt somit, wie man sieht, in vier Takte (daher der Name „Viertaktmotor“), die sich während zweier Kurbelumdrehungen vollziehen. Nur während des dritten Taktes wird der Kolben vom Gas getrieben, die übrigen Bewegungen macht er unter Überwindung des Widerstandes im Zylinder allein vermöge der den bewegten Teilen innewohnenden lebendigen Kraft.

Die Abb. 86 bis 89 geben ein Bild des Druckverlaufes im Zylinder während der einzelnen Takte. Jedesmal ist als Ordinate der im Hubraum des Zylinders herrschende Druck aufgetragen, als Abszisse die zugehörige Kolbenstellung. Das linke Ende der Zeichnung entspricht der Kolbenstellung im oberen, das rechte Ende der im unteren Totpunkt: Abb. 86, Saughub, erster Abwärtsgang des Kolbens, Einlaßventil offen, Auspuffventil geschlossen. Der Zylinder füllt sich mit dem brennbaren Gas-Luft-Gemisch. Druck im Zylinder etwas unterhalb des Atmo-

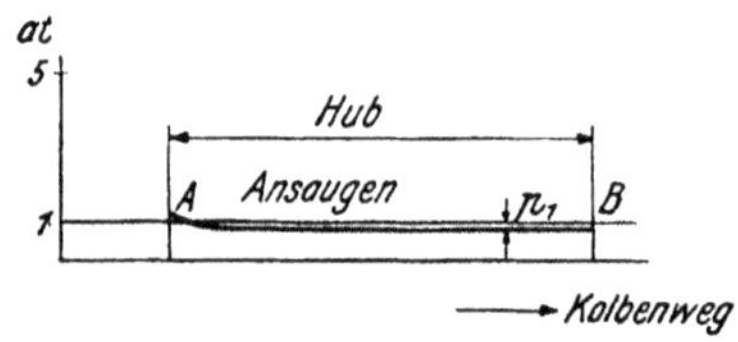

Abb. 86. Saughub.

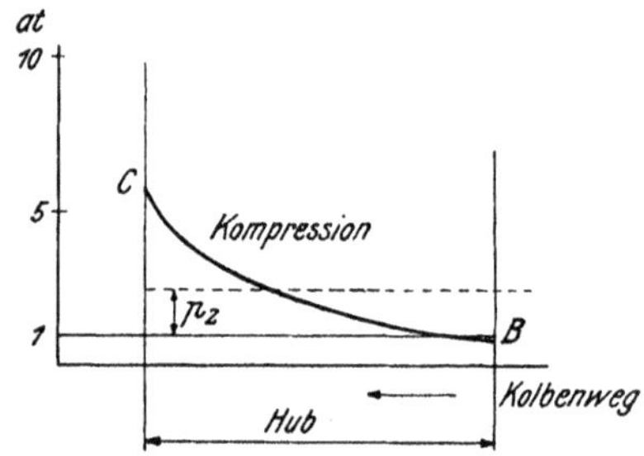

Abb. 87. Kompressionshub.

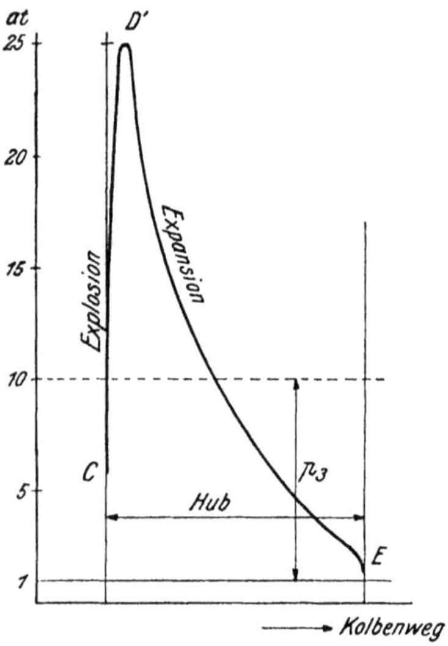

Abb. 88. Arbeitshub.

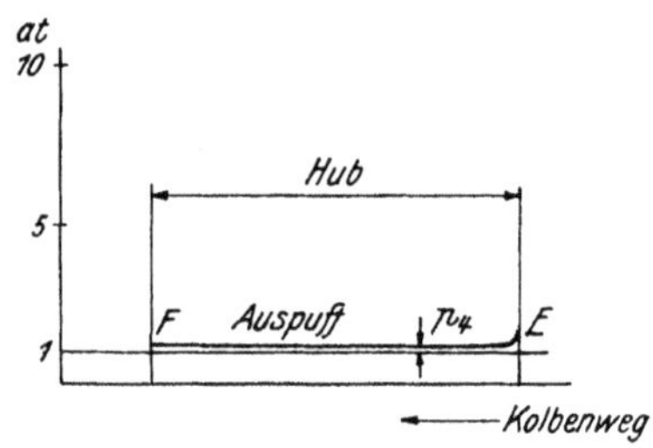

Abb. 89. Auspuffhub.

sphärendruckes. Abb. 87, (Verdichtungs)-Kompressionshub, Aufwärtsgang des Kolbens, beide Ventile geschlossen. Das angesaugte Gemisch wird komprimiert, Ansteigen des Druckes bis zum sogenannten Kompressions-Enddruck, der in der Regel bei 4 bis 6 at liegt. Am Ende des Hubes Zündung und Beginn der Explosion. Abb. 88, Expansions- oder Arbeitshub, Abwärtsgang des Kolbens, beide Ventile geschlossen. Zu Beginn momentane Drucksteigerung infolge der Explosion bis 25 at und darüber, dann allmähliches Abnehmen des Druckes bis in die Nähe der Atmosphärenspannung. Abb. 89, Auspuff, Aufwärtsgang des Kolbens, Auslaßventil offen, Einlaßventil geschlossen, Druck etwas oberhalb der Atmosphäre.

Der zylindrische Raumteil, den der Kolben bei einem vollen Hin- oder Hergang bestreicht, heißt der Hubraum des Zylinders. Er ist gleich dem Querschnitt des Zylinders mal der Hublänge oder der doppelten Länge des Kurbelarmes. Der Raum, der bei der höchsten Kolbenstellung noch zwischen Kolbenboden und Zylinderkopf (bei geschlossenen Ventilen) vorhanden ist, heißt Totraum. Zu Beginn des Verdichtungshubes erfüllt das Gemisch den Hubraum und den Totraum, am Ende nur den letzten. Als „Verdichtungsgrad" bezeichnet man das Verhältnis

$$\frac{\text{Hubraum} + \text{Totraum}}{\text{Totraum}}.$$

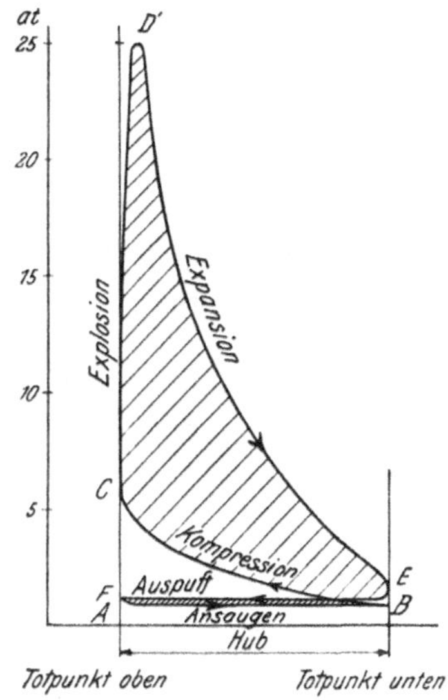

Abb. 90. Indikator-Diagramm.

Die vier Linien, die den Druckverlauf während der einzelnen Abschnitte des Viertaktes veranschaulichen, können auch in ein einziges Bild, das sog. Indikator-Diagramm (Abb. 90) zusammengefaßt werden. Eine solche Figur zeichnet ein sog. Indikator selbsttätig auf, d. i. ein Registrier-Apparat, der an das Zylinder-Innere angeschlossen wird und den jeweiligen Zylinderdruck auf einen Papierstreifen, der mit der Kolbengeschwindigkeit abrollt, überträgt. Aus dem Aussehen des Indikator-Diagramms kann man auf den Zustand des Motors, auf das richtige Funktionieren der Steuerung usw. schließen. Allerdings ist das Aufnehmen solcher Diagramme bei raschlaufenden Flugmotoren mit sehr großen Schwierigkeiten verbunden.

22. Zylinderinhalt, Mitteldruck, Leistung und Drehmoment.

Die vorstehend gegebenen kurzen Erklärungen über die Wirkungsweise der Motoren setzen uns schon instand, einige einfache, flugtechnisch sehr wichtige Berechnungen durchzuführen.

Zunächst ist es von Interesse, zu wissen, in welcher Beziehung die Leistung eines Motors zu seiner Größe, also in erster Linie zum Rauminhalt der Zylinder, steht. Maßgebend hierfür ist die Luftmenge, die zur Verbrennung des Benzins erforderlich ist. Wir haben oben gehört, daß annähernd 250 g pro Stunde für jede PS, die der Motor leisten soll, verbrennen müssen. Nun braucht 1 kg Benzin zur theoretisch vollkommenen Verbrennung rund 14 kg Luft, d. s. bei einem Raumgewicht der Luft von 1,26 kg/m^3 genau $14 : 1{,}26 = 11{,}11$ m^3. Für 250 g Benzin braucht man den vierten Teil, d. s. 2,78 m^3. Macht der Motor z. B. 1400 Umdrehungen in der Minute, so hat man pro Stunde $1400 \cdot 60 : 2 = 42000$ Füllungsperioden; denn unsere Motoren arbeiten, wie schon erörtert, im Viertakt, d. h. nur bei jeder zweiten Umdrehung wird der Zylinder mit dem angesaugten Gas gefüllt. Für einen 1-PS-Motor braucht man somit einen Zylinder von $2780 : 42000 = 0{,}066$ l Inhalt; für einen 100-PS-Motor müßte der Zylinderinhalt 6,6 l betragen. Tatsächlich ist der Zylinder eines 100-PS-Motors größer als der theoretisch erforderliche, etwa gleich 8 bis 9 l. Dies rührt erstens daher, daß zur Sicherung der Verbrennung ein gewisser Luftüberschuß verwendet wird, dann aber auch von der unvermeidlichen Unvollkommenheit des Ansaugevorganges: Es wird eben nicht jedesmal der ganze Hubraum mit Frischgas gefüllt. Bei großen Motoren ist der tatsächliche Inhalt näher dem theoretischen Wert, etwa 0,07 bis 0,08 l pro PS. Die Anzahl der PS, die man für jeden Liter Zylinderinhalt aus einem Motor bei einer Umdrehungszahl von 1400 herausholen kann, liegt somit zwischen $1 : 0{,}07 = 14{,}3$ und $1 : 0{,}09 = 11{,}1$. Wir merken uns dies als Regel: Die Leistung eines normalen Flugmotors in PS ist bei $n = 1400$ etwa gleich dem 11- bis 14fachen Zylinderinhalt in Liter. Die erste Zahl gilt hierbei für kleinere, ältere Motoren, die letzte für größere, neuere Motoren. Z. B. hatte der 100pferdige Mercedes-Motor (1913) 9,49 l Zylinderinhalt, der spätere 190—200pferdige Benz-Motor (1916) 13,75 l.

(Vgl. Zahlentafel 7, S. 180, wo die Leistung pro Liter für verschiedene Motoren angegeben ist.) Liegt die Umlaufzahl erheblich höher als 1400, so ist der Faktor, den wir 11 bis 14 gefunden haben, entsprechend zu erhöhen. Unter Zylinderinhalt ist natürlich stets der gesamte Hubraum zu verstehen, der in der Regel auf mehrere Zylinder verteilt ist (vgl. Abschn. 24). In dem ersten unserer Beispiele, dem 100-PS-Mercedes-Motor, haben wir 6 Zylinder von 120 mm = 1,2 dm Bohrung und 140 mm = 1,4 dm Hub, also den Hubraum

$$V = 6 \cdot 1{,}2^2 \cdot \frac{\pi}{4} \cdot 1{,}4 = 9{,}49 \text{ l.}$$

Wir betrachten nun nochmals die Abb. 86 bis 89, die den Druckverlauf während je eines Kolbenhubes darstellen, um uns jetzt den für die Berechnung der Arbeit wesentlichen Begriff des „mittleren Kolbendruckes" zu veranschaulichen.

In den Abb. 86 bis 89 stellt jedesmal die durchgezogene wagrechte Linie den äußeren Luftdruck dar. In Abb. 88, die dem Druckverlauf während des Arbeitshubes entspricht, liegt der Zylinderdruck dauernd über dieser Atmosphären-Linie. Das Mehr an Druck über 1 at heißt der Überdruck. Da auf die eine Seite des Kolbens stets der äußere Luftdruck wirkt, gibt der Überdruck die Größe der resultierenden, auf 1 cm² der Kolbenfläche wirkenden Kraft an. Mit der Kolbenfläche multipliziert, stellt also das über der Atmosphären-Linie liegende Ordinatenstück die jeweilige Größe der ganzen Kolbenkraft dar. Will man die während des Kolbenhubes geleistete Arbeit bestimmen, so muß man die mittlere Kolbenkraft mit dem Kolbenhub s multiplizieren; die mittlere Kolbenkraft erhält man aber durch Multiplikation mit der Kolbenfläche aus dem mittleren Kolbenüberdruck, und diesen, indem man die mittlere Ordinate der Abb. 88 aufsucht. Die mittlere Ordinate ist jene, durch die die von der Druckkurve begrenzte Fläche in ein flächengleiches Rechteck verwandelt wird. In der Abb. 88 ist diese mittlere Ordinate gestrichelt eingetragen und mit p_3 bezeichnet.

Man würde fehlgehen, wenn man der Berechnung der vom Motor geleisteten Arbeit, lediglich den mittleren Überdruck p_3 des Arbeitshubes zugrunde legen wollte. Denn während der drei anderen Abschnitte des Viertaktes, Saughub, Verdichtung und Auspuff wird im Zylinder des Motors Arbeit verbraucht. Während des Ansaughubes liegt, wie Abb. 86 zeigt, der Druck stets etwas unter der Atmosphärenlinie. Der Überdruck p_1 ist also eine (kleine) negative Zahl. Setzt man daher für die Berechnung der Arbeitsleistung $p_3 + p_1$ an Stelle von p_3, so hat man damit den Arbeitsverbrauch während des Saughubes schon abgezogen. Die mittleren Überdrucke p_2 beim Verdichtungshub und p_4 beim Auspuff sind, wie die Abb. 87 und 89 erkennen lassen, positive Größen (p_4 wieder sehr klein). Die Bewegungsrichtung des Kolbens ist hierbei der Druckrichtung entgegengesetzt. Man muß daher p_2 und p_4 abziehen und erhält mithin als mittleren Überdruck für den ganzen Viertakt: $p_1 - p_2 + p_3 - p_4$. Aber auch damit hat man noch etwas mehr als den ganzen Mitteldruck p, der für die Arbeitsleistung des Motors maßgebend ist. Denn es wird noch im Getriebe, in den Lagern der Kurbelwelle usf. Arbeit verzehrt. Wir verstehen unter Mitteldruck p (genauer müßte es heißen Mittel-Überdruck) jenen Überdruck, der konstant während eines Hubes (also eines Viertaktabschnittes) wirken müßte, damit dieselbe Arbeit an der Motorwelle geleistet wird, wie sie sich beim tatsächlichen Druckverlauf während des Viertaktes ergibt. Aus dem Vorstehenden folgt, daß der Mitteldruck p zu finden ist, indem man dem mittleren Druck p_3 des Arbeitshubes die mittleren Drucke p_1, p_2 und p_4 der anderen Viertaktabschnitte mit den richtigen Vorzeichen hinzufügt und überdies einige Prozente für Lagerreibung usw. abzieht. Man überzeugt sich übrigens auch leicht, daß $p_1 - p_2 + p_3 - p_4$ nichts anderes ist, als die Höhe eines Rechteckes von der Grundlinie gleich dem Kolbenhub, dessen Flächeninhalt der Differenz der beiden in Abb. 90 durch verschiedene Schraffen hervorgehobenen Flächenstücke gleichkommt.

Bei unseren normalen Flugmotoren mit Wasserkühlung der Zylinder liegt der Mitteldruck durchschnittlich zwischen 7 und 8,5 at. Ältere Motoren hatten weniger als 7, die neuesten Motortypen haben mitunter auch mehr als 8,5 at bis 10 at Mitteldruck, Zweitakt-Motoren (die als Flugmotoren nur sehr selten Anwendung finden) haben 5 bis 6 at, die luftgekühlten Umlaufmotoren (z. B. der Gnôme-Motor), die im Viertakt arbeiten, 5 bis 7 at Mitteldruck. (Vgl. Zahlentafel 7, S. 180.)

Kennt man den Mitteldruck p eines Motors, so bietet es keine Schwierigkeit seine Leistung zu bestimmen. Denn das Produkt von p mit der Kolbenfläche in cm^2 gibt die Kraft in kg. Multipliziert man diese Kraft mit dem Hub s in m, so erhält man die während des Hubes geleistete Arbeit in kgm. Multipliziert man weiter mit der Anzahl der Perioden in einer Sekunde, also mit der Hälfte (weil eine Periode = zwei Umdrehungen) der sekundlichen Umdrehungszahl, so erhält man die Leistung in kgm/sek, braucht also nur noch durch 75 zu dividieren, um die Leistung in PS zu bekommen. Sei d der Kolbendurchmesser in cm, so ist darnach die gesuchte Leistung eines Zylinders

$$p \cdot \frac{d^2 \pi}{4} \cdot s \cdot \frac{1}{2} \cdot \frac{n}{60} \cdot \frac{1}{75} = \frac{d^2 \pi}{4} \cdot s \cdot \frac{p \cdot n}{9000}.$$

Diese Größe ist nun noch mit der Anzahl der Zylinder zu multiplizieren. Die Formel kann vereinfacht werden, wenn man das Volumen V des Hubraums sämtlicher Zylinder einführt. Wir wollen das Volumen in Liter, also dm^3, messen; dann ist das Volumen eines Zylinders gleich

$$\frac{d^2}{100} \cdot \frac{\pi}{4} \cdot 10\,s = \frac{1}{10} \cdot \frac{d^2 \pi s}{4}$$

(denn $d:10$ ist der Kolbendurchmesser in dm, und $10\,s$ der Kolbenhub in dm). Führt man dies in die obige Formel ein, so erhält man endgültig für die Leistung aller Zylinder

$$\underline{L = \frac{p \cdot V \cdot n}{900},}$$

wobei bedeutet:

L die Motorleistung in PS,
p den Mitteldruck in at,
V den Inhalt (Hubraum) sämtlicher Zylinder in l,
n die Umlaufzahl pro Minute.

Diese Formel, die man sich leicht merken kann, besagt: die Motorleistung ist dem Mitteldruck, dem Zylinderinhalt und der Umlaufzahl proportional. Je größer der Motor, je rascher er umläuft und je stärker die Kraftentfaltung in den Zylindern, um so größer die Leistung.

Die durchschnittliche Umlaufzahl der älteren Flugmotoren liegt zwischen 1350 und 1450. Setzen wir für den Mitteldruck

7 bis 8,5 at, so ist $p \cdot n = 9450$ bis 12 300 und $p \cdot n : 900 = 10,5$ bis 13,7. Man erhält also etwa $L = 11\,V$ bis $14\,V$: die Motorleistung in PS ist das rund 11- bis 14fache Hubvolumen in l, ein Ergebnis, das mit dem zu Beginn des Abschnittes auf anderem Wege gefundenen gut übereinstimmt. Für die neueren Konstruktionen mit einer Umlaufzahl zwischen 1600 und 2000 kann man mit $14\,V$ bis $17\,V$ im Durchschnitt als Leistung rechnen. Bei Umlaufmotoren ohne Wasserkühlung hat man in der Regel geringeren Mitteldruck und geringere Umlaufzahl, so daß die Leistung nur etwa 6 bis $8\,V$ bei 1400 Umdrehungen und 9 bis $12\,V$ bei 2000 Umdrehungen beträgt; doch gibt es auch wesentlich stärkere Ausführungen. — Für die Bemessung der Umlaufzahl ist maßgebend, daß die mittlere Geschwindigkeit des Kolbens, d. i. $2\,s\frac{n}{60} = \frac{s\,n}{30}$, nicht zu groß werden darf. Als Grenze für normale Ausführungen gilt etwa 15 m/sek., als mittlerer Wert 8—12, also äußerster Wert für Rennmotoren, etwa 20 m/sek.

Von den drei Faktoren p, V, n, welche die Leistung eines Motors ergeben, bestimmen die ersten beiden allein das **Drehmoment**, mit dem der Motor auf die Luftschraube wirkt, wie folgende Überlegung zeigt. Unter Drehmoment versteht man (vgl. auch Abschn. 19) die am Radius eins wirkend gedachte, drehende Kraft. Zwischen Drehmoment M in kgm und Leistung L in PS besteht daher folgende Beziehung: Man muß, um aus M die Leistung in kgm/sek zu erhalten, mit der Geschwindigkeit multiplizieren, die ein Punkt in Achsabstand 1 besitzt, d. i. mit $\frac{2\,\pi\,n}{60}$ oder $3{,}14\,n : 30$. Die Leistung in PS ergibt sich dann durch Division mit 75, also

$$L = M \cdot \frac{3{,}14 \cdot n}{30} \cdot \frac{1}{75} = \frac{M \cdot n}{716}$$

und umgekehrt:

$$M = 716\,\frac{L}{n}.$$

Setzt man dies in unsere Formel für die Leistung ein, so sieht man, daß

$$M = \frac{716}{900}\,p \cdot V = 0{,}795\,p \cdot V.$$

Das Drehmoment ist somit dem Mitteldruck und dem Zylinderinhalt proportional.

23. Die Bremslinie eines Motors. Höhenmotoren.

Von den drei Faktoren p, V, n, die nach dem Vorangehenden die Leistung eines Motors bestimmen, sind nur die letzten zwei, der Zylinderinhalt V und die Umlaufzahl n, unmittelbarer Messung zugänglich. Den Mitteldruck p kann man wohl beim Entwurf einer Motorbauart durch Konstruktion des Druckdiagramms auf Grund thermodynamischer Lehrsätze mit einiger Annäherung vorausbestimmen; will man aber bei einem vorhandenen Motor den tatsächlich erreichten Wert von p ermitteln, so ist man auf die praktisch sehr schwer durchführbare Aufnahme eines Indikatordiagramms (Abschn. 21) angewiesen, wobei man überdies die Reibungsverluste im Motor noch gesondert abschätzen müßte. Dem Bedürfnis nach einer raschen und sicheren Feststellung der Leistung eines Motors wird daher in anderer Weise abgeholfen: Man mißt auf einer sog. „Motorbremse" neben der Umlaufzahl n unmittelbar das vom Motor erzeugte Drehmoment M, so daß sich nach der am Schlusse von Abschn. 22 entwickelten Formel die Leistung zu $L = M \cdot n : 716$ ergibt.

Abb. 91 zeigt das Grundsätzliche der am häufigsten verwendeten elektrischen Bremse. Der umlaufende Anker A einer Dynamomaschine ist mit der Welle des zu untersuchenden Motors gekuppelt, d. h. mit ihr zu einem Stück verbunden. Die Feldmagnete der Dynamo sind in dem Ring B untergebracht, der nicht, wie bei jeder gewöhnlichen Dynamomaschine, fest am Boden steht, sondern derart gelagert ist, daß er um dieselbe Achse, um die sich der Anker dreht, mit einem gewissen, durch zwei Vorsprünge unten begrenzten, Ausschlag möglichst reibungsfrei hin und her schwingen kann. Der Ring trägt außen den Arm C, an dessen Ende eine Wagschale D zur Aufnahme von Gewichten angebracht ist. Wird der Motor in Gang gesetzt, ohne daß vorher der Stromkreis geschlossen wurde, so wird die Welle mit dem Anker A, da dieser keinen nennenswerten Widerstand findet, vermöge des vom Motor entwickelten Drehmomentes in beschleunigte Rotation versetzt. Schließt man aber den Stromkreis unter Einfügung genügend großer elektrischer Widerstände oder legt man die Klemmen der Dynamo an eine entsprechende Spannung, so entstehen zwischen Anker A und Feldmagnet B magnetische Kräfte, die der Umdrehung des Ankers einen mit seiner Geschwindigkeit wachsenden Widerstand entgegensetzen. Sobald der Widerstand die Größe des vom Motor entwickelten Momentes M erreicht hat, hört die Beschleunigung der Drehbewegung auf, der Motor erscheint „gebremst" und bewegt sich mit einer bestimmten, durch einen Geschwindigkeitsmesser leicht feststellbaren Umdrehungszahl n weiter. Aber auch die Größe von M läßt sich jetzt ohne weiteres feststellen. Denn nach dem Satz von Wirkung und Gegenwirkung muß ein gleich

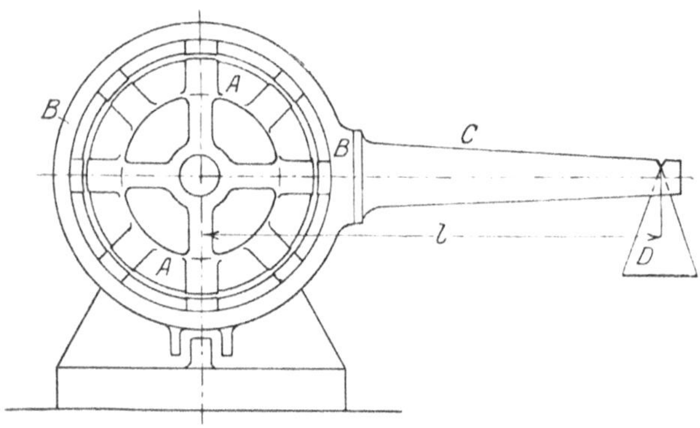

Abb. 91. Elektrische Motorbremse.

großes Moment wie das von B auf A ausgeübte umgekehrt von A auf B wirken. Da nun der Ring B, wie wir gehört haben, pendelnd angeordnet ist, wird er dem Drehmoment zu folgen suchen (soweit es der Spielraum unten am Anschlag gestattet) und nur dann in seiner Mittellage bleiben, wenn man auf die Wagschale D so viele Gewichte auflegt, daß das von A herrührende Drehmoment eben ausgeglichen wird. Bezeichnen wir mit P die Größe der Gewichte, die erforderlich ist, um den Arm C in wagerechter Ruhelage zu erhalten, und mit l den Achsabstand des Aufhängepunktes von D (Abb. 91), so haben wir das gesuchte Moment $M = P \cdot l$ und daher die Leistung

$$L = \frac{P \cdot n \cdot l}{716}.$$

Hierin ist l in m einzusetzen. Der Bequemlichkeit halber richtet man die Bremsen meist so ein, daß $l = 0{,}716$ m (oder halb so groß) wird, so daß $L = P \cdot n : 1000$ (bzw.: 2000). Man braucht also in diesem Fall nur die auf der Wagschale liegenden Gewichte mit dem 1000sten bzw. 2000sten Teil der Umlaufzahl zu multiplizieren, um die Leistung in PS zu erhalten. — In leicht verständlicher Abänderung kann man aus der hier beschriebenen Anordnung eine hydraulische Bremse gewinnen, indem man an Stelle des Ankers A ein Schaufelrad, an Stelle von B eine geschlossene, mit Wasser gefüllte oder von Wasser durchflossene Kammer treten läßt, in der A umläuft. In beiden Fällen, der elektrischen und der hydraulischen Bremsung, wird vom Benzinmotor während des Bremslaufes Arbeit geleistet, die man bei geeigneter Vorkehrung nützlich verwerten kann; im ersten Fall wird elektrischer Strom erzeugt, im zweiten wird Wasser gepumpt oder wenigstens erwärmt.

Diese Bremsungen haben den Nachteil, daß bei ihnen dem Motor die kühlende Wirkung des Propellers entzogen bleibt, so daß sie für Motoren ohne Wasserkühlung überhaupt nicht anwendbar sind. Ein anderes Bremsverfahren besteht daher darin, daß man den Motor mit seinem Propeller auf einen Rahmen setzt, der — so wie früher der Ring B — pendelnd aufgehängt ist und an einem entsprechenden Arm eine Wagschale trägt. Durch Auflegen von Gewichten auf diese Schale läßt sich, genau wie bei der elektrischen Bremse, das Drehmoment messen. Die Messung ist jedoch hier nicht „rein", da das durch Wägung bestimmte Moment gleich dem ganzen, am Propeller und Motor durch die Luftkräfte hervorgebrachten Moment ist. Bei einem Umlaufmotor z. B. wird bei dieser Anordnung das Motormoment M abzüglich des Luftwiderstandes der Motorteile gemessen.

Jede Bremse, sie mag hydraulisch, elektrisch oder wie immer wirken, muß eine Einrichtung besitzen, die gestattet, die Größe des Bremswiderstandes zu verändern. Bei der elektrischen Bremse z. B. kann man in den Stromkreis größere oder kleinere Widerstände einschalten usf. Dadurch wird man in die Lage versetzt, den Motor bei verschiedenen Umlaufzahlen zu bremsen. Trägt man die so bestimmten Werte des Drehmomentes M als Funktion der Umlaufzahl n auf, so erhält man eine sog. Bremslinie des Motors; eine zweite Bremskurve entsteht, wenn man statt der Momente M die Leistungen, also im wesentlichen die Produkte $M \cdot n$ aufträgt. Abb. 92 zeigt die beiden Bremskurven für einen bestimmten 160-PS-Motor. Man sieht, daß das Moment hier erst langsam zunimmt, bei rund 1000 Umdr./Min. einen Höchstwert erlangt und dann ziemlich rasch abfällt. Nach der oben entwickelten Formel $M = 0{,}795\, p \cdot V$ kann, da V jedenfalls unveränderlich ist, in der M-Linie, Abb. 82, nur die Veränderlichkeit des Mitteldruckes p zum Ausdruck kommen. Es ist auch leicht verständlich, daß Vergaser und Steuerung eines Motors so eingestellt sein müssen, daß die Verhältnisse für eine gewisse mittlere Umlaufzahl, z. B. $n = 1000$, am günstigsten liegen. Bei geringeren Umlaufzahlen sind dann die Querschnitte im Vergaser und in den Leitungen für die geringe Luft- und Benzinmenge zu weit, bei größeren sind sie zu eng, und überdies wachsen die Reibungswiderstände im Motor mit der Umlaufzahl.

Die Linie der Motorleistung L, Abb. 92, erreicht erst bei höherer Umlaufzahl, etwa bei $n = 1600$, ihren Höchstwert. Der normale Betriebszustand eines Motors liegt stets in dem Gebiet ansteigender Leistung, also links vom Scheitel der L-Linie. — Zumeist nimmt man bei der Übernahme eines Motors auf der Bremse nur ein kurzes Stück der Bremslinie in der Umgebung des Punktes normaler Betriebsumlaufzahl auf.

Wird von der Leistung eines Motors schlechthin gesprochen, so ist natürlich immer vorausgesetzt, daß der Gaszutritt zu dem Motor vollständig geöffnet ist. Wird der Gaszutritt gedrosselt, so sinkt die Leistung des Motors entsprechend und man erhält eine Leistungs- und eine Drehmomentenlinie, die tiefer liegen, als die in Abb. 92 gezeichneten „Vollgas"-Linien.

Die Leistung eines Motors ist aber auch, wenn der Gaszutritt offen bleibt, nicht vollkommen unveränderlich, sondern stark vom Zustand der atmosphärischen Luft abhängig, also einesteils von der Witterung, andrerseits von der Höhe, in der der Motor läuft. Die hauptsächlichste Einwirkung der Witterung besteht darin, daß bei Veränderung der Luftdichte die in die Zylinder eingesaugte Luftmenge, da ihr Rauminhalt derselbe bleibt, sich verändert. Wenn z. B. der Luftdruck von 760 auf 750 mm Quecksilber sinkt, so wissen wir aus Abschnitt 2, daß im gleichen Maße, also um rund 1,3 vH, die Luftdichte verringert wird. Oder wenn die Temperatur von 10°C auf 20° steigt, so folgt nach Abschnitt 2 eine Verminderung der Luftdichte im Verhältnis 283 : 293, also um rund 3,5 vH. Doch wird die unmittelbare Einwirkung der Luftverdünnung auf das angesaugte Gemisch von weiteren, schwer übersehbaren Einflüssen überdeckt. Es ist noch nicht genau durch Versuche festgestellt, in welchem Maße die Leistung des Flugmotors sich mit den kleinen Schwankungen der Luftdichte am Boden ändert. Aber es ist sehr wahrscheinlich, daß die Änderung etwas geringer ist als die der Luftdichte. Schätzungsweise kann man vielleicht annehmen, daß für je 4 bis 6° Temperaturerhöhung und je 10 bis 15 mm Barometerstandserniedrigung rund 1 vH der Leistung verloren geht.

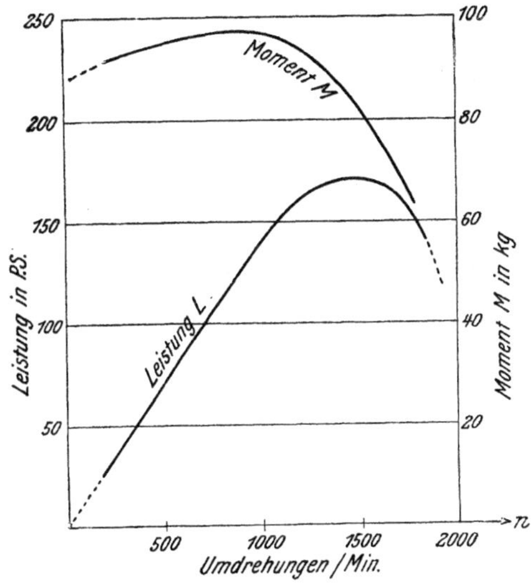

Abb. 92. Bremslinien eines Motors.

Besonders fühlbar macht sich der Einfluß der Außenluft auf die Motorleistung bei Höhenflügen, da man es hier bald mit einer Luftdruckabnahme von 40 vH und mehr zu tun hat (vgl. Zahlentafel 1) und da sehr großen Veränderungen des Luftdrucks gegenüber die Abnahme der Motorleistung erfahrungsgemäß stärker ist als die der Luftdichte.

Die Abb. 93 und 94 zeigen die Ergebnisse von Versuchen über die Veränderung der Motorleistung mit der Luftdichte. Im ersten Bild sind als Abszissen die Dichten, im zweiten die Flughöhen gewählt, wobei der Zusammenhang beider etwa der mittleren Spalte der Zahlentafel 2 entspricht. Die eingezeichneten Linien beziehen sich auf einen 185-PS-Motor der Bayerischen Motorwerke (s. Zahlentafel 6), auf einen 300-PS-Hispano-Suiza (Zahlentafel 7) ohne Vorverdichtung (s. unten) und einen

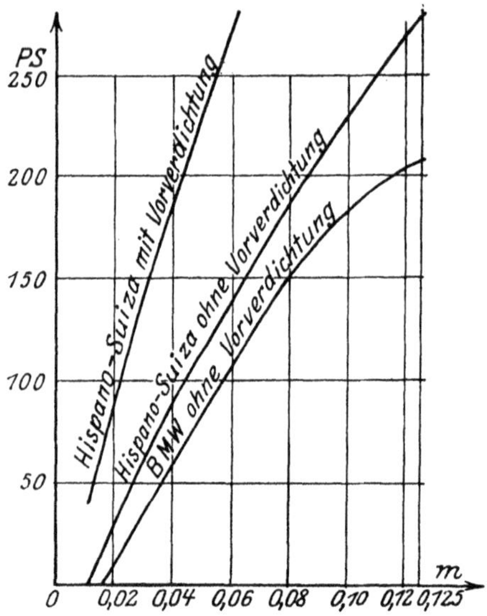

Abb. 93. Leistungsveränderung mit der Luftdichte.

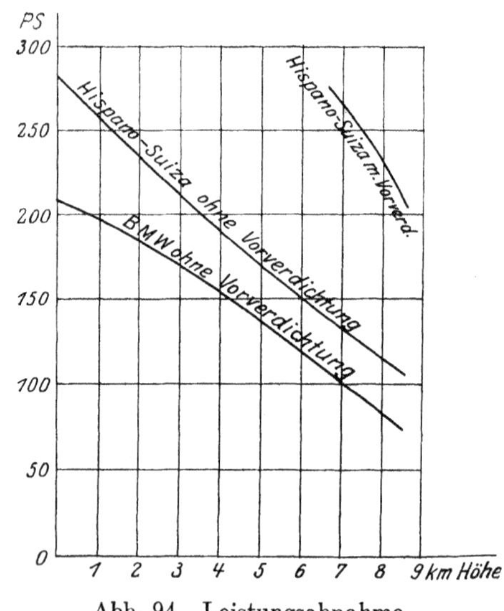

Abb. 94. Leistungsabnahme mit der Höhe.

solchen mit Vorverdichtung. Man erkennt deutlich in Abb. 93, daß die Verminderung der Motorleistung erst etwas geringer ist als die der Luftdichte, dann stärker (die Tangente an die Leistungskurve ist bei großem m flacher, bei kleinem m steiler als der Fahrstrahl vom Kurvenpunkt nach dem Anfangspunkt des Koordinatenkreuzes). Die Leistungsabnahme auf den km Flughöhe beträgt bei den beiden Motoren ohne Vorverdichter nach Abb. 94 etwa 7 bis 8 vH der Bodenleistung. Bei älteren Motorbauarten mit geringeren Verdichtungsgraden muß man mit Abnahmen bis zu 12 vH rechnen. Die Verwendung des Vorverdichters hat, wie Abb. 94 zeigt, zur Folge, daß man in 6500 m Höhe noch einmal mit der Bodenleistung beginnen kann.

Die ältesten Rekorde in Höhenflügen von 7000 m und mehr sind nur dadurch möglich gewesen, daß man durch Mitnahme von flüssigem Sauerstoff den Motor sozusagen künstlich ernährt hat. Heute erhalten die Flugmotoren, damit die schädliche Wirkung der Höhe auf die Motorleistung vermindert wird, verschiedene besondere Einrichtungen. Die Anpassung der Flugmotoren an die Flughöhe bildet gegenwärtig eines der wichtigsten Probleme der Flugtechnik. Sieht man von dem eben erwähnten Hilfsmittel der künstlichen Sauerstoffzufuhr ab, so bleiben in der Hauptsache noch drei Verfahren, um einen Benzinmotor zum „Höhenmotor“ zu machen.

Die einfachste und wirksamste Höhenanpassung ist die „Überbemessung“, d. h. die Verwendung von Zylindern (Ventilen und Leitungen), die größer sind, als unter normalen Druckverhältnissen der von den Triebwerkteilen aufnehmbaren Leistung entspricht. Man darf dann in geringen Höhen nur mit einer hinreichenden Drosselung der Brennstoffzufuhr fliegen, hat aber dafür den Vorteil, in großen Höhen den Motor voll ausnützen zu können, während der normale, nicht „überbemessene“ Motor bei Höhenflügen überflüssiges, totes Triebwerk-Gewicht mit sich führt und unverhältnismäßig große Reibungsverluste aufweist. Damit ein Motor bei 6000 m Höhe voll ausgenutzt werden kann, bedarf es einer Durchmesser-Vergrößerung der Zylinder um etwa 35 vH.

Eine zweite Ausführungsform des Höhenmotors ist der „überverdichtete“ Motor. Man kann das Verhältnis zwischen zugeführter Wärme und gewonnener Arbeit günstiger gestalten, indem man den Verdichtungsgrad, d. i. das Verhältnis zwischen End- und Anfangsdruck im zweiten Arbeitstakt vergrößert. Wird nämlich der Enddruck der Verdichtung größer, so erzielt man größere Zündgeschwindigkeit und damit bessere Verbrennung, muß allerdings auch für stärkere Kühlung (s. S. 195) Sorge tragen. Der zulässige Verdichtungsgrad hängt im wesentlichen von der Selbstentzündungstemperatur des Brennstoffes ab (s. Abschn. 21). Er wird, wie am Schluß von Abschn. 21 gezeigt wurde, durch die Abmessungen und die Formgebung von Zylinder und Kolben ein für allemal festgelegt. Sinkt nun infolge der Abnahme des äußeren Luftdrucks mit der Flughöhe der Anfangsdruck des Verdichtungshubes, so kann der Enddruck doch auf der gewünschten Höhe erhalten werden, wenn man genügend großen Verdichtungsgrad hat. Für die Zeit des Aufstiegs oder den Flug in geringeren Höhen muß man dann natürlich Vorkehrungen treffen, um eine Überbelastung zu vermeiden, ähnlich wie im Falle der Überbemessung der Zylinder. Übrigens sind diese beiden Gesichtspunkte auch mit Vorteil nebeneinander anwendbar.

Schließlich kommt als drittes Verfahren, das am unmittelbarsten dem schädlichen Einfluß der Luftverdünnung entgegenwirkt und das nach den Erfahrungen der letzten Jahre das vorherrschende zu werden scheint, die schon oben erwähnte

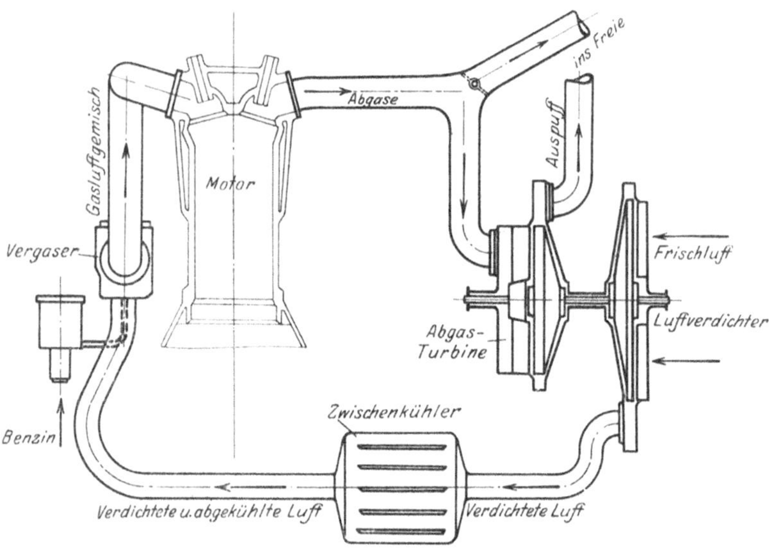

Abb. 95. Gesamtanordnung eines Motors mit Abgas-Turbo-Kompressor.

„Vorverdichtung“ in Frage. Hier wird das dem Verbrennungsraum zugeführte Gas-Luft-Gemisch durch ein besonders angetriebenes Gebläse verdichtet, also auf den normalen Ansaugedruck gebracht. Ein großer Vorteil dieses Verfahrens ist der, daß man es bei beliebigen Motoren, ohne deren Konstruktion zu ändern, zur Anwendung bringen kann, ein Nachteil der Aufwand an Gewicht und Arbeitsleistung im Gebläse. Über die Verbesserung, die ein Flugmotor durch Hinzufügung eines Vorverdichters erfährt, hat uns schon die Betrachtung der Abb. 93 und 94 belehrt. Schätzungsweise kann man sagen, daß die Vorverdichtung, wenigstens bei größeren Motoren, die größte erreichbare Höhe um etwa 3000 m steigert. Der Höhenweltrekord von 1924 auf rund 12000 m ist mit einem 300 PS-Hispano-Suiza mit Rateau-Vorverdichter erzielt worden. Diese, sehr bewährte Bauart ist die eines sog. Abgas-Turbo-Kompressors. Der Ausdruck besagt, daß es sich um einen rotierenden Kompressor handelt, der in der Art einer Zentrifugalpumpe arbeitet, und daß zu seinem Antrieb in einem Turbinenrad die Abgase verwendet werden, die der Auspuffleitung des Motors entströmen. Da jedes Gas bei der Verdichtung nicht unbedeutend erwärmt wird, ist die Einschaltung eines Zwischenkühlers erforderlich, der die Luft vor Eintritt in die Motorzylinder abkühlt. Abb. 95 zeigt schematisch die Gesamtanlage eines Motors mit Abgas-Turbo-Verdichter. Rechts im Bilde sind auf gemeinsamer Welle die beiden Turboräder angedeutet, von denen das eine als Motor, das andere als Generator arbeitet. Gespeist wird das treibende Rad, die Abgas-Turbine, von den aus den Zylindern austretenden heißen Auspuffgasen, die ihre Wärmeenergie an das Rad in Form von mechanischer Energie abgeben. Die rechts oben sichtbare Klappe in der Leitung ermöglicht es, wenn sie geöffnet wird, die Auspuffgase auch unter Umgehung des Vorverdichters direkt ins Freie treten zu lassen. Aus dem Verdichterrad gelangt die auf höheren Druck gebrachte Luft zunächst in den Zwischenkühler und geht von hier nach dem Vergaser.

Um ein genaueres Bild von der Leistungssteigerung eines Motors bei Verwendung eines Vorverdichters zu erhalten, müssen wir außer der an das Getriebe abgegebenen und der dem Verdichter entnommenen Leistung noch verschiedene andere „Höheneinflüsse", die die Gesamtleistung beeinflussen, in Rechnung setzen. So verringert sich erstens der vom Motor zu überwindende Widerstand des Auspuffhubes mit wachsender Höhe, weil der den Auspuffgasen entgegenwirkende äußere Druck mit der Höhe abnimmt; das bedeutet also bei gleichbleibender Motorkraft eine mittelbare Leistungssteigerung. Ein indirekter Leistungszuwachs wird zweitens dadurch erzeugt, daß die nach dem Auspuffhub im Verbrennungsraum verbliebenen Gasreste durch die im Vorverdichter auf Atmosphärendruck gebrachte Luft komprimiert, also auf einen kleinen Teil des Zylinderraumes zurückgedrängt werden; auf diese Weise wird der Verbrennungsraum bei der Gaszufuhr in größeren Höhen besser ausgenutzt. Diese beiden mit der Höhe zunehmenden Leistungssteigerungen sind nicht unbeträchtlich. Aus Versuchen und theoretischen Überlegungen ergab sich folgendes in Abb. 96 wiedergegebene Resultat[1]). Kurve *1* stellt den durch Verminderung des Auspuffgegendruckes erzeugten Leistungszuwachs in Abhängigkeit von der Höhe dar, Kurve *2* den Zuwachs infolge besserer Zylinderfüllung. Beide Kurven geben die Leistung in Hundertteilen der Bodenleistung. Selbst wenn man die etwa bei 12 km Höhe einsetzende Leistungsverringerung infolge geringeren Sauerstoffgehaltes der Luft — wiedergegeben durch Kurve *3* — in die Leistungsbilanz hineinnimmt, ergibt sich, wenn sich alle genannten Einflüsse überlagern,

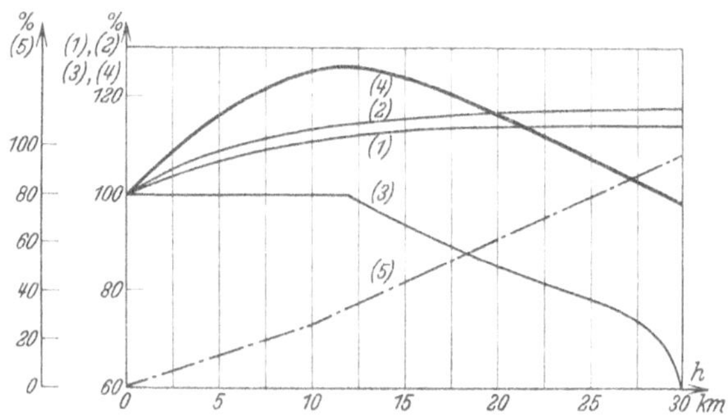

Abb. 96. Einfluß der Höhe auf die Motorleistung.

doch bis zu der Höhe von 12 km eine beträchtliche Leistungssteigerung (Resultierende Kurve *4*). Der größte Zuwachs liegt bei 12 km und beträgt fast 30% der Bodenleistung. Erst in 30 km Höhe wird der auf den genannten Einflüssen beruhende Leistungszuwachs gegenüber dem Bodenwert (infolge des Sauerstoffmangels) gleich Null.

In der Abb. 96 ist ferner durch die Kurve *5* der Bedarf an Leistung dargestellt, den ein Gebläse erfordert, wenn es in einer bestimmten Höhe mit Volldruck arbeiten, d. h. die Luft in dieser Höhe, der sogenannten „Volldruckhöhe“, auf Atmosphärendruck bringen soll. Es ist klar, daß der Leistungsbedarf annähernd in dem Maße mit der Höhe wachsen muß, wie die

[1]) W. Kamm, Neuzeitliche Entwicklungsfragen für Flugmotoren. Jahrbuch der W. G. L. 1927.

Luftdichte abnimmt[1]). Das nächste Diagramm — Abb. 97 — zeigt die effektive Leistung eines Motors bei Vorverdichtung in Abhängigkeit von der Höhe und in Hundertteilen der Bodenleistung. Sie ergibt sich unter Berücksichtigung aller in Abb. 96 dargestellten Leistungsgrößen, wenn die Leerlaufleistung des Gebläses in Bodenhöhe mit 25 % der Leistung in Volldruckhöhe veranschlagt wird. Ein solcher Abzug ist notwendig, da die Gebläse im allgemeinen mit dem Motor gekuppelt sind. Die strichpunktierte Kurve der Abb. 97 stellt die Motorleistung ohne Gebläse dar, die übrigen Kurven die Motorleistung bei Verwendung von Gebläsen verschiedener Volldruckhöhe, nämlich der Volldruckhöhen 6, 10, 14, 18, 22 km. Die Volldruckhöhen sind durch die Unstetigkeitsstellen in jeder Kurve gekennzeichnet. Der Volldruckhöhe entspricht für den Motor ohne Gebläse die Höhe 0. Aus diesem Grunde verlaufen auch alle Kurven hinter der Volldruckhöhe annähernd parallel zur gestrichelten. Man erkennt aus der Darstellung, daß für die Gebläse, deren Volldruckhöhen nicht über 10 km liegen, eine Steigerung der Leistung bis zur Volldruckhöhe erfolgt, für Gebläse mit Volldruckhöhen über 10 km tritt dagegen eine Steigerung der Leistung gegenüber dem Bodenwert nicht ein, dafür gewinnt man den Vorteil, die Motorkraft in größeren Höhen besser ausnützen zu können. So gibt z. B. der für 18 km Volldruckhöhe gebaute Verdichter

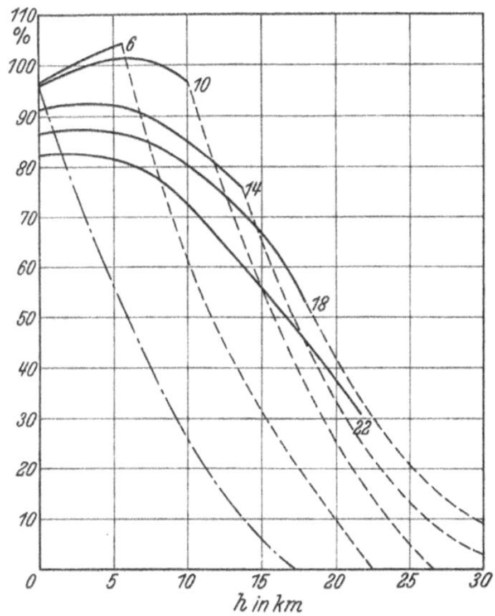

Abb. 97. Motorleistung bei Vorverdichtung in Abhängigkeit von der Höhe.

[1]) Der Knick in der Schaulinie 5 rührt von dem Umstand her, daß der Wirkungsgrad des Verdichters oberhalb 10 km Höhe nicht ganz so groß ist wie unterhalb dieser Grenze.

in dieser Höhe kaum mehr als $50^0/_0$ der Bodenleistung her, aber er ermöglicht immerhin noch einen Flugzustand. der vom Motor ohne Verdichter bereits in etwa 6 km Höhe überschritten wird. Je nach der Zweckbestimmung des Flugzeuges wird man daher die Konstruktion des Vorverdichters den Erfordernissen anzupassen haben, um den Kraftverbrauch möglichst rentabel zu gestalten. Da in größeren Höhen wesentlich höhere Fluggeschwindigkeiten und damit geringere Flugzeiten und verminderter Brennstoffverbrauch zu erzielen sind, ist die Frage der Konstruktion geeigneter Vorverdichter augenblicklich von besonderem Interesse für die wirtschaftliche Gestaltung des Weltflugverkehrs durch Ausnutzung größerer Flughöhen und für die Durchführung der in letzter Zeit rege betriebenen Stratosphärenforschung.

Für die Konstruktion geeigneter Vorverdichter sind noch eine Reihe anderer Fragen von maßgebender Bedeutung, insbesondere die des Gewichtes und der Kühlung. Eine Steigerung der Volldruckhöhe ist schon deswegen nur bis zu einer gewissen Grenze möglich, weil die Größe und damit das Gewicht des Gebläses mit wachsender Volldruckhöhe sehr rasch steigt. Diese Grenze liegt aber am Rande der heute überhaupt erreichbaren Höhen bei etwa 20 km. Wichtiger ist die Frage der Kühlung. Bei Berücksichtigung der Änderung aller thermischen Zustandsgrößen, der Dichte, des Druckes und der Temperatur ergibt sich ein ziemlich rascher Abfall der Luftkühlwirkung mit der Höhe, während die Wasserkühlwirkung anfänglich zunimmt und erst von 10 km Höhe an und dann weniger stark abnimmt. Da aber gerade bei Volldruckhöhen bis zu 10 km eine Steigerung der Leistung erfolgt, wie wir gesehen haben, ist für den Flug in diesen Höhen ein Verzicht auf den luftgekühlten Sternmotor und eine Rückkehr zum älteren wassergekühlten Reihenmotor kaum zu umgehen.

Bei Verwendung von Abgasturbinen — das bisher Gesagte galt für mechanisch angetriebene Gebläse — verschieben sich die Leistungsverhältnisse. Eine Leistungssteigerung wird bis etwa 11 km Höhe erreicht, der dann einsetzende Leistungsabfall ist aber viel steiler als bei Verwendung mechanisch getriebener Gebläse. Eine Kombination der Abgasturbine mit diesem, wobei die erste im Bereiche der unteren 10 km, das andere darüber Verwendung finden müßte, dürfte daher einer Weiterentwicklung des Höhenfluges förderlich sein.

24. Aufbau und Anordnung der Motoren.

Dem allgemeinen Aufbau nach zerfallen unsere Flugmotoren in zwei Hauptgruppen: die meist verwendeten Motoren mit fest-

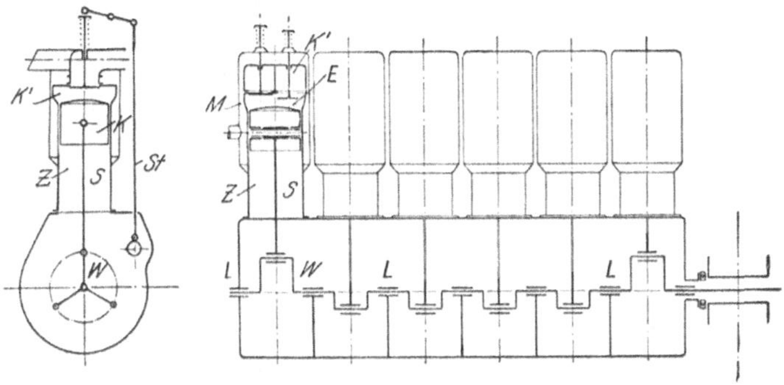

Abb. 98. Aufbau eines 6-Zylinder-Standmotors.

stehenden Zylindern und umlaufender Kurbelwelle (Standmotoren, Abb. 98, 99), dann die sogenannten Umlaufmotoren, hauptsächlich französischer Herkunft, mit einem rotierenden Stern von Zylindern und feststehender Kurbel (Abb. 100). Gelegentlich wurde auch ein Motor gebaut, bei dem Kurbel und Zylinder je mit der halben Geschwindigkeit in entgegengesetzter Richtung rotierten (Siemens-Motor). Die Standmotoren haben meist, aber nicht immer, wassergekühlte Zylinder, bei den Umlaufmotoren begnügt man sich stets mit Luftkühlung.

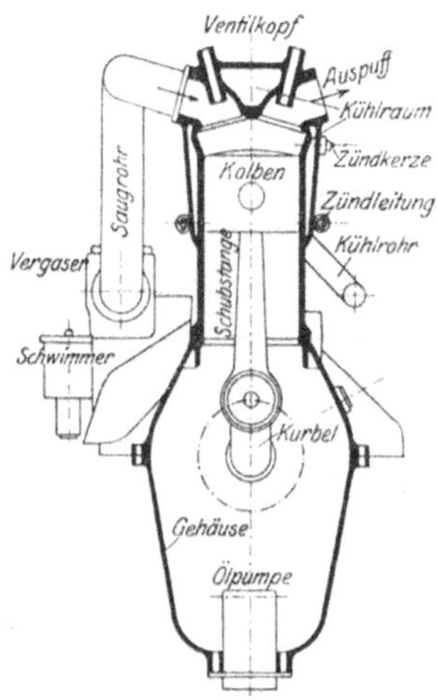

Abb. 99. Anordnung der wichtigsten Motorteile.

Abb. 98 läßt den Aufbau eines Standmotors mit sechs nebeneinander angeordneten Zylindern erkennen. Die linke Figur ist ein Querschnitt, der das Innere eines Zylinders und des Gehäuses zeigt, die rechte im ganzen eine Längsansicht, nur der erste Zylinder und das Gehäuse sind wieder aufgeschnitten. Einen etwas vergrößerten und durch mehrere andere Motorteile ergänzten Querschnitt durch einen Zylinder und das Gehäuse zeigt Abb. 99. Wir sehen zunächst in beiden Bildern der Abb. 98 den schon früher erwähnten, mit *Z* bezeichneten Zylinder, in dem der Kolben *K* hin und her läuft. Der Kolben selbst ist links in Ansicht, rechts im Schnitt dargestellt, und beidemal, wie auch in Abb. 99, in seiner höchsten Stellung oder im „oberen Totpunkt" (Umkehrpunkt) angenommen. Man kann sich vorstellen, daß eben, mit einem Abwärtsgehen des Kolbens, der Viertakt beginnt. Das eine Ventil *E* (das rechte in der rechtsstehenden Abb. 99) ist schon geöffnet; hier strömt das Gasluftgemisch während des jetzt einsetzenden ersten Taktes, des Saughubes, in den Verbrennungsraum. Der Kolben trägt an einem Zapfen, der in der Figur rechts in seiner ganzen Länge zu sehen ist, eine „Schubstange" *S*. Diese ist in den beiden Bildern der Abb. 98 lediglich durch einen einfachen Strich angedeutet. Das andere Ende der Schubstange greift in einen der sechs Arme (in eine „Kröpfung") der Kurbelwelle *W* ein, die siebenmal, nämlich zwischen je zwei Zylindern und an den äußeren Enden, in Lagern *L* gestützt wird. Der Hin- und Hergang der sechs Kolben überträgt sich so unter Vermittlung der Schubstangen in eine drehende Bewegung der einen Welle *W* (vgl. dazu auch Abschn. 25b).

Der Zylinder *Z* endet oben in einem Zylinderkopf oder Ventilkopf *K'*, der die Einlaß- und Auslaßventile trägt. In Abb. 99, die eine etwas andere Ventilanordnung als Abb. 98 zeigt, erkennt man links die Zuleitung zum Einlaßventil, die als Saugleitung bezeichnet ist. Sie beginnt im „Vergaser", der dazu dient, das flüssige Benzin zu zerstäuben und mit Luft zu durchsetzen (Abschn. 25d). Zum Vergaser gehört auch der „Schwimmer", der den Zustrom des flüssigen Benzins regelt. Das Auspuffventil führt zu einer Auspuffleitung, die in unseren Zeichnungen nicht näher angedeutet ist.

Den oberen Teil des Zylinders, den Teil nämlich, der von dem abwärtsgehenden Kolben freigegeben wird und damit den eigentlichen Arbeits- oder Verbrennungsraum bildet, zeigen die Abb. 98 und 99 von einem Kühlmantel *M* umgeben, der den in Abb. 99 deutlich sichtbaren Kühlraum um den Zylinder herum abschließt. In diesen Kühlraum wird durch die Kühlrohrleitung ständig kaltes Wasser eingeführt, das einen Teil der durch die Verbrennung entstandenen und auf den Zylinder übertragenen Wärme aufnimmt und, dadurch um einige Grade erwärmt, wieder abfließt. Über die Notwendigkeit und die Bedeutung dieser Kühlung sprechen wir noch in Abschnitt 25f. Sie ist ein Kennzeichen der sog. „wassergekühlten“ Motoren im Gegensatz zu den „luftgekühlten“.

In Abb. 99 sind noch angedeutet: Zündkerze und Zündleitung, deren Aufgabe es ist, im richtigen Zeitpunkt, also nach Beendigung der Verdichtung, das Gemisch im Zylinder zur Verbrennung zu bringen (vgl. Abschn. 25e); dann die Ölpumpe, am tiefsten Punkt in das Gehäuse eingebaut, dazu be-

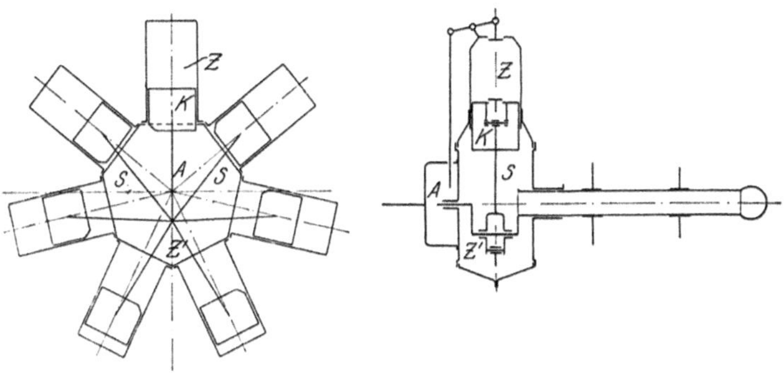

Abb. 100. Aufbau eines 7-Zylinder-Umlaufmotors.

stimmt, an alle gleitenden Teile ständig Schmieröl heranzubringen (vgl. Abschn. 25g). In Abb. 98 findet man noch die mit *St* bezeichnete Steuerstange, die von einer unten liegenden Hilfswelle aus die Ventilbewegung regelt (vgl. Abschn. 25c).

Eine gänzlich andere äußere Erscheinung bietet ein Umlaufmotor dar, wie er in Abb. 100 in Ansicht und im Schnitt durch einen Zylinder und die Welle dargestellt ist. Das Getriebe des Umlaufmotors ist die kinematische Umkehrung des Schubkurbelgetriebes der Standmotoren. Man betrachte zunächst nur einen einzelnen der sieben Zylinder, etwa den in der linken Figur mit Z bezeichneten, der sich gerade oben befindet. In ihm kann der Kolben K hin und her laufen, der durch eine Schubstange S mit dem festgelagerten Zapfen Z' verbunden ist. Der Zylinder selbst steht aber nicht fest, sondern dreht sich um die Mittelachse A des ganzen Motors, so daß er hintereinander die Lagen annimmt, in der die linke Abbildung die übrigen sechs Zylinder zeigt. Dieses Bild läßt nun deutlich erkennen, wie die Verschiebung des Kolbens relativ zum Zylinder mit der Umlaufbewegung Hand in Hand geht. Der Zylinder bleibt ja immer gleich weit von A entfernt, der Kolbenzapfen aber vermöge der unveränderlichen Länge der Schubstange immer gleich weit von Z'. Während der Zylinder sich, von der obersten Stellung ausgehend, nach rechts dreht, kommt er zunächst dem Punkt Z' immer näher; am nächsten ist er ihm in seiner tiefsten Lage (in dem in der Zeichnung festgehaltenen Augenblick befindet sich gerade kein Zylinder genau in der tiefsten Stellung). Da nun der Kolben sich dem Punkt Z' nicht nähern kann, muß er sich im Zylinder verschieben, und zwar während der ersten halben Umdrehung des Zylinders von innen nach außen. Sobald der Zylinder seine oberste Stellung gewonnen hat, befindet sich der Kolben in der inneren Totlage, bei der tiefsten Zylinderstellung erreicht er die äußere Totlage. Die Entfernung der beiden Achsen A und Z' ist genau gleich dem halben Kolbenhub. Sie entspricht vollständig dem Kurbelarm des Standmotors, der auch durch die Entfernung zwischen dem Drehpunkt der Hauptwelle und dem des unteren Schubstangenzapfens festgelegt wird.

Hätten die Motoren nur je einen einzigen Zylinder, so wäre grundsätzlich der Unterschied zwischen Stand- und Umlaufmotor nur der, daß beim ersten der Zylinder feststeht und die Kurbel umläuft, bei letzterem die Kurbel (d. h. die Verbindung der Achsen A und Z') fest ist, während der Zylinder Umdrehungen vollführt. Wenn man dem Zylinder, wie er in der linken Abb. 98 gezeichnet ist, eine Drehgeschwindigkeit um den Wellenmittelpunkt erteilt und dabei den unteren Endpunkt der Schubstange festhält, so wird daraus der Umlaufmotor. In der äußeren Anordnung der mehrzylindrigen Motoren besteht allerdings ein weit auffallenderer Unterschied zwischen dem Umlaufmotor und wenigstens dem bisher besprochenen Typus von Standmotoren, dem sog. Reihenmotor. Hier sind nämlich die Zylinder mit parallelen Achsen nebeneinander aufgestellt, während sie beim Umlaufmotor sternförmig angeordnet sind. Die sieben Zylinder in Abb. 100 bilden zusammen einen festen Körper, der als ganzer die Drehbewegung vollführt. Hierbei ergibt es sich ganz von selbst, daß in jedem Augenblick die sieben Kolben verschiedene Punkte ihrer relativen Bahn im Zylinder innehaben. Man sagt, die einzelnen Vorgänge in den Zylindern sind in ihrer „Phase“ gegeneinander verschoben. Daß stets eine ungerade Zylinderzahl beim Umlaufmotor gewählt wird, hat seinen Grund darin, daß — wie man aus Abb. 100 erkennt — in diesem Fall niemals zwei Kolben zu gleicher Zeit eine Totlage erreichen. Beim Standmotor gestattet hingegen gerade die Zylinderzahl 6 eine günstige Lösung der Frage der Phasenverschiebung (vgl. Abschn. 25 b). Große, leistungsstarke Motoren sind meist Standmotoren, da beim Rotieren zu großer Massen schädliche Massenwirkungen auftreten würden.

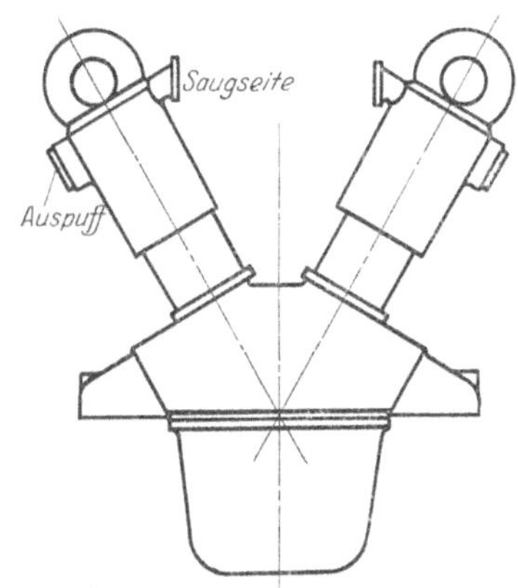

Abb. 101. V-Motor.

Der in Abb. 100 dargestellte Umlaufmotor zeigt noch einige weitere Besonderheiten, die hier erwähnt werden sollen. Die Hauptwelle A ist in ihrer Verlängerung jenseits des Zylinderkranzes hohl und enthält in ihrem Innern die Saugleitung, durch die Luft und Benzin angesaugt werden. Ein eigentlicher Vergaser ist nicht vorgesehen. Das Gemisch wird durch die hohle Welle nach einem zentralen Sammelraum gebracht und von hier durch Leitungen, die in der Abbildung nicht angedeutet sind, den Zylindern in der entsprechenden Stellung zugeführt. Der Austritt der verbrannten Gase erfolgt durch Auslaßventile, die in den Kolben angebracht sind, wie es die rechte Abb. 100 erkennen läßt.

Kühlmantel und Kühlwasser gibt es bei den Umlaufmotoren nicht. Der Umstand, daß die Zylinder fortdauernd mit großer Geschwindigkeit die Luft durchschneiden, trägt eben zu ihrer Abkühlung soviel bei, daß — in Verbindung mit gewissen noch zu besprechenden wärmetechnischen Eigenschaften —

die Wasserkühlung überflüssig wird. Um die Luftkühlung zu erhöhen, werden die Zylinder mit sog. Kühlrippen versehen (vgl. Abschn. 25f.).

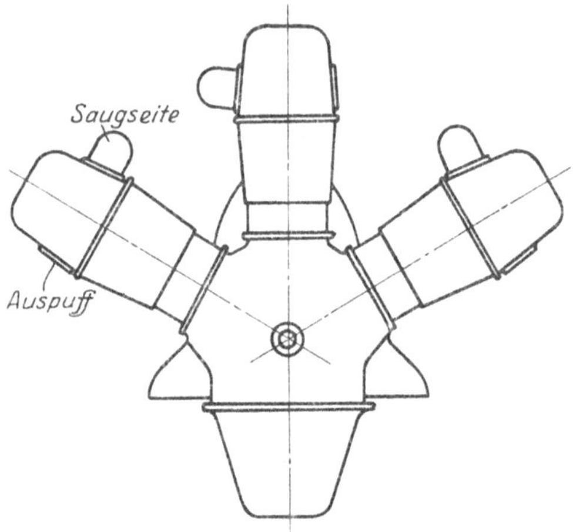

Abb. 102. W-Motor.

Der Standmotor hat nicht immer die einfache und verbreitetste Anordnung, die in Abb. 98 vorausgesetzt wurde. Wenn die verlangte Leistung grösser wird und in sechs Zylindern nicht mehr untergebracht werden kann, geht man zu mehrreihigen Anordnungen über. Die gebräuchlichste Form ist dann die des V-Motors, Abb. 101, der aus dem einfachen Reihenmotor durch Verdoppelung der Zylinderzahl und entsprechende Neigung der Zylinderachsen hervorgeht. Der Winkel der beiden Zylindermittelebenen liegt zwischen 40^0 und 90^0; alle zwölf Kolben arbeiten auf dieselbe Kurbelwelle. Zu einer weiteren Vergrößerung

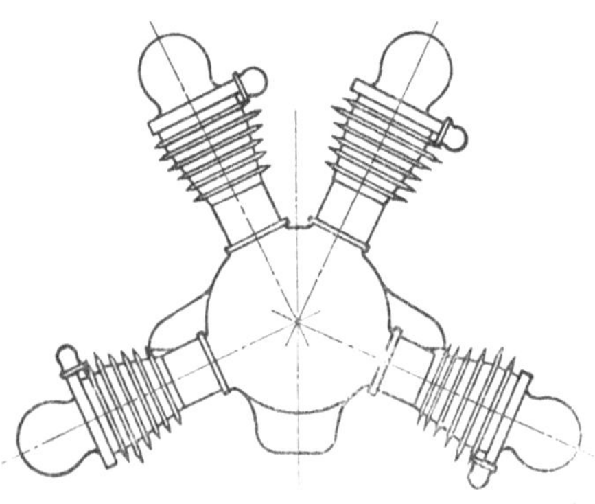

Abb. 103. X-Motor.

der Leistung gelangt man durch Verdreifachung des einfachen Reihenmotors in der sog. W-Form, die Abb. 102 andeutet. V- und W-Motoren werden gelegentlich auch mit 2 bzw. 3 mal 4 Zylindern ausgeführt. Eine seltene Anordnung stellt der X-Motor mit 4 mal 4 Zylindern dar, dessen Queransicht in Abb. 103 erkennbar ist. Naturgemäß machen derartige Anhäufungen von Zylindern gründliche Wasserkühlung erforderlich.

Eine Zylinderanordnung für Standmotoren, die einerseits die Wasserkühlung entbehrlich macht, andererseits auch in der äußeren Erscheinung dem Umlaufmotor nahekommt, ist die des Sternmotors, Abb. 104. Das Bild zeigt neun im Kreise liegende Zylinder, deren Kolben vermittelst der Schubstangen auf die im Mittelpunkte liegende Welle einwirken. Hier kann man sich besonders deutlich machen, daß der Umlaufmotor die gleichen inneren Bewegungen besitzt wie ein Standmotor; man braucht sich nur vorzustellen, daß dem ganzen Zylinderstern, während der Motor arbeitet, eine Drehgeschwindigkeit erteilt wird, die der der Welle entgegengesetzt gleich ist. Daß ein Sternmotor mit Luftkühlung allein auskommt, liegt daran, daß jeder Zylinder im Fluge dem freien Luftstrom unmittelbar ausgesetzt ist. Die Zylinderzahl eines Sternmotors kann bis auf zwei heruntergehen. In diesem Fall hat man die beiden Zylinder mit gemeinsamer Achse auf entgegengesetzten Seiten der Kurbelwelle liegend.

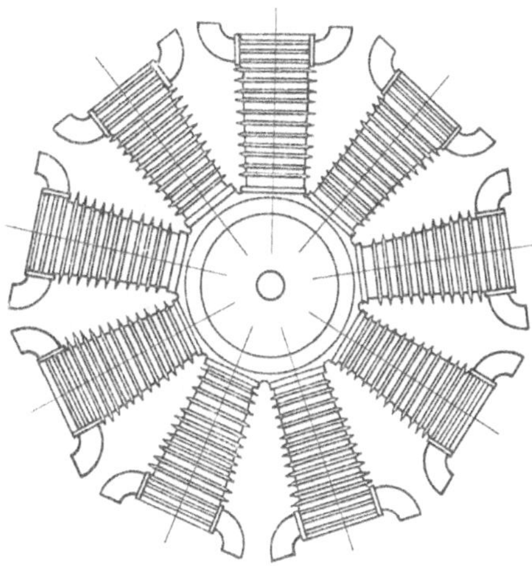

Abb. 104. Einkranz-Sternmotor.

Sowohl Umlaufmotoren wie Standmotoren in Sternanordnung werden auch mit Doppelkränzen oder Doppelsternen ausgeführt. Abb. 105 zeigt einen Sternmotor mit 2 mal 9 Zylindern, die durchwegs Kühlrippen zum Zweck der Luftkühlung aufweisen. Derartige mehrkränzige Standmotoren erhalten jedoch in der Regel Wasserkühlung, da die Luft zu den hinteren Kränzen nicht immer genügend Zutritt besitzt.

In Zahlentafel 7 sind die wichtigsten Zahlen für eine Auswahl von 23 deutschen und ausländischen Flugmotoren zusammengestellt. Die Motoren sind nach ihrer Stärke geordnet. Von den drei Buchstabenbezeichnungen, die in der ersten Spalte unter dem Firmennamen angegeben sind, weist der erste auf die Kühlung hin: W = Wasserkühlung, L = Luftkühlung; der zweite besagt: S = Standmotor, U = Umlaufmotor; der dritte zeigt die Zylinderanordnung an: R = Reihen-, St = Sternmotor, V, W, X = Stellung der Zylinder. Es folgen in den nächsten vier Spalten die Angaben über Zahl, Durchmesser und Hublänge der Zylinder, sowie die aus diesen Werten berechnete Größe des gesamten Hubraumes. In der sechsten und siebenten Spalte sind die von den Herstellern als „normal“ bezeichneten Werte der Drehzahl und der Leistung angeführt. Diese Zahlen, namentlich die der Leistung, sind natürlich sehr unsicher. Zwei Motoren der gleichen Type weichen, wenn sie auf der Bremse geprüft werden, oft bis zu 10 vH in ihren Leistungen voneinander ab, auch wenn man sich bemüht, die Betriebsverhältnisse möglichst gleich zu halten. Meist liegt die durchschnittliche Leistung etwas höher als die „Nennleistung“, deren Erfüllung von den Herstellern garantiert wird. Noch viel unzuverlässiger sind die Angaben über das Gewicht, die in die achte Spalte aufgenommen wurden. Hier wären wohl die Schwankungen innerhalb einer Serie gleicher Motoren geringer, allein die Abgrenzung dessen, was „noch zum

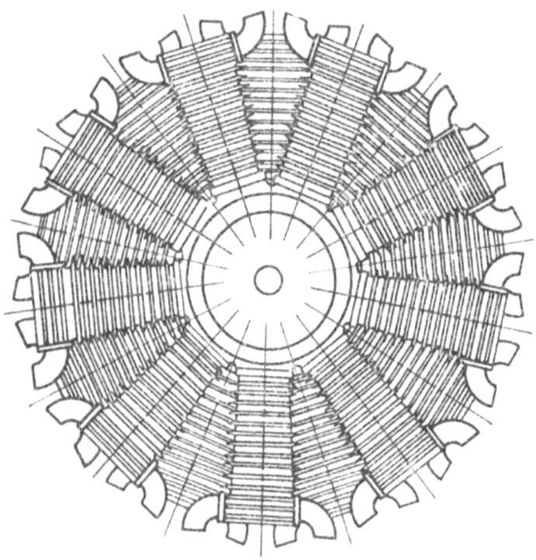

Abb. 105. Doppelkranz-Sternmotor.

Motor gehört", ist eine recht strittige — trotz aller Normungsbestrebungen. Soweit die Unterlagen genau genug waren, wurde darauf geachtet, daß Propellernaben mitgerechnet, Auspuffrohre dagegen nicht mitgerechnet wurden. Kühler und Kühlwasserleitungen, außer denen zwischen den Zylindern, sind niemals zum Motorgewicht gezählt worden. Die Angaben über den Verdichtungsgrad (siehe Abschn. 21, Schluß) in der neunten Spalte, können im allgemeinen als genau gelten. Die Zahlen der drei nächsten Spalten sind aus denen der früheren durch Rechnung abgeleitet. Die beiden letzten Spalten enthalten in den Zahlen des Benzin- und Ölverbrauches pro PS-Stunde wieder Angaben, über deren Unsicherheit ähnliches gilt, wie über die von Nennleistung und Gewicht. Besonders der Ölverbrauch einer Motortype ist oft nur sehr schwer feststellbar und starken Veränderungen aus den verschiedensten Gründen unterworfen. Die beiden letzten Spalten enthalten die beiden Hauptabmessungen des Motors, Länge und Breite, soweit diese zugänglich waren.

Die in der Zahlentafel aufgeführten Motoren sind bis auf einige wenige Ausnahmen Typen der letzten drei bis vier Jahre. Es sind auch einige etwas ältere Motortypen in die Tabelle aufgenommen, weil es lehrreich ist, durch Vergleich ihrer Daten mit denen neuerer Konstruktionen sich über den Fortschritt der Motortechnik zu unterrichten. Kennzeichnend für die Entwicklung der Motoren sind vor allem vier Angaben: Hubraum, Hubraumleistung, Mitteldruck und Gewicht pro PS. Die effektive Leistung eines Motors, die auch von seiner Zylinderzahl abhängt, kann natürlich nicht ein Maß seiner Güte sein. Dagegen sind die Angaben des Mitteldruckes, der Hubraumleistung und des Gewichtes pro PS für die Beurteilung eines Motors von großer Wichtigkeit; je größer die erstgenannten und je kleiner die letzte dieser Zahlen ist, um so günstiger wird im allgemeinen der Motor zu nennen sein. Man erkennt bei Durchsicht insbesondere der Spalten 10 und 12, daß die mit den laufenden Nummern 1, 5, 9 und 21 versehenen Motoren ältere Konstruktionen sind: als beste Konstruktionen erweisen sich nach diesen Gesichtspunkten die Motoren Nr. 13 Isotta Frascini (Italien), Nr. 14 Curtiss (Amerika), Nr. 18 Rolls Royce (Amerika), Nr. 20 Packard Motor Company (Amerika), der wassergekühlte Standmotor von Hispano Suiza (Frankreich) Nr. 22 und der

Zahlentafel 7.

Abmessungen, Leistungs- und Verbrauchszahlen einiger Flugmotoren.

Nr.	Hersteller und Type des Motors	Zylinder Zahl	Zylinder Durchmesser mm	Zylinder Hub mm	Hubraum l	Drehzahl in der Minute	Nennleistung PS	Gewicht kg	Verdichtungsgrad	Leistung pro 1 l Hubraum	Mitteldruck kg/cm²	Gewicht kg/PS	Verbrauch g/PS-St Brennstoff	Verbrauch g/PS-St Öl	Abmessungen Länge mm	Abmessungen Breite mm
1	Anzani (Italien) L-S-St	3	89	105	1,96	1500	25	50	5,5	12,7	7,65	5,20	370	—	—	—
2	Wright Aeronautical Company (Amerika) L-S-R	4	114	127	5,20	1950	90	129	5,0	17,3	7,99	3,22	250	5	1098	515
3	Aeromarine Plane and Motorcomp. (Amerika) L-S-St	9	98	120	8,15	1925	115	206	4,7	14,9	6,60	1,79	250	9	761	965
4	Mc. Clatchie Manufacturing (Amerika) L-S-St	7	114	140	10,01	1950	150	181	5,0	15,0	6,92	1,21	254	10	—	—
5	Daimler (Deutschland) W-S-R	6	140	160	14,78	1400	166	265	4,6	11,2	7,22	1,59	230	20	—	—
6	Austro-Daimler (Österreich) W-S-R	6	135	175	15,02	1400	187	298	4,9	12,4	8,01	1,59	220	15	—	—
7	Argus-Motor-Gesellschaft (Deutschland) L-St-V	8	120	140	12,60	2000	195	207	5,4	15,4	6,86	1,06	240	12	1038	820
8	Salmson (Frankreich) L-S-St	9	125	170	18,79	1700	230	265	5,4	12,2	6,48	1,15	245	14	1000	1018
9	Maybach (Deutschl.) W-S-R	6	165	180	23,10	1400	245	400	6,1	10,6	6,85	1,63	215	10	—	—

10	Fiat, Turin (Italien) W-S-R	6	160	180	21,72	1600	310	340	4,7	14,3	8,05	1,09	255	—	—	—
11	Liberty U.S.A. (Amerika) W-S-V	12	127	178	27,04	1700	400	385	5,3	14,7	7,78	0,97	210	10	—	—
12	Alfa Romeo (Italien) L-S-St	9	146	190	28,60	1700	420	357	5,3	14,7	7,77	0,85	230	20	1080	1420
13	Isotta Frascini (Italien) L-S-V	12	125	140	20,60	2200	420	315	5,4	20,4	8,34	0,75	220	18	1646	700
14	Curtiss (Amerika) W-S-V	12	114	152	18,60	2300	435	309	5,3	23,4	9,15	0,71	240	5	692	—
15	Siemens & Halske (Deutschland) L-S-St	9	154	188	31,53	1690	450	400	5,6	14,3	7,60	0,89	240	16	1186	1458
16	Praga (Tschechosl.) W-S-V	12	140	170	31,40	1800	550	488	7,5	17,5	8,76	0,89	202	2	—	—
17	Bayr. Motorenwerke (Deutschland) L-S-St	9	159	171	30,54	1950	575	363	5,0	18,8	8,68	0,63	250	16	1134	1441
18	Rolls-Royce (Amerika) W-S-V	12	140	190	35,09	1900	665	635	6,5	19,0	8,98	0,96	220	8	—	—
19	Gnôme (Frankreich) L-U-St	14	146	165	38,49	2030	700	545	5,5	18,2	8,06	0,78	230	7	1560	1290
20	Packard Motor Comp. (Amerika) W-S-V	12	162	165	40,79	2000	800	549	5,7	19,6	8,83	0,69	240	11	1770	743
21	Napier (England) W-S-X	16	158,8	190,5	60,35	1790	1000	1100	5,3	16,6	8,33	1,11	228	—	—	—
22	Hispano-Suiza (Frankreich) W-S-W	18	150	170	54,06	2000	1000	540	6,2	18,5	8,32	0,54	220	5	1995	1330
23	Napier Sons (England) W-S-W	12	140	130	24,00	3600	1275	512	—	53,1	8,85	0,40	—	—	1650	950

Napier-Motor (England) Nr. 23. Wie aus der drittletzten Spalte hervorgeht, liegt der Ölverbrauch luftgekühlter Motoren im Durchschnitt sehr viel höher, als der mit Wasserkühlung ausgerüsteten. — Es wäre aber falsch, die Güte eines Motorfabrikates allein nach den angegebenen Zahlen beurteilen zu wollen; die „Papierform" des Motors kann nie maßgebend sein ohne die Erfahrungen, die mit dem Motor während des Fluges gemacht werden.

Alle in der Zahlentafel vertretenen und vorher besprochenen Motorbauarten haben sich im Flugbetrieb bewährt, ohne daß die eine oder andere sich den übrigen gegenüber als allgemein überlegen erwiesen hätte. Es ist nicht einmal leicht, Anwendungsgebiete für die einzelnen Bauarten gegeneinander abzugrenzen. Am ehesten läßt sich noch etwas Bestimmtes über das Verhältnis von Stand- und Umlaufmotoren zueinander aussagen: daß die letzteren für kleinere Leistungen und nicht zu große Höhen vorzuziehen sind und in der ersten Zeit der flugtechnischen Entwicklung von unschätzbarem Wert waren. Die Fortbildung zu Motoren von großer Leistungsfähigkeit schien sich lange Zeit nur auf die Standmotoren zu beschränken, neuestens steigert man auch die Einheiten der Umlaufbauart. Bei Standmotoren wird jetzt allgemein die Sternbauart stark gepflegt, weil sie in vielen Fällen günstigere Einbaumöglichkeiten gewährt, und weil die, allerdings erhebliche, Stirnfläche zu einer gleichmäßigen Kühlung aller Zylinder ausgenutzt werden kann.

25. Einzelteile der Motoren.

Einigen Einblick in das Wesen der Flugmotoren und in die Schwierigkeiten, die mit dem Bau guter Motoren verbunden sind, erhält man erst, wenn man wenigstens auf die wichtigsten Einzelteile des Motors und die Gesichtspunkte, die ihre Konstruktion beherrschen, etwas eingeht. Man wird dann erkennen, welch großer Schatz an konstruktiven und technologischen Erfahrungen und Überlegungen im Motorbau verwertet wird. Während ein Flugzeug auch heute noch mit verhältnismäßig einfachen Einrichtungen und fast ganz auf Grund der Nachahmung bewährter Vorbilder gebaut werden könnte (wenn auch in dieser Weise gewiß nicht vorbildliche Typen entstehen), hat die Herstellung eines betriebsfähigen Motors eine hochentwickelte und wissenschaftlich vertiefte Technik zur Voraussetzung. Die Zahl der Motorfabriken und die der verschiedenen Motortypen ist daher auch bedeutend geringer als die Zahl der Flugzeugwerkstätten und der Flugzeugmuster. Mit dem Fortschreiten der Luftfahrtechnik gleicht sich allerdings dieser Gegensatz aus, in dem Sinne, daß sich auch die Flugzeug-Herstellung den Gesichtspunkten des rationellen Maschinenbaues immer mehr anpaßt.

Die wesentlichsten Motorteile, von denen wir jetzt sprechen wollen, sind Zylinder und Kolben, die Glieder des Kurbelgetriebes, Ventile und Steuerung, Vergaser und Zündung, schließlich die Einrichtungen zur Kühlung und Schmierung.

a) Zylinder und Kolben. Der Rauminhalt der Motorzylinder ist, wie in Abschnitt 22 gezeigt wurde, durch die Größe der Motorleistung und der Drehzahl bestimmt. Es bleibt nur noch offen, auf wie viele Zylinder man den Rauminhalt zu verteilen und in welchem Verhältnis man Durchmesser (Bohrung) und Hub der Zylinder zu wählen hat. Vom Standpunkt der Wärmemechanik ist größerer Hub auf kleinere Bohrung günstig, etwa 1,5 : 1, doch wählt man in der Regel, mit Rücksicht auf die mit dem Hub stark wachsenden Massenkräfte der rotierenden und der schwingenden Teile, den Hub im Verhältnis zur Bohrung nicht ganz so groß. Wie weit man mit der Bohrung gehen kann, hängt in erster Linie von der Kolbenkonstruktion ab; durch die obere Grenze für den Durchmesser bestimmt sich dann die erforderliche Anzahl von Zylindern. (Standmotoren haben in der Regel 6 oder 12, seltener 8 Zylinder). Mit der Normalleistung pro Zylinder pflegt man nicht über 50 oder höchstens 60 PS hinauszugehen; in der Regel liegt sie heute zwischen 35 und 45 PS.

Baustoff der Zylinder war früher meist Gußeisen, seltener Stahl, weil Stahl auf Stahl laufend sehr leicht verreibt. Erst seit der heute immer allgemeiner werdenden Verwendung der Aluminiumkolben hat sich der Stahl als Baustoff für den Zylinderlaufmantel durchgesetzt. Die Kühlmäntel (*M* in Abb. 98) der Zylinder sind selten aus Gußeisen, meist aus Blech, früher aus Kupfer- oder Nickelblech, jetzt aus Flußeisenblech oder Aluminium. Luftgekühlte Zylinder erhalten zur Verbesserung der Wärmeableitung Kühlrippen am äußeren Umfang und werden in der Regel mit diesen Rippen aus dem Vollen herausgearbeitet. Das Anbringen von Rippen an Zylindern oder Heizkörpern (Zentralheizungen) bewirkt, wie man weiß, eine nicht unbeträchtliche Vergrößerung der Oberfläche und, da die Wärmeableitung und die Wärmeausstrahlung eines Körpers der Größe seiner Oberfläche proportional ist, eine verstärkte Kühlung des betreffenden Körpers. Einen Querschnitt durch einen solchen Zylinder zeigt Abb. 106. Besondere Aufmerksamkeit erfordert die Ausbildung der Zylinderköpfe (*K'* in Abb. 98), in denen die Ventilsitze, die Öffnungen für die Zündkerzen und die Anschlüsse der Saug- und Auspuffleitung liegen. Bei den meisten größeren Bauarten werden die Köpfe als besondere Guß- oder Preßstücke hergestellt und mit dem Zylinder verschraubt und verschweißt.

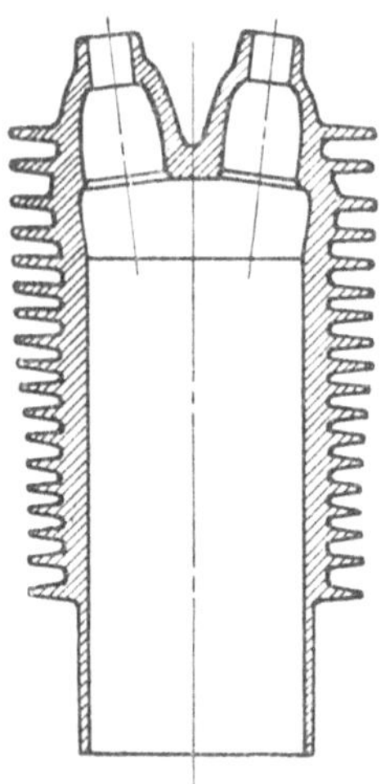

Abb. 106. Motorzylinder mit Kühlrippen für Luftkühlung.

Eine der größten Schwierigkeiten beim Bau der Flugmotoren bildet der Umstand, daß die ganze Wärme der Verbrennung unmittelbar auf den Kolben b o d e n wirkt, der selbst nicht leicht gekühlt werden kann, sondern die überschüssige Wärme erst an seinen Umfang ableiten muß, wo sie in das Kühlwasser bzw. die Kühlrippen des Zylinders strömt. Diese Ableitung muß sehr rasch erfolgen, um eine übermäßige Erhitzung des Kolbenbodens zu vermeiden. Die früher allgemein verwendeten Eisen- und Stahlkolben genügten ihrer nicht großen Leitfähigkeit wegen dieser Forderung nur sehr ungenügend, weswegen man auch mit dem Kolbendurchmesser über eine gewisse Grenze, etwa 130 bis 140 mm, nicht hinausgehen konnte. Alle Motoren mit wesentlich größerer Bohrung haben versagt. Später ist es gelungen, eine Aluminiumlegierung von hinreichender Festigkeit zu erzeugen, und da das Aluminium bei geringerem Raumgewicht eine mehr als viermal so gute Wärmeleitfähigkeit wie Stahl und Eisen besitzt, ist man jetzt imstande, Motoren mit größerer Bohrung herzustellen. Die Abdichtung der Kolben erfolgt in der Regel durch eine Reihe von Kolbenringen, die sich elastisch an den Zylindermantel anpressen.

Die aus Aluminiumlegierungen hergestellten Kolben haben jedoch den Nachteil, daß sie wegen des hohen Ausdehnungskoeffizienten des Aluminiums einen größeren Spielraum, ein größeres Kolben„spiel" haben müssen als Gußeisenkolben, und daher leicht sehr geräuschvoll mit „Schlag" arbeiten. Da Aluminium außerdem ein weiches Metall ist, führt dieses Schlagen des Kolbens zu schnellerer Abnutzung. Man kann diese Schwierigkeiten weitgehend vermindern, indem man den Kolbenboden allein aus der Aluminiumlegierung herstellt, für die übrigen tragenden Teile dagegen auch weiterhin Gußeisen benutzt.

Der Wärmeableitung sind allerdings auch gewisse Grenzen gesetzt, will man ein Maximum an Wirkungsgrad erreichen. Denn es zeigt sich, daß die Wirksamkeit des als Schmiermittel verwendeten Öles von der Temperatur der Zylinderwände, an denen es haftet, in dem Sinne abhängt, daß bei höheren Temperaturen die Reibung des Kolbens stark vermindert, also der Wirkungsgrad des Motors erhöht wird.

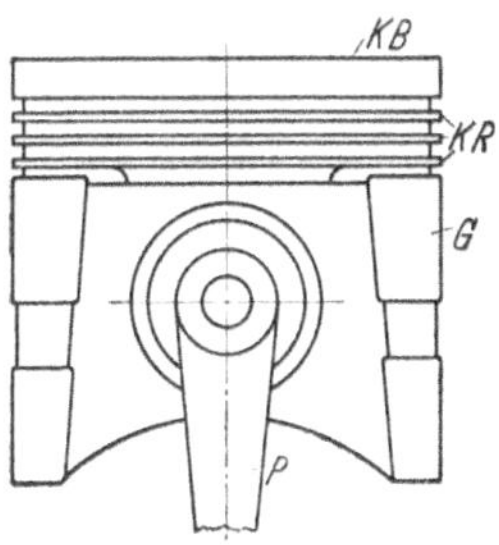

Abb. 107. Kolben der Gleitschuhbauart.

Eine weitere Schwierigkeit, die bei der Herstellung von Kolben sehr beachtet werden muß, beruht darauf, daß das an den Kolbenwänden haftende Öl in den Verbrennungsraum tritt und durch Verunreinigung und Verölung der Zündkerzen und der Zylinderwände Anlaß zu Detonationen und zu Frühzündungen gibt. Die Kolbenringe wirken nämlich wie eine Pumpe, indem sie beim Auf- und Abgang des Kolbens sich elastisch abwechselnd gegen die Unter- und gegen die Oberseite ihrer Nuten legen. Man kann den Öldurchtritt nur so verhindern, daß man die Ringe möglichst genau in die Nuten einpaßt und durch Einbohrungen unter dem letzten Kolbenring dem Öl ausreichende Abflußmöglichkeit verschafft.

In letzter Zeit scheint sich, namentlich in England, ein grundsätzlich neuer Kolbentyp insbesondere für große Motoren durchzusetzen, der viele Vorzüge in sich vereint und die angedeuteten Nachteile, die man bei den bisher ausschließlich verwendeten Kolben der Gleitschuhbauart in Kauf nehmen mußte, vermeidet. Die Bauart des Kolbens mit Gleitschuhen (s. Abb. 107) hat den

Vorzug, daß durch die Gleitschuhführung viel an Länge in der Richtung der Längsachse des Kolbens gespart wird, und dieser aus der Dimensionierung erwachsende Vorteil mag ihr in der Entwicklung der Motoren den Vorzug gegeben haben. Die neue Kolbenbauart (sogenannter Kreuzkopfkolben), der sich wieder mehr der klassischen Kolbenform der Dampfmaschine angleicht und in der Abb. 108 wiedergegeben ist, besteht aus dem Kolbenboden (*KB*) mit den Kolbenringen, an den ein rohrförmiger Schaft (*KS*) anschließt; auf diesen wird unten mittels einiger Schraubenbolzen die Kreuzkopfhülse (*KH*) aufgesetzt, die in einer besonderen Zylinderführung (*ZF*) läuft. Diese Konstruktion bietet wesentliche Vorteile gegenüber der Gleitschuhbauart. Vor allem ermöglicht die Trennung des Kolbens und des Kreuzkopfes eine getrennte Ölbehandlung und damit Ölersparnis und sauberes Arbeiten des Kolbens. Außerdem läuft der Kreuzkopfkolben ohne Schlag, da das Spiel der Kreuzkopfhülse in der Führung ihrer geringen Temperatur wegen niedrig bemessen werden kann, und mit sehr geringen Reibungsverlusten, so daß die Zylinderwände weitgehend geschont und ein Fressen der Kolbenringe verhindert wird. Diesen Vorteilen des Kolbens steht als Nachteil eigentlich nur der Umstand gegenüber, daß die Längsdimensionen des Zylinders um etwa $^2/_3$ der Hubhöhe vergrößert werden, also auch dessen Oberfläche und Gewicht.

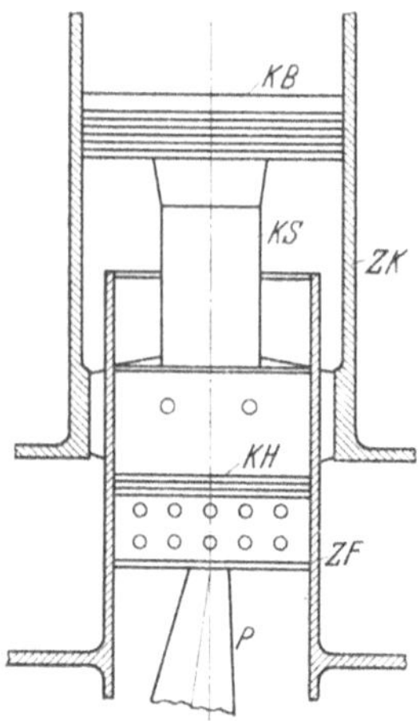

Abb. 108. Kolben mit Kreuzkopf-Führung.

b) Kurbelgetriebe. Das mechanische Getriebe der Standmotoren ist, wie schon erwähnt, das sog. Schubkurbelgetriebe (Abb. 109). Der im Zylinder hin und her gehende Kolben treibt unter Vermittlung der Schub- oder Pleuelstange (*S* in Abb. 98) die in festen Lagern rotierende Kurbelwelle (*W* in Abb. 98) an. Da die Flugmotoren durchwegs mehrzylindrig sind, liegt ein zusammengesetztes Schubkurbelgetriebe vor, d. h. mehrere (in der Regel sechs) Schubstangen greifen an den Ausladungen (Kröpfungen) der einen Kurbelwelle an (vgl. Abb. 98 u. 110). Die Kröpfungen sind beim 6-Zylinder-Motor um je 120° gegeneinander versetzt, je zwei stehen also parallel. Die Steuerung und Zündung ist so eingerichtet, daß die von zwei parallel stehenden Kurbelarmen bedienten Zylinder immer entgegengesetzte Takte durchmachen; während z. B. der eine ansaugt, steht der andere gerade im Arbeitshub usf. Damit wird erreicht, daß während zweier ganzer Kurbelumdrehungen sich der Viertakt sechsmal derart abspielt, daß der Beginn jedesmal um ein Drittel Umdrehung verschoben ist; welche Bedeutung dies für die Wirksamkeit des Motors besitzt, zeigt folgende Überlegung.

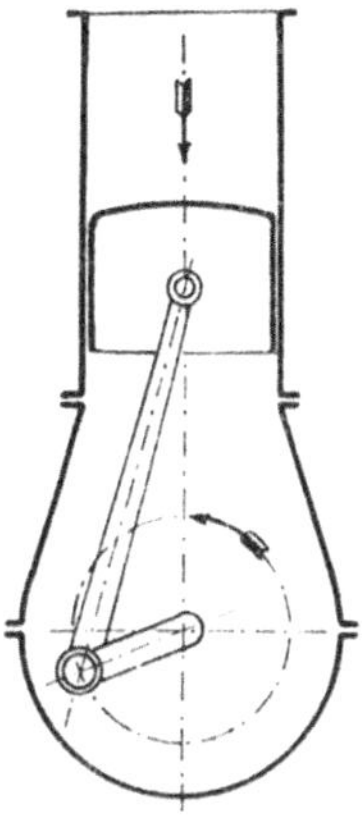

Abb. 109. Kurbelgetriebe.

Die Kraft, mit der ein Kolben den zugehörigen Kurbelarm durch Vermittlung der Schubstange antreibt, ist nur während des Arbeitshubes positiv, drei Viertel der Zeit aber negativ, wie dies Abb. 111 andeutet (vgl. auch das S. 156 über die Kolbenkraft Gesagte). Die Ordinaten dieser Linie stellen den auf die Kurbel von einer Schubstange ausgeübten sog. „Tangentialdruck" dar, der sich in einfacher Weise aus dem Kolbenüberdruck rechnen läßt, die Abszissen geben die zugehörige Kurbelstellung während zweier aufeinander folgender Umdrehungen. (Dem oberen Totpunkt entsprechen die Winkel 0°,

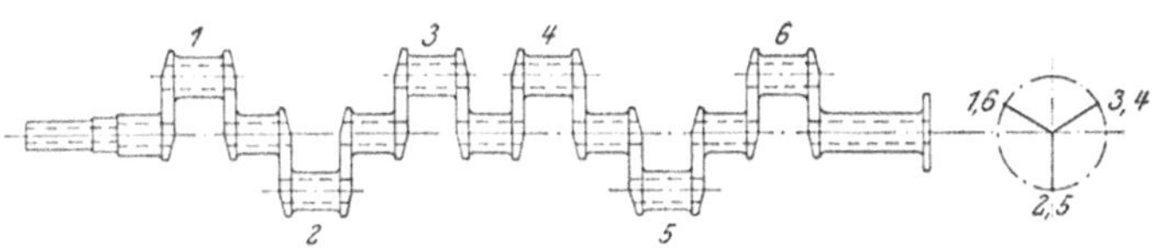

Abb. 110. Kurbelwelle eines 6-Zylinder-Standmotors.

360° und 720°.) Dadurch nun, daß sechs in der Phase verschobene Kolbenkräfte ihre Wirkungen übereinanderlagern, entsteht das viel gleichmäßigere Bild der Kurbelkräfte, wie es Abb. 112 aufweist. Hier stellt die stark ausgezogene Linie die Summe der sechs einzelnen, in der Phase verschobenen Kurbeldruck-Anteile dar. Natürlich bewirken die immer noch übrigbleibenden Schwankungen der Drehkraft, daß die Drehbewegung der Welle und damit der Luftschraube keine ganz gleichförmige wird. Stehen die Schwankungen der Antriebskraft einmal fest, so hängt die Gleichförmigkeit der Drehung, die für den Wirkungsgrad des Propellers wichtig ist, noch von dem Verhältnis zwischen den rotierenden Massen einerseits, den schwingenden (Kolben und Schubstange beim Standmotor) andererseits ab. Hier zeigt sich eine große Überlegenheit der Umlaufmotoren, die reichlich rotierende Schwungmassen besitzen und infolge der dadurch bewirkten größeren Gleichförmigkeit der Drehung den Propeller besser auszunützen gestatten. — Manchmal wird das Kurbelgetriebe „desachsiert“, d. h. der Drehpunkt der Kurbel aus der Zylinderachse verschoben. Dies hat den Zweck, die Abnützung der Zylinder- und Kolbenwände, die durch den quergerichteten Rückdruck der Schubstange entsteht, gleichmäßiger auf den Umfang der Zylinder zu verteilen. Die Richtung der Desachsierung muß natürlich mit der Drehrichtung umgekehrt werden.

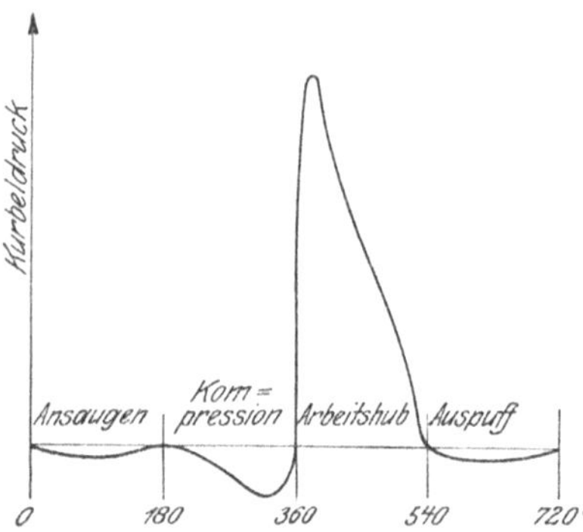

Abb. 111.
Kurbeldruck von einer Schubstange.

Schubstange und Kurbelwelle sind äußerst hoch beanspruchte Konstruktionsteile und besonders durch die fortwährenden Erschütterungen, denen der Motor ausgesetzt ist, gefährdet. Die Zusammensetzung des Kurbelwellenmaterials muß auf das sorgfältigste erwogen werden. Sehr stark nickelhaltige Stahlsorten haben sich weniger gut bewährt als Stahl mit geringerem Nickelzusatz. Die Dimensionierung der Getriebeteile muß auf die Erschütterungen, die durch ungleiche Explosionen in den ein-

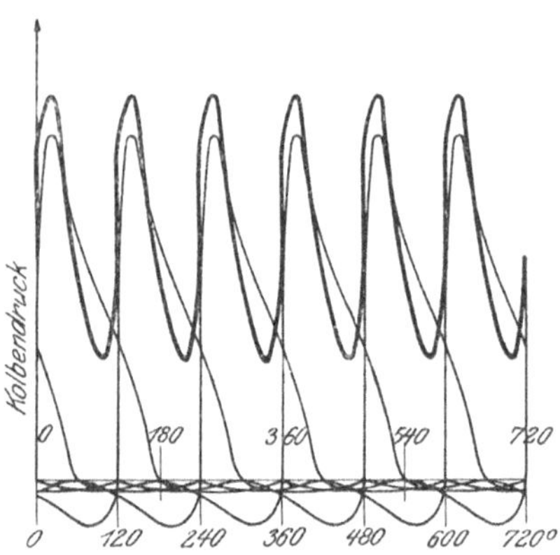

Abb. 112.
Kurbeldruck von sechs Schubstangen.

zelnen Zylindern hervorgerufen werden, Rücksicht nehmen. Besondere Schwierigkeiten erwachsen in neuerer Zeit aus der sog. Schwingungsbeanspruchung. Die Kurbelwelle, wie auch jeder andere Getriebeteil, ist ein elastischer Körper, der bestimmter Eigenschwingungen fähig ist, wie etwa eine gespannte Klaviersaite. Wenn nun die Umlaufzahl des Motors mit einer der möglichen Eigenfrequenzen der Welle übereinstimmt, so tritt die bekannte Erscheinung der „Resonanz" ein: Die Welle gerät in Schwingungen, die ein erhebliches Ausmaß annehmen können. Begreiflicherweise nimmt dabei ihre Festigkeits-Beanspruchung sehr zu und tatsächlich sind viele Kurbelwellenbrüche der letzten Zeit auf diesen Vorgang zurückzuführen.

Die Umlaufmotoren haben keine eigentliche Kurbelwelle, sondern nur eine einzige unbewegt bleibende Kurbel, um deren Kurbelzapfen (*Z'* in Abb. 100) sich die Pleuelstangen *S* drehen. Der Stern, den die Zylinder bilden, rotiert, wie schon in Abschn. 24 ausgeführt wurde, um das andere Ende des Kurbelarmes (*A* in Abb. 100).

c) Ventile und Steuerung. Zweck der Ventile ist das Freigeben und Verschließen des Verbrennungsraumes entsprechend den Bedingungen des Viertaktes. Die Bewegung der Ventile wird bei den Standmotoren stets zwangläufig von der Kurbelwelle aus geregelt, und zwar in der Weise, daß eine „Steuerwelle" mit der halben Umdrehungszahl der Kurbelwelle bewegt wird (Abb. 113), die für jedes Ventil eine Nocke trägt und mit dieser auf das Ventilgestänge einwirkt. Dieses Gestänge besteht in dem einfachen Beispiel der Abb. 113 aus einem zweiarmigen Hebel, der mit dem einen Ende auf der Nocke aufruht, und der Ventilstange, an der das zweite Hebelende angreift. Eine Spiralfeder, die in Abb. 113 im Schnitt zu sehen ist, drückt die Ventilstange nach oben (das Ventil in Richtung gegen den Sitz) und sorgt so dafür, daß die Nocke mit dem einen Hebelende dauernd in Berührung bleibt. Andere Motoren haben die Steuerwelle unten neben der Kurbelwelle, so daß die Betätigung der Ventile durch Vermittlung sogenannter Stoßstangen (*St* in Abb. 98) erfolgt. Verlegt man jedoch die Steuerwelle nach oben (indem man die Bewegung durch zwei Kegelräderpaare und eine vertikale Hilfswelle überträgt), so kann man eine größere Genauigkeit der Ventilbewegung erreichen.

Jeder Zylinder erhält mindestens ein Einlaß- und ein Auspuffventil; größere Motoren haben jedoch für den Auspuff, manchmal auch für das Ansaugen mehrere Ventile. Kennzeichnend für Flugmotoren (im Gegensatz zu vielen Automobilmotoren) ist, daß die Ventile stets oben liegen, damit das durch das Saugventil einströmende Frischgas unmittelbar auf den Kolbenboden auftrifft und diesen kühlt, wobei gleichzeitig eine günstige Gestaltung des Verbrennungsraumes erreicht wird.

Bei den Umlaufmotoren werden häufig nicht alle Ventile gesteuert, sondern die Einlaßventile automatisch geöffnet und geschlossen, wie z. B. beim Gnôme-Motor, bei dem das Einlaßventil im Kolben sitzt. Eine spätere Ausführungsform des Gnôme-Motors hat an Stelle der Ansaugventile Schlitze im Zylinder, die durch die Bewegung des Kolbens freigegeben und geschlossen werden.

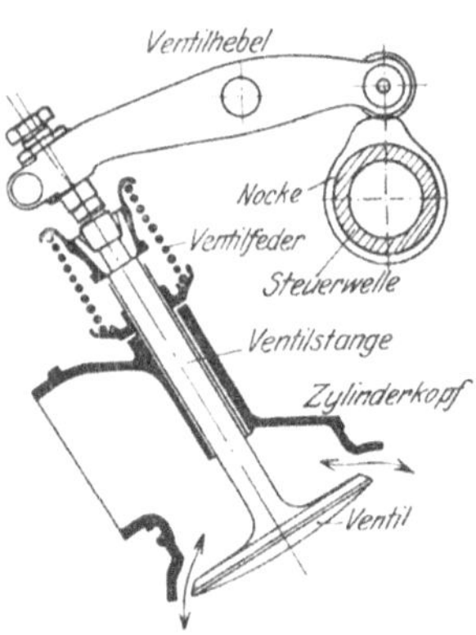

Abb. 113. Ventilsteuerung.

Ein gut durchkonstruiertes Einlaßventil muß einer Reihe von Anforderungen genügen; so ist bei der Konstruktion aus wärmetechnischen Gründen sehr genau auf die Formgebung des Ventils zu achten, ferner zur Erzielung größerer Wirkungsgrade auf die Gestaltung der Nocke, die so geformt sein soll, daß sich das Einlaßventil langsam öffnet und schnell schließt, endlich auch darauf, daß das Gemisch beim Ansaugen in starke Wirbelung versetzt wird, wodurch man das Auftreten von Detonationen erschwert. Die Wirkungsweise des Auspuffventils ist eine weit gröbere.

d) Vergaser. Der Vergaser hat den Zweck, das Benzin zu zerstäuben, mit dem richtigen Ausmaß von Luft zu vermengen und dieses Benzin-Luft-Gemisch dem Ansaugventil zuzuführen. Die meisten Vergaser der Flugmotoren bestehen im wesentlichen aus einer Benzindüse, die 1 bis 2 mm Bohrung hat, und einer diese umgebenden Luftdüse von 20 bis 30 mm Durchmesser (Abb. 114). Die durch die Kolbenbewegung angesaugte Luft reißt, indem sie durch die Luftdüse strömt, das Benzin aus der Benzindüse mit, zerstäubt es und bildet das erforderliche Gemisch. Der Düse wird das Benzin aus dem Behälter unter Vermittlung eines Schwimmergehäuses zugeführt, durch das der Zuströmungsdruck dauernd unverändert erhalten wird. Die Hauptschwierigkeit besteht darin, bei den verschiedenen Umlaufzahlen des Motors, also bei verschieden starken Saugwirkungen, immer das richtige Verhältnis von Luft und Benzin zu bekommen. Hierfür gibt es verschiedene Lösungen; am häufigsten ist die Anordnung einer sog. Nebenluftöffnung, die entweder automatisch (Abb. 114) oder, bei älteren Konstruktionen, in Verbindung mit der Drosselklappe geregelt wird. Die Wirkungsweise ist folgende. Wenn die Umlaufzahl des Motors sinkt, so tritt weniger Luft in der Zeiteinheit in die Zylinder ein. Gäbe es nur die Hauptluftdüse, so würde die Durchgangs-Geschwindigkeit in dieser im Verhältnis der Drehzahlen vermindert. Das hätte zur Folge, daß die Luft auf das aus der Düse ausströmende Benzin nur noch sehr geringe Wirkung ausübt und die von einer bestimmten Luftmenge mitgenommene Benzinmenge stark herabgesetzt, ja bald auf Null gebracht würde. Nun ist es so eingerichtet, daß nur ein Teil der Luft bei normalem Betriebzustand durch die Hauptdüse geht und zur Förderung des Benzins herangezogen wird, während die übrige Luft durch eine Nebenöffnung eintritt. Zugleich mit der Drosselung des Motors wird die Nebenöffnung mehr und mehr verschlossen, so daß ein verhältnismäßig größerer Anteil der gesamten Luft die Benzindüse bestreichen muß. Der allmähliche Abschluß der Nebenluftöffnung erfolgt in dem Beispiel der Abb. 114 automatisch mit Hilfe eines ringförmigen Reguliergewichtes, das bei größerer Motordrehzahl durch die stärkere Saugwirkung angehoben wird, bei Verminderung der Drehzahl und der Saugwirkung langsam fällt. Eine zweite Konstruktion sieht ganz analog eine doppelte Zuführung von Brennstoff

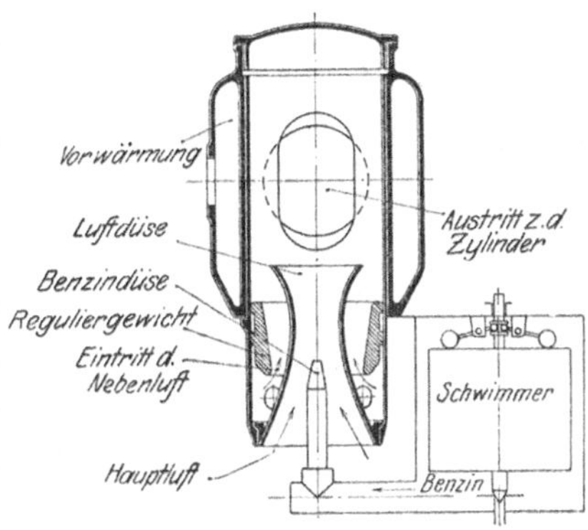

Abb. 114.
Schnitt durch einen Mercedes-Vergaser.

vor, und zwar in der Weise, daß eine Zusatzdüse, die unter dem Druck der Außenluft steht und aus dem Schwimmergehäuse unter natürlichem Gefälle gespeist wird, immer die gleiche Menge an Brennstoff liefert im Gegensatz zur Hauptdüse, die von den Schwankungen des Unterdruckes in der Luftdüse abhängig ist. Der Anteil der Hauptdüse an der gesamten Brennstoffabgabe nimmt daher mit wachsender Saugwirkung, d. h. bei Steigerung der Leistung, zu, während der Anteil der Zusatzdüse an der Gesamtabgabe abnimmt. Durch Feinregulierung kann man es nun gerade erreichen, daß diese beiden entgegengesetzten Einflüsse sich annähernd aufheben; auf diese Weise erzielt man eine gleichmäßige, von dem Betriebszustand des Motors nahezu unabhängige Brennstoffabgabe. Dieser Vergaser hat gegenüber dem ersterwähnten den Vorzug, daß er keine beweglichen und allzu empfindlichen Teile besitzt, wodurch ein einwandfreies, sicheres Arbeiten gewährleistet wird. Andere Vergaser-Konstruktionen bestehen z. B. darin, daß in die Benzindüse gleichzeitig mit der Drosselung des Motors eine feine Nadel eingeführt wird, die die Düsenöffnung in dem Maße verringert, das dem geringeren Bedarf an Brennstoff entspricht. Gelegentlich wird auch mit einer geeigneten Veränderung des Benzin-Zuströmungsdruckes gearbeitet. — Wie der Vergaser zum Zylinder und den anderen wesentlichen Motorteilen liegt, zeigt die früher besprochene Abb. 99.

Der ältere Gnôme-Motor besaß überhaupt keinen Vergaser, er saugte einfach das Benzin durch eine Bohrung der Kurbelwelle in einen Frischgasraum ein, aus dem die Zylinder gespeist werden. Dies hatte einen viel ungünstigeren Benzinverbrauch zur Folge, etwa 300 g/PS-Std. gegenüber rund 225 bei den Standmotoren.

Im Zusammenhang mit der Vergaserfrage tauchen immer wieder neue, zum Teil recht phantastische Vorschläge zur „Umwälzung“ des gesamten Flugmotorenbaues auf. Aber man muß sich stets vor Augen halten, daß Verbesserungen an den Flugmotoren in erster Linie konstruktiven bzw. Materialschwierigkeiten begegnen und nicht leicht durch grundsätzliche Änderungen in der Art der Brennstoffausnützung erreichbar sind. Erst in weiter Ferne sieht man Möglichkeiten zu weitausgreifenden Reformen, etwa den Übergang zu

Gasturbinen oder sogar Dampfturbinen mit kontinuierlicher Dampferzeugung durch Gasverbrennung usf.

e) Zündung und Anlasser. Alle Flugmotoren haben elektrische Zündung, die darin besteht, daß durch eine kleine vom Motor betriebene Dynamomaschine, den sog. „Magnet“, elektrischer Strom hoher Spannung erzeugt wird, der den Zündkerzen im Zylinder in regelmäßiger Folge zugeführt wird. Jedesmal, wenn durch die umlaufende Verteilerscheibe des Magneten die Zündkerzen eines Zylinders angeschlossen werden, springt ein Funke zwischen den Polen der betreffenden Zündkerzen über. Kleinere Zylinder kommen mit einer Zündkerze aus, bei größeren muß man mehrere Zündkerzen anordnen, da in der kurzen Zeit, die für die Explosion zur Verfügung steht (Bruchteile eines Hundertstels einer Sekunde), sich der Funke sonst nicht über den ganzen Verbrennungsraum ausbreiten könnte. Aus ähnlichen Gründen werden die Zündkerzen auch in der Regel nicht am Zylinderende, sondern so angeordnet daß die Funkenentladung etwa in der Mitte des Verbrennungsraumes vor sich geht. Auf diese Weise vermeidet man am ehesten Detonationen, die stets dann auftreten, wenn die Geschwindigkeit der Entflammung, d. h. der Flammenausbreitung nach der Zündung zu groß wird. Da aber die Entflammung sich mit wachsender Geschwindigkeit durch den Verbrennungsraum fortpflanzt, werden die Endgeschwindigkeiten dann am kleinsten, wenn die Zündkerzen möglichst in der Mitte des Verbrennungsraumes angebracht sind. Zündmagnete und Zündkerzen sind Sondererzeugnisse, die in wenigen Typen unabhängig von den Motorbauarten hergestellt werden.

Um einen Flugmotor in Gang zu setzen, ist ein besonderer Anlaßmagnet erforderlich, d. i. eine kleine Dynamomaschine, die von Hand aus in Bewegung gesetzt wird und noch bei stehendem Motor Zündfunken in den Kerzen erzeugt. Aber auch mit einem solchen Anlaßmagnet ist das Inbetriebsetzen noch zuweilen sehr schwierig, da ein Benzin-Luft-Gemisch nur dann explosibel ist, d. h. unter dem Einfluß eines Funkens in rasche Verbrennung übergeht, wenn das Verhältnis zwischen Benzin und Luft ziemlich genau gewisse Grenzen einhält. Die Grenzen des Benzin-Luft-Verhältnisses, bei dem auf Explosion mit einiger Sicherheit zu rechnen ist, sind rund 1:9 bis 1:16.

Nach der oben gegebenen Beschreibung der Wirkungsweise eines Vergasers ist aber klar, daß dieser erst während des normalen Motorlaufes richtig arbeiten kann. Es sind daher besondere Einrichtungen erforderlich, um ein entzündbares Gemisch schon in die Zylinder einzubringen, bevor noch der Motor in Gang ist. Mitunter verwendet man sog. Azetylenanlasser, das sind Pumpen, die für den Anfang ein leicht zündbares Azetylengemenge in die Zylinder fördern usf.

f) Kühlung. Die außerordentlich hohen Explosionstemperaturen des Benzins zwingen im Interesse der Erhaltung des Zylindermaterials dazu, durch besondere Kühleinrichtungen dem Zylinder während des Arbeitshubes Wärme zu entziehen. Man könnte es vielleicht zunächst für vorteilhafter halten, eine Verbrennung bei geringerer Temperatur anzustreben und dafür mit den Wärmeverlusten im Kühlwasser auch alle Kühleinrichtungen zu ersparen. Allein es stellt sich heraus, daß der thermodynamische Gewinn durch die Ausnützung des hohen Wärmegefälles gegenüber der Außenluft viel bedeutender ist als der Verlust durch die Kühlung. Bei Motoren mit Wasserkühlung geht, wie schon in Abschn. 21 erwähnt, ungefähr so viel Wärmemenge, wie vom Motor in Arbeit umgesetzt wird, im Kühlwasser verloren.

Das Kühlwasser wird durch eine Wasserpumpe, die von der Kurbelwelle aus betätigt wird, durch den sog. Kühler getrieben und kehrt von hier in die Zylindermäntel zurück. Der Kühler ist in der Regel ein Röhrchensystem, das von Luft durchströmt und von Wasser umspült wird. Der Temperaturabfall, den das Wasser im Kühler erfährt, liegt zwischen 5 und 15° C. Die Wassermenge für einen 160-PS-Motor beträgt etwa 1,20 l/sek. Der Kühler soll so konstruiert sein, daß er bei guter Kühlwirkung möglichst geringen Luftwiderstand bietet. Er wird entweder am Stirnende des Flugzeugrumpfes oder oberhalb des Motors an der Vorderkante des oberen Tragdecks, seltener an den Seitenwänden des Rumpfes angebracht. Sehr wichtig ist es, namentlich bei tiefliegendem Kühler, darauf zu achten, daß etwa sich bildender Dampf leicht ins Freie gelangen kann. Abb. 115 zeigt schematisch den Wasserkreislauf bei einem Reihenmotor mit tief angeordnetem Kühler.

Bei luftgekühlten Motoren, namentlich bei Umlaufmotoren, erspart man wohl den Kühler und das Kühlwasser, was zusammen rund 0,3 kg/PS ausmacht, man muß aber, um eine gute Luftkühlung zu erzielen, große Luftwiderstände in Kauf nehmen. Bei kleinen Umlaufmotoren betragen die Widerstände infolge der Rotation der Zylinder 10 bis 15 vH der Motorleistung. Dazu kommt die Erhöhung des Stirnwiderstandes durch die bei jedem luftgekühlten Motor erforderlichen Kühlrippen der Zylinder (vgl. Abb. 106).

Die Frage, ob Luft- oder Wasserkühlung den Vorzug verdient, ist noch sehr umstritten. Beide Kühlungsmöglichkeiten

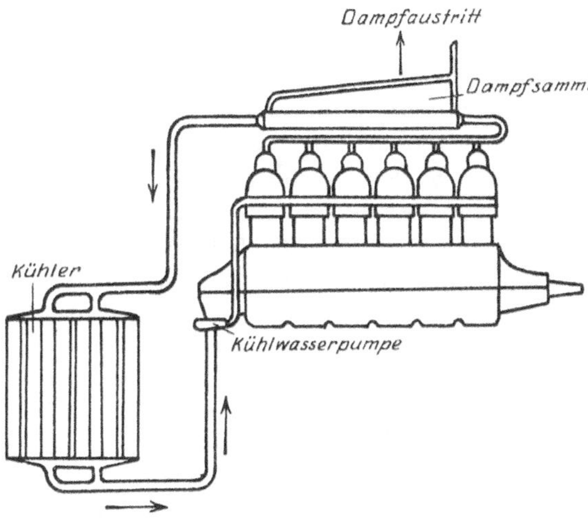

Abb. 115. Beispiel einer Kühleranordnung.

haben, wie bereits erwähnt, eine Reihe von Vor- und Nachteilen. Während die Gewichtsvermehrung die Leistungsfähigkeit einer Maschine bei Wasserkühlung stark herabsetzt, ist der Öl- und Brennstoffverbrauch bei luftgekühlten Motoren wieder größer; denn die Temperaturen aller Metallteile des Motors liegen natürlich bei luftgekühlten Motoren beträchtlich höher als bei solchen mit Wasserkühlung, was reichliche Ölzufuhr erfordert. Ebenso darf man aus diesem Grunde das Verdichtungsverhältnis nicht übermäßig steigern, was größeren Brennstoffverbrauch zur Folge hat. Schließlich wirkt die große schädliche Fläche luftgekühlter Motoren noch geschwindigkeits- also leistungsvermindernd. Luftgekühlte Motoren haben einen weiteren Nachteil, dessen Bedeutung nicht unterschätzt werden darf. Bei nicht absolut einwandfreiem Arbeiten des Motors können — z. B. infolge von Fehlzündungen — örtlich überhitzte Stellen entstehen, die über der normalerweise zulässigen Mitteltemperatur liegen und den Sicherheitsgrad der Maschine herabsetzen. Während die Wärmeleitung in nur ungenügender Weise den Wärmetransport von den Überhitzungsstellen übernehmen kann, verdampft bei Wasserkühlung das Wasser an der betreffenden Stelle und entzieht dem Metall eine große Menge an Verdampfungswärme.

Es ist sehr naheliegend, durch eine geeignete Kombination der Wasser- und der Luftkühlung die Vorzüge beider zu vereinen und ihre Nachteile soweit wie möglich auszugleichen. Zu diesem Zwecke wurden in jüngster Zeit Versuche mit Heißkühlung angestellt[1]. Man ging dabei davon aus, daß das Auftreten von heißen Stellen nur durch eine Wasserkühlung verhindert, im übrigen aber diese durch Luftkühlung ersetzt werden könne. Die Dimensionen des gewöhnlichen Wasserkühlers wurden daher so verkleinert, daß die Kühlfläche nur noch etwa ein Viertel der ursprünglichen betrug. Die Folge davon war naturgemäß ein Ansteigen der Kühlflüssigkeitstemperatur auf etwa 145°, weswegen man statt Wasser Kühlflüssigkeiten mit hohem Siedepunkt verwenden mußte. Die Vorteile dieser Heißkühlung liegen darin, daß eine erheblich geringere Wärmemenge durch den Kühler dem Motor entzogen wird, daß andererseits beim Entstehen örtlicher Überhitzungen die Flüssigkeit durch Entziehen der Verdampfungswärme für die von der Luft in solchen Fällen nur unvollkommen geleistete Kühlung sorgt, und daß die durch den Heißkühler bewirkte Gewichtsvermehrung wegen dessen stark verkleinerten Dimensionen unbedeutend ist.

g) Schmierung. Besonders große Sorgfalt ist bei allen Flugmotoren im Hinblick auf ihre hohe Umlaufzahl der Schmierung zuzuwenden. Man unterscheidet Frischöl- und Umlaufschmierung; im ersten Falle fördert die Ölpumpe aus einem Ölbehälter dauernd frisches Öl zu den einzelnen Schmierstellen, im zweiten Falle wird dieselbe Ölmenge, die von den Schmierstellen abläuft, durch eine Pumpe wieder in Umlauf versetzt.

---

[1] H. Weidinger, Versuche mit Heißkühlung am Flugmotor. Zeitschr. f. Flugtechn. u. Motorluftsch. 1931, 18. Heft.

Die neueren Motoren haben fast durchwegs kombinierte Frischöl- und Umlaufschmierung: es sind zwei Pumpen vorhanden, von denen die eine das alte Öl in Umlauf versetzt, während die andere einen gewissen Teil Frischöl zuführt. Der Ölverbrauch ist im Laufe der Entwicklung der Flugmotoren erst sehr stark gestiegen bis 20 und 25 g/PS-Std., dann aber durch veränderte Einrichtungen wieder stark herabgedrückt worden. Einen besonders hohen Verbrauch hat naturgemäß der Umlaufmotor, bei dem auch die großen Lager für den umlaufenden Zylinderkranz geschmiert werden müssen.

Eine der häufigsten Beanstandungen der Flugmotoren bildet das Verölen der Zündkerzen. Es entsteht dadurch, daß infolge zu starker Schmierung oder fehlerhafter Konstruktion des Kolbens allzuviel Öl in den Verbrennungsraum gelangt. Eine gewisse Ölmenge wird an den Elektroden leicht verbrannt; wird aber die Zufuhr zu stark, so setzt sich das Öl an und verhindert die Wirksamkeit der Zündkerze. Andrerseits kann durch Verbrennung von zu viel Öl die Temperatur der Zündkerzen so sehr steigen, daß Frühzündungen, d. h. Zündungen vor dem in der Konstruktion des Magneten vorgesehenen Zeitpunkt, eintreten. Verölen, wie überhaupt Verunreinigung des Verbrennungsraumes, entstehen leichter bei ausschließlicher Verwendung von tierischen und pflanzlichen Ölen, die zwar einen größeren Gehalt an „Öligkeit“ aufweisen, andererseits zur Bildung klebriger Säuren neigen, welche Verunreinigung und Verölung verursachen können. Man gebraucht daher vorwiegend Mineralöle mit einem kleinen Zusatz an tierischen oder pflanzlichen Ölen zur Steigerung der Öligkeit. Umlaufmotoren aber, bei denen die Wahl des Schmiermittels besondere Beachtung erfordert, können wegen der hohen Reibungsbeanspruchung nur Öle von großer Öligkeit — z. B. Rizinusöl — vertragen[1]).

[1]) Dem Leser, der sich über die im Flugmotorenbau auftretenden Probleme näher unterrichten will, seien folgende Werke empfohlen (die beide nicht Lehrbücher für Anfänger sind): H. Dechamps u. K. Kutzbach, Prüfung, Wertung und Weiterentwicklung von Flugmotoren. Berlin: R. C. Schmidt 1921. H. R. Ricardo, Schnellaufende Verbrennungsmaschinen, deutsch von A. Werner u. P. Friedmann, Berlin: Julius Springer 1926. Namentlich das letztere Buch, das sich nicht auf Flugmotoren allein beschränkt, gewährt einen vorzüglichen Einblick in die Schwierigkeiten des Motorbaus.

VI. Zusammenwirken von Tragfläche, Luftschraube und Motor.

26. Luftschraube und Motor.

Wir knüpfen zunächst an die Überlegungen des vierten Kapitels über die Luftschraube an.

Nach Abschnitt 18 hat das zur Drehung einer Luftschraube erforderliche Moment, das „Widerstandskraftmoment", die Größe

$$M = z_m \cdot m \cdot R \cdot F \cdot U^2,$$

wobei R den Halbmesser, F die Fläche, U die Umfangsgeschwindigkeit der Luftschraube, z_m einen entsprechenden Beiwert bedeuten. Die Umfangsgeschwindigkeit U ist, wie bereits früher (Abschn. 18) angeschrieben, gleich $\frac{n}{60} 2 R \pi$, also proportional der Drehzahl n. Es ist demnach das Widerstandskraftmoment, wenn sonst alles unverändert bleibt, dem Quadrat der Drehzahl n proportional.

Trägt man in einem rechtwinkligen Achsenkreuz als Abszissen die Umlaufzahlen n, als Ordinaten die Widerstandskraftmomente auf, so erhält man für einen festen Wert von z_m eine gewöhnliche Parabel (Abb. 116). Denn diese ist bekanntlich dadurch definiert, daß die eine Koordinate dem Quadrat der andern proportional wächst. Wählt man einen Beiwert z_m, der größer ist als der zuerst verwendete, so entsteht eine andere Parabel, deren Ordinaten höher liegen als die der ersten usw.

Wie an Hand der Abb. 76 erörtert wurde, nimmt der Beiwert z_m mit wachsendem Fortschrittsgrade $v : U$ ab, wobei v die Flugzeuggeschwindigkeit, U die Umfangsgeschwindigkeit der Luftschraube bezeichnen. Da, wie bereits erwähnt wurde und auch noch ausführlicher besprochen werden wird, beim Steigen der Fortschrittsgrad $v : U$ stets kleiner als beim Wagrechtflug ist, haben wir beim Steigen ein größeres z_m als beim Wagrechtflug. Am größten ist z_m am Stand, für die Flugzeuggeschwindigkeit Null. In Abb. 116 sind entsprechend drei verschiedenen Beiwerten z_m drei Parabeln eingetragen, die den Verlauf des Widerstandskraftmoments in Abhängigkeit von der Drehzahl n darstellen. Die stark ausgezogene

Linie mit den größten Ordinaten gilt für Standlauf der Luftschraube, die gestrichelte Linie mit den kleinsten Ordinaten für Wagrechtflug; die zwischenliegende Kurve entspricht dem Steigen.

Wir bringen nun diese Überlegungen über die Luftschraube in Verbindung mit dem, was wir in Abschnitt 23 über das vom Motor erzeugte Drehmoment gelernt haben. In Abb. 92 war das Drehmoment eines Motors für verschiedene Umlaufzahlen n dargestellt worden. Tragen wir diese „Bremslinie" in unsere Abb. 116 ein, so entsteht mit den Kurven für die Widerstandskraftmomente der Luftschraube die Abb. 117. Der Schnittpunkt der Motor- und der Luftschraubenlinie ergibt die Umlaufzahl, mit der die Luftschraube läuft. Denn sobald der Motor in Gang gesetzt wird, tritt eine Beschleunigung des Propellers ein, die so lange währt, als ein Überschuß von Motorkraftmoment über Widerstandskraftmoment der Schraube vorhanden ist; werden dann beide Momente einander gleich, so bewegt sich die Luftschraube mit konstanter Drehzahl gleichförmig weiter. Es zeigt sich nun aus der Abbildung deutlich, daß die Drehzahl am Stand kleiner ist als beim Steigen, und diese wieder kleiner als beim Wagrechtflug, weil eben die drei Schnittpunkte der Motorlinie mit den Parabeln in dieser Reihenfolge liegen. Man sagt: Eine Luftschraube „holt an Touren auf", sobald das Flugzeug in Bewegung kommt. In der ersten Zeit des Fliegens, als man noch keine genügend zuverlässigen Geschwindigkeitsmesser für das Flugzeug hatte, wurde ausschließlich „nach Tourenzähler" geflogen, d.h. man schloß aus der Erhöhung bzw. Verminderung der Umlaufzahl auf die Erhöhung bzw. Verminderung der Flugzeuggeschwindigkeit. Dieser Schluß ist jedoch nur so lange zulässig, als der Motor ganz unverändert bleibt. Sobald ein Motor Schaden genommen hat,

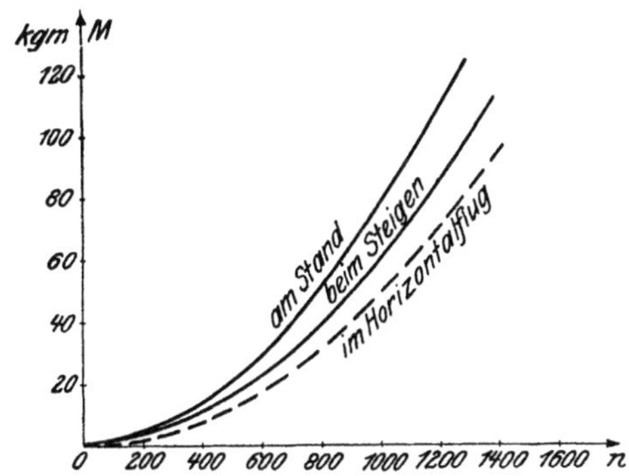

Abb. 116. Zusammenhang von Drehmoment und Umlaufzahl.

oder sobald er gedrosselt wird, sinkt natürlich seine Bremskurve und damit auch die Umlaufzahl bei unveränderter Flugzeuggeschwindigkeit. Das Fliegen nach Umlaufzahlen ist daher unsicher und soll womöglich vermieden werden.

Wenn ein Motor, im übrigen unverändert, mit geringerer Umlaufzahl läuft, so hat er, wie wir aus Abschnitt 23 (Abb. 92) wissen, auch geringere Leistung. Es folgt also aus unseren Überlegungen, daß man beim Steigen weniger Arbeit aus dem Motor herausholt als beim Wagrechtflug. Dies ist sicherlich nicht erwünscht; man möchte viel eher beim Steigen den Motor stärker ausnützen. Um das zu erreichen, richtet man es in der Regel so ein, daß man im Wagrechtflug den Motor drosselt und nur beim Steigen Vollgas gibt. Jedenfalls ist es aber von Vorteil, solche Luftschrauben zu verwenden, die möglichst wenig an Touren aufholen. Je weniger die Umlaufzahl (bei konstanter Stellung des Drosselhebels) beim Übergang vom Standlauf zum Fluge zunimmt, um so günstiger ist die Ausnützung des Motors.

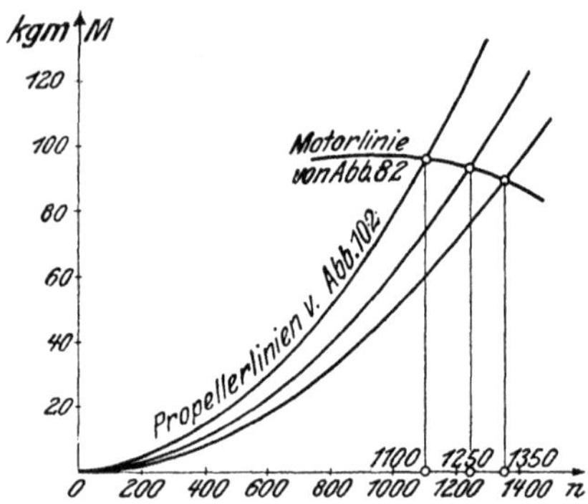

Abb. 117. Luftschraube und Motor.

Wir wollen nun folgende Frage beantworten: **Wie groß ist für einen gegebenen Motor und eine gegebene Luftschraube die Zugkraft bei einer bestimmten Fluggeschwindigkeit?** Als gegeben wird angesehen: die Bremslinie des Motors, also das Motordrehmoment für jede Umlaufzahl, und von der Luftschraube die Fläche F, der Halbmesser R und die Größe der Beiwerte z_p und z_m für jeden Fortschrittsgrad $v:U$. Die Bremslinie des Motors sei in Abb. 118 eingetragen. Die Luftschraube habe einen Radius $R = 1{,}4$ m und eine Fläche $F = 0{,}4$ m^2, ihre Beiwerte seien durch Abb. 75, 76 bestimmt.

Nehmen wir zunächst an, das Verhältnis $v:U$ sei beispielsweise 0,2. (Wie groß es beim Fluge wirklich ist, wissen wir noch nicht.) Aus Abb. 76 ergibt sich für diesen Wert von $v:U$ für den angenommenen Propeller z_m zu 0,032. Man ist nun imstande, die Momentenlinie für die Luftschraube, also die Parabel nach Abb. 116, mit diesem z_m zu konstruieren. Wir hatten ja oben $M = z_m \cdot m \cdot R \cdot F \cdot U^2$, wobei $U = \frac{n}{60} 2\pi R = n \frac{2 \cdot 3{,}14}{60} \cdot 1{,}4 = \frac{n}{6{,}82}$. Also erhält man für die Umlaufzahl $n = 1000$ das Drehmoment $M = 0{,}032 \cdot \frac{1}{8} \cdot 0{,}4 \cdot 1{,}4 \cdot \frac{1000^2}{6{,}82^2}$ $= 48{,}2$ kgm. Trägt man zu der Abszisse $n = 1000$ die Ordinate $M = 48{,}2$ in Abb. 118 auf, und ebenso zu anderen Werten von n die analog berechneten Parabelpunkte, so erhält man eine Linie, welche die Bremslinie des Motors in einem bestimmten Punkt schneidet. Die Abb. 118 zeigt, daß der Schnittpunkt die Abszisse $n = 1400$ besitzt. Aus $n = 1400$ folgt $U = n : 6{,}82 = 205{,}3$ m/sek. Da $v : U = 0{,}2$ angenommen war, haben wir daher weiter $v = 0{,}2 \cdot 205{,}3$ $= 41{,}1$ m/sek. Das heißt also: Wenn die Luftschraube 1400 Umdrehungen in der Minute macht, so beträgt die Flugzeuggeschwindigkeit rund 41 m/sek.

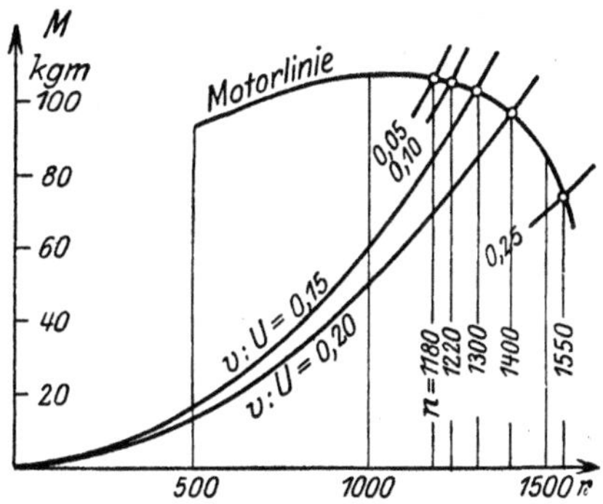

Abb. 118. Zur Berechnung der Zugkraft.

Nehmen wir jetzt einen anderen Wert von $v : U$ an, z. B. 0,15, so folgt aus Abb. 76 der Beiwert $z_m = 0{,}040$. Man zeichnet nun wieder wie früher die Momentenkurve, jetzt mit dem Wert $z_m = 0{,}040$, also mit Ordinaten, die gegenüber denen der ersten Parabel im Verhältnis $0{,}040 : 0{,}032$ vergrößert sind. Der Schnittpunkt mit der Motorkurve ergibt sich nach Abb. 118 bei $n = 1300$ Touren. Dem entspricht die Umfangsgeschwindigkeit $U = 1300 : 6{,}82 = 191$ m/sek, also wegen $v : U = 0{,}15$ die Fluggeschwindigkeit $v = 0{,}15 \cdot 191 = 28{,}8$ m/sek, d. h.: macht die Schraube 1300 Umdrehungen in der Minute, so ist die Fluggeschwindigkeit 28,8 m/sek. Auf diese Weise ist es möglich, eine Kurve zu zeichnen, welche die Umlaufzahlen n der Luftschraube und die Geschwindigkeiten v des Flugzeuges in Beziehung bringt. Abb. 119 zeigt eine solche Linie, in der die eben errechneten Werte $v = 41{,}1$ m/sek bei $n = 1400$ und $v = 28{,}7$ m/sek bei $n = 1300$ und die für die Fortschrittsgrade 0,05, 0,10, 0,25 in gleicher Weise berechneten $v = 8{,}65$ für $n = 1180$, $v = 17{,}9$ für $n = 1220$ und $v = 46{,}9$ für $n = 1550$ eingetragen sind. Man versteht auf Grundlage dieser Zeichnung das oben erwähnte „Fliegen nach Tourenzahlen", da wirklich jeder Änderung der Fluggeschwindigkeit eine solche der Umlaufzahl der Luftschraube entspricht. Eine Beantwortung unserer oben gestellten Frage nach der Zugkraft für jede Geschwindigkeit v ist jetzt auch nicht mehr schwer.

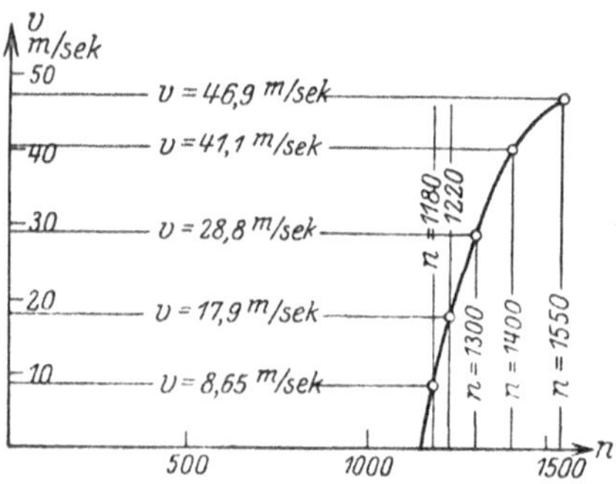

Abb. 119. Fluggeschwindigkeit und Propellerdrehzahl.

Nehmen wir beispielsweise wieder an, der Fortschrittsgrad $v : U$ betrage 0,2. Abb. 75, die für unsere Luftschraube die Größe von z_p darstellt, ergibt für $v : U = 0{,}2$ den Beiwert der Luftschraubenzugkraft $z_p = 0{,}115$, somit ist die Luftschraubenzugkraft, da bei $v : U = 0{,}2$ oben $U = 205{,}3$ m/sek gefunden wurde:

$$Z = z_p \cdot m \cdot F \cdot U^2 = 0{,}115 \cdot \tfrac{1}{8} \cdot 0{,}4 \cdot 205{,}3^2 = 242 \text{ kg}.$$

Für $v : U = 0{,}15$ erhält man aus Abb. 75 $z_p = 0{,}15$, und daher nach der Formel $Z = 0{,}153 \cdot \frac{1}{8} \cdot 0{,}4 \cdot 191^2 = 280$ kg, weil wir für $v : U = 0{,}15$ die Umlaufgeschwindigkeit U zu 191 m/sek bestimmt hatten. Oben haben wir aber noch weiter ausgerechnet, daß für $v : U = 0{,}2$ die Tourenzahl $n = 1400$ und die Fluggeschwindigkeit $v = 41{,}1$ m/sek beträgt, für $v : U = 0{,}15$ aber $n = 1300$ und $v = 28{,}7$ m/sek. Somit ist tatsächlich erreicht, was wir wollten: Wir wissen, daß bei einer Fluggeschwindigkeit $v = 41{,}1$ m/sek eine Zugkraft von 242 kg erzeugt wird, bei $v = 28{,}7$ m/sek jedoch eine Zugkraft $Z = 280$ kg. Nach dem gleichen Vorgang kann man Z für die anderen Annahmen $v : U$ gleich 0,05, 0,10 und 0,25 rechnen und bekommt $Z = 292$ 288 und 158 kg. Auf diese Weise entsteht die gesuchte Kurve, die die vom Motor und der Luftschraube erzeugte **Zugkraft** Z **für jeden Wert der Flugzeuggeschwindigkeit** v **angibt**, Abb. 120. Hier sind zu den Abszissen $v = 28{,}7$ bzw. $v = 41{,}1$ die Ordinaten $Z = 280$ bzw. $Z = 242$ eingetragen usw. Die im Bild angebrachte Bezeichnung „Linie II" wird im folgenden ihre Erklärung finden.

In der so abgeleiteten Linie kommt das Zusammenarbeiten von Motor und Luftschraube zum Ausdruck. Indem wir jetzt auf die Ergebnisse des zweiten Kapitels über die Wirkungsweise der

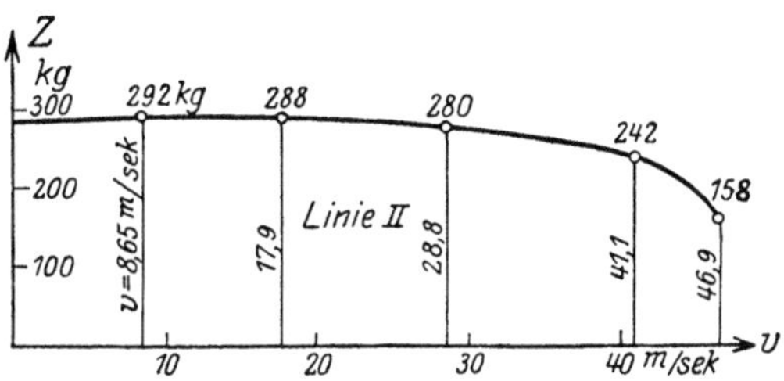

Abb. 120. Motorkraft-Propeller-Linie.

Tragfläche zurückgreifen, werden wir endlich in die Lage kommen, aus den gegebenen Daten über Motor, Luftschraube und Flugzeug die **tatsächliche Geschwindigkeit** des Flugzeugs zu berechnen.

27. Tragfläche, Luftschraube und Motor.

Im zweiten Kapitel dieser Vorlesungen, Abschnitt 12, haben wir die Zugkraft bestimmt, die ein Flugzeug von gegebenem Gewicht, mit gegebenen Tragflächen, bei verschiedenen Geschwindigkeiten erfordert. Wir hatten dort die beiden Gleichungen:

$$Z = z_r \cdot m \cdot F \cdot v^2 + 0{,}65 \cdot m \cdot f \cdot v^2,$$

d. h. erforderliche Zugkraft = Tragflächen-Widerstand + schädlicher Widerstand des Rumpfes usf. (F Tragfläche, f schädliche Fläche, z_r Beiwert des Tragflächen-Rücktriebes) und

$$G = A = z_a \cdot m \cdot F \cdot v^2,$$

d. h. Gewicht = Auftrieb (z_a Beiwert des Tragflächen-Auftriebes). Da z_a und z_r vom Anstellwinkel a abhängen, mußten wir bei der Rechnung so vorgehen, daß wir einen Anstellwinkel zuerst willkürlich annahmen, dazu z_a aus der für das Profil ermittelten Abb. 19 bestimmten und v aus der zweiten Gleichung berechneten. Setzt man die zweite Gleichung in die erste ein, so erhält man:

$$Z = \frac{G}{z_a}\left(z_r + 0{,}65\,\frac{f}{F}\right).$$

Indem man also auch z_r aus der Kurve der Abb. 20 entnimmt, erhält man leicht den zu dem angenommenen a und dem berechneten v gehörigen Wert von Z. So waren z. B. in Abschnitt 12 für ein Flugzeug von 1200 kg Gewicht mit 35 m² Tragfläche, 0,9 m² schädlicher Fläche und Profil nach Abb. 17 berechnet worden:

für $a = 2^0$	$v = 36{,}6$ m/sek,	$Z = 176$ kg
„ $a = 4^0$	$v = 31{,}4$ „	$Z = 146$ „
„ $a = 6^0$	$v = 28{,}0$ „	$Z = 133$ „

Hierzu fügen wir noch die in gleicher Weise berechneten Werte:

für $a = 0^0$	$v = 44{,}2$ m/sek,	$Z = 263$ kg
„ $a = 8^0$	$v = 25{,}8$ „	$Z = 136$ „
„ $a = 12^0$	$v = 22{,}8$ „	$Z = 150$ „
„ $a = 16^0$	$v = 22{,}2$ „	$Z = 169$ „

Tragen wir, wie das auch schon in Abb. 51 geschehen war, in Abb. 121 diese Werte von Z als Ordinaten zu den entsprechenden v auf, so erhalten wir eine Linie, welche die erforderliche Zugkraft für jede Geschwindigkeit darstellt. Die Linie ist, wie wir gesehen haben, wesentlich durch das Gewicht und durch die Tragflächeneigenschaften, daneben auch durch die schädliche Fläche bestimmt. Wir wollen sie weiterhin, der Kürze wegen, als die „Linie I“ bezeichnen.

Die im vorangehenden Abschnitt 26 abgeleitete Linie Abb. 120 ist im Gegensatz zu Linie I von Gewicht und Tragfläche ganz unabhängig und lediglich durch die Motorkraft und die Luftschraube bestimmt. Sie stellt die für jede Geschwindigkeit verfügbare Zugkraft dar und soll, wie schon angedeutet, kurz als „Linie II“ bezeichnet werden.

Wagrechter gleichförmiger Flug ist nur möglich, **wenn erforderliche und verfügbare Zugkraft gleich groß sind.** Übertragen wir daher die Linie II in ein einziges Bild mit der Linie I, Abb. 122, so kommen für den Wagrechtflug nur die beiden Schnittpunkte A und B der Kurven in Betracht. Es gibt nur zwei ganz bestimmte, durch Gewicht, Tragfläche, schädliche Fläche, Luftschraube und Motor festgelegte Geschwindigkeiten, mit denen das Flugzeug wagrecht fliegen kann. Von den beiden Geschwindigkeiten scheidet, wie wir später noch zeigen werden, die kleinere, die dem links gelegenen Schnittpunkt entspricht, aus gewissen Gründen aus, und es bleibt

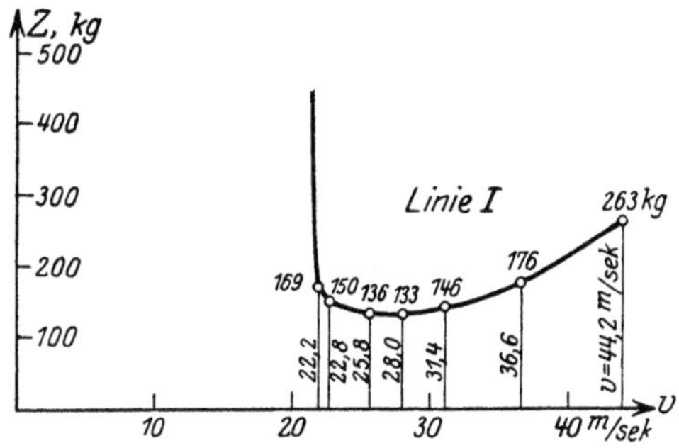

Abb. 121. Gewicht-Tragflächen-Linie.

nur die größere, die in unserm Beispiel der Abb. 122 etwa 42 m/sek beträgt, gültig. Wir erhalten so als Ergebnis der ganzen Untersuchung dies:

Die Geschwindigkeit des Wagrechtfluges läßt sich für ein Flugzeug eindeutig berechnen, sobald bekannt sind: sein Gewicht G, die schädliche Fläche f, die Größe F und die Profileigenschaften (Auftriebs- und Rücktriebsbeiwerte) der Tragfläche, die Bremsleistung des Motors für alle Umlaufzahlen, endlich Größe, Durchmesser und Profileigenschaften (Zugkraft- und Widerstandsbeiwerte) der Luftschraube.

In diesem Satz und dem, was dazu geführt hat und was daraus folgt, liegt das wichtigste Ergebnis, zu dem wir in unseren Vorträgen gelangen.

Neben der Geschwindigkeit ergibt die Rechnung auch eindeutig den Wert des Anstellwinkels, der bei wagrechter Fahrt eintritt. Man muß nur in der obenstehenden Tabelle den Wert von a aufsuchen, der dem abgelesenen v entspricht. In unserm Falle haben wir ungefähr a gleich 0^0.

Die in Abb. 122 eingetragene Linie II entspricht, wie aus der Ableitung (Abschnitt 26) hervorgeht, der Leistung des Motors bei Vollgas. Wird der Motor gedrosselt, so ist die Zugkraft bei derselben Luftschraube naturgemäß kleiner. An Stelle der bisher betrachteten Linie II treten andere, tiefer liegende, von ungefähr gleichem Verlauf. Man erhält sie, indem man von den Bremslinien des Motors für bestimmte Drosselstellungen ausgeht.

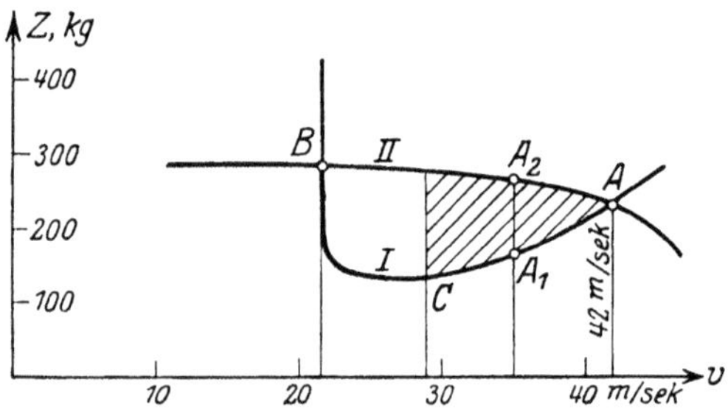

Abb. 122. Zusammenstellung beider Zugkraft-Linien.

Je stärker gedrosselt der Motor, um so tiefer die zugehörige Linie II. Man erkennt aus dieser Überlegung deutlich, daß der Motor nicht etwa beliebig weit abgedrosselt werden darf, wenn man noch horizontal fliegen will: wenn die Linie II tiefer sinkt als dem tiefsten Punkt der Linie I entspricht, so gibt es überhaupt keinen Schnittpunkt mit der Linie I mehr. Im Gegensatz etwa zu einem Automobil, dessen Motor man beliebig weit drosseln kann, wenn man auf jede Geschwindigkeitsforderung verzichtet, gibt es beim Flugzeug eine bestimmte Grenze für die Stellungen der Gasdrossel und dementsprechend eine bestimmte kleinste Geschwindigkeit des Wagrechtfluges. Diese liegt, wie man aus der Figur entnimmt, nicht sehr viel tiefer als die Geschwindigkeit bei Vollgas. Dazwischen liegt der verhältnismäßig enge Bereich, in dem man mittels Zwischenstellung des Drosselhebels die Fluggeschwindigkeit verändern kann.

Was bei weiterer Abdrosselung der Motorkraft geschieht, werden wir später an Hand genauerer Besprechung der Abb. 122, zugleich mit verschiedenen anderen Folgerungen, erfahren.

28. Steig- und Sinkbewegung. Umkehrung der Steuerwirkung.

Wenn die erforderliche Zugkraft Z_1 größer oder kleiner ist als die verfügbare Z_2, so ist ein Wagrechtflug auf die Dauer nicht möglich. Es muß sich ein anderer Zustand einstellen. Welches ist dieser?

Nehmen wir zunächst an, es wäre Z_1 kleiner als Z_2, also ein Überschuß an Motorkraft vorhanden. Bezeichnen wir mit v' die Geschwindigkeit, die einem solchen Zustand (Punkt A_1 bzw. A_2 in Abb. 122) entspricht, so ist $Z_1 \cdot v'$ die Arbeitsleistung, die die Flugzeugwiderstände verzehren, und $Z_2 \cdot v'$ die Leistung, die der Motor durch die Luftschraube abgibt. Es bleibt ein Überschuß an Leistung, der auf nichts anderes verwendet werden kann, als auf ein Heben des ganzen Flugzeuges. Nennen wir, wie früher, G das Gesamtgewicht und bezeichnen wir mit w die Steiggeschwindigkeit, d. i. die in einer Sekunde gewonnene Höhe, so stellt das Produkt $G \cdot w$ die auf das Heben verwendete Leistung dar. Man sieht, es muß

$$G \cdot w = Z_2 v' - Z_1 v' = (Z_2 - Z_1) v'$$

sein, und daher

$$w = \frac{Z_2 - Z_1}{G} \cdot v'.$$

In unserm Beispiel der Abb. 122 haben wir $v' = 35$ m/sek gewählt (Abszisse von A_1 und A_2) und lesen hier ab: $Z_2 = 265$, $Z_1 = 165$ kg; daher wird mit $G = 1200$ kg die Steiggeschwindigkeit $35 : 12 = 2{,}92$ m/sek. Je größer der Überschuß an Zugkraft, um so größer die Steiggeschwindigkeit; daraus erkennt man, wie sich der Vorgang beim Steigen abspielt. Wir müssen uns erinnern, daß den verschiedenen Punkten der Linie I nach Abschnitt 27 verschiedene Anstellwinkel entsprechen, und zwar kleineren Geschwindigkeiten größere Anstellwinkel und umgekehrt. Will man also steigen, so muß man der Tragfläche größeren Anstellwinkel geben, d. h. das Flugzeug etwas aufrichten. (Über den Verlauf des Überganges unter Einwirkung des Höhenruders vgl. Abschn. 38.)

Dadurch gelangt man zu einem Zustand kleinerer Geschwindigkeit (vom Punkt A nach A_1, A_2) und daher in ein Gebiet, in dem Z_2 größer ist als Z_1. Der Überschuß wird auf Steigleistung verbraucht. Vergrößert man den Anstellwinkel weiter und weiter, so wächst zuerst die Differenz $Z_2 - Z_1$, sie wächst aber nicht unbeschränkt. Man erkennt in Abb. 122, daß bei Annäherung an den Punkt B die Differenz $Z_2 - Z_1$ abzunehmen beginnt und dann ganz auf Null sinkt. Hiermit haben wir ein überaus wichtiges und für das Flugzeug höchst charakteristisches Ergebnis gefunden: Man kann nicht beliebig rasch steigen, etwa indem man das Flugzeug mehr und mehr aufrichtet. Im Gegenteil: wenn der Anstellwinkel über ein gewisses Maß vergrößert wird, sinkt die Steiggeschwindigkeit, ja sie wird gleich Null, sobald man allzuviel „aufgezogen" hat. Dies ist eine beim Fliegen sehr gut beobachtbare Erscheinung. Es liegt eine große Kunst darin, ein Flugzeug so zu lenken, daß man gerade die beste Steiggeschwindigkeit herausholt. Etwas zu steiles Einstellen führt notwendig zu einer Verminderung der Steigleistung.

Unsere Betrachtung lehrt jetzt auch deutlich, daß die Flugzeuggeschwindigkeit beim Steigen eine kleinere ist als beim Wagrechtflug — was schon wiederholt in diesen Vorträgen erwähnt worden ist. Denn das Gebiet, in dem Z_1 kleiner ist als Z_2, liegt stets links von dem Schnittpunkt A, d. h. bei kleineren Geschwindigkeitswerten. Umgekehrt hat man natürlich Zustände des Abwärtsfliegens mit Vollgas bei größeren Geschwindigkeiten als der des Wagrechtfluges. Denn wenn in unserer obenstehenden Formel für w die erforderliche Zugkraft Z_1 größer wird als die verfügbare Z_2, so wird die Differenz $Z_2 - Z_1$ und damit w selbst negativ, d. h. aus der Steiggeschwindigkeit wird eine Sinkgeschwindigkeit. Das Gebiet, in dem Z_1 größer als Z_2 ist, liegt aber rechts vom Schnittpunkt A der beiden Linien I und II, also dort, wo die Geschwindigkeit größer ist als die des wagrechten Fluges Naturgemäß kommen diese Zustände rechts von A praktisch weniger in Betracht als die links von A, da man nur selten mit Vollgas nach abwärts fliegt. Wenn gedrosselt wird, sinkt die Linie II, wie wir oben besprochen haben, und man kann schon bei kleineren Geschwindigkeiten einen negativen Wert der Differenz $Z_2 - Z_1$ erhalten.

In Abb. 122 ist ein bestimmter Teil des zwischen den Linien I und II liegenden Raumes schraffiert. Er reicht vom rechten Schnittpunkt A der beiden Linien nach links, so weit, als die nach obiger Formel berechnete Steiggeschwindigkeit w wächst. Mit weiterer Annäherung an B muß w abnehmen, da ja im Punkt B selbst die Differenz $Z_2 - Z_1$ Null ist. Es ist nun ein sehr bemerkenswertes, für uns jetzt leicht zu erklärendes Ergebnis der praktischen Erfahrung, daß man bei Geschwindigkeiten, die links vom schraffierten Gebiet liegen, insbesondere auch mit der Geschwindigkeit, die durch den Punkt B dargestellt wird, **überhaupt nicht fliegen kann.** Oder richtiger gesagt: Man kann wohl fliegen, aber unter Umständen, die äußerst sonderbar und unbequem sind.

Nehmen wir z. B. an, das Flugzeug hätte die Geschwindigkeit, die dem Punkte B entspricht, und befände sich demgemäß, da ja hier $Z_1 = Z_2$, erforderliche Zugkraft = verfügbare Zugkraft, in wagrechtem Fluge. Will nun der Führer in die Höhe gehen, so wird er naturgemäß die Flugzeugachse durch entsprechende Betätigung des Höhensteuers etwas aufrichten. Dadurch wird unmittelbar der Anstellwinkel vergrößert, und, wie wir wissen, gehören zu größeren Anstellwinkeln kleinere Geschwindigkeiten, also Punkte links von B. Links von B liegt aber die Linie I über Linie II, d. h. es ist kein Überschuß an Zugkraft vorhanden, der auf ein Heben des Flugzeuges verwendet werden könnte, sondern im Gegenteil: das Flugzeug muß jetzt, in **aufgerichteter Stellung**, zu sinken beginnen, da der Motor weniger Zugkraft entwickelt, als der Wagrechtflug erfordert. Man sagt, „das Flugzeug sackt durch". Man kann diesem Sinken nur dadurch Einhalt tun, daß man das Höhensteuer nach unten drückt, also eigentlich das unternimmt, was sonst normalerweise geschieht, um das Abwärtsfliegen einzuleiten. Die Franzosen haben hierfür den Ausdruck „inversement des commandes", was so viel heißt wie „**Umkehrung der Steuerwirkung**". Dasselbe, was für Wagrechtflug im Punkte B gilt, gilt analog für alle Zustände des Steigens bzw. Sinkens in dem nicht schraffierten Teil rechts und links von B. Auf ein Aufrichten des Flugzeuges folgt ein Zustand geringerer Steiggeschwindigkeit. Es ist jetzt ganz deutlich, daß von den beiden Schnittpunkten der Linien I und II nur der rechts gelegene A für den Wagrechtflug in Betracht kommt.

Man muß nun allerdings beachten, daß die „Umkehrung", von der hier die Rede ist, sich nur auf den nach Betätigung der Steuerung eintretenden Gleichgewichtszustand bezieht. Es kann sehr wohl sein, daß beim Aufziehen des Höhensteuers eine augenblickliche, ganz kurze Aufwärtsbeschleunigung einsetzt — diese wird dann von einem umso stärkeren Durchsacken gefolgt sein, wenn man sich schon in dem Gebiet der Steuerungsumkehr befunden hat. Auf jeden Fall ist die Folge eines „Überziehens", d. h. eines Überganges in das nicht schraffierte Gebiet der Abb. 122, eine schädliche[1]).

Wir haben wiederholt schon erwähnt, daß, sobald der Motor gedrosselt wird, an Stelle der bisherigen Linie II eine tiefer gelegene tritt; dabei muß dann das zu schraffierende Gebiet der praktisch möglichen Steiggeschwindigkeit kleiner und kleiner werden. Drosselt man so weit ab, daß die Linie der verfügbaren Zugkraft die Linie I überhaupt nicht mehr schneidet, so gibt es keine Möglichkeit mehr, wagrecht zu fliegen, noch weniger eine Möglichkeit zu steigen. Es ist dann durchwegs Z_2 kleiner als Z_1, das w also negativ, d. h. es gibt nur eine Abwärtsbewegung. Von besonderem Interesse ist noch der Fall des gänzlich gedrosselten Motors oder, wie man sagen kann, des motorlosen Fluges. Hier sinkt die Linie II bis zur Abszissenachse herab, da Z_2 null zu setzen ist. Aus der Formel für w folgt, daß die Sinkgeschwindigkeit dann gleich $Z_1 \cdot v' : G$ wird, also das Verhältnis Sinkgeschwindigkeit zu Fluggeschwindigkeit gleich $Z_1 : G$ ist. Die Neigung der Bahn, in der das Flugzeug sinkt, ist durch dieses Verhältnis bestimmt. Wir erhalten die flachste Bahn, wenn die Geschwindigkeit des Flugzeuges gleich jener eingestellt wird, die dem tiefsten Punkt C der Linie I entspricht. Je tiefer diese Linie gegen die Abszissenachse hinabreicht, um so flacher kann demnach das Flugzeug gleiten.

In Abb. 123 haben wir ein Bild zusammengestellt, das gegenüber Abb. 122 zwar nichts grundsätzlich Neues bietet, aber

[1]) Eine etwas abweichende Auffassung des „Überziehens" vertritt L. Hopf in dem Aufsatz „Der überzogene Flug" in Beiheft 1 d. Zeitschr. f. Flugtechn. u. Motorluftsch. 1920.

zur Veranschaulichung der Steig- und Sinkgeschwindigkeiten noch besser geeignet ist. Die Linien I und II in Abb. 123 sind aus denen der Abb. 122 dadurch abgeleitet, daß jede Ordinate Z mit der zugehörigen Abszisse v multipliziert wurde. Während also früher die erforderliche und verfügbare Zugkraft aufgetragen wurde, sind es jetzt die erforderliche und verfügbare Zugleistung an der Luftschraube. Die verschiedenen an Abb. 122 geknüpften Betrachtungen lassen sich ebensogut hier anstellen. Insbesondere kann man deutlich folgende vier bemerkenswerte Punkte herausgreifen, die in Abb. 123 der Reihe

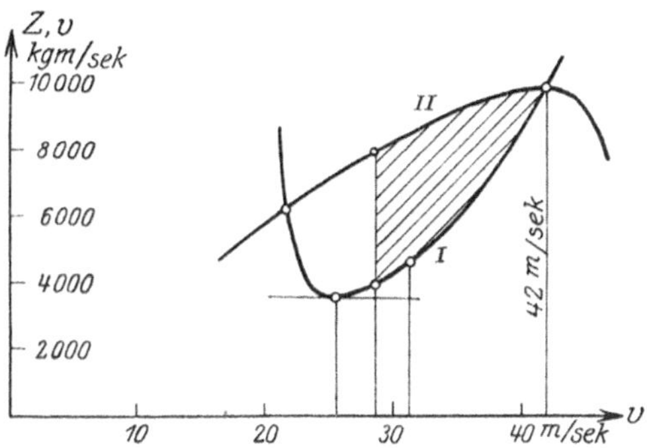

Abb. 123. Erforderliche und verfügbare Zugleistung.

nach, von rechts nach links auf der Linie I gekennzeichnet sind. 1. Geschwindigkeit des Wagrechtfluges bei Vollgas — rechter Schnittpunkt der Linien I und II. 2. Kleinste Geschwindigkeit des Wagrechtfluges bei gedrosseltem Motor — Berührungspunkt zwischen I und der durch entsprechende Drosselung herabgedrückten Linie II. 3. Größte Steiggeschwindigkeit — Stelle, an der der Abstand zwischen I und II am größten ist. 4. Kleinste Sinkgeschwindigkeit bei abgestelltem Motor — tiefster Punkt der Linie I. (Dann kommt noch ganz links der zweite Schnitt der Linien I und II.) Man sieht, daß die unter 2. bis 4. genannten Punkte nicht weit voneinander entfernt liegen. Die zugehörigen Ordinatenstücke, z. B. die Entfernung zwischen I und II bei Punkt 3 oder die Höhe von I über der Abszissenachse bei Punkt 4, geben, wenn sie durch das Flugzeuggewicht G geteilt werden, unmittelbar die Werte der Steig- bzw. Sinkgeschwindigkeit. So erhält man z. B. in Abb. 123 bei $G = 1200$ kg die größte Steiggeschwindigkeit gleich $4200 : 1200 = 3{,}50$ m/sek und die kleinste Sinkgeschwindigkeit gleich $3600 : 1200 = 3{,}00$ m/sek. In der üblichen Ausdrucksweise wird die Steig- oder Sinkgeschwindigkeit durch die zur Überwindung von 1000 m erforderliche Zeit in Minuten angegeben. Man hat in unserm Beispiel eine Steigzeit von $1000 : 3{,}50 = 286$ sek $= 4{,}8$ Min. auf 1000 m und eine Sinkzeit von $1000 : 3{,}00 = 333$ sek $= 5{,}7$ Min. auf 1000 m.

Die größte Ordinatendifferenz zwischen den Linien I und II (in der Darstellung der Abb. 123) nennt man auch die Steigreserve. Sie beträgt bei den heutigen Flugzeugen ungefähr 20 bis 30, manchmal auch bis 50 vH der Normalleistung des Motors. Aus der gemessenen Steigzeit auf 1000 m kann man leicht die Steigreserve berechnen. Z. B. habe ein Flugzeug von 1150 kg Gesamtgewicht mit 100-PS-Motor 1000 m in 10 Minuten erreicht. Die Steiggeschwindigkeit ist dann $1000 : 600 = 1{,}67$ m/sek, daher Steigreserve $1150 \cdot 1{,}67 : 75 = 25{,}5$ PS. Ersetzt man in diesem Flugzeug den 100-PS-Motor durch einen Motor von 160 PS, ohne das Gesamtgewicht oder sonst etwas zu verändern, so erhöht sich die Steigreserve, wenn ein Propellerwirkungsgrad von 75 vH angenommen wird, um $0{,}75 \cdot 60 = 45$ PS, beträgt also jetzt 70,5 PS; die Steigzeit auf 1000 m vermindert sich von 10 Minuten im Verhältnis 70,5 zu 25,5 auf 3 Minuten 36 Sekunden.

Auf eine gewisse, praktisch allerdings ganz unbedeutende Ungenauigkeit der Überlegungen dieses Abschnittes werden wir später (Abschnitt 43 und 44) zurückkommen. Sie besteht darin, daß wir bei Konstruktion der Linie I von der Annahme $A = G$ ausgegangen sind, die eigentlich nur für Wagrechtflug gilt, während bei geneigter Bahn der Auftrieb nur jener Komponente des Gewichtes gleichzusetzen wäre, die senkrecht zur Bahnrichtung liegt. Bei flachen Bahnen macht dieser Fehler fast nichts aus.

29. Höhenflug.

Die in den vorausgehenden Abschnitten erklärten Schaubilder sind auch für viele andere Zwecke, zur Beurteilung verschiedener Einflüsse auf das Verhalten des Flugzeuges, gut verwendbar. Wir wollen uns vor allem ein Urteil darüber verschaffen, in welchem Maße der Aufstieg in größere Höhen die Geschwindigkeit und Steigfähigkeit eines Flugzeuges beeinflußt. Bekanntlich nimmt ja die Steiggeschwindigkeit mit der Höhe ständig ab, bis sie auf null sinkt, d. h. bis das Flugzeug überhaupt nicht weiter steigt. Der Grund für die Änderung des Verhaltens beim Aufstieg liegt natürlich in der Abnahme der Luftdichte, von der wir im ersten Kapitel ausführlich gesprochen haben. Wollen wir jetzt die Flugleistungen in großen Höhen untersuchen, so brauchen wir nur die Linien I und II der Abb. 122 für den entsprechend herabgeminderten Wert der Luftdichte m neu zu konstruieren.

Nehmen wir als Beispiel eine Höhe von 3000 m; die Bodentemperatur sei 10^0, der Barometerstand am Boden 762 mm und der Temperaturgradient (Abschnitt 1) habe den normalen Wert $0{,}5^0$ auf 100 m. Dann zeigt unsere Zahlentafel 2, daß die Dichte in 3000 m Höhe $m = 0{,}093$, d. i. 74 vH des als normal angenommenen Wertes 0,125, beträgt. Wir konstruieren zunächst die veränderte Linie I nach dem in den Abschnitten 12 und 27 dargelegten Verfahren.

In Abschnitt 12 wurde gezeigt, daß man zu jedem Anstellwinkel α die Geschwindigkeit v nach der Formel

$$v = \sqrt{\frac{G}{z_a \cdot m \cdot F}}$$

bestimmen kann, indem man den Wert von z_a für jeden Anstellwinkel den Ergebnissen der Anblaseversuche entnimmt. Wir wollen jetzt dasselbe Flugzeug, das in den Abschn. 12, 27 und 28 behandelt wurde, mit $G = 1200$ kg, $F = 35\ \mathrm{m}^2$, $f = 0{,}9\ \mathrm{m}^2$ und dem Tragflächenprofil nach Abb. 17 (das die Beiwerte nach Abb. 19 und 20 besitzt) wählen, damit wir die Ergebnisse unmittelbar vergleichen können. Die Formel zeigt, daß v der Wurzel aus m umgekehrt proportional ist. Daraus folgt, daß, wenn m im Verhältnis 74 : 100 kleiner wird, die Werte von v für den gleichen Anstellwinkel im Verhältnis $10 : \sqrt{74} = 1{,}16$ wachsen müssen. Dagegen ist die Größe der erforderlichen Zugkraft nach der zweiten Formel des Abschnittes 27, nämlich

$$Z = \frac{G}{z_a}\left(z_r + 0{,}65\,\frac{f}{F}\right)$$

von m überhaupt unabhängig. Wir erhalten demnach die Punkte der neuen Linie I, indem wir in der Tabelle, die zu Anfang von Abschnitt 27 angeführt ist, die Zahlen der mittleren Spalte mit 1,16 multiplizieren, die übrigen aber unverändert lassen. So ergibt sich, da z. B. $36{,}6 \cdot 1{,}16 = 42{,}5$ ist,

für $a = 0^0$	$v = 51{,}4$ m/sek	$Z = 263$ kg
„ 2^0	42,5 „	176 „
„ 4^0	36,5 „	146 „
„ 6^0	32,5 „	133 „
„ 8^0	30,0 „	136 „
„ 12^0	26,5 „	150 „
„ 16^0	25,8 „	169 „

Die zusammengehörigen Werte von Z und v richtig aufgetragen ergeben die in Abb. 124 dargestellte neue Linie I.

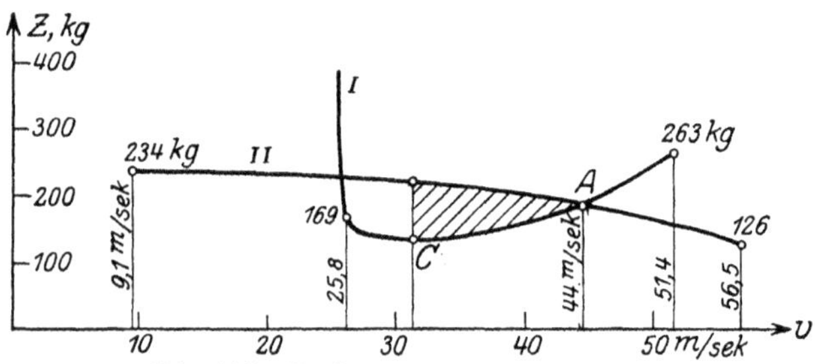

Abb. 124. Zugkraftlinien für Höhenflug.

Um nun auch die Linie II für die Verhältnisse in 3000 m Höhe zu erhalten, müssen wir uns vor allem ein Urteil über die Abnahme der Motorleistung mit der Höhe bilden. Nach unseren Bemerkungen am Schluß von Abschnitt 23 hängt diese Abnahme hauptsächlich von den Einrichtungen ab, die der Motor zur Anpassung an Höhenflüge besitzt. Nehmen wir einen günstigen Fall an, also einen Motor mit Höhenanpassung, bei dem die Leistungsabnahme etwas schwächer ist, als dem Verhältnis der Luftdichten entspricht. Es sei bekannt, daß bei einer Abnahme der Dichte auf 74 vH ihres ursprünglichen Wertes das Drehmoment des Motors ungefähr auf 80 vH fällt. In Abb. 125 ist das Motormoment M als Funktion der Umdrehungszahl n mit Ordinaten, die denen der Abb. 118 gegenüber um 20 vH vermindert sind, eingezeichnet. Man kann jetzt die Linie II nach dem Verfahren von Abschn. 26 Punkt für Punkt ableiten. Wir wählen jedoch hier einen etwas kürzeren Weg, der natürlich auch schon in dem früheren Fall hätte eingeschlagen werden können.

Für das Widerstandskraftmoment des Propellers hatten wir in Abschnitt 26 (und früher in Abschn. 18) die Formel

$$M = z_m \cdot m \cdot R \cdot F \cdot U^2$$

oder, wenn für die Umfangsgeschwindigkeit U der Wert $\frac{\pi n}{30} R$ eingesetzt wird,

$$M = z_m \cdot m \cdot F \cdot R^3 \frac{\pi^2}{900} n^2.$$

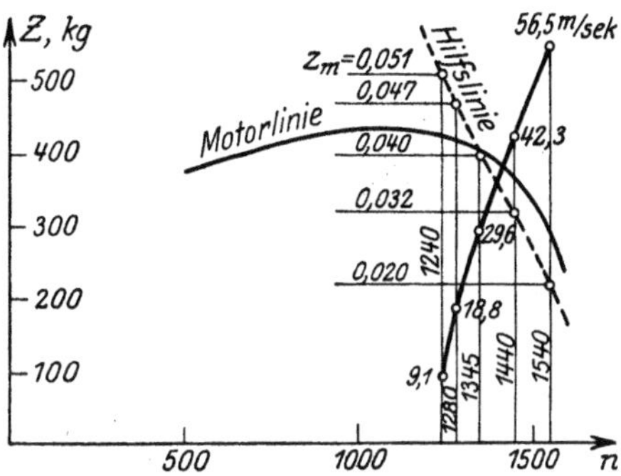

Abb. 125. Zeichnerische Bestimmung der Linie II für Abb. 110.

Wählen wir dieselbe Luftschraube, die bisher in unserem Beispiel behandelt wurde, mit dem Halbmesser $R = 1{,}4$ m, der Fläche $F = 0{,}4$ m² und den in den Abb. 75 und 76 wiedergegebenen Beiwerten, so wird mit $m = 0{,}093$

$$M = z_m \cdot 0{,}093 \cdot 0{,}4 \cdot 1{,}4^3 \frac{\pi^2}{900} n^2 = z_m \left(\frac{n}{100}\right)^2 : 0{,}090.$$

Dieses Moment muß dem vom Motor abgegebenen gleich sein. Rechnen wir daher zu jeder einen M-Wert darstellenden Ordinate in Abb. 125 den Wert

$$0{,}09\, M : \left(\frac{n}{100}\right)^2$$

(z. B. bei $n = 1000$, $M = 87$, Wert $87 \cdot 0{,}09 : 100 = 0{,}0783$) und tragen diese Werte für alle n auf, so müssen die neu entstehenden Ordinaten den jeweiligen z_m gleich sein. Diese Hilfslinie, die zu jedem n das zugehörige z_m liefert, ist in Abb. 125 gestrichelt dargestellt[1]). Nun ist beispielsweise für

[1]) Wenn die Verhältnisse für Bodennähe schon nach dem jetzt beschriebenen Verfahren mittelst einer solchen Hilfslinie berechnet worden sind, so kann man die Ordinaten der neuen Hilfslinie aus denen der alten durch Multiplikation mit dem Leistungsverhältnis und Division

$v:U = 0{,}05$ nach Abb. 76 der Beiwert $z_m = 0{,}051$. Unsere eben gezeichnete Hilfslinie erreicht die Höhe 0,051, wie man sich durch Auftragen überzeugt, bei $n = 1240$; es gehört also zu $v:U = 0{,}05$ die Umlaufzahl $n = 1240$. In gleicher Weise findet man die ganze Folge zusammengehöriger Werte von $v:U$ und n und kann aus der Gleichung

$$v = \frac{v}{U} \cdot \frac{\pi n}{30} R = \frac{v}{U} \frac{n}{6{,}81}$$

die Geschwindigkeit v in Abhängigkeit von n berechnen. In Abb. 125 ist die so gefundene v-Linie, die an Stelle der früheren Abb. 119 tritt, eingezeichnet.

Beachtet man die Formel für die Propellerzugkraft Z, die in Abschnitt 18 gegeben wurde, $Z = z_p \cdot m \cdot F \cdot U^2$, so sieht man, daß sich Z von M nur durch den anderen Beiwert und den Faktor R unterscheidet, d. h. es ist:

$$Z = \frac{M}{R} \cdot \frac{z_p}{z_m}.$$

Diese Gleichung enthält die Dichte nicht, man kann also die zu einem der $v:U$-Werte gehörige Zugkraft Z für den Höhenflug in 3000 m Höhe ermitteln, indem man die früher gefundenen Bodenwerte von Z (vgl. Abb. 120, wo die Werte 292, 288, 280, 242, 158 eingetragen sind) im Verhältnis der M, also auf 80 vH verkleinert. Die folgende Tabelle enthält die aus Abb. 125 abgelesenen Werte von n, die daraus berechneten v, endlich die in der angegebenen Weise reduzierten Z-Werte zu den Fortschrittsgraden 0,05, 0,10 usw.

$v:U = 0{,}05$	$n = 1240$	$v = 9{,}11$ m/sek	$Z = 234$ kg
0,10	1280	18,8 „	230 „
0,15	1345	29,6 „	224 „
0,20	1440	42,3 „	194 „
0,25	1540	56,5 „	126 „

Trägt man zu den in der vorletzten Spalte stehenden Werten von v die in der letzten stehenden Z als Ordinaten auf, so

durch das Dichteverhältnis ableiten. In unserem Fall sind die neuen Ordinaten $0{,}80 : 0{,}74 = 1{,}08$ mal größer als die alten. Nimmt die Leistung genau in dem Maße der Dichte ab, so bleiben die Ordinaten der Hilfslinie unverändert.

ergibt sich die in Abb. 124 eingezeichnete Linie II. Der rechte Schnittpunkt von I und II liegt bei $v = 44$ m/sek, also noch etwas höher als in Abb. 122, die dasselbe Flugzeug für Bodennähe behandelt. Die Geschwindigkeit ist in 3000 m Höhe noch um ein Geringes höher als unten, was auf die verhältnismäßig gering angenommene Abnahme der Motorleistung, also auf die gute Höhenanpassung des Motors zurückzuführen ist. Dagegen sieht man schon auf den ersten Blick, daß die Steigfähigkeit des Flugzeuges ganz bedeutend zurückgegangen ist. Der größte Abstand zwischen den beiden Linien, also der größte Kraftüberschuß, beträgt nur noch 90 kg gegenüber etwa 150 kg im Falle der Abb. 122. Die größte Steiggeschwindigkeit tritt ungefähr bei der mit C bezeichneten Stelle ein. Es rechnet sich aus der Abszisse $v' = 30{,}1$ m/sek und der Ordinatendifferenz von 90 kg die Steigleistung zu 2790 kgm/sek gegenüber dem früheren Wert von 4200 kgm/sek (aus Abb. 123). Demnach ist die größte Steiggeschwindigkeit beim Aufstieg auf 3000 m Höhe auf $^2/_3$ des Anfangswertes gesunken.

Wollte man die Verhältnisse in noch größeren Höhen untersuchen, so würde man schließlich eine Höhe finden, bei der die Linien I und II einander gerade berühren, also gar keine Steigreserve mehr vorhanden ist. Diese Höhe bildet die Grenze, bis zu der das Flugzeug überhaupt noch gelangen kann, die sog. „Gipfelhöhe“. Ein Verfahren, die Gipfelhöhe rechnerisch zu bestimmen, ohne Verwendung der hier besprochenen Schaubilder, werden wir in Abschn. 31 kennen lernen. Hier sei nur noch folgende Bemerkung eingeschaltet.

Man hört oft die Meinung vertreten, der Aufstieg eines Flugzeuges in die Höhe sei nur dadurch begrenzt, daß die Motorleistung mit abnehmender Luftdichte zurückgeht; es wäre also möglich, unbegrenzt hoch zu steigen, und dazu noch bei wachsender Fluggeschwindigkeit, wenn es nur gelänge, das Arbeiten des Motors von der Höhenlage unabhängig zu machen. Diese Meinung ist nicht richtig, wie folgende Überlegung zeigt. Für die Möglichkeit eines stationären Wagrechtfluges ist das Bestehen von drei Gleichungen maßgebend:

1. Gewicht = Auftrieb;
2. Rücktrieb + schädl. Widerstand = Propellerzugkraft;
3. Widerstandsmoment d. Propellers = Drehmoment d. Motors.

Ist der Motor von der Luftdichte unabhängig, so tritt die Größe m, die Luftdichte, viermal in diesen Gleichungen als Faktor auf, und zwar auf der rechten Seite der ersten, auf beiden Seiten der zweiten und auf der linken Seite der dritten. An den zwei ersten Stellen, also rechts in der ersten und links in der zweiten Gleichung erscheint m multipliziert mit dem Quadrat der Fluggeschwindigkeit v^2, an den beiden anderen Stellen mit dem Quadrat der Umfangsgeschwindigkeit der Luftschraube U^2. Wachsen bei abnehmender Dichte m beide Geschwindigkeiten wie $1:\sqrt{m}$, so bleiben die Ausdrücke $m \cdot v^2$ und $m \cdot U^2$ (wie auch der „Fortschrittsgrad" $v:U$) unverändert, und die Gleichungen wären immer erfüllt, wenn auch das erste und letzte Glied der Kette, nämlich Gewicht und Drehmoment des Motors, unveränderlich wären. Vom Gewicht des Flugzeuges kann dies wohl behauptet werden, allein das Motormoment hängt, wenn es schon von m unabhängig ist, wie wir aus Abschn. 23, Abb. 92 wissen, von der Drehzahl, also von U, ab. Es ist unmöglich, einen Motor zu bauen, der bei beliebig hoher Drehzahl auch nur annähernd das normale Drehmoment abgibt. Seine Leistung müßte ja dabei ins Unendliche steigen. Nur für einen solchen Motor würde die oben beschriebene Konstruktion der Linie II für Höhenflug zu einer Kurve führen, deren Abszissen gegenüber denen für Bodenflug einfach mit der Wurzel aus dem Dichtenverhältnis (im Beispiel mit 1,16) zu multiplizieren wären, so daß das Ordinatenverhältnis zu Linie I unverändert bliebe. Nun kann man sich bei einer Steigerung der Umlaufzahl um 16 vH vielleicht noch vorstellen, daß das Motormoment wesentlich das gleiche bleibt. Kommt man aber in eine Höhe von 10000 m, wo die Luftdichte nur noch $^1/_3$ der Dichte am Boden beträgt, so müßte, damit die Gleichungen erfüllt bleiben, die Drehzahl im Verhältnis $1:\sqrt{3}$, also um rund 70 vH größer sein als am Boden, statt 1400 etwa 2400. Es ist ganz ausgeschlossen, daß ein Motor bei 2400 Umdrehungen noch das gleiche Drehmoment zur Verfügung stellt wie bei 1400; von allem andern abgesehen müßte schon die stark erhöhte Reibung der gegeneinander bewegten Motorteile und des Gases in den Leitungen einen erheblichen Betrag der im Zylinder erzeugten Antriebskraft verzehren. Tatsächlich finden Höhenflüge niemals mit so weit erhöhten Flug- und Umlaufgeschwindigkeiten statt, wie ja auch die im vorangehenden durchgeführte, auf die Bremslinie des Motors Rücksicht nehmende Überlegung gezeigt hat. Das Ergebnis der ganzen Betrachtung ist, daß schon in dem Vorhandensein von mit der Geschwindigkeit wachsenden Reibungs-(Drosselungs-) Widerständen eine Begrenzung für den menschlichen Höhenflug liegt.

30. Einfluß der Belastung. Propellerauswahl.

Eine weitere Untersuchung, die man zweckmäßig an die Betrachtung der in den letzten Abschnitten entwickelten zeichnerischen Darstellungen anknüpfen kann, ist die über den Einfluß der Belastung auf die Flugleistungen. Ändert sich das Gesamtgewicht des Flugzeuges, ohne daß sonst irgendeine Veränderung eintritt, so bleibt die Linie II unverändert, die Linie I ändert sich allein. Zu einem beliebig angenommenen Anstellwinkel a rechnet sich die Geschwindigkeit v nach der zu Beginn von Abschn. 29 angeschriebenen Formel, aus der hervorgeht, daß v mit der Quadratwurzel aus dem Gewicht G wächst. Die Größe der erforderlichen Zugkraft Z ist jedoch, wie man aus der zweiten dort verwendeten Formel ersieht, dem Gewicht G selbst direkt proportional. Nehmen wir, um ein recht deutliches Resultat zu erhalten, an, die Belastung des im früheren Beispiel behandelten Flugzeuges würde um 200 kg vermehrt, so daß das Gesamtgewicht $G = 1400$ kg gegenüber bisher 1200 kg betrage. In unserer Tabelle für a, v und Z sind dann die Werte von v mit $\sqrt{1400:1200} = 1{,}08$, die von Z mit $1400:1200 = 1{,}16$ zu multiplizieren. Daraus ergibt sich nach S. 204 für Flug in Bodennähe:

$a = 0^0$	$v = 47{,}7$ m/sek	$Z = 307$ kg
2^0	39,5 „	205 „
4^0	33,9 „	170 „
6^0	30,2 „	155 „
8^0	27,9 „	159 „
12^0	24,6 „	175 „
16^0	24,0 „	197 „

In Abb. 126 ist die entsprechende Linie I entworfen und dazu die Linie II aus Abb. 122 herübergenommen. Der Schnittpunkt A liegt wieder bei rund 42 m/sek; ein merklicher Abfall an Geschwindigkeit durch Aufnahme der Belastung tritt also in unserm Fall nicht ein. Sehr merklich ist dagegen die Abnahme der Steigfähigkeit; der Abstand der beiden Linien an der Stelle C, die ungefähr der größten Steiggeschwindigkeit entspricht, d. h. der maßgebende Überschuß an Zugkraft ist von 145 kg auf 120 kg, also um mehr als 17 vH gesunken. Da die Abszisse von C etwa 30,2 m/sek beträgt, ist die größte Steigleistung jetzt $120 \cdot 30{,}2 = 3620$ kgm/sek gegenüber dem früheren Wert $145 \cdot 28{,}9 = 4200$ kgm/sek, also um fast 14 vH kleiner. Nun hängt aber die Steiggeschwindigkeit nicht nur vom Leistungsüberschuß,

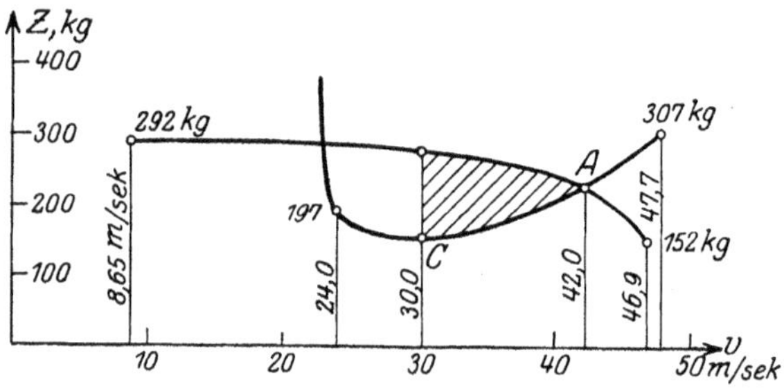

Abb. 126. Zugkraftlinien für erhöhte Belastung.

sondern auch vom Gewicht ab und ist diesem umgekehrt proportional; somit beträgt der Gesamtverlust an Steigfähigkeit 14 vH + 16 vH = 30 vH (wegen 16 vH Gewichtsvermehrung). Man wird durchschnittlich sagen können, daß bei kleinen Belastungsveränderungen eines Flugzeuges der Verlust an Steiggeschwindigkeit prozentual ungefähr doppelt so groß ist, als die Änderung des Gesamtgewichtes. In unserem Beispiel hatten wir in Abschnitt 28 eine Steigzeit von 4,8 Min. auf 1000 m gefunden. Eine Vermehrung der Belastung um 200 kg würde nach der eben durchgeführten Berechnung die Steigzeit ungefähr um 30 vH, d. i. auf 6,2 Min. erhöhen. Die genauen Werte der größten Steiggeschwindigkeit erhält man am besten, indem man aus Abb. 126 das der Abb. 123 entsprechende Leistungsdiagramm entwickelt und darin den größten Ordinatenabstand aufsucht.

Ohne weiteres läßt sich auch der gleichzeitige Einfluß von Mehrbelastung und Luftverdünnung (Höhenflug) feststellen. Wenn wir in der zu Beginn dieses Abschnittes gegebenen Tabelle für Höhenflug in 3000 m die Werte von v mit 1,08, die von Z mit 1,16 multiplizieren, so erhalten wir:

$a = 0^0$	$v = 55{,}5$ m/sek	$Z = 307$ kg
2^0	45.9 „	205 „
4^0	39,4 „	170 „
6^0	35,1 „	155 „
8^0	32,4 „	159 „
12^0	28,6 „	175 „
16^0	27,9 „	179 „

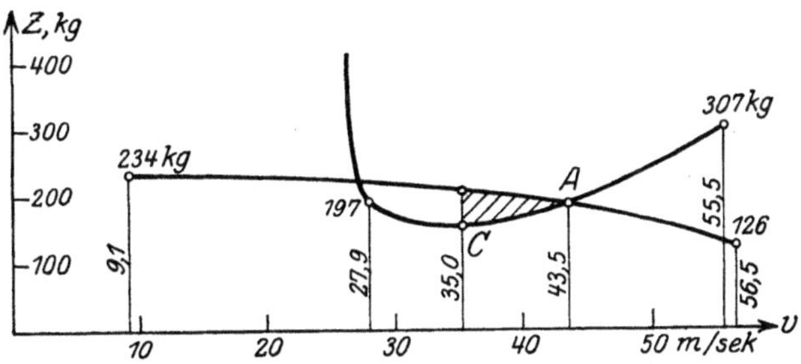

Abb. 127. Zugkraftlinien für Höhenflug bei erhöhter Belastung.

Diesen Zahlen entspricht die Linie I in Abb. 127, in der dazu die Linie II von Abb. 124 eingetragen wurde. Man sieht, daß hier beim Flug in 3000 m Höhe der Einfluß der Gewichtsvermehrung noch bedeutender ist. Der Ordinatenabstand bei C weist einen Kraftüberschuß von 58 kg bei der Geschwindigkeit $v' = 35$ m/sek auf, also eine Steigleistung von 2030 kgm/sek, d. i. um 27 vH weniger als oben ohne Mehrbelastung gefunden wurde. Beim Aufstieg von 3000 m hat sich jetzt die Steigleistung von 3620 auf 2030 um 44 vH verringert, früher betrug die Abnahme von 4200 auf 2790 nur 34 vH. Die größte erreichbare Höhe nimmt mit zunehmender Belastung sehr stark ab.

In ganz ähnlicher Weise lassen sich Betrachtungen über den Einfluß der Flächenbelastung, also der Belastung pro m² der Tragfläche anstellen. Insbesondere ist es, gerade für die

Konstruktion von Flugzeugen (s. Abschn. 32) von Wichtigkeit zu wissen, wie sich die Wagerechtgeschwindigkeit mit der Flächenbelastung ändert. Um diese Frage zu beantworten, gehen wir wieder von Abb. 122 aus, in der die Kurve *II*, als von der Flächenbelastung unabhängig, unverändert bleibt. Die Kurve *I* ist das mathematische Bild der Beziehung:

$$Z = \frac{G}{z_a}\left(z_r + 0{,}65\frac{f}{F}\right) = G \cdot \frac{z_r}{z_a} + 0{,}65\,\frac{f}{z_a} \cdot \frac{G}{F}$$

oder, wenn wir für die Flächenbelastung $\frac{G}{F}$ den Buchstaben p einführen:

$$Z = G \cdot \frac{z_r}{z_a} + 0{,}65\,\frac{f}{z_a} \cdot p.$$

Dazu tritt die erste der Gleichgewichtsbedingungen, bereits nach v aufgelöst:

$$v = \frac{\sqrt{p}}{\sqrt{z_a \cdot m}}.$$

In dem Beispiel der Abb. 122 betrug $p = 1200 : 35 = 34{,}3$ kg/m². Wir wollen jetzt ein Flugzeug wählen, das unter sonst genau gleichen Bedingungen eine Flächenbelastung von 42 kg/m² besitzt. Da wir das Gewicht 1200 kg unverändert lassen, würde das bedeuten, daß die Tragfläche statt 35 m² jetzt 28,6 m² groß ist. Setzen wir die Tiefe der Tragfläche gleich 2 m, dann würde eine Vergrößerung der Flächenbelastung von 35 auf 42 kg/m² eine Vergrößerung des Seitenverhältnisses $t : b$ von rund 1 : 9 auf 1 : 7 zur Folge haben. Streng genommen müßten wir jetzt die Änderung der Beiwerte z_a und z_r, die durch das geänderte Seitenverhältnis hervorgerufen wird, berücksichtigen. Diese Änderungen sind aber so gering, daß sie vernachlässigt werden können. Wir erhalten dann die neuen v-Werte durch Multiplikation der auf S. 204 angegebenen mit $\sqrt{\frac{42}{34{,}3}} = \sqrt{1{,}225} = 1{,}108 \sim 1{,}11$. also z. B. für $\alpha = 2^0$ $v = 1{,}11 \cdot 36{,}6 = 40{,}6$ m/sek, und ebenso die anderen Werte. Die Werte der erforderlichen Zugkraft müssen wir dagegen direkt berechnen. Es ist nach der oben angegebenen Formel für Z:

$$Z = 1200 \cdot \frac{z_r}{z_a} + 0{,}65 \cdot \frac{0{,}9}{z_a} \cdot 42 = 1200 \cdot \frac{z_r}{z_a} + \frac{24{,}57}{z_a}.$$

Entnehmen wir wieder den Abb. 19 und 20 die für die Anstellwinkel $a = 0^0$, 2^0, 4^0, 6^0, 8^0, 12^0, 16^0 und 18^0 aufgetragenen Werte z_a und z_r, so können wir für diese Anstellwinkel Z berechnen und erhalten schließlich folgende Zuordnung:

$a = 0^0$;	$v = 48{,}9$ m/sek;	$Z = 304$ kg
$= 2^0$;	$= 40{,}6$ " ;	$= 196$ "
$= 4^0$;	$= 34{,}7$ " ;	$= 160$ "
$= 6^0$;	$= 31{,}0$ " ;	$= 147$ "
$= 8^0$;	$= 28{,}6$ " ;	$= 148$ "
$= 12^0$;	$= 25{,}2$ " ;	$= 158$ "
$= 16^0$;	$= 24{,}6$ " ;	$= 213$ "
$= 18^0$;	$= 24{,}4$ " ;	$= 282$ "

In Abb. 128 ist Z als Funktion von v aufgetragen. Das ergibt die Linie *I*. Linie *II* ist unverändert aus Abb. 122 entnommen,

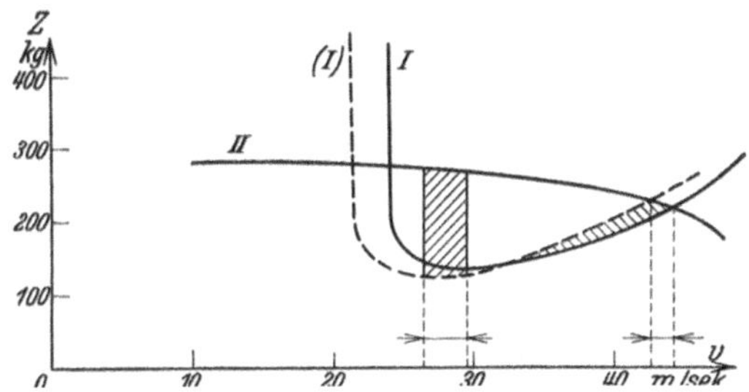

Abb. 128. Zugkraftlinien bei veränderter Flächenbelastung.

desgleichen (gestrichelt gezeichnet) Linie (*I*) der Abb. 122, welche die erforderliche Zugkraft bei einer Flächenbelastung von 34,3 kg/m² darstellt. Man erkennt, daß der Einfluß der geänderten Flächenbelastung sich in dem Schaubild durch eine Verschiebung der Linie *I* gegenüber der Linie (*I*), und zwar nach rechts, auswirkt. Das hat für unseren Fall eine Vergrößerung der Wagerechtgeschwindigkeit von etwa 42 m/sek auf 44 m/sek zur Folge. Die Gebiete, in denen ohne „Überziehen" geflogen werden kann, überschneiden sich in (*I*) und *I*. Es sind deshalb nur die beiden Gebieten nicht gemeinsamen Teile schraffiert. Man erkennt, daß das Geschwindigkeitsgebiet, in dem geflogen werden kann, im Falle der größeren Flächenbelastung kleiner ist.

Um den Einfluß der Flächenbelastung auch in 3000 m Höhe zu untersuchen, übertragen wir die Linie *II* der Abb. 124 oder 127 nach Abb. 129. Da die Ordinaten der Linie *I* ungeändert bleiben, die Abszissen aber mit dem Verhältnis der Wurzel aus den Luftdichten multipliziert werden müssen, erhält man *I*, indem man die v-Werte der letzten Tafel mit $\sqrt{\frac{1{,}25}{0{,}93}} = 1{,}16$ multipliziert und zu diesen neu gewonnenen Werten die Z-Werte aus der letzten Tafel aufträgt. In die so entstehende Abb. 129 ist außerdem wieder die aus Abb. 124 entnommene Linie (*I*) vergleichshalber eingezeichnet. Man erkennt, daß in einer Höhe von 3000 m der Einfluß der Flächenbelastung auf die Änderung der Fluggeschwindigkeit nahezu unwirksam bleibt, wogegen ein

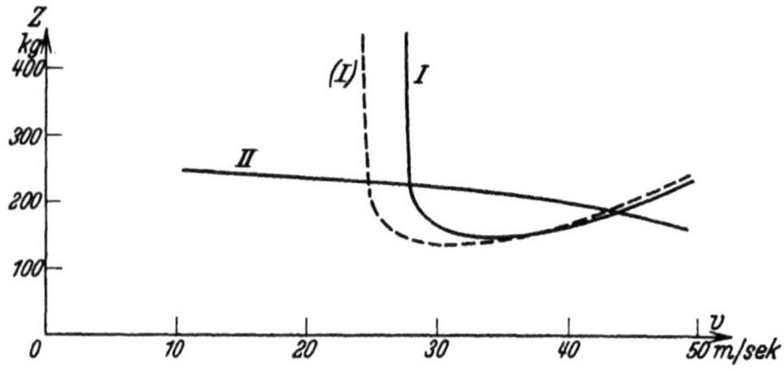

Abb. 129. Zugkraftlinien bei veränderter Flächenbelastung und Höhe.

„Überziehen“ in dieser Höhe sehr viel leichter eintritt als bei einem Flugzeug mit geringerer Flächenbelastung. Für ein Höhenflugzeug ist also zu große Flächenbelastung in jedem Falle ungünstig, bei einem Streckenflugzeug dagegen ist wegen der Erhöhung der Fluggeschwindigkeit die Flächenbelastung, soweit nicht andere Gründe dagegen sprechen, möglichst hoch zu wählen.

Man kann schließlich an den hier in Rede stehenden Diagrammen noch eine weitere, im praktischen Flugbetrieb sehr wichtige Frage studieren, nämlich die der Auswahl des richtigen Propellers für ein Flugzeug. Es ist selbstverständlich, daß man Luftschrauben von möglichst hohem Wirkungsgrad verlangt. Aber da wir an unserer Abb. 77 erkannt haben, daß der Wirkungsgrad vom jeweiligen Wert des Fortschrittsgrades $v : U$ abhängt, sich also für die verschiedenen Flugzustände verschieden ergibt, so folgt, daß die Frage nicht so einfach zu lösen ist. Wie viel der Unterschied in den Wirkungsgraden ausmachen kann, wollen wir uns an dem Beispiel, das in Abb. 124 und 125 zum Ausdruck kommt (also Flug in 3000 m Höhe bei $G = 1200$ kg), klarmachen. Die Abb. 124 zeigt, daß der dem Wagrechtflug entsprechende Punkt A bei rund 44 m/sek liegt. Sehen wir in der Tabelle von Seite 216 für die zusammengehörigen Werte von $v:U$, n, v, Z nach, so finden wir, daß einem $v = 42{,}3$ ein $v:U = 0{,}20$ entspricht. Bei diesem Fortschrittsgrad hat nach Abb. 77 die Luftschraube einen Wirkungsgrad von ungefähr 72 vH. Dagegen hat der Punkt C in Abb. 124, der ungefähr den Zustand stärksten Steigens bezeichnet, eine Abszisse von rund $v = 31$ m/sek, was nach der eben angeführten Tabelle einem Wert $v:U = 0{,}15$ entspricht; hierfür zeigt Abb. 77 einen Propellerwirkungsgrad von nur etwa 57 vH. Der Unterschied, der also beim Steigen gewissermaßen verloren geht, beträgt rund 15 vH, d. i. einen ganz beträchtlichen Teil der Motorleistung.

Beachtet man, daß nach Abb. 77 der Wirkungsgrad der Luftschraube erst bei etwa $v:U = 0{,}25$ seinen Höchstwert erreicht, so wird man verstehen, daß *diese* Luftschraube für unser Flugzeug, wenigstens beim Flug in 3000 m Höhe, nicht geeignet ist. Denn ihr günstigster Wirkungsgrad liegt außerhalb des ganzen Bereiches der Betriebszustände zwischen Wagrechtflug und stärkstem Steigen. Aber die Frage bleibt offen: Wie soll man die Luftschraube in jedem Fall wählen, wann soll der Höchstwert des Wirkungsgrades erreicht sein, beim Steigen oder beim Wagrechtflug? Die Antwort darauf läßt sich nicht allgemein geben, sondern man erkennt, daß hier gerade eine gewisse Freiheit in der Verwendungsmöglichkeit eines Flugzeuges besteht. Je nachdem man den Propeller so wählt, *daß er bei größerem oder geringerem Wert von* $v:U$ *den höchsten Wirkungsgrad erreicht, hat man die Motorleistung mehr zur Erzielung von Wagrechtgeschwindigkeit oder zur Erreichung von Steigfähigkeit ausgenutzt.* Man spricht im ersten Fall von einem „Geschwindigkeits-“, im letzten Fall von einem „Steigpropeller“.

An dieser Stelle ist es angebracht, nochmals auf den Wert des Propellers mit verstellbarem Blatt hinzuweisen (vgl. S. 122).

Wir haben in Abschnitt 19 gezeigt, daß der Wirkungsgrad des Propellers durch die Beziehung:

$$\eta = \frac{z_p}{z_m} \cdot \frac{v}{U}$$

dargestellt wird. Die Ausführungen in Abschnitt 20 haben dann das Ergebnis gebracht, daß die Luftschraubenbeiwerte, also auch ihr Quotient, von den Beiwerten z_a und z_r des Profils der einzelnen Luftschraubenelemente abhängen. Für Propeller mit unveränderlicher Steigung gehören zu jedem Element für einen bestimmten Fortschrittsgrad ein ganz bestimmtes z_a und z_r, also für jeden Fortschrittsgrad ein ganz bestimmtes z_p und z_m der Luftschraube. Zu einer solchen Luftschraube gehört daher nur eine Kurve, welche den Wirkungsgrad in Abhängigkeit vom Fortschrittsgrad darstellt. Der Propeller ist dann dem Verlauf der Kurve entsprechend ein für alle Mal auf eine ganz bestimmte Anwendungsmöglichkeit festgelegt. Hat aber eine Luftschraube verstellbare Blätter, so gibt es für jedes ihrer Elemente eine Reihe von z_a- und z_r-Werten, der jeweiligen Neigung entsprechend. Es gibt dann für eine solche Luftschraube auch eine Schar von η-Kurven, die den verschiedenen Neigungen der Schraubenblätter entsprechen. Soll ein Flugzeug als Höhen- und als Streckenflugzeug Verwendung finden, so muß es bei zwei verschiedenen Wagerechtgeschwindigkeiten — im Beispiel der Abb. 122 sind es die Geschwindigkeiten $v_1 = 41{,}9$ m/sek und $v_2 = 29$ m/sek — höchste Leistungsfähigkeit entwickeln. Den Geschwindigkeiten v_1 und v_2 entsprechen die Fortschrittsgrade $\frac{v_1}{U_1}$ und $\frac{v_2}{U_2}$. Sucht man jetzt in der Schar der η-Kurven die beiden, welche bei $\frac{v_1}{U_1}$ und $\frac{v_2}{U_2}$ ihr Maximum haben, so hat man in den diesen beiden Kurven zugeordneten Neigungen des Propellerblattes diejenigen gefunden, welche die Motorleistung bei Höhen- und bei Wagerechtflug am besten auszunützen gestatten. Diese Andeutungen müssen hier genügen; weitere Ausführungen hierzu findet man in der umfangreichen Literatur über Propellerauswahl[1]).

[1]) Ein sehr verwendbares zeichnerisches Verfahren zur Propellerauswahl hat erstmals G. Eiffel in seinem Werk: Der Luftwiderstand und der Flug, dtsch. von F. Huth, Berlin: R. C. Schmidt 1912 ange-

31. Steiggeschwindigkeit, Gipfelhöhe und Steigzeit.

Die Kurvenbilder, wie sie in den voraufgehenden Abschnitten entwickelt wurden, geben zwar den vollständigsten und einen für alle praktischen Zwecke hinreichend genauen Einblick in die Verhältnisse des stationären Wagrecht- und Steigfluges, sie haben aber den Nachteil, daß sie nur nach verhältnismäßig großer Mühe die Ergebnisse, nach denen gesucht wird, zu finden gestatten. Daher wird es manchmal erwünscht sein, eine, wenn auch nur überschlägige, dafür aber kürzere und rascher zum Ziele führende Berechnung anstellen zu können. Zu einer solchen gelangt man, unter mehr oder weniger vollständiger Ausschaltung des zeichnerischen Verfahrens, in folgender Weise.

Wir gehen wieder von den Gleichgewichtsbedingungen: Auftrieb = Gewicht, erforderliche Zugkraft = Rücktrieb + schädlichem Widerstand, aus:

$$G = z_a \cdot m \cdot F \cdot v^2,$$

$$Z = z_r \cdot m \cdot F \cdot v^2 + 0{,}65\, m \cdot f \cdot v^2 = \left(z_r + 0{,}65 \frac{f}{F}\right) \cdot m \cdot F \cdot v^2.$$

Es ist für uns jetzt bequem, für den Klammerausdruck, der sich aus dem Beiwert des Rücktriebs und einem von der schädlichen Fläche bestimmten Anteil zusammensetzt, ein einziges Zeichen, etwa z_w, zu setzen. Es bedeutet also von jetzt an

$$z_w = z_r + 0{,}65 \frac{f}{F}$$

einen „Widerstandsbeiwert“, der allen Widerständen des Flugzeugkörpers und der Tragfläche Rechnung trägt. Die Gleichgewichtsbedingungen lauten dann

$$G = z_a \cdot m \cdot F \cdot v^2 \quad \text{und} \quad Z = z_w \cdot m \cdot F \cdot v^2,$$

woraus wir durch Dividieren ableiten:

$$Z : G = z_w : z_a \quad \text{oder} \quad Z = \frac{z_w}{z_a} \cdot G,$$

---

geben. Verschiedene Verbesserungen und Varianten sind in zahlreichen Zeitschriftenaufsätzen veröffentlicht worden. Man vgl. a. F. Fuchs u. L. Hopf, Aerodynamik. Berlin: R. C. Schmidt 1922. Eine sehr gute Übersicht vermittelt auch der Bericht von G. Madelung, Beitrag zur Theorie der Luftschrauben, Jahrbuch 1928 d. Dtschen. Versuchsanst. f. Luftfahrt, S. 27.

während wir die Geschwindigkeit v, wie schon wiederholt früher, aus der ersten Gleichgewichtsgleichung zu

$$v = \sqrt{\frac{G}{z_a \cdot m \cdot F}}$$

bestimmen. Soweit liegt noch nichts Neues gegenüber dem Früheren vor. Der Quotient $z_w : z_a$ heißt auch „Gleitzahl des Flugzeuges“, ähnlich der „Gleitzahl der Tragfläche“, die in Abschn. 7 als der Quotient $z_r : z_a$ definiert war.

Nun gehen wir dazu über, die beim Steigflug erforderliche Leistung zu berechnen. Beim Wagrechtflug hat die Leistung, wie auch schon früher angegeben wurde, einfach den Wert $Z \cdot v$. Wenn der Motor gerade diese Leistung hergibt, findet wagrechter Flug statt, ein etwaiger Überschuß kann dazu dienen, einen Anstieg zu bewirken. Nennen wir, wie oben, die Steiggeschwindigkeit w, so wird auf Hebearbeit der Leistungsbetrag $G \cdot w$ verwendet und die gesamte vom Propeller auf das Flugzeug übertragene Leistung L verteilt sich auf Zugleistung $Z \cdot v$ und Steigleistung $G \cdot w$. Wir haben also

$$L = Z \cdot v + G \cdot w,$$

woraus die Steiggeschwindigkeit sich rechnet zu

$$w = \frac{L}{G} - \frac{Z}{G} \cdot v = \frac{L}{G} - \frac{z_w}{z_a} \cdot v,$$

oder, wenn wir für v den vorhin ermittelten Wert einsetzen:

$$w = \frac{L}{G} - \frac{z_w}{z_a}\sqrt{\frac{G}{z_a \cdot m \cdot F}} = \frac{L}{G} - \sqrt{\frac{z_w^2}{z_a^3} \cdot \frac{1}{m} \cdot \frac{G}{F}}\,.$$

Bis hierher ist noch keinerlei willkürliche Annahme zur Vereinfachung der Rechnung gemacht worden; die Formel ist noch ebenso genau richtig, wie alles, was in den früheren Abschnitten gerechnet wurde.

Wollen wir aber die abgeleitete Gleichung wirklich anwenden, um die Steiggeschwindigkeit w in einem bestimmten Fall zu berechnen, so finden wir zunächst, daß rechts noch sehr viel Unbekanntes steht. Unveränderlich oder als gegeben anzusehen sind von den Größen auf der rechten Seite nur G und F, Gewicht und Tragfläche, wobei wir den Quotienten $G : F$

auch durch die „Flächenbelastung“ p ersetzt denken können. Die Beiwerte z_w und z_a, die in der charakteristischen Verbindung $z_w^2 : z_a^3$ auftreten (vgl. auch Abschn. 13), sind, wenn das Tragflügelprofil festliegt, noch Funktionen des Anstellwinkels, und wir wissen vorerst noch nicht, mit welchem Anstellwinkel geflogen wird. Die Luftdichte m, die von der augenblicklichen Höhenlage h abhängt, dürfen wir als gegebene Veränderliche betrachten. Die größte Schwierigkeit steckt aber in der Größe L. Schon die vom Motor abgegebene und von der Luftschraube aufgenommene Leistung ist, ganz abgesehen von dem Einfluß der Höhenlage, von der Umlaufzahl (entsprechend der Bremslinie des Motors, Abschnitt 23) abhängig, und diese bestimmt sich eben aus der Gesamtheit der Gleichgewichtsbedingungen. Unser L bezeichnet aber die von der Schraube abgegebene Leistung die aus der eben genannten durch Multiplikation mit dem Luftschraubenwirkungsgrad η hervorgeht. Dieser ist wieder, wie in Abschnitt 19 gezeigt wurde, Funktion des Fortschrittsgrades der Luftschraube, dessen Wert uns auch nicht von vornherein bekannt ist. Es gibt kein anderes Mittel, alle diese Einflüsse und Abhängigkeiten richtig in Rechnung zu stellen, als eben die Durchführung des zeichnerischen Verfahrens unserer Abschnitte 27 bis 30. Für eine überschlägige Untersuchung sieht man sich genötigt, eine Reihe von vereinfachenden Annahmen einzuführen, die naturgemäß die Sicherheit und Genauigkeit der Ergebnisse beeinträchtigen.

Vor allem wollen wir annehmen, daß während des ganzen zu untersuchenden Fluges die Umlaufzahl des Motors ungefähr gleich der normalen bleibt (ohne daß an der Gaszufuhr etwas geändert wird), so daß die Motorleistung nur Funktion einer unabhängig Veränderlichen, nämlich der Flughöhe h, wird. Ebenso setzen wir voraus, daß die Fluggeschwindigkeit v, daher wegen der Konstanz der Drehzahl auch der Fortschrittsgrad, und damit der Wirkungsgrad der Schraube, annähernd feste Werte haben. Es wird dann L, die Leistung am Propeller bei normaler Drehzahl, lediglich Funktion der Höhenlage h. Um das gleiche auch in dem letzten Glied der Formel zu erreichen, fügt man noch die Annahme hinzu, daß der Anstellwinkel unveränderlich ist, oder wenigstens, daß der Einfluß des Winkels auf den Quotienten $z_w^2 : z_a^3$ vernachlässigt werden darf. In diesem Sinn aufgefaßt liefert die oben abgeleitete Gleichung in der Tat die Steiggeschwindigkeit w für jede Höhe h, wenn die Flächenbelastung $G:F$, das Gewicht G, die Motorleistung bei normaler Drehzahl für jede Höhe und die notwendigen Konstanten gegeben sind. Wir bringen dies in der Formel zum Ausdruck, indem wir an Stelle von L die Normalleistung des Motors am Boden, die in PS ausgedrückt N_0 heißen möge, einführen. Für die Leistung in der Höhe h schreiben wir $N = N_0 \cdot a$, wobei a eine von h abhängige „Abminderungszahl" bezeichnet. Für L ist dann $75\,\eta \cdot N_0 \cdot a$ zu setzen, wobei in dem „Wirkungsgrad" η streng genommen nicht nur der Unterschied zwischen der vom Propeller aufgenommenen und abgegebenen Leistung, sondern auch noch die eventuelle Leistungsverminderung des Motors infolge des Tourenabfalls beim Steigen steckt. Für die Steiggeschwindigkeit w erhalten wir so:

$$w = 75\,\eta \cdot \frac{N_0}{G} \cdot a - \sqrt{\frac{z_w^2}{z_a^3} \cdot \frac{G}{F} \cdot \frac{1}{m}}.$$

Als gute, aber bei Flugzeugen normaler Bauart gerade noch erreichbare Werte für η und den Quotienten $z_w^2 : z_a^3$ (dessen Quadratwurzel $z_w : z_a \sqrt{z_a}$ auch manchmal als „Flugzahl" bezeichnet wird), können wir annehmen:

$$\eta \sim 0{,}67, \quad \text{also} \quad 75\,\eta \sim 50 \quad \text{und}$$

$$\frac{z_w^2}{z_a^3} \sim 0{,}030, \qquad \text{also} \qquad \frac{z_w}{z_a \sqrt{z_a}} \sim 0{,}173.$$

Die Gleichung für die Steiggeschwindigkeit lautet dann:

$$w = 50\,\frac{N_0}{G} \cdot a - 0{,}173 \sqrt{\frac{G}{F} \cdot \frac{1}{m}}.$$

Hier treten auf der rechten Seite nur noch 4 Größen auf: die beiden Flugzeugkonstanten

Flächenbelastung $\frac{G}{F}$ in kg/m²,

„Leistungsbelastung" $\frac{G}{N_0}$ in kg/PS,

und die beiden mit der Flughöhe veränderlichen Größen

Abminderungszahl der Motorleistung a,

Reziproke Wurzel aus der Luftdichte $\frac{1}{\sqrt{m}}$,

die wir beide als von vornherein gegeben ansehen müssen.

Die so vereinfachte Gleichung für die Steiggeschwindigkeit benutzen wir zunächst dazu, die Gipfelhöhe, d. i. die größte vom Flugzeug erreichbare Höhe, zu berechnen. Sie ist ja dadurch gekennzeichnet, daß in ihr $w = 0$, die Steiggeschwindigkeit gleich Null ist. Es muß also für die Gipfelhöhe gelten:

$$50 \frac{N_0}{G} \cdot a = 0{,}173 \sqrt{\frac{G}{F} \cdot \frac{1}{m}},$$

oder, wenn wir beiderseits quadrieren und kürzen:

$$m \cdot a^2 = 0{,}0000120 \frac{G}{F} \cdot \left(\frac{G}{N_0}\right)^2.$$

Man erkennt daraus, daß für die Gipfelhöhe eines Flugzeuges das Produkt aus Flächenbelastung und Quadrat der Leistungsbelastung maßgebend ist. Je kleiner dieses Produkt, um so kleiner wird der Wert von $m \cdot a^2$ in der Gipfelhöhe, um so größer also diese Höhe selbst. Ein Beispiel wird das sofort klar machen.

Es seien die Verhältnisse zugrunde gelegt, wie sie bei einem BMW III-Motor (Zeile 8 in Zahlentafel 7) bestehen. Unsere Abb. 93, die die Leistung N als Funktion der Luftdichte m angibt, kann auch unmittelbar als eine Darstellung der Abminderungszahl a aufgefaßt werden: Man braucht die Ordinaten der Kurve nur durch den Wert der Bodenleistung $N_0 = 207$ zu dividieren. So liest man bei $m = 0{,}08$ ab: $N = 150$, daraus $a = N : N_0 = 0{,}725$, $m \cdot a^2 = 0{,}08 \cdot 0{,}725^2 = 0{,}042$, schließlich $m \cdot a^2 : 0{,}000012 = 0{,}042 : 0{,}000012 = 3500$. Nach unserer Zahlentafel 2 entspricht der Dichte 0,08 eine Höhe von ungefähr 4000 m. Also ist 4000 m die Gipfelhöhe eines mit BMW III ausgerüsteten Flugzeuges, wenn sein Produkt aus Flächenbelastung und Quadrat der Leistungsbelastung 3500 beträgt, wenn es z. B. bei 40 kg/m² Flächenbelastung 9,3 kg/PS trägt ($40 \cdot 9{,}3^2 = 3500$). Um eine Folge zusammengehöriger Werte zu bekommen, benutzt man am besten Abb. 94, die N als Funktion der Höhe zeigt, und nimmt gleich Zahlentafel 2 hinzu. Für $h = 5000$ m zeigt die Abbildung $N = 135$, also $a = 135 : 207 = 0{,}652$ und die mittlere Spalte der Zahlentafel $m = 0{,}074$; mithin ist $m \cdot a^2 = 0{,}0314$ und das gesuchte

Produkt 0,0314: 0,000012 = 2610. In dieser Weise ist die nachfolgende Tafel berechnet, die in der ersten Spalte die Gipfelhöhe, in der zweiten den Gipfelwert der Luftdichte, in der dritten das zugehörige Produkt aus Flächenbelastung und Quadrat der Leistungsbelastung, gleich dem Quotienten $m\,a^2 : 0{,}000\,012$, angibt.

$h = 2000$ m	$m = 0{,}104$	$\frac{G}{F} \cdot \left(\frac{G}{N_0}\right)^2 = 6910$
3000	0,093	5200
4000	0,083	3860
5000	0,074	2700
6000	0,066	1850
7000	0,059	1150
8000	0,052	715

Diese Zahlenwerte sind nochmals in Abb. 130 zur Darstellung gebracht, in der sowohl h wie m als Funktionen des Produktes in der letzten Spalte aufgezeichnet sind. Man entnimmt beispielsweise der Figur, daß einer Flächenbelastung von 40 kg/m² und der Leistungsbelastung 8,5 kg/PS mit $40 \cdot 8{,}5^2 = 2890$ eine Gipfelhöhe von 4850 m entspricht. Natürlich gilt dies nur für Motoren, deren Leistungsabnahme mit der Höhe der des BMW III-Motors entspricht, und unter der Voraussetzung, daß unsere überschlägigen Annahmen über die Motorumlaufzahl, den Luftschraubenwirkungsgrad η und den Wert von $z_w^2 : z_a^3$ einigermaßen zutreffen. Hat man genauere Anhaltspunkte für die beiden letzteren Größen, so muß man bedenken, daß in der dritten Spalte unserer Tafel die Werte von $m \cdot a^2 : 0{,}000012$ stehen, während allgemein für $w = 0$

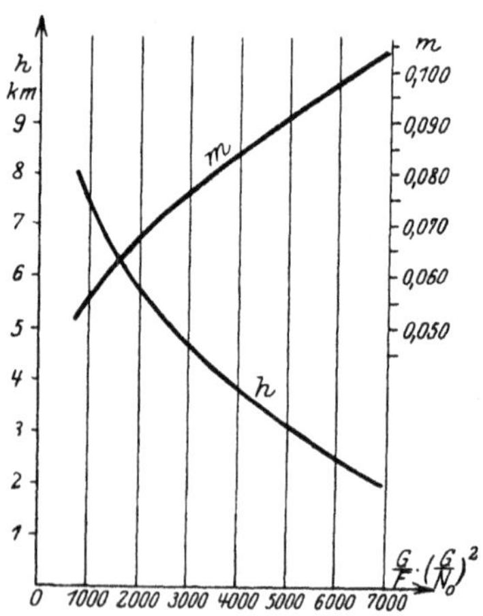

Abb. 130. Gipfelhöhe und Gipfelwert der Luftdichte.

$$\frac{G}{F}\left(\frac{G}{N_0}\right)^2 = m\,a^2 \cdot (75\,\eta)^2 \frac{z_a^{\,3}}{z_w^{\,2}}$$

gilt. Man muß also die Zahlen der letzten Spalte mit

$$0{,}000012\,(75\,\eta)^2\,\frac{z_a^{\,3}}{z_w^{\,2}}$$

oder mit

$$0{,}0675\,\frac{\eta^2\,z_a^{\,3}}{z_w^{\,2}}$$

multiplizieren, um die allgemeiner gültigen Werte des Produktes aus Flächenbelastung und Quadrat der Leistungsbelastung zu erhalten.

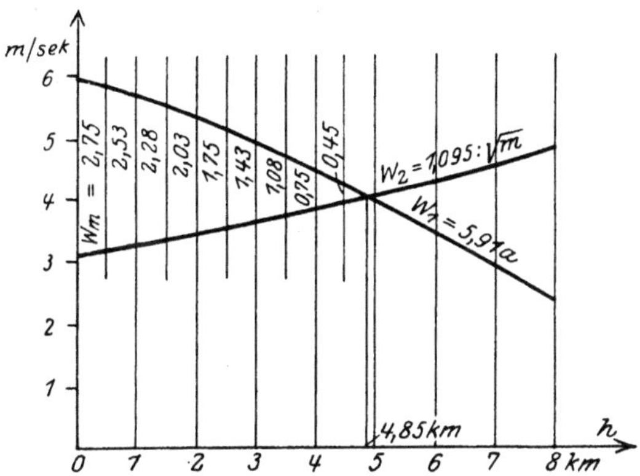

Abb. 131. Berechnung der Steiggeschwindigkeit.

Kehren wir nun zu der Formel für die Steiggeschwindigkeit zurück, die wir oben abgeleitet haben:

$$w = 75\,\eta\,\frac{N_0}{G}\cdot a - \sqrt{\frac{z_w^{\,2}}{z_a^{\,3}}\cdot\frac{G}{F}\cdot\frac{1}{m}}\,.$$

Wir wollen wieder den Schraubenwirkungsgrad η und das Verhältnis $z_w^{\,2} : z_a^{\,3}$ als unveränderlich und gegeben betrachten. Dann stellt sich w als Differenz zweier Größen dar, von denen die erste mit zunehmender Flughöhe h abnimmt, die zweite (wegen des Faktors m im Nenner) mit h wächst. In Abb. 131 ist zur Flughöhe h als Abszisse zunächst der Verlauf des ersten Gliedes (W_1) angegeben, und zwar entspricht die Bezifferung der Ordinaten der Annahme $\eta = 0{,}67$, $N_0 : G = 1 : 8{,}5$, also Leistungsbelastung 8,5 kg/PS. Die Kurve, die dieses erste Glied darstellt, wird in ihrer Gestalt ausschließlich durch den Verlauf des Abminderungsfaktors a bestimmt. Wenn wir wieder den früher ins Auge gefaßten BMW III-Motor voraussetzen, so ist die Kurve, von dem Maßstabe der Ordinaten abgesehen, genau gleich der in Abb. 94. Unsere Abb. 131 zeigt aber auch noch den Verlauf des zweiten Gliedes (W_2), das umgekehrt proportional der Quadratwurzel aus der Luftdichte m ist. Für die Zeichnung sind die Werte $z_w^2 : z_a^3 = 0{,}030$ und $G : F = 40\ \mathrm{kg/m^2}$ gewählt, so daß als Ordinaten die Werte von $\sqrt{0{,}030 \cdot 40 : m} = 1{,}095 : \sqrt{m}$ aufgetragen wurden. Die Werte der Luftdichte sind dabei

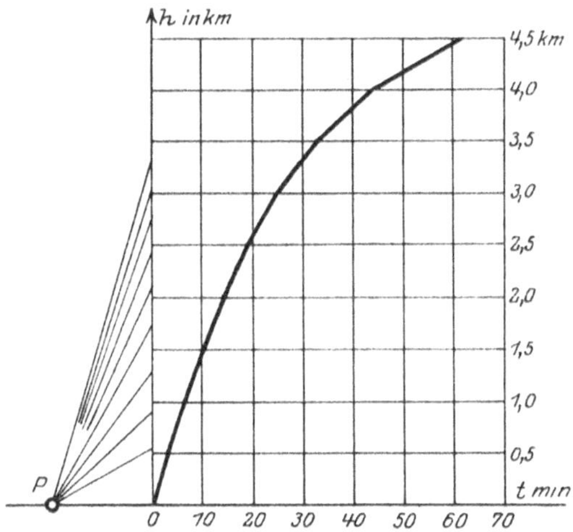

Abb. 132. Konstruierte Steiglinie.

wieder der mittleren Spalte der Zahlentafel 2 entnommen. Man erkennt, daß die beiden Linien sich bei $h = 4850$ m schneiden; dies ist die (schon früher bestimmte) Gipfelhöhe in unserem Fall. Für jedes h unterhalb 4850 m haben wir in der Ordinatendifferenz der beiden Linien den Wert von w. Teilen wir die gesamte durchflogene Höhe in Stücke von beispielsweise je 500 m, so können wir für jedes Stück die mittlere Steiggeschwindigkeit ablesen und daraus die Steiglinie, wie sie ein richtiggestelltes Barogramm (vgl. Abschnitt 2) liefern müßte, entwickeln. In Abb. 132 ist dies durchgeführt.

Als Abszissen sind in Abb. 132 die Zeiten, als Ordinaten die zu jeder Zeit erreichten Höhen aufgetragen. Der Linienzug, der aus einer Aufeinanderfolge kurzer, geradliniger Stücke besteht, ist so zustande gekommen, daß zuerst die Wagrechten in Abständen von 500 zu 500 m gezogen wurden. Dann ist aus Abb. 131 die mittlere Geschwindigkeit für den ersten Abschnitt herübergenommen, auf der Ordinatenachse vom Nullpunkt aus nach oben aufgetragen und ihr Endpunkt mit dem festen Punkt p auf der Abszissenachse verbunden worden. Parallel zu diesem Strahl verläuft das erste Stück der Steigkurve und, indem man mit der zweiten, dritten ... Abschnittsgeschwindigkeit ebenso verfährt, jedesmal den Endpunkt mit p verbindet und zu dem Strahl ein paralleles Stück in der Hauptfigur zieht, erhält man die ganze Steigkurve bis zur Gipfelhöhe. Man kann

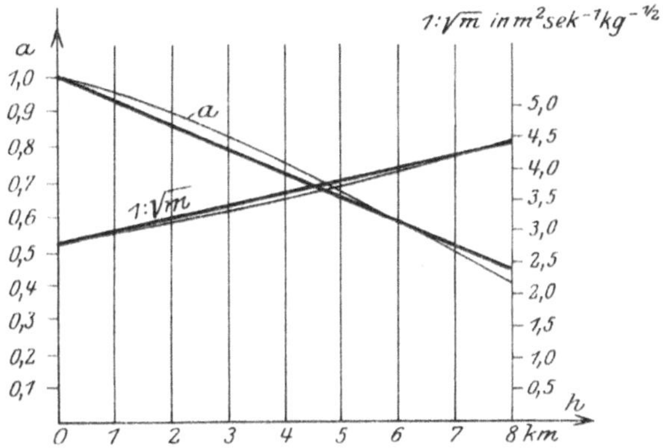

Abb. 133. Näherungslinien für a und $1 : \sqrt{m}$.

aus Abb. 132 entnehmen, daß unser Flugzeug in 25 Minuten die Höhe von 3000 m, in 44 Minuten 4000 m erreicht. Hat man andere Werte als die von uns angenommenen für Wirkungsgrad η und Leistungsbelastung $G : N_0$, bzw. für $z_w{}^2 : z_a{}^3$ und Flächenbelastung $G : F$, so muß man nur die Ordinatenmaßstäbe der Linien in Abb. 131 anders wählen und dann in der gleichen Weise verfahren. Hat man einen Motor mit andersartigem Verlauf des Abminderungsfaktors a, so ist auch die Gestalt der ersten Linie entsprechend zu verändern, während die zweite — bis auf den Maßstab — sich immer gleichbleibt.

Oft will man, unter Vermeidung jeder zeichnerischen Ermittlung, einen kurzen formelmäßigen Ausdruck für Steiggeschwindigkeit, Gipfelhöhe und Steigzeit haben. Dies gelingt, wenn man in der Vereinfachung und Schematisierung noch einen Schritt weiter geht. Man muß für die Abhängigkeit der Abminderungszahl a und der Luftdichte m von der Höhe h möglichst einfache Formeln einführen. In Abb. 133 haben wir zu diesem Zwecke den Verlauf von a für den BMW III-Motor entsprechend der untersten Linie von Abb. 94 noch einmal aufgezeichnet und ebenso die aus Zahlentafel 2 (mit dem Temperaturgradienten 0,5 und der Bodentemperatur 10^0) berechneten Werte von $1:\sqrt{m}$, beides in Abhängigkeit von der Höhe h. Zu diesen beiden Kurven sind in der Abbildung gerade Linien angegeben, die sie mit einiger Annäherung ersetzen können. Die Gleichung der ersten dieser Geraden lautet

$$a = 1 - 0{,}07\,h, \quad \text{allgemein} \quad a = 1 - \alpha h \quad (h \text{ in km}),$$

wenn mit α die Abnahme der Motorleistung pro 1 km Aufstieg, bezogen auf die Bodenleistung bezeichnet wird (nach Abschnitt 23 Abb. 94 liegt α zwischen 0,07 und 0,12), die der zweiten

$$\frac{1}{\sqrt{m}} = 2{,}75 + 0{,}20\,h \quad (h \text{ in km}).$$

Setzt man dies in den Ausdruck für w ein, so erhält man:

$$w = 75\,\eta\,\frac{N_0}{G}(1 - \alpha h) - \sqrt{\frac{z_w^{\,2}}{z_a^{\,3}}\,\frac{G}{F}}(2{,}75 + 0{,}20\,h).$$

Hieraus läßt sich die Gipfelhöhe durch Nullsetzen von w rein rechnerisch bestimmen. Kürzt man nämlich durch $75\,\eta\,N_0:G$ und schreibt zur Abkürzung

$$\frac{1}{(75\,\eta)^2}\cdot\frac{z_w^{\,2}}{z_a^{\,3}}\cdot\frac{G}{F}\cdot\left(\frac{G}{N_0}\right)^2 = x^2,$$

so erhält man

$$0 = 1 - \alpha h - x(2{,}75 + 0{,}20\,h) \quad \text{oder} \quad h(\alpha + 0{,}20\,x) = 1 - 2{,}75\,x$$

und daraus

$$\text{Gipfelhöhe in km:} \quad h = \frac{1 - 2{,}75\,x}{\alpha + 0{,}20\,x}.$$

Den Wert von α (Leistungsverminderung pro 1 km Höhenanstieg im Verhältnis zur Bodenleistung) muß man aus der Kenntnis des Verhaltens des Motors in großen Höhen schöpfen, der Wert von x ist durch das Flugzeug bestimmt. Nehmen wir für $z_w{}^2 : z_a{}^3$ und η die früheren Durchschnittswerte, so bedeutet x^2 die Größe $0{,}000012 \cdot (G:F) \cdot (G:N_0)^2$, also

$$x = 0{,}00346 \sqrt{\frac{G}{F}} \cdot \frac{G}{N_0}.$$

Für eine Flächenbelastung von 40 kg/m² und eine Leistungsbelastung von 8,5 kg/PS wird $x = 0{,}00346 \cdot \sqrt{40} \cdot 8{,}5 = 0{,}186$, daher mit $\alpha = 0{,}07$

$$h = \frac{1 - 0{,}513}{0{,}07 + 0{,}037} = \frac{0{,}487}{0{,}107} = 4{,}55 \text{ km}$$

gegenüber dem früher aus der Zeichnung bestimmten Wert von 4,85 km.

Den Ansatz für w können wir unter Verwendung der Abkürzung x auch so schreiben

$$w = 75\,\eta \frac{N_0}{G}[1 - \alpha h - x(2{,}75 + 0{,}20\,h]$$

oder Steiggeschwindigkeit in m/sek:

$$w = 75\,\eta \frac{N_0}{G}[1 - 2{,}75\,x - h(\alpha + 0{,}20\,x)].$$

Nach den Regeln der Differentialrechnung ist w gleich dem Differentialquotient des Weges nach der Zeit, d. i. Differential der Höhe durch Differential der Zeit. Unsere Gleichung lautet daher, da wir mit h die Höhe in km bezeichnet hatten, unsere Längeneinheit aber das Meter ist:

$$1000 \frac{dh}{dt} = 75\,\eta \frac{N_0}{G}[1 - 2{,}75\,x - h(\alpha + 0{,}20\,x)]$$

oder

$$dt = \frac{G}{N_0} \frac{1000}{75\,\eta} \frac{dh}{1 - 2{,}75\,x - h(\alpha + 0{,}20\,x)}.$$

Der Übergang vom Zeitdifferential zu einem endlichen Zeitintervall erfolgt nach den Regeln der Integralrechnung, die hier ergeben:

$$\text{Steigzeit in sek:} \quad t = \frac{2303}{\alpha + 0{,}20\,x} \frac{G}{N_0} \frac{1}{75\,\eta} \log \frac{h_g}{h_g - h}.$$

Dabei bezeichnet t die Steigzeit, die zur Erreichung der Höhe h erforderlich ist und h_g die Gipfelhöhe, die vorher aus x nach der oben angegebenen Formel

$$h_g = \frac{1 - 2{,}75\,x}{\alpha + 0{,}20\,x} \quad \text{(in km)}$$

gerechnet werden kann. Natürlich müssen h und h_g in gleichen Maßeinheiten eingesetzt werden; x bedeutet die oben genau bezeichnete Abkürzung für die durch das Flugzeug bestimmten Größen.

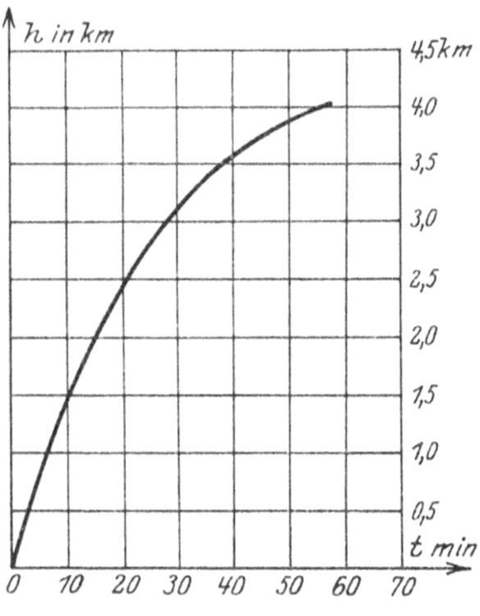

Abb. 134. Berechnete Steiglinie.

Die Gleichung für die Steigzeit gibt eine brauchbare Annäherung nur für h-Werte, die wenigstens 10 vH unter der Gipfelhöhe liegen. Die Gipfelhöhe selbst wird nach der Formel erst in unendlich langer Zeit erreicht. Abb. 134 zeigt die der Formel entsprechende Steigkurve für die oben angenommenen Verhältnisse $x = 0{,}186$, $\alpha = 0{,}07$, $\eta = 0{,}67$, $G : N_0 = 8{,}5$ kg/PS, $h_g = 4{,}55$ km. Der Verlauf ist ganz ähnlich dem des Polygonzuges von Abb. 132. Die Herstellung der Abb. 134 ist einfacher, aber sie gibt den Sachverhalt ungenauer wieder, weil sie auf einer schematisierten Annahme über den Verlauf der Abminderungszahl und der Luftdichte beruht. Für die meisten praktischen Zwecke wird man je nach Geschmack nach dem einen oder dem andern Verfahren arbeiten dürfen.

Um die besondere Eignung eines Flugzeuges für Höhenflüge zu beurteilen, kann man von dem S. 212 eingeführten Begriff der Steigreserve ausgehen. Man versteht darunter denjenigen Teil der Motorleistung, der im günstigsten Fall zur Erzielung von Steiggeschwindigkeit ausgenützt werden kann. Das Verhältnis der Steigreserve zur Gesamtleistung des Motors nennt man auch den „Steigleistungsanteil“. Er ist in jeder Höhenlage verschieden; um einen vergleichbaren Maßstab zu haben, benutzt man am besten zur Kennzeichnung des Flugzeuges für Höhenflüge den „Steigleistungsanteil in Bodennähe“. Kennt man neben den festen Daten des Flugzeuges aus einem Barogramm die größte Steiggeschwindigkeit w, mit der es in der Höhe h noch steigen kann, so läßt sich der „Steigleistungsanteil in Bodennähe“ berechnen, wofern man annimmt, daß oben und unten — was näherungsweise zutrifft — der gleiche Anstellwinkel für den schnellst-steigenden Flug in Betracht kommt. Leistung L, Zugkraft Z, Wagrecht- und Steiggeschwindigkeit v bzw. w sind nach S. 228 durch die Gleichung:

$$L = Zv + Gw$$

miteinander verknüpft. Bezeichnet man die Werte, die L, Z, v, w in Bodennähe annehmen, mit L_0, Z_0, v_0, w_0, so gilt hier:

$$L_0 = Z_0 v_0 + G w_0.$$

Aus den beiden Formeln von S. 228

$$Z = \frac{z_w}{z_a}, \qquad v = \sqrt{\frac{G}{z_a m F}}$$

geht hervor, daß bei unverändertem Anstellwinkel, also bei unveränderten Beiwerten z_a, z_w, die Zugkräfte Z und Z_0 gleich sind, während $v : v_0 = \sqrt{m_0} : \sqrt{m}$, die Wagrechtgeschwindigkeiten sich umgekehrt wie die Quadratwurzeln aus den Luftdichten verhalten. Nun rechnet sich aus der obenstehenden Gleichung für L_0 der Steigleistungsanteil in Bodennähe zu

$$\frac{G w_0}{L_0} = 1 - \frac{Z_0 v_0}{L_0} = 1 - \frac{Z v}{L_0} \cdot \frac{v_0}{v} = 1 - \sqrt{\frac{m}{m_0}} \frac{Z v}{L_0}.$$

Andrerseits liefert die zuerst angegebene Gleichung für L, wenn man sie durch L_0 dividiert

$$\frac{Z v}{L_0} = \frac{L}{L_0} - \frac{G w}{L_0}$$

und da $L : L_0$ nichts anderes als unser Abminderungsfaktor von S. 231 ist, für den S. 236 näherungsweise $a = 1 - \alpha h$ ($\alpha = 0{,}07$ bis $0{,}12$; h in km) gesetzt wurde, so erhalten wir

$$\frac{G w_0}{L_0} = 1 - \sqrt{\frac{m}{m_0}} \left(1 - \alpha h - \frac{G w}{L_0}\right).$$

Drückt man L_0 durch die Nennleistung N_0 des Motors in PS aus, also $L_0 = 75\,\eta\,N_0$, setzt schätzungsweise wie oben $75\,\eta \sim 50$, so gewinnen wir schließlich für den „Steigleistungsanteil in Bodennähe“ die Formel

$$\frac{G\,w_0}{L_0} = 1 - \sqrt{\frac{m}{m_0}}\left(1 - \alpha\,h - \frac{G}{N_0}\cdot\frac{w}{50}\right),$$

worin die maßgebende Bedeutung der „Leistungsbelastung“ $G:N_0$ in Erscheinung tritt. Hat beispielsweise ein Flugzeug in $h = 2000$ m Höhe zum Anstieg um weitere 180 m zwei Minuten gebraucht, so daß $w = 180:(2\cdot 60) = 1{,}5$ m/sek, so gilt bei einer Leistungsbelastung $G:N = 8{,}5$ kg/PS, bei $\alpha = 0{,}07$ und $m:m_0 = 0{,}81$ (Zahlentafel 2, S. 15): Steigleistungsanteil in Bodennähe $=$

$$1 - 0{,}90\,(1 - 2\cdot 0{,}07 - 8{,}5\cdot 0{,}03) = 0{,}46.$$

Auf diese Weise kann man, wenn die Steiggeschwindigkeit in irgend einer Höhe bekannt ist, den Steigleistungsanteil in Bodennähe berechnen, aber es läßt sich natürlich auch umgekehrt, sobald diese letztere Größe — eine charakteristische Flugzeugeigenschaft — bekannt ist, auf die Steiggeschwindigkeit w schließen.

32. Berechnungen beim Entwurf eines Flugzeuges.

(Dieser Abschnitt kann ohne Schaden für den Zusammenhang übergangen werden.)

Wir wollen jetzt die wichtigsten derjenigen rechnerischen Überlegungen kurz zusammenfassen, die man beim Entwurf eines neuen Flugzeuges in der Regel anzustellen hat. Dabei kann es sich nicht darum handeln, hier eine vollständige Anweisung für die Berechnung einer neuen Type zu geben, sondern es soll nur auf die Punkte, die für eine solche Berechnung die wesentlichsten sind, hingewiesen werden.

Es sei z. B. ein zweisitziges Flugzeug für einen 185-PS-Motor mit einer Zuladung (d. i. Besatzung, Nutzlast und Betriebsstoffe) von 380 kg und mit einem Gewicht der Motoranlage (d. i. Motor mit Kühler, Luftschraube, Behälter, Instrumenten) von 320 kg zu entwerfen. Zunächst wird man das voraussichtliche Gesamtgewicht abzuschätzen haben, das man natürlich erst nach vollständiger Konstruktion genau ermitteln kann. Als ersten Anhaltspunkt kann man bei einem normalen Gebrauchs-Flugzeug annehmen, daß das Konstruktionsgewicht, d. i. das Gewicht des ganz unbelasteten Flugzeuges ohne Motoranlage, oder, wie man heute sagt, das „Flugwerk-Leergewicht", etwa in der Mitte zwischen dem Gewicht der Motoranlage und dem der Belastung, also hier bei 350 kg liegt. Mit anderen Worten: das Gesamtgewicht des belasteten Flugzeuges ist, roh geschätzt, das Anderthalbfache der Summe von Belastung und Gewicht der Motoranlage, in unserem Falle 1050 kg. Ungefähr das gleiche besagt die oft empfohlene Faustregel, die das Gewicht des Flugwerks gleich 30 bis 40 vH des Gesamtgewichtes setzt. Auch dies führt in unserem Fall zu einem Fluggewicht von rund 1050 kg. Mit dieser ersten Schätzung kann man in die Rechnung eintreten, muß aber nachher, wenn die durch die Rechnungsergebnisse mitbestimmte Konstruktion erfolgt ist, nochmals mit dem richtigen Gewicht nachrechnen.

Als Ausgangspunkt der Berechnung nehmen wir die Wahl der Flächenbelastung, d. i. des auf 1 m² Tragfläche entfallenden Anteils an Gesamtgewicht (vgl. Abschn. 10). Die Flächenbelastung liegt für unsere heutigen Flugzeuge durchschnittlich bei 40 kg/m². Flugzeuge mit geringerer Flächenbelastung sind im allgemeinen leichter zu fliegen, d. h. sie sind gegen Fehler, Versäumnisse und Ungenauigkeiten in der Betätigung der Steuerung (Abschn. 38) weniger empfindlich; sie gleiten auch flacher und haben geringere Landungsgeschwindigkeit. Überhaupt äußert sich, wie wir in Abschn. 30 bereits festgestellt haben, die Wirkung höherer Flächenbelastung darin, daß die Linie *I* der Abb. 122 etwas weiter nach rechts und höher hinauf rückt. Wie in Abschn. 30 und 31 ausführlich gezeigt wurde, wird das Steigvermögen und namentlich die größte erreichbare Höhe unter sonst gleichen Umständen mit Wachsen der Flächenbelastung kleiner. Da wir mit $G = 1050$ kg und $N_0 = 185$ PS eine Leistungsbelastung von $1050 : 185 = 5{,}7$ kg/PS haben, gibt $p = 40$ kg/m² ein Produkt $(G:F) \cdot (G:N_0)^2 = 1290$, und dies würde, wenn wir mit den Annahmen der Tabelle in Abschn. 31 rechnen dürften, eine Gipfelhöhe von 6800 m bedeuten. Die weitere Rechnung wird zeigen, daß die wirklichen Verhältnisse etwas ungünstiger liegen, so daß ein höheres p nicht ohne weiteres zu empfehlen wäre. Weit über $p = 40$ kg/m² pflegt man jedenfalls in der Regel nicht zu gehen (außer bei reinen Sportflugzeugen), obwohl in Erhöhung von p (s. Abschn. 30) das einfachste Mittel zur Vergrößerung der Wagrechtgeschwindigkeit, wenigstens in Bodennähe, liegt. Wählen wir für unser Beispiel etwa $p = 42$, so muß das Tragflächenausmaß

$$F = \frac{1050}{42} = 25 \text{ m}^2$$

betragen. Diese Größe ist gegebenenfalls auf die oberen und unteren Flügel des Doppeldekkers zu verteilen. Die Verwindungsklappen (Abschn. 33) können so weit zur Tragfläche mitgerechnet werden, wie sie sich dem Profil und dem Grundriß der Tragflügel anschmiegen.

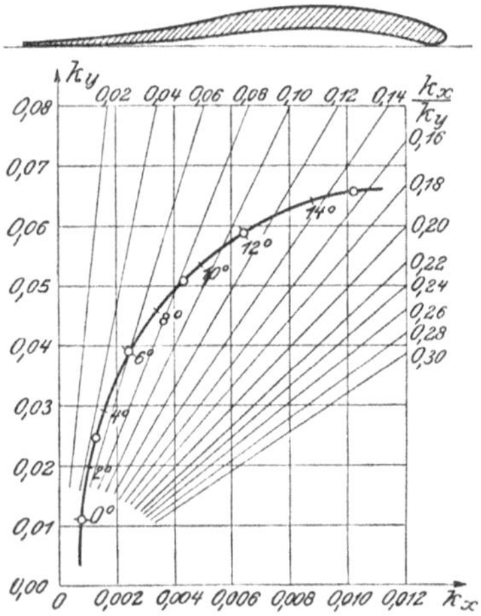

Abb. 135. Profil mit Polare.

Eine schwierige und bedeutungsvolle Frage ist die nach dem passenden Flächenprofil (vgl. Abschn. 9). Man wird natürlich heute nur solche Profile wählen, deren Kennlinien schon bekannt sind oder durch eigens angestellte Versuche bestimmt werden. Die wichtigste Grundlage für die Wahl von Profilen bilden die schon in Abschn. 9 angeführten Werke (Göttinger Versuchsergebnisse, Prandtl und die älteren Veröffentlichungen von Eiffel), in denen für sehr zahlreiche Profile die Kennlinien angegeben sind. Abb. 135, die dem Buche von Eiffel „Neue Untersuchungen über den Luftwiderstand und den Flug“ entnommen ist, stellt das Polardiagramm (Abschn. 9) für das von Eiffel als „Profil 32“ bezeichnete, in Abb. 135 angedeutete Profil dar. Die Bezeichnungsweise ist eine etwas andere als die von uns früher gebrauchte und soll kurz erklärt werden. Eiffel setzt

$$\tfrac{1}{8} z_a = k_y, \qquad \tfrac{1}{8} z_r = k_x,$$

so daß k_y und k_x nur mit Fläche F und Geschwindigkeitsquadrat zu multiplizieren sind, um Auftrieb bzw. Rücktrieb für den normalen Dichtewert 1/8 zu ergeben. Er zeichnet dann ganz ähnlich wie wir es in Abb. 23 getan haben, die Linie, deren Koordinaten zusammengehörige Werte von k_x und k_y sind; der jeweilige Wert des Anstellwinkels wird dem Kurvenpunkt beigeschrieben. Jeder Geraden, die durch den Ursprung des Koordinatensystems gezogen wird, entspricht ein bestimmter Wert des Quotienten $k_x : k_y$, also der Gleitzahl, der am oberen bzw. am rechten Rand des Bildes angeschrieben ist. Die kleinste Gleitzahl weist der Punkt auf, in dem die vom Ursprung aus gezogene Tangente die Polare berührt.

Im allgemeinen wird man zunächst ein solches Profil suchen, bei dem die Gleitzahl möglichst klein ist, da mit deren Wachsen der Leistungsbedarf für eine gegebene Geschwindigkeit zunimmt. Da aber die Gleitzahl mit dem Anstellwinkel veränderlich ist, muß man darauf sehen, daß der Kleinstwert wirklich bei jenen Winkeln eintritt, auf die es ankommt. Hier liegt eine ähnliche Unbestimmtheit vor, wie bei der am Schluß des vorangehenden Abschnittes besprochenen Propeller-Auswahl. Man kann eben auch die Tragfläche mehr für Steigleistung oder mehr für Geschwindigkeit entwerfen, indem man ihren günstigsten Wirkungsgrad bei größerem oder kleinerem Anstellwinkel herbeiführt. Ob die in jedem Fall gestellte Bedingung richtig erfüllt ist, sieht man erst nach Ausführung der ganzen Berechnung. Im allgemeinen kann man sich folgendes überlegen. Da aus der Gleichheit von Gewicht und Auftrieb die Gleichung

$$G = k_y \cdot v^2 \cdot F = \tfrac{1}{8} z_a \cdot v^2 \cdot F$$

folgt, wobei der Quotient $G : F = p$, die Flächenbelastung, schon früher festgelegt wurde, so erkennt man, daß große Geschwindigkeit nur bei kleinen Auftriebsbeiwerten möglich ist. Es sind also nur solche Profile für schnelle Flugzeuge günstig, die kleine Gleitzahlen mit kleinen Auftriebsbeiwerten verbinden.

Hat man einmal die Flächenbelastung p und das Profil gewählt, so kann man die Geschwindigkeit v für alle Anstellwinkel aus der Gleichung

$$v = \sqrt{\frac{G}{k_y \cdot F}} = \sqrt{\frac{p}{k_y}}$$

berechnen. In Abb. 136 ist für alle Anstellwinkel zunächst der Wert von k_y, d. i. ein Achtel des Auftriebsbeiwertes z_a, und die Gleitzahl, beides nach den Angaben der Eiffelschen Polaren, eingezeichnet. Die dritte Linie, die wir als Geschwindigkeitskurve bezeichnen können, zeigt dann die nach der Formel berechneten Werte von v mit der Annahme der Flächenbelastung $p = 42$.

Um jetzt unsere Linie I von Abschnitt 27 zu bestimmen, tragen wir in einer neuen Abb. 137 zu den Abszissen v die Ordinaten $G \cdot \frac{z_r}{z_a} \cdot v$, d. h. das Produkt aus Gewicht, Gleitzahl und Geschwindigkeit, auf. Z. B.: Für $v = 40$ m/sek zeigt Abb. 136 die Gleitzahl 0,055 bei dem Anstellwinkel $\alpha = 3^0$, also ist die Ordinate zur Abszisse 40 in Abb. 137 gleich

$$1050 \cdot 0{,}055 \cdot 40 = 2310 \text{ kgm/sek.}$$

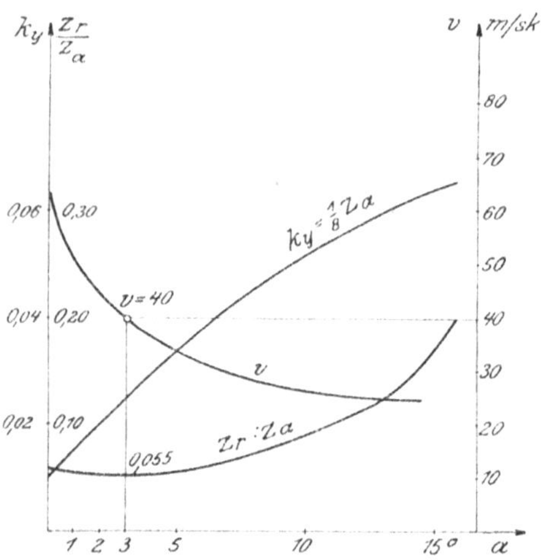

Abb. 136. Geschwindigkeitskurve.

Die so bestimmten Ordinaten stellen nach dem Vorangehenden die zur Überwindung des Tragflächen-Rücktriebes erforderliche Leistung dar.

Die richtigen Ordinaten der Linie I erhält man aber erst, wenn man zu den eben gefundenen noch die zur Überwindung des schädlichen Widerstandes erforderlichen Leistungsgrößen hinzufügt. Jetzt muß man also die schädliche Fläche des zu entwerfenden Flugzeuges abschätzen. Hat man keine genaueren Grundlagen, etwa aus der nachträglichen Überprüfung bereits gebauter ähnlicher Flugzeuge, so kann man wie folgt vorgehen, um einen ganz vorläufigen Anhaltspunkt zu gewinnen. Man rechnet den größten Rumpfquerschnitt — er betrage etwa $0{,}80 \cdot 1{,}20 = 0{,}96$ m² — bestimmt die diesem entsprechende schädliche Fläche, die nach Abschn. 5 etwa als das

0,3fache des Querschnittes, also hier rund 0,3 m^2 anzunehmen ist, und berücksichtigt, daß die übrigen Teile des Flugzeuges ungefähr ebensoviel ausmachen, daß also im ganzen $f = 0{,}6\ m^2$. Natürlich ist dieser Vorgang nur ein ganz roher Behelf, der in jedem Fall, in dem dies möglich ist, durch eingehendere Überlegungen ersetzt werden muß. Ist der Entwurf des Flugzeuges einmal so weit fertig, so kann man den Widerstand der hierfür wesentlichsten Teile, Streben, Kabel, Räder usw. unmittelbar berechnen (vgl. Abschn. 5).

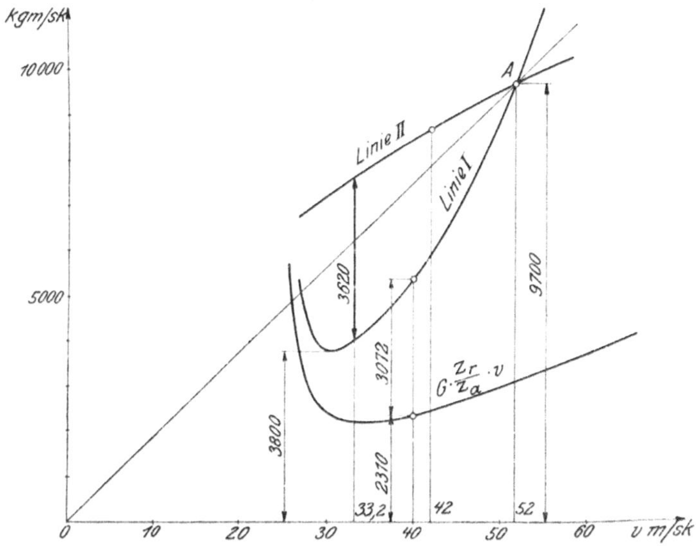

Abb. 137. Berechnungsdiagramm für ein Flugzeug.

Hat man nun die schädliche Fläche f, so ist nach Abschnitt 4 der schädliche Widerstand $0{,}08 \cdot f \cdot v^2$, also die zu seiner Überwindung aufzuwendende Leistung $0{,}08 \cdot f \cdot v^3$. Die darnach zu rechnenden Ordinaten sind zu den bereits in Abb. 137 eingetragenen zu addieren, z. B. für $v = 40$ der Wert $0{,}08 \cdot 0{,}6 \cdot 6400 = 3072$ kgm/sek. Man erkennt aus dem Verlauf der in Abb. 137 dargestellten Linien, daß bei großen Geschwindigkeiten die neu hinzukommenden Werte den früheren Ordinaten gegenüber stark überwiegen. Es kommt also bei großen Geschwindigkeiten viel mehr auf den schädlichen Widerstand als auf die Eigenschaften der Tragfläche an.

Das erste, was man der Linie I entnehmen kann, ist das Maß des Gleitvermögens, nämlich die Größe der kleinstmöglichen Sinkgeschwindigkeit. Sie wird nach Abschnitt 28 berechnet, indem man die kleinste Ordinate der Linie I durch das Gewicht G dividiert. In unserem Falle zeigt sich die kleinste Ordinate gleich 3800, daher die Geschwindigkeit des langsamsten Sinkens gleich $3800:1050 = 3{,}6$ m/sek oder 200 m in 55 sek.

Es ist ferner nicht schwer, die Geschwindigkeit des Wagrechtfluges bei Vollgas zu bestimmen. Der Motorleistung von 185 PS entsprechen $185 \cdot 75 = 13\,875$ kgm/sek, und wenn man einen Luftschrauben-Wirkungsgrad von 0,70 annimmt, eine verfügbare Leistung von $0{,}70 \cdot 13\,875 = 9700$ kgm/sek. Sucht man den Punkt der Linie I auf, dessen Ordinate diesen Wert hat, so erhält man in der Abszisse $v = 52$ m/sek $= 187$ km/Std. den Wert der gesuchten Horizontalgeschwindigkeit. Der zugehörige Anstellwinkel ist, wie Abb. 136 lehrt, für $v = 52$ ungefähr $a = 1^0$, der zugehörige Wert der Gleitzahl liegt sehr nahe dem Kleinstwert.

Der hier verwendete Punkt A der Linie I ist nichts anderes als ihr Schnittpunkt mit der Linie II, deren Verlauf selbst wir noch nicht kennen. Dieser hängt, abgesehen vom Motor, von der Wahl der Luftschraube ab. Wir dürfen aber ohne weiteres voraussetzen, daß eine Luftschraube gefunden werden kann, die bei der berechneten Geschwindigkeit von rund 52 km/Std. einen Wirkungsgrad von wenigstens 0,70 aufweist.

Um endlich die Steigleistung zu ermitteln, muß man noch etwas mehr vom Verlauf der Linie II wissen. Wir könnten nun allerdings, so wie es in Abschn. 26 beschrieben wurde, aus Motor- und Luftschrauben-Kennlinien, unter Verwendung von Angaben über frühere Motorbremsungen und Anblaseversuche mit Luftschrauben, eine Linie II wirklich konstruieren. Allein wenn wir nur das Flugzeug und nicht die Luftschraube (nämlich ihre Blattbreite, Steigung usf.) berechnen wollen, genügt es, die Linie II so anzunehmen, wie wir sie haben wollen, vorausgesetzt natürlich, daß die Annahme nicht irgendwelche unmögliche Forderungen an den Propeller enthält. Es kann — für eine erste Orientierung über die Steigleistung — als möglich gelten, daß die Zugkraft einer Luftschraube etwa um 10 vH wächst, wenn die Flugzeuggeschwindigkeit um 10 m/sek gegenüber der normalen gesunken ist. Wäre die Zugkraft konstant, so würde die Linie II nichts anderes sein als die Gerade, die den Ursprung des Koordinatensystems mit dem bereits verwendeten Schnittpunkt von I und II verbindet. Denn die Linie II stellt ja das Produkt $Z \cdot v$, Zugkraft mal Geschwindigkeit, dar. Zieht man diese Gerade OA und vergrößert deren Ordinate an der Stelle $v = 52 - 10 = 42$ m/sek um 10 vH, so erhält man den in Abb. 137 gekennzeichneten Punkt und kann dann durch diesen und den früher gefundenen Punkt A einen flachen Bogen legen, der für Linie II zu nehmen ist. Der größte Ordinatenunterschied zwischen I und II erweist sich in der Abb. 137 zu 3620 kgm/sek, daher die größte Steiggeschwindigkeit zu $3620 : 1050 = 3{,}45$ m/sek, also 4 Min. 40 Sek. auf 1000 m. Die Flugzeuggeschwindigkeit hierbei ist 33,2 m/sek = 119 km/Std., was auch als Näherungswert für die kleinste Geschwindigkeit des Wagrechtfluges gelten kann. Geht man auf Abb. 136 zurück, so erkennt man, daß dem $v = 33{,}2$ ungefähr 5^0 Anstellwinkel und eine Gleitzahl, die nicht weit vom Kleinstwert abliegt, entsprechen, d. h. die Tragfläche ist auch für S t e i g - leistung günstig gewählt.

Die Berechnung der Steiggeschwindigkeit nach dem überschlägigen Verfahren, das in Abschnitt 31 dargelegt wurde, führt zu viel zu günstigen Ergebnissen. Nehmen wir die dort verwendeten Zahlenwerte für η und $z_w^2 : z_a^3$ an, so erhalten wir für die S. 237 mit x bezeichnete Größe in unserem Fall

$$x = 0{,}00346 \sqrt{42} \cdot 5{,}7 = 0{,}128\,.$$

Danach wäre die Steiggeschwindigkeit am Boden (mit $h = 0$)

$$w = \frac{50}{5{,}7}(1 - 2{,}75\,x) = 5{,}69 \text{ m/sek}$$

gegenüber dem aus dem Kurvenbild ermittelten Werte von 3,45 m/sek. Der Unterschied klärt sich in folgender Weise auf. Der von uns ermittelten Fluggeschwindigkeit beim Steigen, $v = 33{,}2$ m/sek, entsprechen die Tragflächenbeiwerte $z_a = 0{,}304$

und $z_r = 0{,}0176$. Da die schädliche Fläche zu $f = 0{,}6\ \mathrm{m}^2$ angenommen war, haben wir

$$z_w = 0{,}0176 + 0{,}65\,\frac{0{,}6}{25} = 0{,}332$$

und daher
$$\frac{z_w^{\,2}}{z_a^{\,3}} = \frac{0{,}332^2}{0{,}304^3} = 0{,}0393\,,$$

also nicht unerheblich mehr als der in Abschnitt 31 gewählte, günstigste Wert von 0,030. Andererseits ist auch die Luftschraubenleistung im Steigen nach Abb. 137 weit geringer als 67 vH der Normalleistung des Motors. Die Ordinate der Linie II ist an der Stelle stärksten Steigens um 21,5 vH kleiner als im Punkte A, der dem Wagrechtflug entspricht. Da wir hier schon ein $\eta = 0{,}70$ angenommen hatten, ist beim Steigen nur mit $0{,}70 \cdot 0{,}785 = 0{,}55$ der Volleistung zu rechnen. Dabei geht die Leistungsabnahme nur zum Teil auf verschlechterten Wirkungsgrad der Schraube, im übrigen auf die im Steigen unvermeidliche Abnahme der Umlaufzahl zurück. Mit $\eta = 0{,}55$ und $z_w^{\,2} : z_a^{\,3} = 0{,}0393$ ergibt sich nach S. 237

$$x = \frac{1}{75\,\eta} \cdot \frac{z_w}{z_a\sqrt{z_a}}\sqrt{\frac{G}{F}\,\frac{G}{N_0}} = \frac{1}{75 \cdot 0{,}55}\sqrt{0{,}0393 \cdot 42 \cdot 5{,}7} = 0{,}177$$

und für $h = 0$

$$w = 75\,\eta\,\frac{N_0}{G}\,(1 - 2{,}75\,x) = 3{,}72\ \mathrm{m/sek}.$$

Dieser Wert stimmt schon hinreichend genau mit dem zuerst ermittelten 3,45 überein. (Daß überhaupt noch ein Unterschied auftritt, liegt an verschiedenen Kürzungen der Rechnung, vor allem an dem Ersatz von $1 : \sqrt{m}$ durch 2,75). Immerhin können wir eine Korrektur der oben gegebenen Abschätzung der Gipfelhöhe vornehmen, indem wir den besseren Wert für x, nämlich $x = 0{,}177$ benutzen. Er ergibt nach der Formel S. 237 mit $\alpha = 0{,}07$

$$h_g = \frac{1 - 2{,}75\,x}{\alpha + 0{,}20\,x} = \frac{0{,}514}{0{,}105} = 4{,}89\ \mathrm{km}\,.$$

Dieser Wert kann schon als einigermaßen sicher gelten, vorausgesetzt, daß die Leistungsabnahme mit 0,07 pro km richtig beurteilt ist. Erhöht sich die Abnahme auf $\alpha = 0{,}12$, so erhält man statt 4,8 km nur 3,31 km Gipfelhöhe. Auch in die Formel für die Steigzeit, S. 237, dürfen wir mit $x = 0{,}177$, $\eta = 0{,}55$ eingehen und erhalten beispielsweise für den Aufstieg bis zur Höhe $h = 2{,}40$ km (der halben Gipfelhöhe)

$$t = \frac{2303}{\alpha + 0{,}20\,x} \frac{G}{N_0} \frac{1}{75\,\eta} \log 2 = \frac{2303}{0{,}105} \frac{5{,}7}{41{,}25} \cdot 0{,}301 = 910 \text{ sek},$$

wenn $\alpha = 0{,}07$ gesetzt wird. Für $\alpha = 0{,}12$ muß man in die Formel $h_g = 3{,}31$ einsetzen, also $h_g - h = 3{,}31 - 2{,}40 = 0{,}91$, und man entnimmt der Logarithmentafel $\log 3{,}31 - \log 0{,}91 = \log 33{,}1 - \log 9{,}1 = 1{,}5198 - 0{,}9590 = 0{,}561$. Demnach wird $t = 1150$ sek. Die Steigzeit auf 2400 m wächst, wenn man von dem günstigeren Motor zu dem ungünstigeren übergeht, von 15 Min. 10 Sek. auf 19 Min. 10 Sek., also um 4 Minuten.

Damit sind die wichtigsten Elemente der Flugleistungen auf Grund der eingangs gemachten Annahmen gefunden. Man muß nun die ganze Konstruktion des Flugzeuges durchdenken, namentlich die notwendigen Festigkeitsberechnungen anstellen, um die Abmessungen aller wesentlichen Teile festzulegen. Daraus gewinnt man einen näheren Anhaltspunkt für die Annahme des Gewichtes und der schädlichen Fläche und kann eine besser begründete Untersuchung in der Art der Abb. 137 vornehmen. Was sonst noch aus Abb. 137 bzw. der genaueren Konstruktion abgeleitet werden kann, ist in den Abschnitten 28 und 29 ausgeführt worden. Zur Sicherung der Ergebnisse hinsichtlich der Steiggeschwindigkeit und der Gipfelhöhe darf man nie versäumen, die ganze zeichnerische Ermittlung nach Art der Abb. 136 und 137 noch wenigstens für eine zweite Höhenlage in unserem Fall etwa für 2000 m, zu wiederholen (Abschn. 29).

VII. Über Steuerung, Stabilität und Stabilisierung.

33. Allgemeine Übersicht.

Wir haben bisher nur von solchen Betriebszuständen des Flugzeuges gesprochen, die man als dauernde oder stationäre bezeichnen kann. Dies gilt sowohl für den Horizontalflug als auch für das geradlinige Ansteigen oder Abwärtsfliegen. Ein vollständiges Flugzeug bedarf aber noch solcher Einrichtungen, die beim Übergang aus einem Dauerzustand in einen anderen oder bei Störung eines stationären Zustandes zur Wirkung kommen. Alle diese Einrichtungen haben in ihrer heutigen Gestalt das Gemeinsame, daß sie — ähnlich wie die Tragflächen oder die Luftschraubenelemente — durch die Bewegung entstehende Luftkräfte aufnehmen und in geeigneter Weise auf das Flugzeug übertragen. Die Organe, die unmittelbar für die Aufnahme dieser Luftkräfte bestimmt sind, heißen Flossen oder Ruder, je nachdem sie in ihrer Lage am Flugzeug fest oder beweglich (durch den Führer während des Fluges verstellbar) sind.

Die Störungsbewegungen eines Flugzeuges, die zu einem stationären geradlinigen Flug hinzutreten können, pflegt man in zwei Gruppen zu zerlegen, indem man von Längsbewegung und Querbewegung spricht. Wir denken uns das Flugzeug in geradem Wagrechtflug, wobei die Flugzeugachse (Luftschraubenachse Längsachse, Abb. 138) die Bewegungsrichtung anzeigt. Die vertikale Ebene, die durch diese Achse geht, heiße Mittelebene oder Längsebene. Dann kann eine Störungsbewegung darin bestehen, daß die Mittelebene, ohne aus ihrer Lage herauszutreten, von der normalen Bewegung abweicht: das Flugzeug kann sich dabei um eine Querachse (Senkrechte auf die Längsebene) drehen und eine Kursabweichung in der Vertikalebene aufweisen. Diese Störungsbewegungen rechnet man zur Längsbewegung. Demgegenüber versteht man unter Querbewegung die etwaige Verschiebung des Flugzeuges längs der Querachse, also senkrecht zur Längsebene, und seine Drehungen, erstens um die Vertikale, zweitens um die Längsachse (Luftschraubenachse). Die in diesem Kapitel zu besprechenden Einrichtungen müssen getrennt für Längs- und Querbewegung untersucht werden.

Es ist vor allem nötig, sich ein klares Bild über die verschiedenen Zwecke der einzelnen Einrichtungen zu machen. Wir unterscheiden drei Gruppen, die durch die drei Schlagworte der Kapitel-Überschrift gekennzeichnet sind.

Die erste Gruppe bilden die Organe der Steuerung. Man versteht unter Steuerung eines Flugzeuges alle jene Einrichtungen, die den Flugzeugführer instand setzen, den Kurs des Flugzeuges, d. i. die Flugrichtung, willkürlich zu ändern.

Die Änderung wird dadurch eingeleitet, daß man das Flugzeug zunächst entsprechend verdreht; und zwar muß man es sowohl um die lotrechte Achse als auch um die Querachse schwenken können. Nach dem oben Gesagten gehört die erstere Ver-

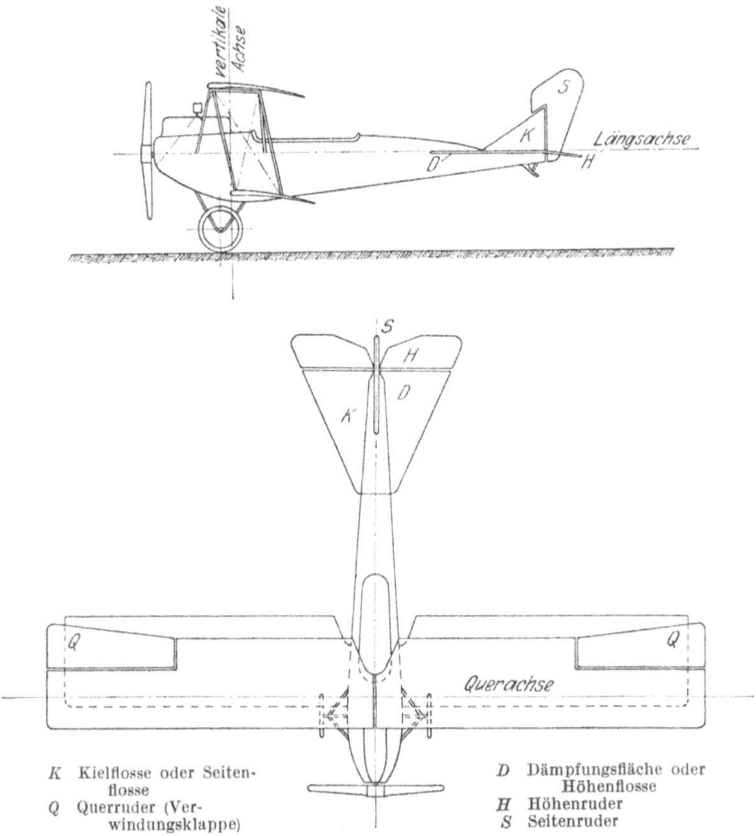

Abb. 138. Übersicht der Achsrichtungen und der Leitwerkteile.

änderung zur Querbewegung, die letztere zur Längsbewegung. Begriff, Wirkungsweise und Ausführung der Steuerorgane hat der Flugzeugbau dem Schiffbau entlehnt. Das zur Seitensteuerung dienende Seitenruder ist unmittelbar das gleiche wie das Steuerruder eines Schiffes: eine um eine vertikale Achse drehbare ebene Fläche am hinteren Ende des Flugzeuges in genügender Entfernung vom Schwerpunkt, deren Anstellwinkel vom Führer geregelt wird (siehe Abb. 138). Je nachdem das Ruder einen Ausschlag nach rechts oder links, in der Flugrichtung gesehen, bekommt, erfährt es eine Luftkraft von rechts oder links her, so daß das Schwanzende des Flugzeuges nach links bzw. rechts gedreht wird. In ganz gleicher Weise geschieht die Längssteuerung durch das sog. *Höhenruder*, eine ebene Fläche, die (Abb. 138) um eine wagrechte quer zur Flugrichtung stehende Achse drehbar ist und deren Anstellwinkel gleichfalls durch die Hand des Führers geregelt wird. Weist der Ausschlag des Höhenruders nach oben, so erhält dieses Druck nach unten und drückt damit das Schwanzende des Flugzeuges abwärts. Über die Größen der hier auftretenden Kräfte usw. sprechen wir in Abschn. 36, über die Wirkungsweise der Steuerung in Abschn. 38.

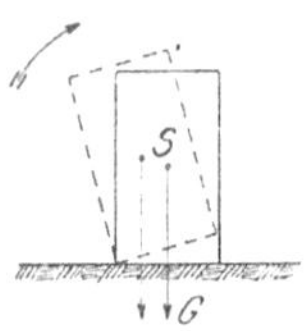

Abb. 139. Stabiles

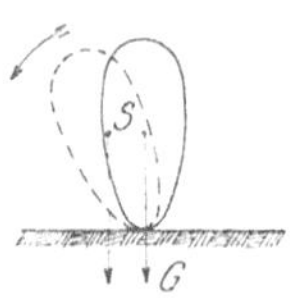

Abb. 140. Unstabiles

Gleichgewicht.

Schwieriger ist zu erklären, was man unter *Stabilität* bzw. unter Einrichtungen zur Erzielung der Stabilität versteht. Man nennt ganz allgemein einen Bewegungs- oder Ruhezustand „stabil“, wenn er die Eigenschaft hat, nach Eintritt äußerer Störungen ohne weiteres Zutun sich selbst wieder herzustellen. Zum Beispiel ist der Ruhezustand eines aufrecht stehenden *prismatischen* Körpers (eines Würfels oder eines geraden Zylinders, Abb. 139) stabil; denn wenn eine äußere Störung eintritt, die ihn um eine Kante nach links umzukippen sucht, ihn also in die gestrichelt gezeichnete Lage bringt, so wirkt, wie man in der Zeichnung erkennt, die Schwerkraft darauf hin, diese Drehung wieder aufzuheben (da die Angriffslinie der Kraft rechts am Unterstützungspunkt vorbeigeht). Das drehende Moment, das die Schwerkraft entwickelt, hat hier stets den entgegengesetzten Sinn wie die Störung selbst (wofern nur diese nicht übermäßig groß ist). Betrachten wir jedoch ein *auf die Spitze gestelltes Ei* (Abb. 140), das sich auch im Gleichgewicht befindet, weil der Schwerpunkt und Unterstützungspunkt in eine Lotrechte fallen, so erkennt man sofort, daß dieser Zustand nicht stabil ist. Denn jede noch so kleine Störung bringt den Schwerpunkt des Eies in eine solche Lage (s. Abb. 140), daß das drehende Moment, das die Schwerkraft entwickelt, die durch die Störung eingeleitete Drehung noch zu vermehren sucht (da nach der links gerichteten Drehung die Angriffslinie der Schwerkraft noch links vom Unterstützungspunkt verläuft). Man weiß aus Erfahrung, daß es praktisch unmöglich ist, ein Ei auf die Spitze zu stellen. Dies rührt eben daher, daß dieser Zustand des Gleichgewichts ein nicht stabiler ist und es unter den üblichen Versuchsbedingungen ganz ausgeschlossen ist, alle Störungen auch nur durch noch so kurze Zeit fernzuhalten. Natürlich gibt es verschiedene Grade der Stabilität, je nachdem, wie großen Störungen gegenüber noch das Streben zur Rückkehr in den früheren Zustand besteht. Denken wir uns z. B. das Prisma der Abb. 139 sehr hoch bei kleiner Grundfläche, so wird nicht viel dazu gehören, um es doch zum Kippen zu bringen; nur sehr kleinen Störungen gegenüber verhält es sich dann stabil. Das auf die Spitze gestellte Ei ist jedoch gegenüber keiner noch so kleinen Störung stabil.

Wir haben in den vorhergehenden Kapiteln eigentlich stets nur berechnet, unter welchen Bedingungen ein Flugzeug im Gleichgewicht ist, nämlich, wann die von der Luft auf die Tragflächen, die Luftschraubenelemente und die sonstigen Flugzeugteile ausgeübten Luftkräfte dem Gewicht und der Motorkraft das Gleichgewicht halten. Eine Ergänzung der abgeleiteten Gleichgewichtsbedingungen bringen wir noch in den folgenden beiden Abschnitten. Ob aber diese Ergebnisse überhaupt irgendwelche praktische Bedeutung haben, hängt davon ab, ob der so berechnete Gleichgewichtszustand ein stabiler ist oder nicht. Denn für einen ruhenden eiförmigen Körper ergibt sich auch keine andere Gleichgewichtsbedingung als die, daß Schwerpunkt und Unterstützungspunkt auf einer Vertikalen liegen müssen. Trotzdem wissen wir, daß ein Zustand, der dieser Bedingung genügt, praktisch gar nicht erreichbar ist. Für das Flugzeug liegt nun die Sache so: wenn man Tragflächen, Motor und Luftschraube etwa noch mit den zur Unterbringung des Führers und der Nutzlast erforderlichen Bauteilen vereinigt, so erhält man tatsächlich ein System, dessen von uns berechneter Zustand zwar ein Gleichgewichtszustand ist, aber ein vollständig unstabiler. Es ist ebensowenig möglich, mit einem solchen

Flugzeug zu fliegen wie ein Ei auf die Spitze zu stellen. Dies ist auch der Grund, warum erst in verhältnismäßig neuerer Zeit das Fliegen praktisch möglich geworden ist, obwohl die einfachen Überlegungen, die wir in den früheren Kapiteln vorgeführt haben, dem mit den Grundlagen der Mechanik Vertrauten sicher

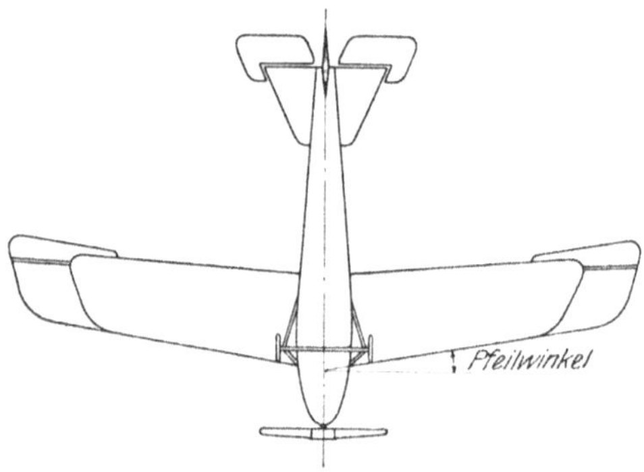

Abb. 141. Pfeilform, von unten gesehen.

schon seit langem nichts Unerreichbares waren. Es fehlte eben die erst in unserer Zeit erworbene Kenntnis derjenigen Einrichtungen, die dazu dienen, ein Flugzeug zu einem, wenigstens in hohem Grade, stabilen System zu machen.

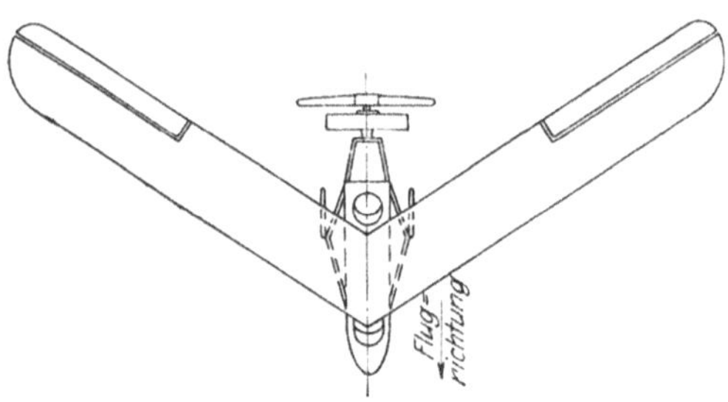

Abb. 142. Dunne-Flugzeug.

Die Stabilität eines Flugzeuges für die Längsbewegung, d. h. Stabilität gegenüber Störungen, die zur Längsbewegung gehören, wird bei allen heute in Gebrauch stehenden Flugzeugen erreicht durch Anbringen der sogenannten Dämpfungsfläche oder Höhenflosse (s. Abb. 138), auch Stabilisationsfläche genannt, am hinteren Ende des Flugzeuges. Die Höhenflosse ist eine meist ebene, ganz oder nahezu wagrecht gestellte Fläche, die in der Regel vor dem Höhenruder angeordnet ist. Wie in der Einleitung erwähnt, ist die Höhenflosse wohl zum ersten Male von Pénaud angewendet worden. Näheres über die Wirkungsweise soll später in Abschn. 39 gesagt werden. Ähnliche Wirkung wie mit der Höhenflosse erzielt man auch, aber in schwächerem Maße, dadurch, daß man die Tragflächen pfeilförmig nach hinten zieht (Abb. 141). Bei genügend starker Pfeilstellung kann man überhaupt die Dämpfungsfläche ersparen; ein derartiges Flugzeug ist gelegentlich von dem Schotten Dunne nicht ohne Erfolg versucht worden (Abb. 142). Aber auch heute — und zwar gerade in jüngster Zeit — ist der Pfeilflügel und das „schwanzlose Flugzeug" wieder in erhöhtem Maße Gegenstand des Interesses der Flugtheorie und -praxis (s. Abschn. 39).

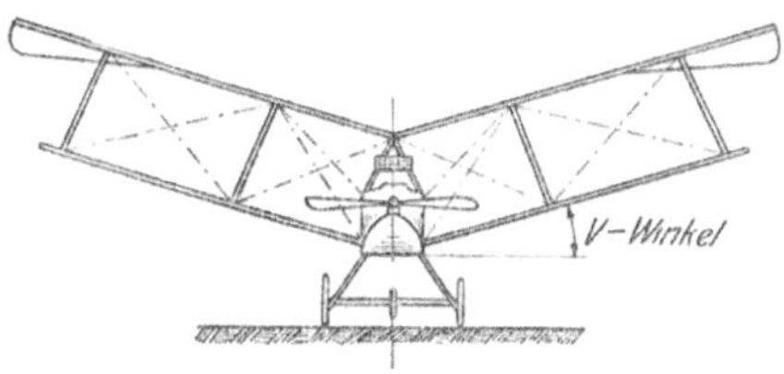

Abb. 143. V-Stellung der Flügel.

Stabilität in der Querrichtung, d. i. Stabilität gegen Störungen, die zur Querbewegung gehören, läßt sich nicht in so vollständigem Maße erzielen, wie es bei der Längsstabilität der Fall ist. Hilfsmittel zur Erzielung der Querstabilität sind ein Aufwärtsbiegen der ganzen Tragfläche, sogenannte V-Stellung der Flügel (in Abb. 143 etwas übertrieben dargestellt), oder ein starkes Aufwärtskrümmen der Flügelenden. Fast vollständig stabil in der Querrichtung war die früher vielfach verwendete Taube, deren Flügel sehr stark aufwärts gekrümmt waren. Aus bestimmten Gründen ist man von dieser Bauart jedoch wieder abgegangen und verwendet jetzt Flugzeuge, deren Querstabilität weit geringer ist (vgl. Abschn. 40). Vielfach findet man heute auch Flugzeuge mit geknickten Flügeln, bei denen nur die an den Rumpf grenzenden Enden in starke V-Stellung ausgezogen sind, die Flügel aber von der nahe am Rumpf gelegenen Knickstelle aus wagerecht verlaufen.

Der Umstand, daß die heutigen Flugzeuge als nur mäßig stabil in der Querrichtung bezeichnet werden müssen, leitet zu der dritten Gruppe der in der Überschrift genannten Einrichtungen über. Da nämlich ein Flugzeug sowohl in der Längs- wie in der Querrichtung doch immer nur eine beschränkte Stabilität besitzen kann — beliebig großen Störungen gegenüber kann man nie auf Stabilität rechnen —, so muß, will sich der Flieger nicht unmittelbarer Lebensgefahr aussetzen, noch etwas vorhanden sein, was dem Flugzeugführer ermöglicht, größeren Störungen gegenüber selbst einzugreifen. Wir verstehen unter Stabilisierung alle Einrichtungen, die den Flugzeugführer instand setzen, den gelegentlich auftretenden Störungen des Gleichgewichtszustandes mit Erfolg entgegenzuarbeiten. Aus dem oben Gesagten geht schon hervor, daß man die Stabilisierung hauptsächlich für die Querbewegung braucht. Tatsächlich war, wie in der Einleitung erwähnt, der entscheidende Schritt zur Ermöglichung des Fliegens, neben der Einführung der Höhenflosse durch Pénaud, die Erfindung der Flächenverwindung durch die Brüder Wright. Stabilisierung in der Querrichtung wird durchgängig bei allen Flugzeugen nach dem von den Brüdern Wright angegebenen Verfahren durch Verwindung der Tragflächenenden, bzw., was auf dasselbe hinausläuft, durch Betätigen von Klappen an den Tragflächenenden, sog. Querruder, bewirkt. Daneben dient auch bis zu einem gewissen Grade das Seitenruder selbst als Stabilisierung in der Querrichtung. Für Stabilisierung in der Längsrichtung gibt es überhaupt keine eigenen Organe; man verwendet hierzu lediglich das Höhenruder.

Die hier folgende kleine Tafel gibt eine anschauliche Übersicht über das bisher Gesagte. Über die Wirkungsweise der einzelnen Einrichtungen wird noch in den weiteren Abschnitten ausführlich gesprochen werden.

Bewegung	Steuerung	Stabilität	Stabilisierung
Längs	Höhenruder	Höhenflosse, Pfeilform der Flügel	Höhenruder
Quer	Seitenruder evtl. Querruder	Aufbiegen der Tragflächenenden, V-Form	Verwindung (Querruder), Seitenruder.

Höhenruder und Höhenflosse zusammen werden als Höhen-Leitwerk, Seitenruder und Seitenflosse als Seiten-Leitwerk bezeichnet. Das Gesamt-Verhalten eines Flugzeuges gegenüber den verschiedenen Störungsmöglichkeiten macht das aus, was man seine Flugeigenschaften (in Gegenüberstellung zu den Flugleistungen) zu nennen pflegt.

34. Schwerpunkt und Druckmittel.

Bevor wir auf die Wirkungsweise der Leitwerke näher eingehen, müssen wir eine kurze Überlegung nachtragen, die wir früher übergangen haben, die aber eigentlich noch zu den Bedingungen des Gleichgewichtes, also des stationären Fluges, gehört. Wir sprachen nämlich in den früheren Kapiteln immer nur von der Gleichheit der Kräfte: Auftrieb = Gewicht, Widerstand = Zugkraft, und hatten auf diesen beiden Bedingungen die ganze Berechnung des Flugzeuges (Abschn. 27 bis 32) aufgebaut. Nun genügt es aber für das Gleichgewicht eines Körpers nicht, daß die Kräfte sich der Größe nach aufheben. Wie bekannt, bezeichnet man zwei entgegengesetzt gerichtete gleich große Kräfte, die an zwei verschiedenen, parallelen Wirkungslinien angreifen, als ein Kräftepaar oder Drehpaar und bringt damit zum Ausdruck, daß sie den Körper, auf den sie wirken, nicht im Gleichgewicht lassen, sondern zu verdrehen suchen. Es muß eben nicht nur die Summe der Kraftkomponenten in jeder Richtung null sein, sondern ebenso auch die Summe der „Momente" aller Kräfte, d. i. der jeweiligen Produkte Kraft mal Hebelarm, mit den Vorzeichen entsprechend der Drehrichtung. Diese Gleichgewichtsbedingung, die zu den schon erörterten noch hinzukommt, spielt zwar keine Rolle bei der Berechnung der Flugleistungen (die den Hauptinhalt der bisherigen Vorträge bildete), sie wird aber für die Fragen der Flugeigenschaften, die wir in diesem Kapitel zu behandeln haben, ausschlaggebend.

Die auf das Flugzeug von außen her einwirkenden Kräfte, die wir jetzt alle zugleich ins Auge fassen müssen, sind die Schwerkraft, der Auftrieb und Rücktrieb der Tragflächen, der schädliche Widerstand, die Zugkraft und das Widerstandskraftmoment der Luftschraube. Die Kräfte, die im Motor spielen, Kolbenkraft und

Drehmoment auf die Kurbelwelle, Lagerreibung usf. haben als „innere Kräfte“ keinerlei Bedeutung für das Gleichgewicht des Flugzeuges als Ganzes. (Über die sog. Kreiselwirkung der umlaufenden Teile sprechen wir in Abschnitt 40.)

Alle hier genannten Kräfte sind eigentlich nur der Kürze wegen eingeführte Zusammenfassungen je einer Gesamtheit stetig verteilter, an allen Punkten des ganzen Flugzeuges, bzw. der Tragfläche oder der Luftschraube angreifender Kräfte. Zunächst die Schwere (oder das Gewicht): sie wirkt an allen Teilen des Flugzeuges und der darin befindlichen Belastung usf. vertikal abwärts und ihre Resultierende, also das, was wir kurz als Schwerkraft bezeichnen, geht stets durch einen ganz bestimmten, der Lage nach festen Punkt des Flugzeuges, der sein Schwerpunkt heißt (S in Abb. 144). Die Lage des Schwerpunktes kann man ermitteln, sobald man die Lage und das Gewicht aller Bauteile des Flugzeuges und aller zur Belastung gehörenden Teile kennt, und zwar nach den bekannten Regeln über die Zusammensetzung paralleler Kräfte. Denkt man sich in der Längsebene des Flugzeugs zwei zueinander senkrechte Achsen, und seien die Abstände der einzelnen Flugzeugbestandteile von den beiden Achsen mit $a, b, c, \ldots$ bzw. mit $a', b', c', \ldots$, die Abstände des Schwerpunktes mit k bzw. k' bezeichnet, so ist, wenn die einzelnen Flugzeugbestandteile die Gewichte $A, B, C \ldots$ haben:

$$k = \frac{A \cdot a + B \cdot b + C \cdot c + \cdots}{A + B + C + \cdots},$$

$$k' = \frac{A \cdot a' + B \cdot b' + C \cdot c' + \cdots}{A + B + C \cdots}.$$

Aus diesen beiden Beziehungen läßt sich die Lage des Schwerpunktes bestimmen. Wenn das Flugzeug schon gebaut ist, findet man sie durch Auswägung. Zu diesem Zweck stellt man das Flugzeug auf zwei gesonderte Waagen, Abb. 145; erst einmal in normaler Ruhelage, dann mit möglichst hoch gehobenem Schwanzende, und jedesmal so, daß eine Waagschale unter den Fahrgestellrädern, eine unter der Schwanzkufe steht. Hat man bei der ersten Wägung vorn das Gewicht 860 kg und hinten 190 kg erhalten, so weiß man, daß der Schwerpunkt auf der Linie AA liegt, die die Entfernung zwischen den durch die beiden Auflagepunkte gehenden Vertikalen im Verhältnis 19:86 teilt. Ergibt die zweite Messung die Gewichte 950 kg und 100 kg, so hat man als zweiten Ort für den Schwerpunkt die Linie *BB*, die in der rechtsstehenden Abbildung, die beiden Vertikalen durch Rad-

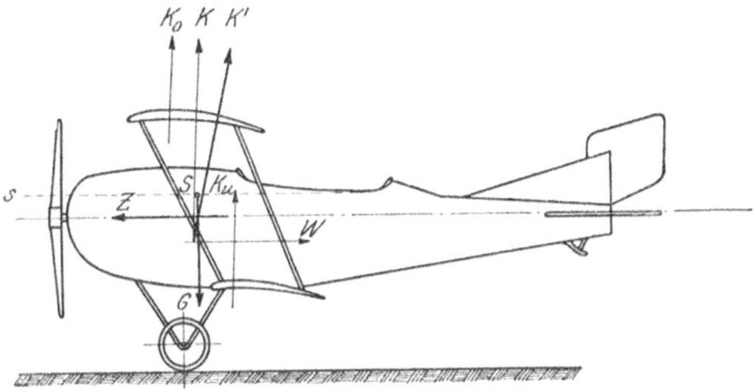

Abb. 144. Lage der Kräfte am Flugzeug.

auflager und Schwanzkufe im Verhältnis 95:10 teilt. Trägt man beide Linien in dieselbe Figur ein, so erhält man in ihrem Schnitt *S* die Lage des Schwerpunktes (vgl. a. Abschn. 41).

Abb. 145. Schwerpunktbestimmung durch Auswägen.

Die Luftkräfte, die auf die Teile der Tragfläche wirken, geben, wie wir aus dem zweiten Kapitel wissen, eine Resultierende, die annähernd senkrecht zur Flächensehne gerichtet ist. Über die Lage ihrer Wirkungslinie kann man zunächst nur sagen: Sie muß der Symmetrie wegen in die Längsebene des ganzen Flugzeuges fallen, also in der Abb. 144, die einen Längsschnitt des Flugzeuges darstellt, als eine gegen die Lotrechte schwach geneigte Gerade erscheinen. Die genaue Richtung ist, wie ebenfalls schon bekannt, durch das Verhältnis der Beiwerte $z_r : z_a$ die sog. Gleitzahl, bestimmt. Aber damit ist die Lage der Wirkungslinie noch nicht vollständig gegeben. Es muß noch irgend einer ihrer Punkte, z. B. ihr Schnittpunkt, mit der wagrechten Flugzeugachse bekannt sein.

In Abb. 146 ist nochmals, ähnlich wie in Abb. 18, das von uns schon wiederholt betrachtete Tragflächenprofil aus Abb. 17 herausgezeichnet, und zwar unter einem Anstellwinkel $\alpha = 4^0$. Dabei haben wir jetzt die resultierende Luftkraft K nicht nur der Größe nach, sondern auch der Lage nach so eingezeichnet, wie sie bei den Versuchen gefunden wurde. Man sieht, daß es am einfachsten ist, die Lage dadurch

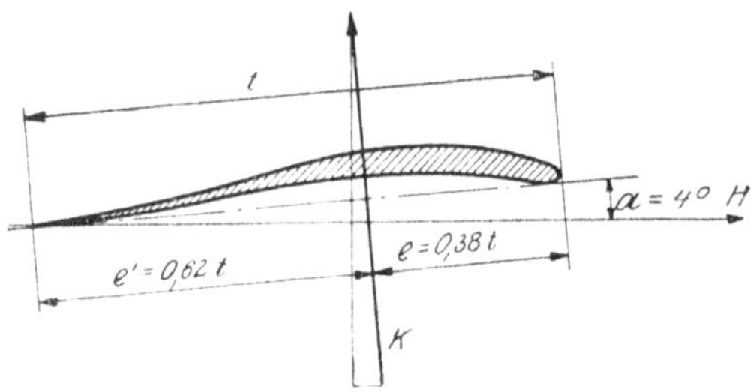

Abb. 146. Lage der Luftkraft-Resultierenden.

festzulegen, daß man etwa den Schnittpunkt der Resultierenden mit der Flächensehne durch seinen Abstand e vom Vorderrand bestimmt. Jedesmal, wenn ein Profil auf seine Eignung für eine Tragfläche untersucht wird, muß man außer den beiden Beiwerten z_a und z_r des Auftriebs und Rücktriebs auch noch den Abstand e für alle Anstellwinkel, am besten gleich im Verhältnis zur Flächentiefe t, bestimmen (Abb. 146). Die Abb. 22 zeigt für das in Abb. 17 dargestellte Profil die Lage der Resultierenden oder, wie man auch sagt, des Druckmittels, an. Die Ordinaten der Kurve, von der oberen Abszissenachse an, nach der rechts stehenden Skala abgelesen, geben die in Prozenten ausgedrückte Entfernung e vom Vorderrand, im Verhältnis zur ganzen Tiefe t des Profils. Rechnet man die Ordinaten von unten nach oben und liest nach der links stehenden Skala ab, so erhält man analog die Entfernung e' vom Hinterrand der Fläche. In den Abbildungen 24 bis 27 sind zu den einzelnen Profilen in den gestrichelten Linien der linksstehenden Diagramme die Abstände e in ihrem Verhältnis zur Flächentiefe t angegeben. In den Polardiagrammen stellen die gestrichelten Kurven zusammengehörige Werte der Ordinaten c_a (Auftriebszahl) und der Abszissen c_m (Momentenzahl) dar, wobei c_m nichts anderes als $ec_a : t$ ist.

Besitzt das in Abb. 144 im Längsschnitt dargestellte Flugzeug zwei gleich große rechteckige Tragflächen, deren Ränder senkrecht zum Längsschnitt (keine Pfeilform!) stehen, so liegt die Gesamtresultierende der Luftkräfte K für den oberen und unteren Flügel, so wie eingezeichnet, gerade in der Mitte zwischen den Kräften K_o und K_u, die den oberen bzw. unteren Flügeln allein entsprechen. Sind die obere und untere Fläche ungleich groß, so verschiebt sich, wie bekannt, die Resultierende mehr gegen die der größeren entsprechende Teilkraft. Sind die Begrenzungen nicht senkrecht zum Längsschnitt (sog. Pfeilform, vgl. Abb. 141), so muß man schon bei Bestimmung der Teilkräfte K_o und K_u darauf achten, daß die Projektionen der einzelnen Tragflächenabschnitte nicht übereinander liegen. In jedem Fall aber kann man an Hand der Abb. 22, bzw. der analogen, für das betreffende Profil gültigen, die Lage der Resultierenden K eindeutig festlegen, wobei sich im allgemeinen für jeden Anstellwinkel eine andere Lage ergeben wird.

Sehr oft hört oder liest man von dem sog. „Druckmittelpunkt“ eines Flugzeuges, der, wie behauptet wird, womöglich mit dem Schwerpunkt zusammenfallen soll u. dgl. Gemeint ist dabei, daß es einen Punkt gibt, der eine ähnliche Bedeutung für die Tragflächenkräfte hat, wie der Schwerpunkt für die Schwerkräfte. Dies ist aber im allgemeinen ein Irrtum. Die einzelnen Schwerkräfte, die an den Teilen eines beliebigen Körpers angreifen, sind stets untereinander parallel und sie behalten ihre Größe und Richtung unverändert, wenn der Körper irgendwie verdreht wird. Für eine Gesamtheit von solchen, aber nur von solchen Kräften gilt der Satz, daß die Resultierende durch einen bestimmten, im Körper festen Punkt, der eben der Schwerpunkt heißt, hindurchgehen muß. Die Luftkräfte an den einzelnen Teilen der Tragfläche sind aber ganz anderer Art: sie sind nicht alle untereinander parallel, sie ändern auch ihre Größe, wenn der

Körper verdreht wird und seine Geschwindigkeitsrichtung beibehält. Es gibt daher im allgemeinen keinen von vornherein bestimmten Punkt, durch den die Resultierende hindurchgehen muß; wenn man die Resultierenden für die verschiedenen Anstellwinkel in der richtigen Lage einzeichnet, haben sie im allgemeinen keinen Punkt gemeinsam. Man könnte nur von einem für jeden Anstellwinkel anderen Druckmittelpunkt sprechen und das auch nur dann, wenn man ihn irgendwie willkürlich definiert, z. B. als Schnittpunkt der jeweiligen Resultierenden mit der Luftschraubenachse oder ähnlich. In Wahrheit gibt es nur eine Wirkungslinie der resultierenden Luftkraft, die wir auch als Druckmittellinie bezeichnen. Nur bei besonderer Formgebung des Flügelprofils kann man es erreichen, daß die Angriffslinien bei verschiedenem Anstellwinkel durch einen Punkt gehen. Solche Profile, die in der Regel hinten S-förmig aufgebogen sind, nennt man dann „druckpunktfeste“ Profile[1]). In jüngster Zeit sind für die Versuche mit Nurflügelflugzeugen druckpunktfeste Profile konstruiert und mit Erfolg verwendet worden.

Zu dem Tragflächenauftrieb und -rücktrieb kommt nun noch der in Abschn. 4 und 5 behandelte schädliche Widerstand hinzu. Er ist der Bewegung entgegengesetzt, also beim normalen Flug in Abb. 144 wagrecht nach rechts gerichtet und greift an allen Teilen der Rumpfoberfläche, des Fahrgestells, der Tragflächenverspannung usf. an. Wo die Resultierende liegt, läßt sich kaum genau berechnen; man kann es mehr oder weniger gut abschätzen, wenn man sich überlegt, welche Teile den hauptsächlichsten Widerstand bieten. In Abb. 144 ist angenommen, daß die Wirkungslinie W etwas unterhalb der Luftschraubenachse liegt. Verlängert man die Wirkungslinie bis zum Schnitt mit der Tragflächenkraft K, so kann man sie mit dieser nach dem Parallelogrammgesetz zu einer Resultierenden zusammensetzen, deren Angriffslinie durch den Schnittpunkt hindurchgeht. Wir haben die so entstandene Kraft in Abb. 144 mit K' bezeichnet; sie ist natürlich gegen die Lotrechte stärker geneigt als K. Man erkennt übrigens leicht, daß ein Fehler in der Annahme der Höhenlage von W die Lage von K' nur unbedeutend verändert.

[1]) Die Theorie dieser Profile ist entwickelt von R. v. Mises, Zeitschr. f. Flugtechn. u. Motorluftsch. 1920, S. 68—73 u. 87—89.

Die letzte noch in diesem Zusammenhang zu betrachtende Kraft ist die Zugkraft Z der Luftschraube, denn das Widerstandskraftmoment scheidet für das Längsgleichgewicht, wie wir noch sehen werden, aus. Die Wirkungslinie von Z fällt, der Symmetrie der Luftschraubenflügel wegen, mit der Drehachse der Luftschraube zusammen, solange wir annehmen dürfen, daß die Flugrichtung die Richtung der Propellerachse ist. Beim Wagrechtflug wird das stets mindestens mit großer Annäherung zutreffen.

35. Erhaltung des Gleichgewichtes unter Einwirkung der Ruder und Flossen.

Wir gehen jetzt daran, die zu Beginn des Abschnittes 34 erwähnte Gleichgewichtsbedingung — wonach die Summe der Kraftmomente bei jedem in Ruhe oder gleichförmiger Bewegung verharrenden Körper null sein muß — auf die Verhältnisse beim Wagrechtflug eines Flugzeuges anzuwenden.

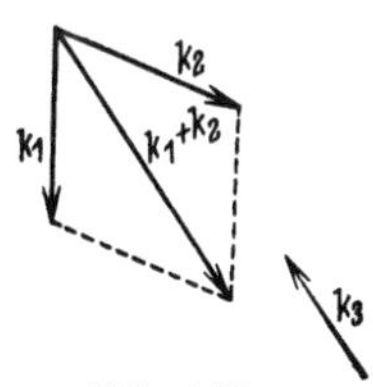

Abb. 147. Drei Kräfte in der Ebene.

Wir haben im ganzen drei Kräfte zu betrachten: Schwere G vertikal durch den Schwerpunkt, Zugkraft Z längs der Luftschraubenachse und endlich Resultierende K' aller Luftkräfte des Flugzeuges (ohne Luftschraube) mit der eben besprochenen Wirkungslinie. Nach einem bekannten Satz der Statik können drei Kräfte nur dann im Gleichgewicht sein (nur dann die Momenten-Bedingung erfüllen), wenn ihre Wirkungslinien sich in einem Punkt treffen. Für drei Kräfte K_1, K_2 und K_3, die in einer Ebene wirken, läßt sich das ohne weiteres einsehen (Abb. 147). Denn K_1 und K_2 geben immer eine Resultierende durch den Schnittpunkt, und wenn K_3 nicht ebenfalls durch diesen geht, kann es höchstens der Resultierenden von K_1 und K_2 entgegengesetzt gleich sein, würde aber dann ein Kräftepaar geben. Für drei Kräfte im Raum folgt daraus, daß die Projektionen auf irgendeine Ebene stets durch einen Punkt gehen müßten, damit sie im Gleichgewicht sind. Das ist aber nur dann der Fall, wenn die drei wirklich einen Punkt gemeinsam haben. Daraus folgt also: Damit das Flugzeug mit gleichförmiger Geschwindigkeit wagrecht fliegen kann, muß die Resultierende K' der Luftkräfte (Tragflächenauftrieb und -rücktrieb samt schädlichem Widerstand) die Luftschraubenachse in demselben Punkte schneiden wie die durch den Schwerpunkt gehende lotrechte Gerade. Diese Bedingung ist in Abb. 144 als erfüllt angenommen.

Man sieht, daß die Resultierende K' nicht etwa durch den Schwerpunkt gehen muß. Diese Forderung wird oft als eine notwendige bezeichnet; sie besteht aber, wie man sieht, nur dann zu Recht, wenn auch die Luftschraubenachse den Schwerpunkt enthält, eine Anordnung, die man meist vermeidet. Liegt nämlich die Achse etwas tiefer, so wie es Abb. 144 zeigt, so sucht der Luftschraubenzug das Flugzeug um seinen Schwerpunkt derart zu verdrehen, daß die Spitze gehoben, der Schwanz gesenkt wird Dieses Bestreben wird natürlich beim Wagrechtflug durch das entgegengesetzte der Luftkraft K' aufgehoben. Wird aber der Motor gedrosselt oder ganz abgestellt, so überwiegt das Drehmoment von K', so daß sich jetzt die Spitze des Flugzeuges tatsächlich senkt und damit eine gute Überleitung zum Gleitflug hergestellt wird. Der umgekehrte Fall einer weit über dem Schwerpunkt liegenden Schraubenachse wäre gefährlich, da sich das Flugzeug beim Versagen des Motors augenblicklich aufbäumen würde.

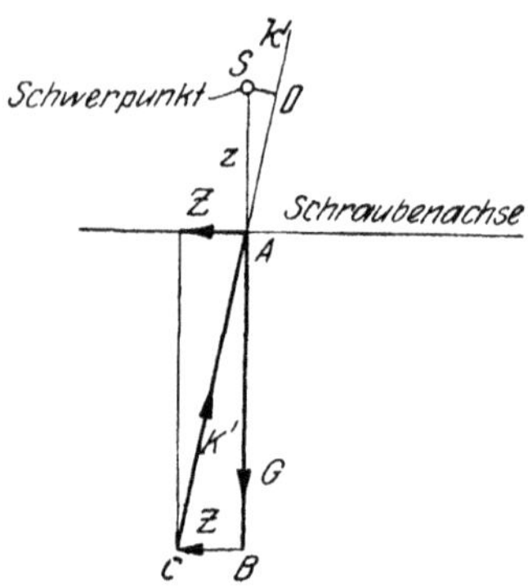

Abb. 148. Die Angriffslinien der Kräfte.

In Abb. 148 ist die Lage der Kräfte G, K' und Z in der Umgebung des Schwerpunktes nochmals, vergrößert, herausgezeichnet, wobei auch die Übereinstimmung von Z mit der wagrechten und von G mit der lotrechten Komponente der Resultierenden K' zur Anschauung gebracht ist. Diese Übereinstimmung war ja die Grundlage der namentlich im sechsten Kapitel erörterten Beziehungen. Den Abstand der Wirkungslinie K' vom Schwerpunkt haben wir mit k', den von Z mit z bezeichnet. Da die beiden rechtwinkligen Dreiecke ABC und ADS den Winkel bei A gemeinsam haben, sind sie ähnlich, und es folgt daraus:

$$z : k' = K' : Z \quad \text{oder} \quad z \cdot Z = k' \cdot K'.$$

Nun ist aber $z \cdot Z$ das Moment, mit dem die Zugkraft der Schraube das Flugzeug um den Schwerpunkt mit der Spitze aufwärts zu drehen sucht, $k' \cdot K'$ das Moment, mit dem die Luftkraft umgekehrt drehen will. Daß beide Ausdrücke gleich sind, besagt, daß bei der Anordnung der Abb. 148 die Summe der Momente null ist, mit anderen Worten: die in Abb. 144 oder 148 angenommenen Verhältnisse, wonach die Wirkungslinien von G, Z und K' durch einen Punkt gehen, erfüllen gerade die eingangs des Abschnittes ausgesprochene Gleichgewichtsbedingung.

Wenn bei einem Flugzeug der Abstand k' kleiner ist, als es die Bedingung $z \cdot Z = k' \cdot K'$ verlangt, also so, daß K' links vom

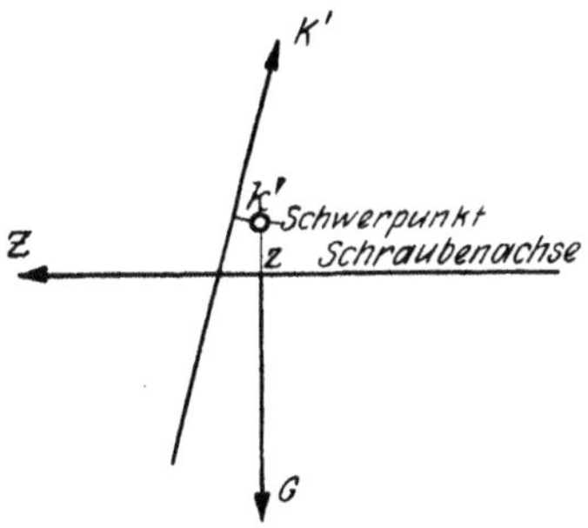

Abb. 149. Schwanzlastige Anordnung.

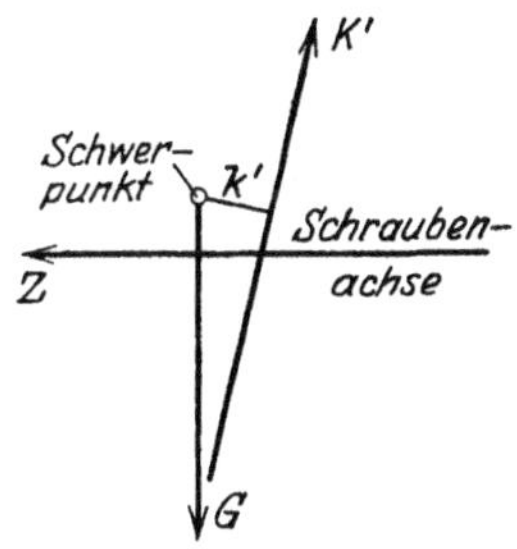

Abb. 150. Kopflastige Anordnung.

Schnittpunkt der Luftschraubenachse mit der Vertikalen durch den Schwerpunkt, der Angriffslinie der Schwerkraft, vorbeigeht, z. B. wie in Abb. 149, wo k' sogar negativ angenommen wurde, dann bleibt jedenfalls infolge des größeren $Z \cdot z$ ein Moment übrig, das die Spitze zu heben, den Schwanz zu senken sucht. Man sagt in diesem Falle, das Flugzeug sei schwanzschwer oder schwanzlastig. Im umgekehrten Fall eines zu großen Hebelarmes k' (Abb. 150) nennt man das Flugzeug kopfschwer oder kopflastig. Das einfachste, aber bei einem fertigen Flugzeug nicht immer durchführbare Mittel zur Behebung der Kopf- oder Schwanzlastigkeit besteht darin, durch veränderte Anordnung der Lasten den Schwerpunkt zu verlegen. Oft wird man gezwungen sein, die Tragflächen dem Rumpf gegenüber zu verschieben, wobei K' das ganze Stück der Verschiebung mitmacht, der Schwerpunkt aber nur um einen geringeren Weg, entsprechend dem Verhältnis des Tragflächengewichts zum Gesamtgewicht, verschoben wird.

Nicht immer wird es möglich sein, die Tragflächen von vornherein so einzustellen oder nachher zu verschieben, daß das Flugzeug, wie man sagt, völlig „ausgeglichen“ oder „ausbalanciert“, d. h. weder kopf- noch schwanzlastig ist. Ein Mittel, den Ausgleich der Momente zu unterstützen hat man nun in der Höhenflosse. Wir haben bisher noch gar nicht von den Kräften gesprochen, die Ruder und Flossen aufnehmen. Setzt man voraus, daß bei wagrechtem Fluge Höhenruder und Höhenflosse genau wagrecht eingestellt sind, so tragen sie höchstens etwas zum schädlichen Widerstand des Flugzeuges bei, ohne sonst nennenswerte Luftkräfte zu erfahren. Es hindert aber nichts, der Höhenflosse einen kleinen, zum Beispiel positiven Anstellwinkel zu geben. Sie erhält dann einen Auftrieb, über dessen Größe wir noch im folgenden Abschnitt sprechen werden. Der Auftrieb der Flosse addiert sich zu dem der Tragfläche und bewirkt vor allem, daß die Resultierende K' der Luftkräfte weiter nach hinten rückt. War das Flugzeug schwanzlastig, so kann es durch „positives“ Einstellen der Höhenflosse ausgeglichen werden. Umgekehrt kann man eine Kopflastigkeit durch „negatives“ Einstellen der Höhenflosse beseitigen, d. h. dadurch, daß man der Flosse einen geeigneten negativen Anstellwinkel gibt. Diese Heranziehung der Höhenflosse zur Ausbalancierung soll man jedoch nur in engen Grenzen halten. Denn mit dem Auftrieb bzw. Abtrieb ist stets auch ein Rücktrieb verbunden, der im Verhältnis zum Auf- bzw. Abtrieb bei der Flosse im allgemeinen größer sein wird als bei der Tragfläche, deren Profil sorgfältig mit Rücksicht auf günstige Gleitzahl ausgebildet ist. Wird von vornherein bei der Konstruktion eines Flugzeuges mit einer „nicht neutralen“, sondern „tragenden“ Höhenflosse gerechnet, so wird man sie vorteilhaft nicht als ebene Fläche ausbilden, sondern ihr ein geeignetes Profil geben.

Aber selbst bei sorgfältigster Einstellung der Tragflächen und der Höhenflosse kann der „Ausgleich“ der Momente kein vollständiger sein. Denn man muß mit kleinen Schwankungen der Belastung — z. B. durch Verminderung des Benzins, das nicht immer genau im Schwerpunkt liegt, infolge Bewegung der Mitfliegenden usf. — rechnen. Da hilft nun in gleicher Weise, wie es früher von der Höhenflosse gezeigt wurde, das Höhenruder, das der Führer je nach Bedarf einstellen kann. Ist ein Flugzeug kopflastig, so äußert sich das darin, daß der Führer „ziehen“, d. h. einen Steuerdruck im Sinne des Steigens ausüben muß, um wagrecht zu fliegen. Ein schwanzlastiges Flugzeug muß man im Wagrechtflug „drücken“, d. h. man muß das Höhensteuer in dem Sinn wie beim Abwärtsfliegen betätigen. Bei einem vollkommen ausgeglichenen Flugzeug kann man das Höhensteuer frei lassen. Oft sind auch Einrichtungen vorhanden, die dem Führer gestatten, die Steuerung in einer bestimmten Lage, die eben dem augenblicklichen Belastungszustand des Flugzeuges entspricht, festzustellen. In diesem Fall wirkt das Ruder — solange es festgestellt bleibt — als Flosse.

Ein Flugzeug, das im Wagrechtflug ausgeglichen ist, kann beim Steigen oder Gleiten kopf- oder schwanzlastig sein, da ja der Anstellwinkel und damit die Lage des Tragflächenauftriebes sich mit der Flugrichtung ändert. In der Regel verlangt man den Ausgleich nur für den Wagrechtflug und für ein motorloses Gleiten bei einem passenden Gleitwinkel. Dies ist auch leicht zu erreichen, wenn man die oben schon erwähnte Anordnung trifft, wonach die Propellerachse unter dem Schwerpunkt vorbeigeht. Denn hört hier — infolge Abstellens des Motors — die Zugkraft auf, so fällt ein Moment aus, das den Kopf des Flugzeuges zu heben suchte. Nun muß sich beim flachen Gleiten eine Geschwindigkeit einstellen, die kleiner als die des Wagrechtfluges ist (Abschn. 27, Punkt C bzw. A in Abb. 122), also ein Zustand mit größerem Anstellwinkel. Wir sehen aber beispielsweise aus Abb. 22, daß die Auftriebslinie bei Vergrößerung des Anstellwinkels nach vorne rückt, daß also ein den Kopf hebendes Moment hinzukommt. Dieses kann an Stelle des ausgefallenen Momentes des Propellerzuges treten und so das Gleichgewicht wieder herstellen. Bei einem derart richtig konstruierten Flugzeug kann man beim Wagrechtflug und beim Gleiten das Höhensteuer frei lassen.

Wir wollen nun untersuchen, welche Steuerkräfte aufgewendet werden müssen, wenn ein Flugzeug bei einer Geschwindigkeit v ausgeglichen sein soll. Wir machen dabei die Voraussetzung, daß die für die Kräfte geltende Gleichgewichtsbedingung erfüllt ist, oder mit anderen Worten, daß für das untersuchte v das

Flugzeug gerade den Zustand des Steigens, Sinkens oder Wagerechtfliegens einnimmt, der ihm für dieses v nach Abb. 122 Abschn. 27 zukommt. Zu jedem v gehört dann ein bestimmtes Z (verfügbare Zugkraft), ein bestimmtes K' und k', also auch ein bestimmter Wert des Ausdrucks:

$$k' \cdot K' - z \cdot Z.$$

Bei derjenigen Geschwindigkeit, bei welcher dieser Ausdruck verschwindet, ist das Flugzeug ohne Steuerbetätigung ausgeglichen. Bei einem richtig konstruierten Flugzeug soll das gerade die Geschwindigkeit des Wagerechtfluges sein. Indem man nun für die einzelnen v die Werte des Ausdrucks $k' \cdot K' - z \cdot Z$ berechnet, findet man die Steuerkräfte in kg, welche zum Ausgleich bei den verschiedenen Geschwindigkeiten notwendig sind. Betrachten wir jetzt die Steuerkräfte einmal bei Vollgas und einmal bei gedrosseltem Motor, jedoch beidemal für dasselbe v, so haben in beiden Fällen die K' und die k' denselben Wert, die Z dagegen nicht. Denn bei gedrosseltem Motor sinkt die Kurve *II* der Abb. 122, es wird also bei Motordrosselung Z kleiner und damit werden die zur Ausgleichserzielung erforderlichen Steuerkräfte größer. Bei Leerlauf sind sie unmittelbar dem Produkt $k'\ K'$ gleich. In Abb. 151 sind die Steuerkräfte in Abhängigkeit von der Geschwindigkeit für einen Heinkel-Hochdecker (HD 32) bei Vollgas (1) und bei Leerlauf (2) dargestellt. Zwischen den beiden Linien hat man sich zur Vervollständigung noch die anderen zu denken, welche den verschiedenen Zwischenstellungen des Drosselhebels entsprechen. Man sieht, daß für Vollgas der Ausgleich bei einer Geschwindigkeit von 83 km/Std., für Leerlauf bei einer Geschwindigkeit von fast 190 km/Std. hergestellt wird.

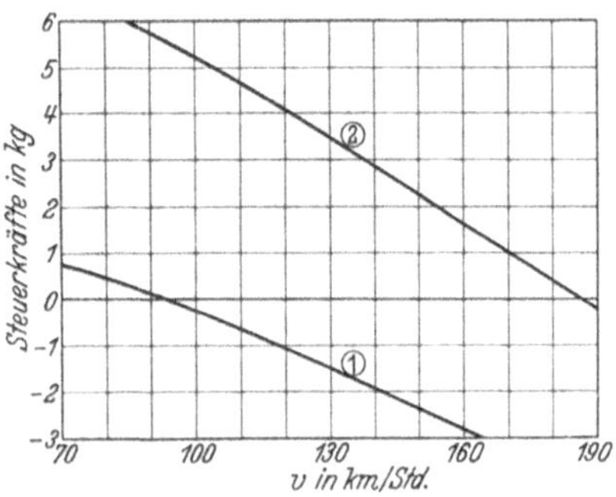

Abb. 151. Momentenausgleich durch Steuerkräfte.

Um den Gleichgewichtszustand in den normalen Geschwindigkeitsbereich zu legen, hat man die Lage des Schwerpunktes zu berücksichtigen. Verlegt man den Schwerpunkt zu weit nach hinten, so kann unter Umständen für den gesamten normalen Anstellwinkelbereich die Resultierende K' so liegen, daß das Flugzeug schwanzlastig ist. Bei den neueren Bauarten der letzten Jahre liegt er etwa 24 % bis 35 % der mittleren Flügeltiefe von der vorderen Flügelkante aus gerechnet nach hinten. Es hat sich auch gezeigt, daß bei einer Verrückung des Schwerpunktes noch mehr nach hinten das Flugzeug aus gewissen unstabilen Lagen (Trudelflug, s. später) nicht mehr mit Sicherheit abgefangen werden kann.

Es bleibt noch zu überlegen, welche Bedeutung dem Widerstandskraftmoment M der Luftschraube für das Gleichgewicht des Flugzeuges zukommt. Dieses Moment sucht das Flugzeug entgegen dem Drehsinn der Luftschraube um die zur Luftschraubenachse parallele Schwerpunktachse (Ss in Abb. 144) zu drehen. Eine solche Drehung fällt in das Gebiet der Querbewegung im Sinne der Erklärung in Abschnitt 33, während die Kräfte G, Z und K' und ihre Momente durchaus auf die Längsbewegung wirken. Man ist also berechtigt, M ganz gesondert zu betrachten. Zunächst wollen wir uns ein Urteil über das Ausmaß von M verschaffen.

Da M der Größe nach gleich dem Antriebsmoment des Motors ist, können wir die am Schluß von Abschn. 22 abgeleitete Beziehung:

$$M = 716 \frac{L}{n},$$

verwenden, wobei L die Motorleistung in PS, n die Umdrehungszahl in der Minute bezeichnen. Nun hat etwa das in Abschnitt 32 als Beispiel behandelte Flugzeug von 1050 kg Gewicht einen Motor von $L = 185$ PS Leistung, dessen Drehzahl wir mit $n = 1400$ annehmen dürfen. Daraus ergibt sich $M = 716 \cdot 185 : 1400 = 95$ kgm. Mit diesem Moment sucht die Luftschraube in Abb. 152 das Flugzeug so zu drehen, daß der rechte Flügel (in der Flugrichtung rechts) sich hebt, der linke sich senkt. Nun lastet rechts und links auf den Flügeln je das halbe Gewicht, also 525 kg. Nehmen wir die Spannweite des Flugzeuges zu rund 10 m an, so beträgt die Entfernung der Tragflächenmitten links und rechts, d. h. der Stellen, an denen man die je 525 kg Auftrieb angreifend denken kann, rund 5 m. Denkt man sich jetzt den Auftrieb am linken Flügel um $95 : 5 = 19$ kg vergrößert, am rechten um ebensoviel vermindert, so gibt die Summe immer noch 1050 kg, aber die Drehmomente der beiden Kräfte in bezug auf die Luftschraubenachse heben einander nicht auf, sondern geben 2,5 (525 + 19) in der Drehrichtung der Luftschraube und 2,5 (525 — 19) entgegengesetzt, so daß $5 \cdot 19 = 95$ kgm entgegen dem Sinn von M übrigbleiben. Man sieht also, daß eine ganz geringfügige Verschiebung in der Verteilung des Auftriebes auf die beiden Flügelseiten hinreicht, um die Wirkung von M auszugleichen: Das Widerstandskraftmoment der Luftschraube wird aufgehoben, wenn der eine Flügel in unserem Falle um etwa 7 vH mehr trägt als der andere. Solche Unterschiede werden praktisch sehr leicht dadurch erreicht, daß man die Flügel

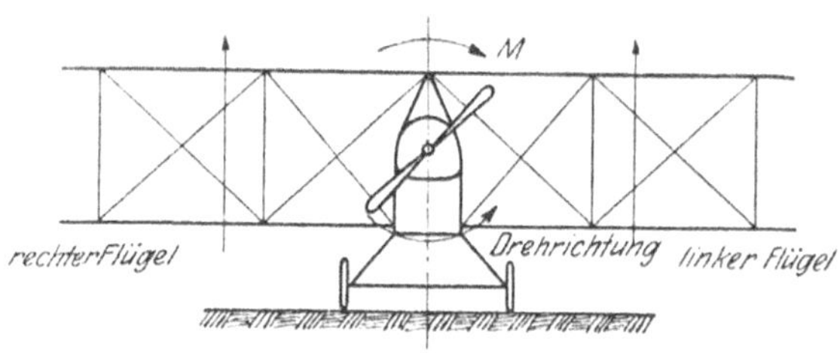

Abb. 152. Aufnahme des Luftschrauben-Drehmoments durch die Flügel.

nicht ganz gleich einstellt, sondern ihnen etwas verschiedene Anstellwinkel, wenigstens an einzelnen Teilen, gibt. Das Maß der Verschiedenheit muß in jedem einzelnen Fall durch Versuche festgestellt werden. Übrigens kann man etwaige Fehler in dieser Richtung durch Betätigen der Verwindung (Querruder) wettmachen, in der gleichen Weise wie Fehler im Längsausgleich durch das Höhenruder beseitigt werden. Die Anordnung von zwei gegenläufigen Schrauben, die die Brüder Wright bei ihren ersten Flugzeugen zur Aufhebung der Wirkung von M angewandt hatten, ist jedenfalls nicht notwendig. Selbst bei Flugzeugen mit zwei parallel stehenden Motoren, wo es ein Leichtes wäre, die Drehsinne entgegengesetzt zu machen, sieht man in der Regel davon ab, da die geringe Größe von M nicht einmal diese kleine Unbequemlichkeit rechtfertigt.

Schließlich ist in diesem Zusammenhang noch zu erwähnen, daß das Seitenruder und die — analog der Höhenflosse vor dem Seitenruder angebrachte — Seitenflosse (Abb. 138), entsprechend eingestellt (d. h. um die Vertikale gegenüber der normalen Lage verdreht), zum Ausgleich von Unsymmetrien in der Wirkung der Flügel, von kleinen Abweichungen in der Richtung des Schraubenzuges usf. herangezogen werden können. Es liegt auf der Hand, daß eine solche „aktive" Einstellung des Seiten-Leitwerkes nur als ein notwendiges Übel angesehen werden kann.

Werden Symmetriefehler, die nicht durch irgendwelche feste Einrichtungen ausgeglichen sind, während des Fluges durch Auslegen der Ruder in ihrer Wirkung aufgehoben, so liegt immer schon ein mangelhafter Betriebszustand vor. Man sagt, ein Flugzeug „zieht rechts" oder „zieht links", wenn eine Betätigung des Seitenruders nach links bzw. rechts, und es „hängt rechts" oder „hängt links", wenn eine entsprechende Betätigung des Querruders beim normalen Fluge erforderlich ist.

36. Die Kräfte an Rudern und Flossen, Trägheitsmoment.

Die Berechnung der durch die Ruder und Flossen aufgenommenen Luftkräfte erfolgt nach demselben allgemeinen Gesetz (Abschn. 6), das für alle anderen bisher behandelten Luftkräfte Geltung hatte. Die Flossen, Höhen- und Seitenruder sind fast stets, Querruder häufig, ebene oder fast ebene Flächen. Ihr Querschnitt entspricht etwa einem sehr flachen und hinten zugespitzten Profilrohr (Abb. 154). Die Kräfteverhältnisse an ebenen Flächen, die mit verschiedenen Anstellwinkeln durch die Luft bewegt werden, sind schon seit den frühesten Zeiten der Flugtechnik untersucht worden; sie liegen allerdings nicht so einfach, wie man zunächst angenommen hatte. Bezeichnen wir mit P die Kraft in kg, mit v die Geschwindigkeit in m/sek, mit F die tatsächliche Größe der ebenen Fläche in m², mit m die Dichte der Luft (normal 1/8), endlich mit z_e einen entsprechenden Beiwert, so dürfen wir ansetzen:

$$P = m \cdot z_e \cdot F \cdot v^2.$$

Die Frage ist wieder nur die, wie sich der Beiwert z_e in verschiedenen Fällen verhält. Er ist natürlich abhängig vom Anstellwinkel, unter dem die Fläche gegen die Luft bewegt wird, außerdem aber von der Gestalt der Fläche, namentlich, wenn sie ein Rechteck ist, von dem Verhältnis ihrer Tiefe zur Breite. Unsere Abb. 153 stellt nach Veröffentlichungen der Göttinger Versuchsanstalt den Verlauf des Beiwertes z_e für die Anstellwinkel a gleich 0^0 bis 90^0 für rechteckige Flächen von verschiedenen Seitenverhältnissen dar, und zwar, wie die beigeschriebenen Zahlen zeigen, für ein Verhältnis Breite zu Tiefe gleich 3, gleich 1,5, gleich 1 und gleich 0,5. Verfolgt man

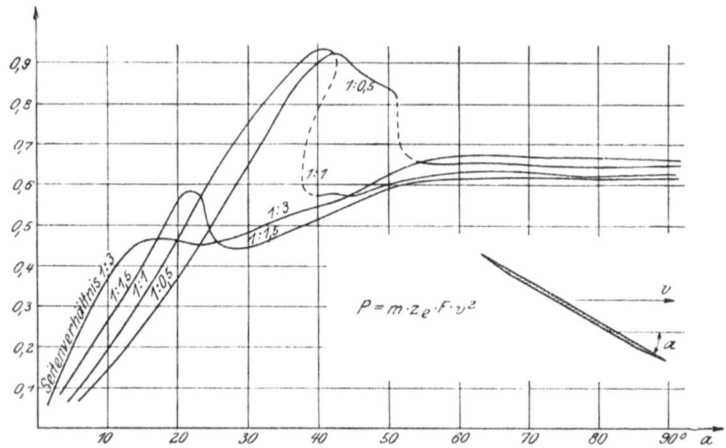

Abb. 153. Winddruck auf ebene, schräggestellte Platten von verschiedenem Seitenverhältnis.

etwa die Linie für das Verhältnis 3, so sieht man, daß der Beiwert zunächst proportional dem Anstellwinkel wächst, dann aber bei rund 12^0 fast vollständig zu wachsen aufhört und erst bei viel größeren Winkeln wieder größer wird. Für ein Ruder, dessen Abmessungen ungefähr dem Verhältnis 3 : 1 entsprechen, folgt daraus, daß ein Einstellen der Steuerung auf mehr als 12^0 Ausschlag keinen Wert besitzt, wenn man nicht durch eine besondere Einrichtung dafür sorgt, daß die Kurve gegenüber der Abb. 153 verbessert wird. Erhöhung der Steuerwirkung ist, wenigstens bei einem freistehenden ebenen Ruderblatt, nicht durch große Ausschläge zu erreichen. Zahlenmäßig beträgt der Beiwert in unserem Falle rund 0,4 für 10^0

Ausschlag; man kann also, wenn der Winkel a in Bogengraden gemessen wird, z_e gleich 0,04 a setzen. Bei einer Geschwindigkeit von 30 m/sek, das sind 108 km/Std., würde die Kraft, die 1 m² des Ruders erfährt, für einen Maximalausschlag von 12°

$$P = \frac{1}{8} \cdot 0{,}04 \cdot 12 \cdot 30^2 = 54 \text{ kg/m}^2$$

betragen. Die Seitenruder sind oft tiefer, etwa dem Verhältnis 1 : 1 entsprechend. Man erkennt aus Abb. 153, daß die Wirkung einer derartigen Fläche bei dem gleichen Anstellwinkel etwa nur halb so groß ist, also z_e rund 0,02 a; aber der Beiwert steigt dafür noch ziemlich geradlinig bis zu einem Anstellwinkel von etwa 36°, so daß er einen Maximalwert von rund 0,9, d. i. mehr als das Doppelte des Höchstwertes bei der weniger tiefen Fläche, erreicht.

Die in Abb. 153 wiedergegebenen Versuchsresultate beziehen sich auf ebene Flächen, die allein, ohne anschließende

Abb. 154. Ruder mit Flosse.

Führungsflächen, dem Luftstrom ausgesetzt werden. Die Ruder unserer Flugzeuge arbeiten aber in der Regel unter anderen Bedingungen. Dem Höhenruder ist die Höhenflosse, dem Seitenruder die Seitenflosse vorgeschaltet, vgl. etwa Abb. 138. Wird das Ruder ausgelegt, ihm also ein Anstellwinkel a gegeben, (Abb. 154), so bildet es mit der zugehörigen Flosse einen stumpfen Winkel, gleich $180^0 - a$. Die Luftkraft, die auf eine in dieser Weise dem Luftstrom ausgesetzte Fläche wirkt, kann nicht ohne weiteres der Abb. 153 entnommen werden. Es ist klar, daß die Führung, die der Luftstrom an der Flosse findet, seine Wirkung im allgemeinen erhöhen muß. Flosse und ausgelegtes Ruder zusammen verhalten sich einigermaßen so wie eine einzige gekrümmte Fläche. Sachgemäße Versuche über die Ruderkräfte müssen daher notwendigerweise das ganze aus Ruder und Flosse bestehende Leitwerk umfassen. Nach den bisherigen Beobachtungen kann man den Einfluß der Flosse auf den Wert des Beiwertes z_e annähernd berücksichtigen, indem man das Seitenverhältnis der Fläche entsprechend berichtigt, d. h. zu der Tiefe des Ruders einen beträchtlichen Teil der Flossentiefe hinzufügt. Abb. 155 zeigt den Verlauf von $100\,c_e = 200\,z_e$ für das schmale Ruder des daneben skizzierten Leitwerks, wobei noch zu beachten ist, daß die unterhalb der Flosse liegenden spitz zusammenlaufenden Rumpfwände wesentlich wie eine Fortsetzung der Flosse wirken. Man sieht, daß es ungefähr der Verlauf einer zwischen den Linien 1:1 und 1:0,5 der Abb. 153 gelegenen Linie ist, abgesehen von dem starken Anstieg, den die letzteren zwischen etwa 30° und 40° aufweisen. Mit den hier auftretenden besonders hohen Werten wird man in der Praxis ohnehin nicht

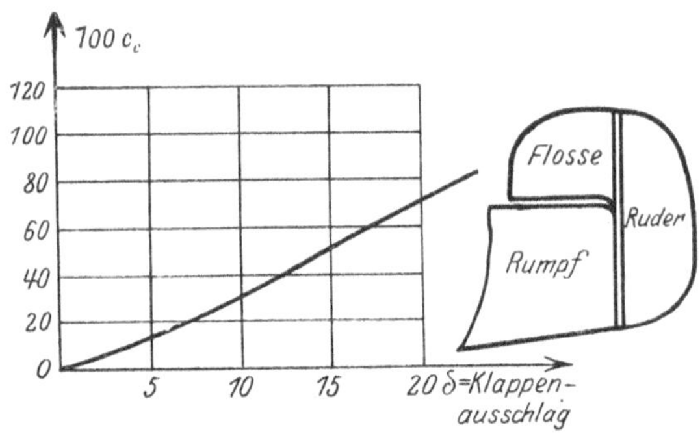

Abb. 155. Luftkraftbeiwert eines Ruders im Leitwerk.

rechnen können, da es sich dabei offenbar um eine sehr wenig stabile Strömungsform handelt.

Ist eine Höhen- oder Seitenflosse nicht „neutral" eingestellt (Abschn. 35), so beeinflußt sie das Ruder in wesentlich der gleichen Weise wie eine neutrale. Neuestens ist auch eine Ausführung versucht worden, bei der die Seitenflosse bei Auslegen des Seitenruders in dem gleichen Sinne, aber nur um einen Bruchteil des Ausschlagwinkels, mitgedreht wird; damit werden die Ruderkräfte noch besonders erhöht.

Die Höhenruder zweisitziger normaler Flugzeuge haben etwa 1 bis 2 m² Flächenausmaß. Selbstverständlich ist aber ihre Wirksamkeit nicht nur von der Flächengröße, sondern — abgesehen von der Geschwindigkeit des Flugzeuges — auch von dem Abstand des Ruders vom Flugzeugschwerpunkt abhängig. Denn die Wirkung des Höhenruders besteht ja darin, daß die auf das Ruder ausgeübte Luftkraft ein drehendes Moment um den Schwerpunkt ergibt. Dieses Moment ist gleich dem Produkt aus der Größe der auf das Ruder wirkenden Luftkraft mal dem Abstand ihrer Wirkungslinie vom Schwerpunkt des Flugzeuges. Bei kleinen Ausschlägen und bei geringer Tiefenerstreckung des Höhenruders kann man als Hebelarm der Kraft annähernd den Abstand der Ruderdrehachse vom Flugzeug-Schwerpunkt nehmen. Als Faustregel bei der Konstruktion eines Flugzeuges gilt oft, daß der Schwerpunktsabstand der Höhenruder-Achse gleich der halben Spannweite des Flugzeuges gemacht wird; diese Regel ist naturgemäß keine bindende.

Für die Bemessung des erforderlichen Steuerkraftmomentes, also für die Frage, wie groß man das Ruder und wie weit man seinen Abstand vom Schwerpunkt wählen soll, erscheint neben der Größe des Flugzeuges vor allen Dingen auch die Art, wie die Belastung auf dem Flugzeug verteilt ist, maßgebend. Flugzeuge, deren Belastung mehr beim Schwerpunkt zusammengedrängt ist, haben geringere Drehungs-Trägheit, folgen leichter auf das Steuer und können daher mit geringeren Rudergrößen ausgestattet werden.

Das Höhensteuer soll der Anforderung genügen, daß bei vollkommen abgedrosseltem Motor der Anstellwinkel des größten Auftriebes eingestellt werden kann, damit bei Notlandungen in geringer Höhe über dem Boden zur Herabsetzung der Landegeschwindigkeit ein möglichst großer Auftriebsbeiwert erzielt wird. Andererseits darf keine Steuerung so bemessen werden, daß durch ihre Betätigung, auch bei größtem Kraftaufwand des Führers, unzulässige Beanspruchungen im Tragwerk entstehen. Flügelbrüche, die durch heftige Steuerbetätigung herbeigeführt werden, weisen auf prinzipielle Konstruktionsfehler hin.

Als maßgebende Größe, durch die die Trägheit des Flugzeuges gegenüber Drehungen bestimmt wird, ist der sogenannte Trägheitsradius bzw. das Trägheitsmoment anzusehen. Den Trägheitsradius eines Flugzeuges für irgendeine bestimmte, durch den Schwerpunkt gelegte Achse kann man berechnen, sobald man die einzelnen Gewichtsgrößen und die Lage der einzelnen Teile in bezug auf die Achse kennt. Bezeichnet man mit $A, B, C, D, \ldots$ die Gewichte der einzelnen Flugzeugbestandteile und Belastungen, mit $a, b, c, d, \ldots$ die Abstände dieser Teile von der betreffenden durch den Schwerpunkt des Flugzeuges gelegten

Achse, so bilde man den Ausdruck $A a^2 + B b^2 + C c^2 + \ldots$, dividiere diese Summe durch das Gesamtgewicht $G = A + B + C + \ldots$ und ziehe aus dem Quotienten die Quadratwurzel:

$$r = \sqrt{\frac{A a^2 + B b^2 + C c^2 + \ldots}{G}}$$

Dieses r heißt der Trägheitsradius des Flugzeuges für die betreffende Achse.

Experimentell bestimmt man den Trägheitsradius durch einen Schwingungsversuch. Man hängt das Flugzeug so auf, daß es um eine Achse, parallel derjenigen durch den Schwerpunkt gehenden Achse, für die man den Trägheitsradius haben will, schwingen kann. Ist s der Abstand des Schwerpunkts von der Schwingungsachse in Meter und t die Dauer einer ganzen Schwingung (Hin- und Hergang) in Sekunden, so ist der Trägheitsradius $r = \frac{t}{2\pi}\sqrt{g \cdot s}$, wobei $g = 9{,}81$ m/sek², $\pi = 3{,}14$. Dem Produkt aus Gesamtgewicht in das Quadrat des Trägheitsradius, also $G r^2$, soll unter sonst gleichen Umständen die Größe des Steuerkraft-Momentes proportional sein. Unter Trägheitsmoment (nicht zu verwechseln mit dem in der Festigkeitslehre vorkommenden Flächenmoment zweiten Grades, das oft auch als Trägheitsmoment bezeichnet wird) versteht man das Produkt: Masse mal Quadrat des Trägheitsradius, also $G r^2 : g$.

Bei zweisitzigen Flugzeugen durchschnittlicher Größe hat der Trägheitsradius für die durch den Schwerpunkt gehende Querachse, die für die Höhenruderwirkung in Betracht kommt, ungefähr den Wert 1,3 bis 1,8 m. Es ist wichtig, zu beachten, daß bei Großflugzeugen, die mehrere Motoren und eine auf entfernte Punkte des Flugzeuges verteilte Besatzung haben, der Trägheitsradius im Verhältnis zu dem gewöhnlicher Flugzeuge viel stärker wächst als aus den Abmessungen zu erwarten wäre. Daher müssen Großflugzeuge verhältnismäßig besonders große Ruder erhalten.

Die Seitenruder zweisitziger normaler Flugzeuge haben etwa 1 m² Flächenausmaß. Über den Einfluß des Abstandes vom Schwerpunkt gilt dasselbe wie bei der Höhensteuerung. Die Achse, um die das Flugzeug durch Auslegen des Seitenruders gedreht wird, ist die Vertikale (Lotachse). Der Trägheitsradius für die lotrechte, durch den Schwerpunkt gehende Achse wird hauptsächlich dann vergrößert, wenn das Flugzeug mit außerhalb des Rumpfes liegenden Motoren ausgestattet ist. Derartige Flugzeuge müssen aber besonders große Seitenruder noch aus einem anderen Grunde erhalten.

In Abb. 156 ist ein Großflugzeug mit vier auf den Flügeln angeordneten 175 PS-Motoren skizziert. Der Zweck der Zerlegung der Antriebskraft auf vier Einheiten ist hauptsächlich der, daß beim Versagen eines Motors oder eines Teiles der Motoren noch mit den übrigen, wenn auch nur mit verminderten Flug-

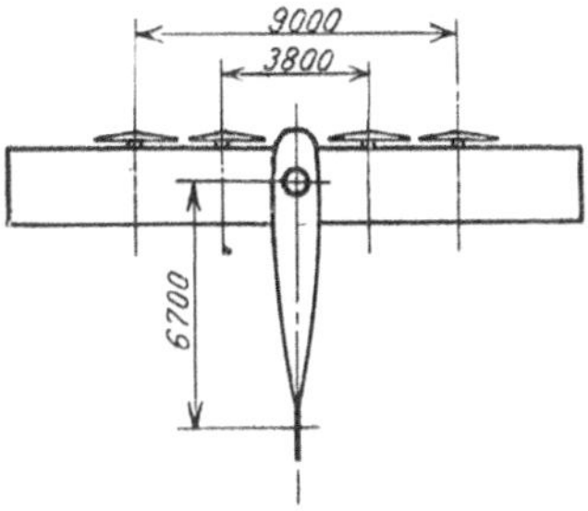

Abb. 156. Viermotoriges Großflugzeug.

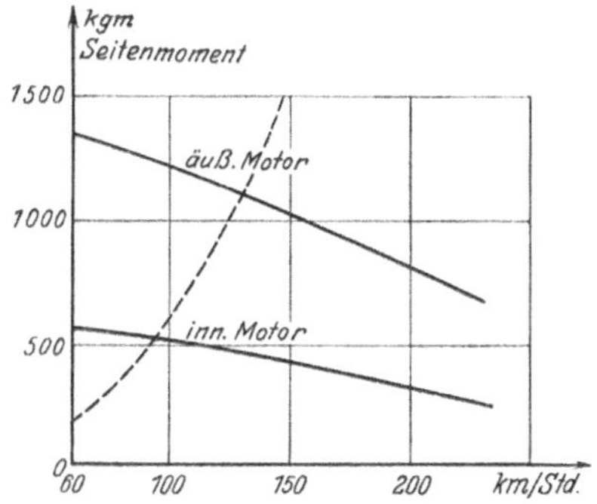

Abb. 157. Verlauf des Seitenmoments.

leistungen weitergeflogen werden kann. Hier ist aber zu beachten, daß die Zugkraft jedes einzelnen der vier Propeller eine Angriffslinie besitzt, die durchaus nicht mit der Längsachse des Flugzeuges zusammenfällt. Nur solange alle vier Motoren oder wenigsten je zwei gleich weit von der Mitte entfernte, gleich stark arbeiten, fällt die Resultierende der Zugkräfte in die Längsachse durch den Flugzeugschwerpunkt und wir dürfen unsere früheren Gleichgewichtsbetrachtungen (Abschn. 35) als gültig ansehen. Was geschieht aber, wenn z. B. der erste Motor links ausfällt? Die Zugkraft seines Propellers multipliziert mit dem Abstand seiner Achse von der parallelen Flugzeugachse, im Beispiel 4,5 m, gibt ein Drehmoment um die Vertikale, das vom Augenblick des Versagens des Motors an zur Erhaltung des Gleichgewichts fehlt. Das Flugzeug beginnt „rechts zu ziehen", d. h. es wird ein Auslegen des Seitenruders nach rechts erforderlich, wenn ein Linksdrehen des Flugzeuges verhindert werden soll. Die Größe des erforderlichen Rudermomentes ist von der Fluggeschwindigkeit abhängig. Da, wie wir aus Abschnitt 18 wissen, die Zugkraft einer Luftschraube mit wachsender Fluggeschwindigkeit v abnimmt, fällt, wie es Abb. 157 andeutet, das zur Erhaltung des Gleichgewichts bei Versagen eines äußeren Motors erforderliche Moment mit zunehmendem v ab. In Abb. 157 ist auch eine zweite abfallende Linie zu sehen, die das Moment der Zugkraft eines inneren Motors darstellt, und aus der früheren durch Verkleinerung der Ordinaten im Verhältnis der Motorabstände, im Beispiel 4,5 : 1,9, hervorgeht. Andererseits ist das bei einem gegebenen Seitenleitwerk und gegebenem größten Ausschlag verfügbare Rudermoment dem Quadrate der Fluggeschwindigkeit direkt proportional (wie dies in erster Annäherung für jede Luftkraft gilt). Denkt man die zugehörige Momentenlinie, die eine Parabel mit wachsenden Ordinaten ist, in die Figur eingetragen, so erkennt man, daß ein Weiterfliegen nach Motorausfall nicht bei jeder Geschwindigkeit möglich ist. In den Schnittpunkten der Parabel mit der oberen bzw. unteren Motorlinie liegt die Geschwindigkeitsgrenze für Ausfall eines Außenmotors bzw. eines Innenmotors. Je größer die Ruderfläche, der Ruderabstand vom Schwerpunkt und der Luftkraftbeiwert des Ruders bei größtem Ausschlag, um so niedriger sind die Geschwindigkeiten, bei denen der Ausfall eines seitlich liegenden Motors überwunden werden kann. Natürlich muß man auch bedenken, daß, wenn man nach Versagen eines Motors nicht nur geradeaus fliegen, sondern vorgeschriebene Bahnen zurücklegen will, noch ein gewisser Überschuß an Rudermoment über das zur Erhaltung des Gleichgewichts notwendige Maß hinaus vorhanden sein muß.

Wenn wir wieder die Geschwindigkeitsverhältnisse der Abb. 122 des Abschn. 27 für ein Flugzeug mit der Motoranordnung der Abb. 156 zugrundelegen und annehmen, der Schwerpunktsabstand der Achse seines 1 m² großen Seitenruders mit dem Seitenverhältnis 1:1 betrage 7 m, so ist das von dem Ruder erzeugte Moment:

$$M = \tfrac{1}{8} \cdot 7 \cdot 1 \cdot z_e \cdot v^2$$

oder, da nach Abb. 153 für das Seitenverhältnis 1:1 bis zu einem Anstellwinkel von etwa $a = 40^0$

$$z_e = 0{,}027\, a$$

gesetzt werden kann:

$$M = 0{,}0236\, a v^2 .$$

Das höchste, bei einer Geschwindigkeit v erreichbare Moment:

$$M = 0{,}0236 \cdot 40\, v^2 = 0{,}0945\, v^2$$

ist durch die gestrichelte Linie in Abb. 157, eine Parabel, dargestellt. Man erkennt, daß bei Ausfall eines inneren Motors der Geschwindigkeitsbereich nunmehr seine untere Grenze bei etwa 85 km/St. hat. Da aber 85 km/St. Fluggeschwindigkeit einer Sekundengeschwindigkeit von ungefähr 24 m entspricht, und diese Geschwindigkeit etwa dem tiefsten Punkt der Linie *I* der Abb. 122 in Abschn. 27 zugeordnet ist, sehen wir, daß unter den hier zugrundegelegten Verhältnissen eine Steuerfläche von 1 m² gerade noch ausreicht, um bei Ausfall eines inneren Motors das Flugzeug mit jeder Geschwindigkeit seines normalen Flugbereiches zu fliegen. Wie aber steht es mit der Steuerbarkeit? Wir wissen, daß ein Wagerechtflug mit den verschiedenen Geschwindigkeiten nur bei entsprechender Drosselung des Motors möglich ist. Die in Abb. 157 gezeichneten Kurven für den inneren und den äußeren Motor gelten wie die Linie *II* der Abb. 122 für Vollgas, bei Änderung der Drosselstellung müßten sie durch tiefer gelegene von ungefähr gleichem Verlauf ersetzt werden. Das würde bedeuten, daß im ganzen möglichen Flugbereich, d. h. also zwischen ungefähr 25 m/sek und 42 m/sek oder 85 km/St. und 150 km/St. die Ordinaten der Parabel immer größer sind als die der Momentenlinie des inneren Motors. Die Ordinatendifferenz ist ein Maß der bei Motorausfall noch vorhandenen Steuerfähigkeit des Seitenruders. Wir sehen also, daß bei den zugrundegelegten Annahmen ein Seitensteuer von 1 m² Fläche ausreichen würde, um bei Ausfall eines inneren Motors das Flugzeug ohne Einschränkung des Geschwindigkeitsbereiches manövrierfähig zu erhalten. Daß der Flugbereich nach unten hin nicht zu wesentlich eingeschränkt wird, ist von Bedeutung, da der Führer bei Ausfall eines Motors, um weitere Havarie infolge Überbeanspruchung der Motoren zu vermeiden, durch Drosselung die Motoren schonen und damit zu kleineren Fluggeschwindigkeiten übergehen wird. Der Ausfall eines äußeren Motors ist des größeren Momentes wegen durch Seitensteuerregulierung nicht so leicht wettzumachen, in unserem Falle nur dadurch, daß in der Nähe der Höchstgeschwindigkeit geflogen wird, wobei natürlich fraglich bleibt, ob diese Höchstgeschwindigkeit nach dem Motorausfall noch erreicht werden kann. Andererseits kann der Führer bei Ausfall eines Motors dadurch, daß er den symmetrisch liegenden ganz oder teilweise abdrosselt, unter entsprechendem Geschwindigkeitsverlust für Geradeflug und Steuerbarkeit bis zu einem gewissen Grade sorgen.

Bei der Bemessung des Höhenruders kommen derartige erschwerende Gesichtspunkte im allgemeinen nicht in Frage. Die den Verhältnissen nach erforderliche Ruderfläche wird bei Großflugzeugen oft auf zwei und mehr nebeneinander- bzw. übereinandergestellte Einzelruder verteilt (vgl. die Abb. 161).

Bei der Konstruktion des Seitensteuers ist weiterhin darauf zu achten, daß seine Wirksamkeit auch bei großen Anstellwinkeln der Tragfläche erhalten bleibe. Denn gerade bei großen Anstellwinkeln beginnt das Gebiet des Überziehens, das oft die Einleitung des Trudelfluges ist, wo jede querstabilisierende Wirkung zur Herstellung des normalen Flugzustandes von größter Bedeutung ist. Andrerseits wird bei großen Anstellwinkeln das Seitensteuer zu einem großen Teile vom Höhensteuer abgeschirmt, und seine Wirkung kann nicht voll zur Geltung kommen. Man trägt diesem Umstand oft in der Weise Rechnung, daß man das Seitenruder nicht nur über dem Höhensteuer anordnet, sondern es bis unter das zu diesem Zwecke geteilte Höhenleitwerk durchführt, wie z. B. in Abb. 161 angedeutet.

37. Betätigung der Ruder durch den Führer.

Die Höhen-, Seiten- und Querruder der Flugzeuge müssen so angebracht werden, daß ihre Betätigung, d. h. das Erzeugen eines beliebigen Ruderausschlages in den hierfür vorgesehenen Grenzen, während des Fluges möglich ist. Für die mechanischen Einrichtungen zur Betätigung der Ruder, die Steuerung im engeren Sinne, haben sich von Beginn der Flugtechnik an ziemlich feste Formen eingebürgert, die in allen Ländern allgemein eingehalten werden. Hiernach wird die Seitensteuerung durch Fußhebel bewirkt, derart, daß ein Austreten des linken Beines auf eine Drehung nach links, ein Vordrücken des rechten Fußes auf Drehung rechtsherum hinwirkt. Höhen-

und Querruderbetätigung erfolgt an einem Handgriff, wobei ein Vorwärtsdrücken des Hebels eine Senkung des Höhenruders, also ein Abwärtsneigen der Flugzeugspitze, hervorruft, ein Rechtsschwenken des Hebels (oder eine Rechtsdrehung des an ihm befestigten Handrades) ein solches Auslegen der Querruder, aus dem eine Senkung des rechten Flugzeugflügels sich ergibt. Die Zuordnung zwischen den Körperbewegungen des Führers und den durch sie herbeigeführten Lagenänderungen des Flugzeuges ist damit so geregelt, wie es dem natürlichen, instinktiven Gefühl entspricht.

Abb. 158 zeigt den konstruktiven Zusammenhang zwischen dem am Seitenruder aufgesteckten Hebel und dem vom Führer

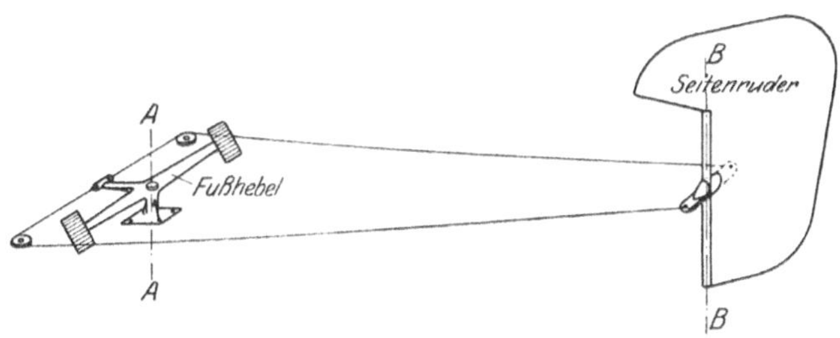

Abb. 158. Gesamtbild der Seitensteuerung.

zu betätigenden Fußhebel, der um die lotrechte, im Flugzeug fest gelagerte Achse AA drehbar ist. Die Seile gehen vom Fußhebel aus direkt (ungekreuzt) zu den Befestigungsstellen am Seitenruder. In Abb. 159 sind die analogen Teile für Höhen- und Quersteuerung skizziert, wobei für die Quersteuerung die bei größeren Flugzeugen meist übliche Anordnung des Handrades (Volant) angenommen wurde. Vordrücken des Hebels, der das Handrad trägt, dreht die beiden in ihrer Ruhestellung lotrechten Hebel AA um die quer zum Flugzeug liegende Achse. Die auf dem Höhenruder angebrachten Hebel sind in Ruhelage ebenfalls lotrecht und durch gekreuzte Seile mit den ersteren verbunden, so daß sie die entgegengesetzte Drehung machen. Auf der Achse des Handrades ist ein Drahtseil befestigt, das über mehrere Rollen laufend zu den beiden Hebeln an den Querrudern führt. Wird das Rad rechtsherum gedreht, so hebt sich das rechte und senkt sich das linke Querruder, wobei sich beide um die Achse CC in entgegengesetztem Sinn drehen.

An Stelle des Handrades wird oftmals der „Knüppel“, Abb. 160, verwendet. Der Führer hält nun den Griff des Knüppels in einer Hand und führt ihn je nach Bedarf rechts und links, vor- und rückwärts. Die seitliche Bewegung wirkt auf die Querruder, die Vor- und Rückwärtsbewegung auf das Höhenruder. Bei der in Abb. 160 dargestellten Bauart wird überdies die Übertragung der Steuerbewegung vom Führer zu den

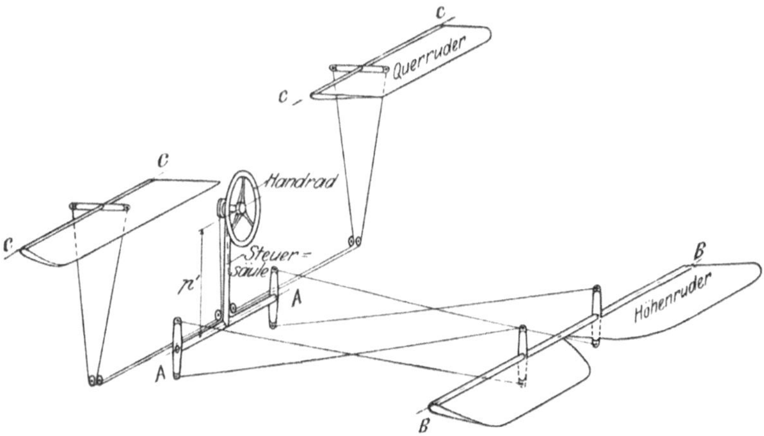

Abb. 159. Gesamtbild der Höhen- und Quersteuerung mit Handrad.

Rudern nicht durch Seile, sondern nur durch feste Stangen und Wellen vermittelt. Man nennt die Teile wie Fußsteuer, Höhensteuersäule, Handrad bzw. Knüppel, kurz die Innensteuerung die nach den Rudern führenden Seile, Stangen usw. mit etwaigen Zwischenhebeln die Steuerleitung.

Da zur Einleitung eines bestimmten Kurvenfluges ganz bestimmte Ausschläge des Seiten- und Querruders erforderlich sind, hat man auch — und wie es scheint, nicht erfolglos — die beiden Steuerungen zu kombinieren versucht, wobei eine Marke auf einer festen Scheibe mit Gradeinteilung die jeweilige Kurvenkrümmung bzw. den Geradeausflug anzeigt. Eine solche, an italienischen Flugzeugen erstmalig versuchte Einrichtung sieht auch zur Entlastung des Führers ein Feststellen der Steuerung vor.

Durch Stahlfederzüge ist aber dafür gesorgt, daß eine gewisse Elastizität der Steuerung erhalten bleibt, damit sie etwaigen Störungen (Böen usw.) nachgeben und in ihre Arretierungslage zurückkehren kann.

Unter Vermittlung der Steuerleitung werden die von den Rudern aufgenommenen Kräfte auf die betreffenden Teile der Innensteuerung übertragen. Die Arbeit, die der Führer bei der Betätigung der Steuerung zu leisten hat, ist gleich der gegen die Ruderkräfte zu leistenden Arbeit, vermehrt um die in der Leitung, auf Rollen und in Lagern, verzehrte Reibungsarbeit. Man wird durch entsprechende Konstruktion immer versuchen, die Reibungskräfte möglichst gering zu halten. Die Arbeit, die an einem Ruder bei einer bestimmten Verdrehung um einen Winkel w geleistet wird, rechnet sich zu $P \cdot p \cdot w$, wenn P die auf das Ruder wirkende Luftkraft, p den Abstand ihrer Angriffslinie von der Ruderachse bezeichnet. Die Werte von P und p sind durch Versuche, die mit dem gesamten Leitwerk (nicht dem Ruder allein) oder einem entsprechenden Modell angestellt werden müssen, zu bestimmen (vgl. dazu Abschn. 36).

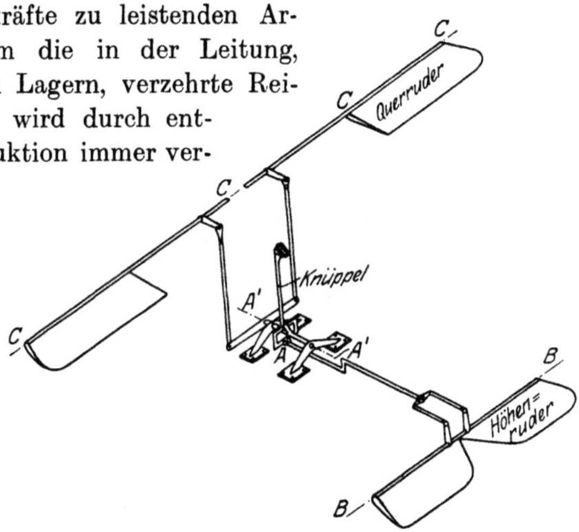

Abb. 160. Gesamtbild der Höhen- und Quersteuerung mit Knüppel.

Nennen wir P' die vom Führer aufzuwendende Kraft, p' den Abstand ihres Angriffspunktes von der Drehachse des Innensteuers (vgl. z. B. Abb. 159, wo der Abstand p' für die Höhensteuerung eingezeichnet ist), w' den Winkel, um den das Innensteuer verdreht werden muß, damit das Ruder den Winkel w zurücklegt, so ist

$$P' \cdot p' \cdot w' = P \cdot p \cdot w + \text{Reibungsarbeit}$$

oder, wenn durch $p' \cdot w'$ geteilt wird:

$$P' = P \cdot \frac{p \cdot w}{p' \cdot w'} + \frac{\text{Reibungsarbeit}}{p' \cdot w'}.$$

Das Verhältnis $p \cdot w : p' \cdot w'$ nennt man die Übersetzung der Steuerung. Da für P' nur ein bestimmter Höchstwert, entsprechend der körperlichen Leistungsfähigkeit des Führers möglich ist, andrerseits ein zu kleiner Wert von P' eine übermäßige Empfindlichkeit der Steuerung zur Folge hätte, so muß man die Übersetzung in allen Fällen sorgfältig wählen. Nun ist p' wenig veränderlich, da die Abmessungen der Innensteuerung durch die Körpergröße des Führers ungefähr bestimmt sind, ebenso ist das Verhältnis $w : w'$ in enge Grenzen eingeschlossen, weil einerseits der Höchstausschlag der Ruder durch die Bedürfnisse des Flugzeuges, andrerseits der der Innensteuer durch die Bewegungsmöglichkeit des Führers bestimmt wird. Es bleibt also eigentlich nur p, der Abstand zwischen Angriffslinie der Luftkraft und Drehachse des Ruders, in weiten Grenzen wählbar. Man verfügt über p durch die Wahl der Lage der Ruderachse.

In der Regel, namentlich bei kleineren Flugzeugen, bildet die Drehachse zugleich die vordere Begrenzung des Ruders (z. B. in Abb. 138 bei Höhen- und Querruder, beim Seitenruder nur teilweise). Bei dieser Anordnung wird p jedenfalls einen positiven Wert haben, der sich einigermaßen zuverlässig durch Anblaseversuche mit dem ganzen Leitwerk finden läßt. Wenn nun P' bei diesem Wert von p zu groß ausfällt, so rückt man die Drehachse des Ruders mehr nach innen oder läßt das Ruder die Achse teilweise übergreifen, wie es beim Seitenruder in Abb. 138 und 158 der Fall ist. Man kann auf diese Weise p bis null abnehmen lassen — „entlastetes“ Ruder — ja sogar negativ machen. Einige Umrißformen von Rudern zeigt Abb. 161. Ein Ruder wie das Seitenruder in den Abb. 138 oder 158 nennt man „teilweise entlastet“; völlige Entlastung würde $p = 0$ bedeuten, wobei dann die vom Führer aufzuwendende Kraft P' lediglich durch die Reibungskraft bestimmt wäre. Es empfiehlt sich aber nicht, mit der Entlastung zu weit zu gehen, da sonst die Empfindlichkeit des Ruders gegen unbeabsichtigte Einwirkungen zu groß wird. — Man erkennt aus der vorstehenden Überlegung, daß auf die Größe von P' nur der Abstand p der Kraft von der Drehachse, und nicht etwa die Größe des Hebels am Ruder oder dergleichen von Einfluß ist.

Als Größtwerte der vom Führer bei äußerster Anstrengung zu leistenden Kräfte werden nach Versuchen der Deutschen Versuchsanstalt für Luftfahrt[1]) durchschnittlich angesehen: Für die Betätigung des Höhensteuers: Ziehen mit einer Hand 60 bis 70 kg, Drücken mit einer Hand 50 bis 55 kg, beidhändiges Ziehen etwa 100 kg, beidhändiges Drücken 100 kg. Für die Betätigung der Querruder am Knüppel liegen die Größtwerte viel tiefer, nämlich: Ziehen mit einer Hand 35 kg, Drücken mit einer

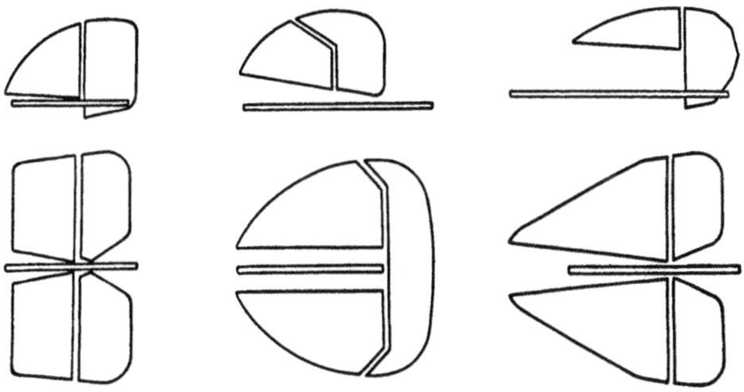

Abb. 161. Höhen- und Seitenruder-Umrisse.

Hand 35 kg, Ziehen beidhändig 40 kg. Die Werte gelten für einen nicht im Sitz angeschnallten Führer, anderenfalls sind die Werte des einhändigen Ziehens etwas kleiner, bei beidhändigem Ziehen etwas größer. Für längeres Halten des Steuers — nämlich für die Zeit von etwa 5 Minuten — ergaben die Versuche folgende Größtwerte: Höhensteuer einhändig ziehen 18 kg, Höhensteuer einhändig drücken 14 kg, Höhensteuer beidhändig ziehen 37 kg, Höhensteuer beidhändig drücken 33 kg, Querruder einhändig ziehen 6 kg, Querruder beidhändig ziehen 9 kg. Bei sehr großen Flugzeugen wird es wohl nicht immer möglich sein, P' durch Entlastung der Ruder genügend klein zu halten, da schon die Reibungskräfte allein zu viel ausmachen. In diesem Falle muß man zur „Hilfssteuerung", sog. Servo-Motoren, greifen, wie sie schon seit langem bei der Steuerung großer Schiffe Verwendung finden.

[1]) H. Hertel: Ermittlung der größten aufbringbaren Steuerkräfte. Zeitschr. f. Flugtechn. u. Motorluftsch. 1930. S. 36.

38. Wirkungsweise der Steuerung.

Die Wirkungsweise der Höhensteuerung ist verhältnismäßig einfach zu verstehen. Gibt man im Wagrechtflug dem Höhenruder durch Anziehen der Steuersäule einen Ausschlag nach oben (Abb. 162), so erfährt das Ruder eine nahezu lotrecht abwärts gerichtete Kraft und diese übt ein Drehmoment auf das Flugzeug aus, das die Spitze zu heben und den Schwanz zu senken sucht. In dem Augenblick, in dem dies geschieht, hat das Flugzeug noch Geschwindigkeitsgröße und -richtung des Wagrechtfluges. Da nun durch die Drehung des Flugzeuges eine Vergrößerung des Anstellwinkels entsteht, wird der Auftrieb — bei gleichgebliebener Geschwindigkeit — vergrößert; der Überschuß über das Gewicht wird zu einer Aufwärts-Beschleunigung, d. i. zur Erzeugung einer aufwärts gerichteten Geschwindigkeitskomponente, verwendet, bis sich vermöge der in Abschnitt 28 dargestellten Beziehungen ein neuer Gleichgewichtszustand mit ansteigender Bahn, vergrößertem Anstellwinkel und etwas verminderter Geschwindigkeit einstellt. Ob und in welchem Maße ein fortdauernder Druck auf das Höhensteuer erforderlich ist, um diesen Zustand der gleichförmigen, geradlinigen Steigbewegung aufrecht zu erhalten, hängt von der Lage der Druckmittellinie und von der Höhenflosse ab (Abschn. 35). Im übrigen kann der Zustand des Steigens stationär bleiben, soweit er nicht durch die mit größerer Höhe eintretende Luftverdünnung beeinträchtigt wird (vgl. Abschn. 29).

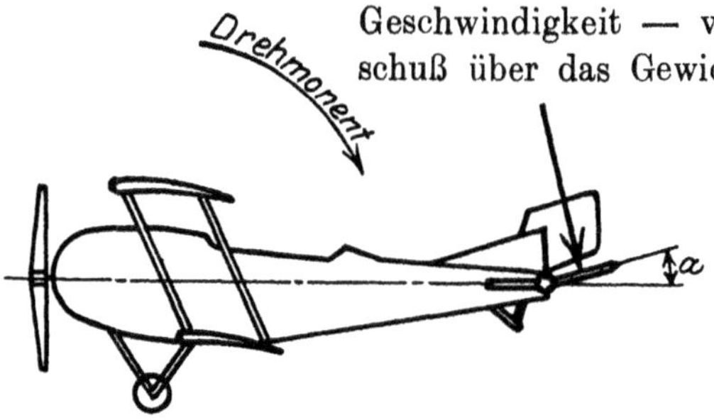

Abb. 162. Wirkungsweise des Höhenruders.

Weit weniger einfach liegen die Verhältnisse bei der Seitensteuerung. Wohl kann man auch hier durch Austreten des Fußsteuers dem Ruder einen Ausschlag z. B. nach links geben, dadurch eine wagrechte, ungefähr senkrecht zur Flugrichtung von links nach rechts wirkende Luftkraft auf das Ruder hervorrufen und so ein Drehmoment erzeugen, das die Spitze des Flugzeuges nach links, den Schwanz nach rechts drückt. Aber mit dieser Verdrehung des Flugzeuges ist der Zweck des Steuerns keineswegs erreicht. Das Ziel ist die Einleitung eines Kurvenfluges, in unserm Fall des Fluges in einer Linkskurve. Dazu gehört vor allem eine von rechts nach links wirkende Kraft, die den Geschwindigkeits-Vektor ablenkt. Dies wollen wir uns an Abb. 163 klarmachen.

Soll sich ein Flugzeug in dem Kreis K (Abb. 163) von a nach b bewegen, so muß die in a herrschende Geschwindigkeit gleich MA in die zu b gehörige Geschwindigkeit MB durch Hinzufügung der links gerichteten Beschleunigungsgröße AB übergeführt werden. Denn die Geschwindigkeit nach Ablauf eines kurzen Zeitraumes t ist immer gleich der geometrischen Summe aus der Anfangsgeschwindigkeit und der mit t multiplizierten Beschleunigung. Nennen wir R den Halbmesser des Kreises K und t die Zeit, in der der Weg ab zurückgelegt wurde, also $ab = v \cdot t$, so folgt aus der Ähnlichkeit der Dreiecke mab und MAB

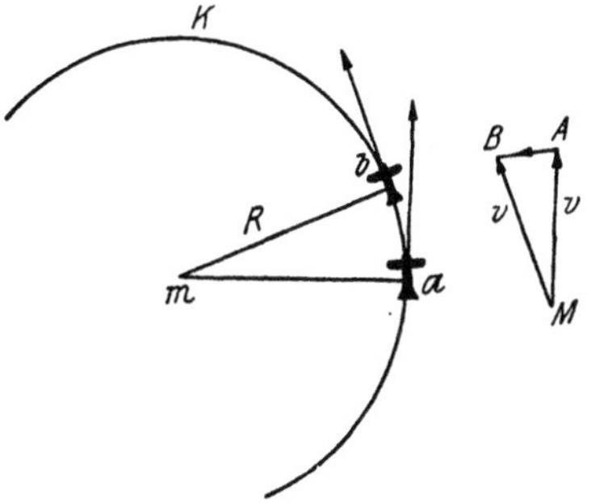

Abb. 163. Fliehkraft.

$$R : (v \cdot t) = v : AB, \qquad AB = \frac{v^2}{R} t,$$

d. h. die erforderliche Beschleunigung oder Geschwindigkeitsänderung pro Zeiteinheit ist $v^2 : R$. Hat das Flugzeug das Gesamtgewicht G, also die Masse $G : g$, so ist die für das Fliegen in der Linkskurve vom Radius R erforderliche Kraft (Masse mal Beschleunigung) gleich $G \cdot v^2 : g \cdot R$, wirkend von rechts nach links, oder besser gesagt, in zentripetaler (nach dem Zentrum des Kreises gewendeter) Richtung. Woher soll nun diese Kraft, wir wollen sie mit C bezeichnen,

$$C = \frac{G}{g} \cdot \frac{v^2}{R}$$

herkommen? Bekanntlich nennt man die der Kraft C entgegengesetzte, nach außen gerichtete Gegenkraft von gleicher

Größe die Fliehkraft. Wäre das Flugzeug durch ein Seil an den Kreismittelpunkt gefesselt, so würde die Fliehkraft in dem Seilzug in Erscheinung treten.

Wenn wir ein Flugzeug ansehen, das tatsächlich in einer Linkskurve fliegt, so können wir nicht lange im Zweifel darüber bleiben, wie es sich mit der Kraft C verhält. Denn wir sehen, daß das Flugzeug in der Kurve eine ganz bestimmte Schiefstellung einnimmt, etwa so, wie es Abb. 164 andeutet. Nun wissen wir, daß die Luftkräfte immer annähernd senkrecht zu den Angriffsflächen wirken. Daraus folgt, daß hier die resultierende Luftkraft infolge der Schiefstellung ebenfalls geneigt sein muß, und zwar so, daß sie in unserer Zeichnung von rechts nach links weist. Diese Kraft hat also neben den in die Vertikalebene fallenden Komponenten Auftrieb und Rücktrieb (von denen der letztere in der Abbildung nicht zu sehen ist, weil er senkrecht zur Bildebene wirkt) noch eine nach links gerichtete wagrechte Komponente. Damit Gleichgewicht im Kurvenflug herrscht, muß diese wagrechte Kraft den oben berechneten Wert C haben, woraus folgt, daß die Neigung des Flugzeuges gegen die Vertikale gleich $C:G$, also zufolge der oben abgeleiteten Formel gleich

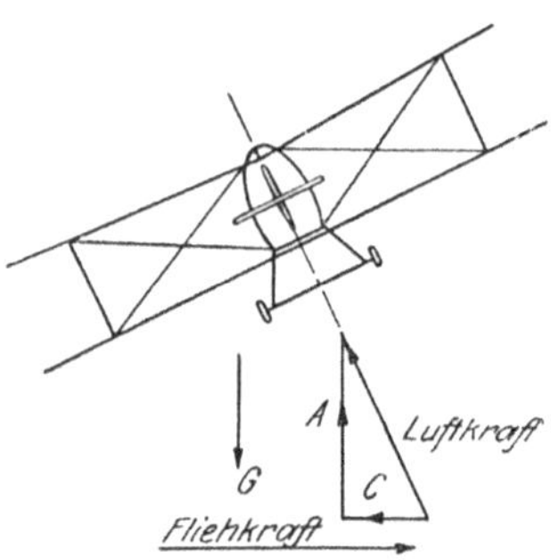

Abb. 164. Schiefstellung in der Kurve.

$$C:G=\frac{v^2}{g\cdot R}$$

sein muß. Wir haben durch diese Überlegung das Ergebnis gewonnen: Um in einer Kurve zu fliegen, muß das Flugzeug eine Schiefstellung annehmen, bei der die Neigung der ursprünglich vertikalen Flugzeugachse proportional dem Quadrat der Geschwindigkeit und umgekehrt proportional dem Halbmesser der Kurve ist.

Jetzt ist aber auch klar, was geschehen muß, damit ein Flugzeug in Kurvenflug übergeht: Es genügt nicht, durch Auslegen des Seitenruders eine Drehung der Längsachse um die Vertikale hervorzurufen, man muß auch die Schiefstellung des Flugzeuges herbeiführen.

Bei den älteren Flugzeugen mit geringerer Geschwindigkeit und verhältnismäßig großer Spannweite war die Drehung um die Vertikale in Verbindung mit der Wirkung einer großen, hochgelegenen Seitenflosse schon ausreichend, um die Schiefstellung herbeizuführen. Denn eine Drehung des in Fahrt befindlichen Flugzeuges nach links besteht doch darin, daß die vorerst gleichen Geschwindigkeiten v der beiden Flügel verschieden werden: die rechte Flügelspitze erhält eine gewisse Zusatzgeschwindigkeit zu v, die linke bleibt etwas gegen v zurück. Bedenkt man nun, daß die Luftkräfte an jedem Teilchen eines Körpers dem Quadrat der Geschwindigkeit proportional sind (Abschn. 6), so versteht man, daß durch die vom ausgelegten Seitenruder herbeigeführte Verdrehung die rechte Tragfläche etwas gehoben, die linke etwas gesenkt wird. Dazu kommt der Einfluß der Seitenflosse. Wenn das Flugzeug mit nach rechts abgedrücktem Schwanz im ersten Augenblick noch in der alten Richtung vorwärts fliegt, so erhält die Seitenflosse Druck von rechts nach links. Wenn diese wagrechte Kraft oberhalb des Schwerpunktes liegt, so ergibt sie ein drehendes Moment, das das Flugzeug um seine Längsachse in dem Sinn, wie es die erforderliche Schiefstellung verlangt, zu verdrehen sucht. Man sieht, daß es darauf ankommt, die Seitenflosse in die richtige Höhenlage gegenüber dem ganzen Flugzeug und dem Seitenruder zu bringen. (Für die Höhenflosse ist die Höheneinstellung unwesentlich, da die Lage der vertikalen Kraft sich durch vertikale Verschiebung nicht ändert.)

Bei den modernen Flugzeugen mit großer Geschwindigkeit und kleiner Spannweite tritt eine Schiefstellung infolge der Geschwindigkeitsunterschiede der Flügelenden kaum ein. Die durch die Verdrehung entstehende Zunahme und Abnahme der Auftriebskräfte an den beiden Flügelseiten sind eben im Verhältnis zu der Gesamtgröße des Auftriebs viel zu gering. Auch die Wirkung der Seitenflosse ist nicht ausreichend, höchstens bei sehr großen Abmessungen. Demnach bleibt nichts anderes übrig, als zur Erreichung eines Kurvenfluges das Flugzeug mittels der Verwindung (Querruder) in die Kurve zu „legen“. Man gibt gleichzeitig mit der Betätigung des Seitensteuers nach links dem Querruder den Ausschlag in dem Sinn, daß die Klappe rechts gesenkt, links gehoben wird. Dadurch vergrößert man die Flügelfläche und somit den Auftrieb rechts, vermindert ihn links und erzielt die Schiefstellung in dem gewünschten Ausmaß. (Näheres über die Wirkungsweise der Querruder vgl. in Abschn. 40). Das Betätigen des Querruders im Kurvenflug ist heute in der Regel wichtiger als das des Seitensteuers.

Im übrigen ist die Aufgabe der Querruder, wie schon in Abschn. 33 erwähnt, die Stabilisierung in der Querrichtung, worüber noch in den folgenden Abschnitten gesprochen werden wird.

39. Längsstabilität.

Was unter Längsstabilität verstanden wird, ist bereits in Abschn. 33 ausgeführt worden. Wir wollen jetzt zeigen, warum ein Flugzeug, das lediglich aus Tragflächen, Motor, Luftschraube und Belastung besteht, unstabil ist und wie es tatsächlich durch Höhenflosse und Höhenruder für die Längsrichtung stabil gemacht wird[1]).

In Abschnitt 34 ist im Anschluß an Abb. 22 die Lage der Druckmittellinie einer Tragfläche erörtert worden. Sehen wir uns diese Zeichnung oder eine der Abb. 23 bis 27 nochmals an, so erkennen wir, daß bei zunehmendem Anstellwinkel die Resultierende der Tragflächenkräfte nach vorn, gegen den Anblaserand oder die Vorderkante des Flügels zu, rückt. In dieser Erscheinung, der sog. Wanderung des Druckmittels, liegt vor allem die Ursache für das unstabile Verhalten einer belasteten Tragfläche.

In Abb. 165 haben wir für die Anstellwinkel 0^0, 2^0, 4^0 usw. die Richtung und Lage der Luftkraft entsprechend den Abb. 19 bis 22 für das in Abb. 17 dargestellte Profil genau eingezeichnet. Nehmen wir nun z. B. an (Abb. 165), das Flugzeug arbeite im Wagrechtflug mit einem Anstellwinkel von 4^0 und es trete eine plötzliche Störung ein, etwa ein Wind-

[1]) Weitergehende Ausführungen zu diesem Gegenstand machen R. Fuchs und L. Hopf in zwei Aufsätzen „Momentenausgleich und statische Längsstabilität“, sowie „Die statische Stabilität des Doppeldeckers“ in den Technischen Berichten der Flugzeugmeisterei, Bd. I bzw. Bd. II, Berlin: R. C. Schmidt 1917.

stoß von vorn, der das Flugzeug etwas aufrichtet, also den Anstellwinkel für den Augenblick auf, sagen wir, 5^0 erhöht. Die bei 5^0 Anstellwinkel wirksame Luftkraft greift, wie die Abb. 165 und 22 zeigen, um etwa 1,5 vH der Tiefe, also bei einer Fläche von 1,40 m Tiefe um rund 2 cm näher dem Vorderrande an. Da das Flugzeug vor der Störung im Gleichgewicht war, so muß die Schwerkraft mit Luftschrauben-Zugkraft und schädlichem Widerstand der früheren Luftkraft das Gleichgewicht gehalten haben. Jetzt, nach der Störung, wirken die Schwerkraft und die anderen genannten Kräfte an der gleichen Stelle weiter, die Luftkraft ist aber um 2 cm nach vorn gerückt; es ergibt sich also ein durch die Störung hervorgerufenes verdrehendes Moment von der Größe Gewicht mal 2 cm Hebelarm, wirksam in dem Sinne, der eine *Vergrößerung* des Anstellwinkels, demnach weiteres Aufbäumen des Flugzeuges, herbeizuführen sucht. Wir haben hier den in Abschnitt 33 erwähnten Fall vor uns, daß die durch eine Störung hervorgerufenen Kräfte (hier ein Kräftepaar, das in dem eben bezeichneten Sinne zu drehen sucht) auf eine *Vergrößerung der Störung* hinwirken. Das ist aber gerade das, was oben als Kennzeichen eines *unstabilen* Zustandes angeführt wurde.

In welcher Weise werden nun durch Anordnung der Höhenflosse diese Verhältnisse verändert? Abb. 167 zeigt uns ein aus Tragfläche und

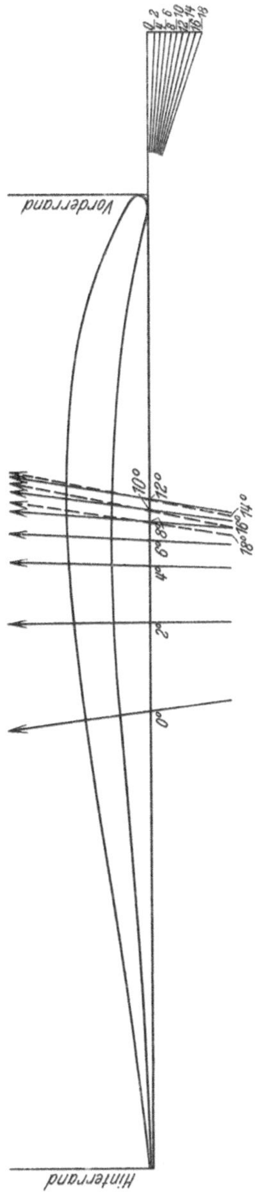

Abb. 165. Luftkräfte nach Größe und Richtung bei verschiedenen Anstellwinkeln.

hinten angeordneter „neutraler“ Dämpfungsfläche oder Höhenflosse bestehendes System. Im normalen Zustand, für den wir einen Anstellwinkel der Tragfläche von 4^0 vorausgesetzt haben, steht die Höhenflosse wagrecht und erfährt somit weder Auftrieb noch Abtrieb. Bäumt sich nun das Flugzeug infolge einer Störung auf, so entsteht zwar in der oben beschriebenen Weise ein (in der Abbildung linksdrehendes) Moment, das die Aufbäumung zu vergrößern sucht; gleichzeitig aber erhält jetzt die Höhenflosse einen Anstellwinkel gleich dem Aufbäumungswinkel und empfängt infolgedessen eine aufwärts gerichtete

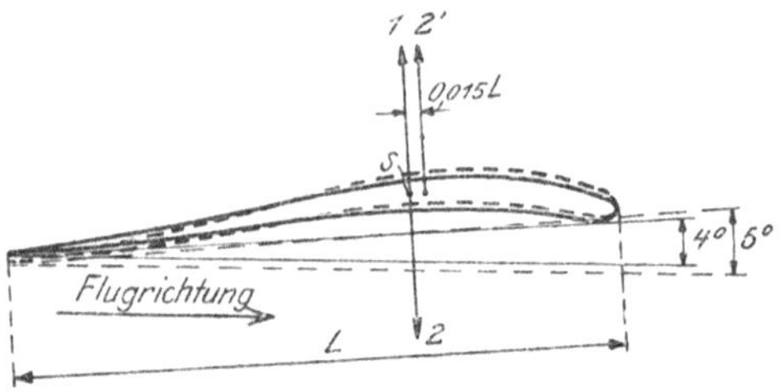

Abb. 166. Wirkung einer kleinen Störung auf die Tragfläche.
1 Luftkraft vor der Störung.
2 Schwerkraft + Propellerzug + schädlicher Widerstand.
2' Luftkraft nach der Störung.
Vor der Störung wirken Kraft 1 und 2 (Gleichgewicht),
nach der Störung wirken Kraft 2' und 2 (linksdrehendes Kräftepaar).

Kraft. Diese Kraft ergibt, wie man sofort sieht, ein drehendes Moment mit dem Hebelarm gleich dem Abstand der Höhenflosse vom Flugzeugschwerpunkt, und zwar ein Moment, das rechts dreht und daher der Aufbäumung entgegenwirkt. Wenn man die auf die Höhenflosse wirkende Kraft 3 (Abb. 167) mit der auf die Tragfläche wirkenden 2' zusammensetzt, entsteht eine Resultierende 4, die gegen 2' soviel nach links verschoben ist, als dem Moment von 3 entspricht. Die Aufgabe besteht daher nur darin, die Höhenflosse so groß zu machen, daß das rechtsdrehende Moment, das durch die Höhenflosse bestimmt wird, größer wird als das linksdrehende, das von der Druckmittelwanderung herrührt. Nehmen wir an, daß der Auftriebsbeiwert für die ebene Fläche bei 1^0 Anstellwinkel 0,02 beträgt (Abschn. 36), so muß die Bedingung erfüllt sein:

$$m \cdot 0{,}02 \cdot f \cdot v^2 \cdot l \text{ größer als } 0{,}015 \cdot t \cdot G\,.$$

Hierin bedeuten f die Größe der Höhenflosse, l ihren Abstand vom Schwerpunkt, so daß also der erste Ausdruck gleich dem Moment der von der Dämpfungsfläche herrührenden Kraft ist, ferner G das Gesamtgewicht, t die Tiefe der Tragfläche und 0,015 die Zahl, welche die Druckmittelwanderung nach Abb. 22 für den vorliegenden Fall bestimmt (d. i. 1,5 vH für 1^0). Aus dieser Bedingung ersieht man z. B., daß für die erforderliche Rumpflänge, die wesentlich durch l bestimmt wird, vor allen Dingen die Flächentiefe t maßgebend ist, keineswegs aber etwa die Spannweite der Flügel. Wenn

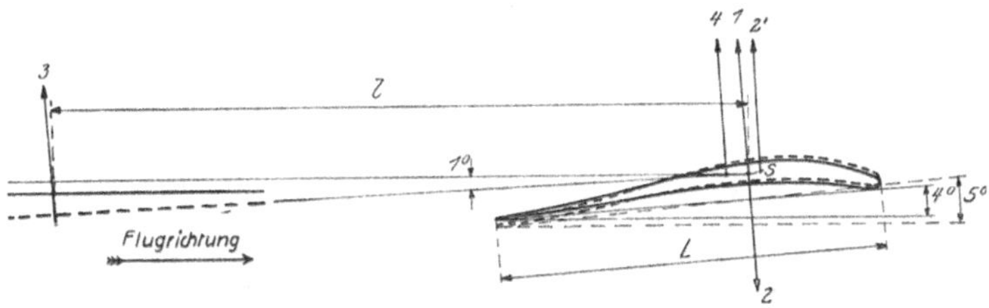

Abb. 167. Wirkung einer kleinen Störung auf die mit einer Höhenflosse verbundene Tragfläche.

1, 2, 2' wie in Abb. 166.
3 Luftkraft auf die Höhenflosse nach der Störung.
4 Resultante von 2' und 3.
Nach der Störung wirken 4 und 2 (rechtsdrehendes Kräftepaar).

man daher einen Doppeldecker durch einen Dreidecker gleicher Flächengröße und gleicher Spannweite ersetzt, so kann man die Rumpflänge im Verhältnis 2 : 3 verkleinern, sobald man die Größe der Höhenflosse f unverändert lassen will.

Bei der hier angestellten Überlegung ist es zunächst gleichgültig, ob die als Höhenflosse bezeichnete Fläche dauernd unbeweglich ist oder durch die Hand des Führers in ihrer Stellung gehalten wird, d. h. man darf in der obigen Bedingung für f die Summe aus Höhenflossen- und Höhenruderfläche einsetzen. Überdies erkennt man jetzt auch, welche Bedeutung für die Stabilisierung der Längsbewegung das Höhenruder besitzt. Wenn nämlich der Führer, sobald eine Störung eintritt, das Höhenruder nicht unverändert festhält, sondern im richtigen Sinne beeinflußt, d. h. abwärts steuert, falls das Flugzeug sich aufbäumt, so wird natürlich die

Behebung der Störung dadurch beschleunigt. Welchen Teil der im ganzen erforderlichen Größe f man unveränderlich und welchen man verstellbar macht, hängt von anderen Gesichtspunkten ab. Das Flugzeug wird lenksamer, wenn man das Ruder auf Kosten der Flosse größer bemißt, aber weniger stabil. Es gibt auch Flugzeuge, die überhaupt keine feststehende Höhenflosse, sondern nur ein entsprechend großes Höhenruder haben. Das erfordert allerdings sehr viel Achtsamkeit des Führers, gewährt aber dafür den Vorteil großer Lenksamkeit.

Wenn die Höhenflosse von vornherein nicht „neutral“ eingestellt ist, sondern zur Erhaltung des Gleichgewichts einen positiven oder negativen Anstellwinkel für den Wagrechtflug erhalten hat (Abschn. 35), so ändert das nicht viel an der vorstehenden Überlegung. Man darf nur bei „tragender“ Höhenflosse nicht vergessen, daß das Wachsen der Luftkräfte mit zunehmendem Anstellwinkel eine gewisse Grenze hat. Ist die Grenze erreicht, so verliert die Flosse ihre stabilisierende Wirkung (vgl. die Abb. 153 und die daran geknüpften Bemerkungen, Abschn. 36). — Bei Verwendung gewölbter Flossen oder Ruder gilt natürlich das Gleiche wie für ebene Flächen, man muß nur in der Rechnung die Auftriebsbeiwerte des betreffenden Profils einsetzen.

Da Höhen- und Seitenleitwerk zum schädlichen Widerstand des ganzen Flugzeuges größere Beiträge liefern und daher im Sinne einer Verschlechterung der aerodynamischen Eigenschaften wirken, steht einer Verbesserung der Flugeigenschaften oft eine Verschlechterung der Flugleistungen gegenüber. Am besten wäre es zweifellos, wenn man das Höhenleitwerk so klein wie möglich bemessen könnte, ohne damit die Längsstabilität zu beeinträchtigen. Das ist aber nur möglich, wenn die durch Änderung der Geschwindigkeit, d. h. des Anstellwinkels hervorgerufenen drehenden Momente sehr klein gehalten werden können, oder, was auf dasselbe hinausläuft, wenn die Wanderung des Druckmittelpunktes möglichst eingeschränkt wird. Dies ist der Wert druckpunktfester oder nahezu druckpunktfester Profile[1]).

Daß ein Flugzeug mit starker Pfeilstellung der Flügel ohne Höhenflosse (Abb. 142) längsstabil sein kann, ist jetzt auch unschwer einzusehen. Man muß sich nur vorstellen, daß die Flügelflächen derart gestaltet werden, daß die hintenliegenden

[1]) S. Fußnote S. 262.

Flügelspitzen den Anstellwinkel Null haben, während das Flugzeug wagrecht fliegt. Tritt eine Störung ein, so wirken diese Flügelspitzen genau so wie eine neutral eingestellte Höhenflosse, deren Abstand vom Flugzeugschwerpunkt eben dem Abstand entspricht, in dem die Flügelenden hinter dem Schwerpunkt zurückliegen.

Mit den vorstehenden Betrachtungen ist die Theorie der Längsstabilität keineswegs erschöpft. Was wir hier vorgebracht haben, ist nur eine Andeutung der sogenannten statischen Stabilitätsbedingung, weil wir ja nur jene Kräfte betrachtet haben, die durch Veränderung der Flugzeuglage bei einer Störung entstehen. Es gibt aber auch Kräfte, die durch die Veränderung der Geschwindigkeitsverhältnisse geweckt werden, und überdies sind auch die verschiedenen Komponenten der Massenträgheit in Rechnung zu stellen. Diese weiteren Erörterungen gehören in das Gebiet der sog. dynamischen Stabilität, die ohne höhere mathematische Hilfsmittel nicht erörtert werden kann. Es muß hier genügen festzustellen, daß unsere normalen Flugzeuge meistens so viel Höhenflossen- und Höhenruderfläche besitzen, daß die statische Stabilitätsbedingung ganz oder annähernd erfüllt ist. Die Theorie der dynamischen Stabilität lehrt, daß man mit Rücksicht auf die bei jeder Drehung auftretenden Dämpfungskräfte auch mit einem etwas geringeren Maß von Stabilisierungsfläche das Auslangen finden kann und daß dies für die Beweglichkeit (Wendigkeit in bezug auf die Höhenrichtung) des Flugzeuges vorteilhaft ist. Jedenfalls darf die statische Stabilität nicht zu groß gemacht, also die Höhenflosse nicht zu reichlich bemessen werden[1]).

---

[1]) Die Grundlagen der dynamischen Stabilitätstheorie wurden von G. H. Bryan entwickelt in seinem Buche „Die Stabilität der Flugzeuge“, deutsch von H. G. Bader, Berlin: Julius Springer 1914. Wertvolle Ergebnisse über die Längsstabilität erzielten H. Reißner in seiner in den Jahresber. d. Deutsch. Mathem. Ver. 1908 abgedruckten Arbeit und Th. v. Kármán und E. Trefftz in ihrem Aufsatz im Jahrbuch der Wissensch. Gesellsch. für Luftfahrt, Bd. III, Berlin: Julius Springer 1915. Eine gute Zusammenfassung der für die Praxis verwendbaren Rechnungsresultate findet man in dem Buche von H. G. Bader, Grundlagen der Flugtechnik. Leipzig: B. G. Teubner 1920. Über Stabilitätsfragen und Stabilitätsuntersuchungen am Flugzeug s. auch „Berichte der deutschen Versuchsanstalt für Luftfahrt“ (W. Hübner), fortlaufend in Zeitschr. f. Flugtechn. u. Motorluftsch., z. B. 1929. S. 521 und 1930. S. 529.

Über die Versuche, die Längsstabilität durch Kreiselwirkung oder andere „künstliche“ Stabilisierungsmittel zu fördern, vergleiche den folgenden Abschnitt.

40. Querstabilität. Kreiselwirkung.

Weit weniger einfach zu untersuchen und zu übersehen als die Verhältnisse der Längsbewegung hinsichtlich Stabilität und Steuerung sind die der Bewegung in der Querrichtung. Es ist oben in Abschn. 38 auf die Rolle hingewiesen worden, die der hochliegenden Seitenflosse bei der Seitensteuerung zufällt. Dagegen wäre es irrig anzunehmen, daß die Seitenflosse für die Querstabilität des Flugzeuges dieselbe entscheidende Bedeutung hat wie die Höhenflosse für die Längsstabilität. Nur dann, wenn eine äußere Störung lediglich eine Verdrehung des Flugzeuges um seine Lotachse herbeiführt (Abb. 168), wirkt die Seitenflosse (und das festgehaltene Seitenruder) der Störung entgegen. Ist das Flugzeug mit seiner Längsachse um den kleinen Winkel *b* gegen die Bewegungsrichtung nach links gedreht, so steht die im normalen Flug neutrale Kielflosse unter dem Anstellwinkel *b* und erhält dabei eine wesentlich von rechts nach links gerichtete Luftkraft. Man erkennt in der Zeichnung, daß eine solche Kraft das Flugzeug in dem Sinne zu drehen sucht, der den Winkel *b* zwischen Flugrichtung und Längsachse des Flugzeuges wieder aufhebt. Allein nicht derartige Verdrehungen um die Lotachse sind die wichtigsten und gefährlichsten Querstörungen, sondern die Drehungen um die Längsachse und, in Verbindung damit, das eventuelle seitliche Abrutschen. Dagegen hilft die Kielflosse kaum, höchstens dadurch, daß sie die Bewegung etwas dämpft. Das einzige konstruktive Hilfsmittel zur Erzielung einiger automatischer Gegenwirkung gegen die Gefahr des Abrutschens bildet die V-Stellung der Flügel (Abb. 143) oder von Teilen der Flügel.

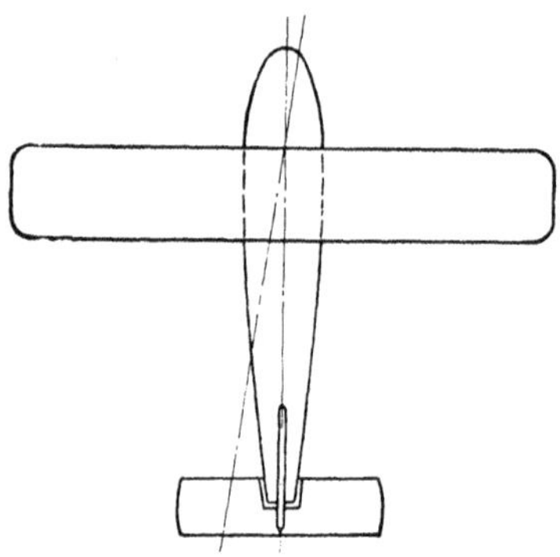

Abb. 168. Verdrehung um die Lotachse.

Man muß sich zunächst klar machen, welche unmittelbare Bedeutung der V-Stellung der Flügel zukommt. Wenn eine Tragfläche ohne V-Winkel unsymmetrisch angeblasen wird, (Abb. 169), also so, daß die Richtung des Luftstroms einen Winkel b mit der Symmetrieebene (Längsebene des Flugzeuges) einschließt, so werden hiervon die beiden Flügel, von den äußersten Spitzen abgesehen, in ganz gleicher Weise betroffen. Der Anstellwinkel bleibt gegenüber dem Fall des symmetrischen Anblasens ziemlich unverändert, Ganz anders bei der Tragfläche, Abb. 170, deren Flügel aus der gemeinsamen Ebene, um

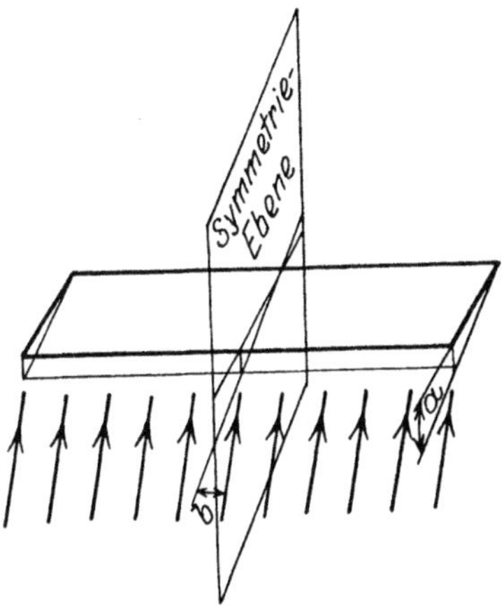

Abb. 169. Seitlich angeblasener Flügel ohne V-Stellung.

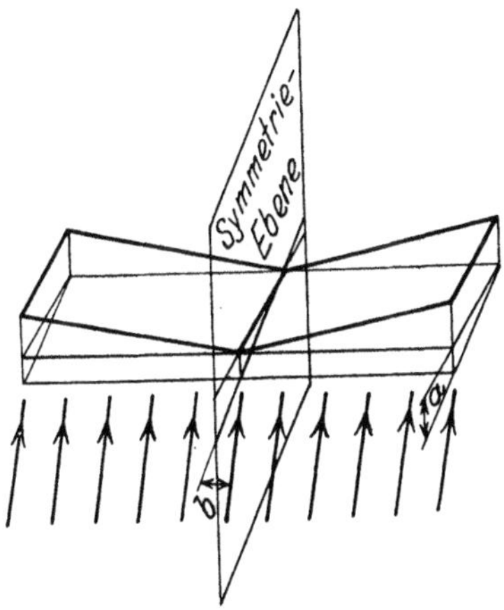

Abb. 170. Seitlich angeblasener Flügel mit V-Stellung.

die Mittellinie der Fläche, gegeneinander zu, soweit verdreht sind, daß sie einen Winkel, der kleiner als 180^0 ist, miteinander bilden. Hat der Luftstrom wieder die Neigung b gegen die Längsebene in dem in der Abb. 170 angedeuteten Sinn, so wird der in der Zeichnung rechts liegende Flügel unter einem größeren Anstellwinkel getroffen, als der linke. Man erkennt dies am deutlichsten, wenn man sich die Anblaserichtung noch stärker gedreht denkt, etwa bis zu 90^0. Dann bekommt der eine Flügel sogar nur Luft von oben, d. h. er steht ganz unter negativem Anstellwinkel, während der andere noch immer von unten angeblasen wird. Betrachten wir nun wieder statt des ruhend angeblasenen Flügels den in ruhender Luft bewegten, so finden wir die Wirkung der V-Stellung auf ein Flugzeug, das gegen seine Bewegungsrichtung um die Lotachse verdreht ist; sie besteht darin, daß der voraneilende Flügel unter vergrößertem, der zurückliegende unter verkleinertem Anstellwinkel steht. Das Anwachsen des Tragflächenrücktriebes mit dem Anstellwinkel hat jetzt zur Folge, daß ein rückdrehendes Moment entsteht, das ebenso wie das von der Kielflosse herrührende Kursrichtung und Flugzeugachse wieder in Übereinstimmung zu bringen sucht. Aber dies ist nicht das Wesentliche an der Wirkung des V-Winkels.

Wenn ein in geradem Flug begriffenes Flugzeug aus irgendeiner Ursache eine Verdrehung um die Längsachse erfahren hat (Abb. 171), so daß der linke Flügel abwärts hängt, so dreht sich auch die Luftkraft mit aus der Vertikalebene heraus und erhält eine linksgerichtete Wagrechtkomponente. An den Anstellwinkeln hat sich dabei natürlich nichts geändert, gleichgültig ob die Flügel in V-Stellung stehen oder nicht. Nun bedeutet aber die wagrechte Kraftkomponente eine wagrechte Beschleunigung nach links und erzeugt in kurzer Zeit eine kleine linksgerichtete Zusatzgeschwindigkeit. Damit wird die Fluggeschwindigkeit aus der Längsebene herausgedreht, und zwar nach links, so daß der linke Flügel der voraneilende ist. Dieser hat also nach dem eben Ausgeführten vergrößerten Anstellwinkel und daher vermehrten Auftrieb, und diese Vermehrung zusammen mit der Auftriebverminderung des rechten Flügels liefert ein Drehmoment um die Längsachse, das die linke Flugzeugseite zu heben sucht. Es wird also in der Tat durch die V-Stellung ein Moment herbeigeführt, das der ursprünglich angenommenen Verdrehung um die Längsachse entgegenwirkt.

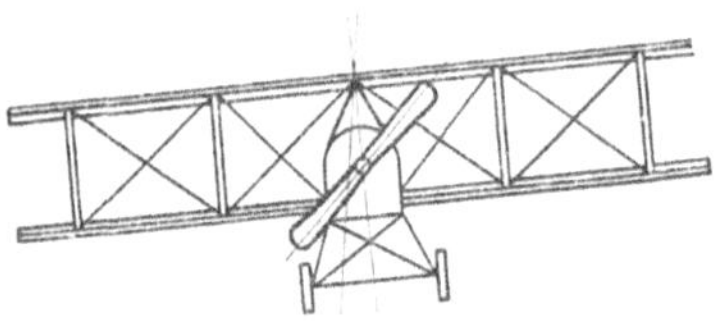

Abb. 171. „Hängendes" Flugzeug.

Besonders wertvoll wird diese Wirkung, wenn das Flugzeug in der Kurve liegt und aus irgendeinem Grunde stärkere Schiefstellung angenommen hat als der Fliehkraft entspricht (Abschn. 38). Der Überschuß an Querkraft vergrößert die Ablenkung der Geschwindigkeitsrichtung, erhöht also die Krümmung der Kurve, die das Flugzeug beschreibt. Dabei kann unter Umständen wieder die Schiefstellung zunehmen und, indem das so fortgeht, entsteht die oft beobachtete gefährliche „Trudelbewegung“ oder der „Korkzieher“. Starke V-Stellung der Flügel schützt bis zu einem gewissen Grade vor dem Trudeln. Gleichwohl werden viele Flugzeuge ohne V-Winkel mit ganz glatten Tragflächen gebaut. Dies liegt zum Teil an dem Umstand, daß man die Vorteile der Wendigkeit gegenüber einem doch nicht ausreichenden Grad von automatischer Querstabilität voranstellt, hauptsächlich aber daran, daß man in der (nicht automatischen) Stabilisierung durch die Querruder ein praktisch ausreichendes Hilfsmittel zur Beherrschung der Querstörungen erblickt. Man muß ja auch bedenken, daß, wenn die Anstellwinkelvergrößerung über einen gewissen Bereich hinausgeht, sie keine Vermehrung, sondern sogar Verminderung des Auftriebs hervorrufen kann (die Polarkurve der Flügel, z. B. Abb. 25, neigt sich etwas abwärts für große Werte von a), also die Wirkung der V-Stellung geradezu umkehrt.

Das Querruder wirkt in leicht einzusehender Weise (vgl. Abschn. 33) dahin, den Auftrieb auf der einen Flügelseite zu vergrößern, auf der andern zu verkleinern. Nimmt man an, daß die Querruderflächen bei normalem Flug „neutral“ sind, also nicht zum Auftrieb beitragen, so ist ihre Wirksamkeit genau so zu erklären wie die eines neutralen Höhen- oder Seitenruders. Durch das Betätigen des Steuerrades oder des Knüppels erhält gleichzeitig das eine Querruder positiven, das andere negativen Anstellwinkel, also das erste Druck von unten, das zweite Druck von oben. Sind die Querruder von vornherein als tragende Teile der Flügel ausgebildet, so entstehen durch Veränderung der Anstellwinkel entsprechende Zusatzkräfte. In jedem Fall kann man die Wirksamkeit so auffassen, als ob die eine Flügelseite (auf der das Querruder positiven Anstellwinkel erhält) vergrößert, die andere verkleinert würde. Natürlich ist die Folge, wie schon in Abschnitt 33 ausgeführt, ein Kräftepaar oder Moment, das das Flugzeug um seine Längsachse zu drehen sucht. Die Anwendung zur Stabilisierung besteht einfach darin, daß einer Störung der Flugzeuglage, etwa durch eine einseitige Böe, das eben erwähnte Drehmoment entgegengestellt wird. Hat man statt der Querruder Flächenverwindung so ist die Wirkung im wesentlichen dieselbe: Es wird der Anstellwinkel des äußeren Flügelteiles auf der einen Seite vergrößert, auf der anderen vermindert.

Bei Flugzeugen von größerer Spannweite und kleinerer Geschwindigkeit kann das Seitenruder ähnlich wie die Verwindung oder das Querruder verwendet werden. Wir haben ja oben in Abschnitt 38 gehört, daß durch Auslegen des Seitenruders bis zu einem gewissen Grade eine Schiefstellung des Flugzeuges eingeleitet wird. Wenn nun infolge einer äußeren Störung, etwa einer seitlichen Böe, der eine, z. B. der linke, Flügel sich hebt, so kann man das Seitensteuer nach links austreten und dadurch einen gewissen Ausgleich der von außen herrührenden Schiefstellung bewirken. Die alten „Tauben" konnten fast vollständig durch das Seitenruder stabilisiert werden. Mit dem Fortschreiten zu schnelleren und leistungsfähigeren Flugzeugen ist ein stetiger Übergang zu immer ausschließlicherer Verwendung der Querruder gegenüber den Seitenrudern verbunden, sowohl hinsichtlich der Querstabilisierung wie der Seitensteuerung (vgl. Abschn. 38, Schluß). Die für Sport- und Kampfzwecke gebauten sehr schnellen und kleinen Flugzeuge gestatten die Verwendung der Seitenruder fast nur am Boden beim Start.

Bisher ist vorwiegend von der Querstabilität im normalen Flugbereich die Rede gewesen, und es ist festgestellt worden, daß durch die V-Form der Flügel und durch die Querruder bzw. durch die Verwindung der Flügelenden genügend stabilisierende Wirkung ausgeübt wird, falls sich das Flugzeug nicht in der Nähe oder schon im Bereich des überzogenen Fluges befindet, in dem sich, wie wir sahen, alle Wirkungen gerade umkehren. Denn im überzogenem Fluge wirken alle stabilisierenden Einrichtungen im Sinne einer Vergrößerung der Störung; das Flugzeug kann mit Überlagerung des durch die Schiefstellung eingeleiteten Kurvenfluges in die gefährliche Trudelbewegung geraten, aus der es sich oft — besonders bei flachem Trudeln in geringer Höhe — nicht mehr abfangen läßt. Im überzogenen Flugbereich gibt es heute noch keine hinreichende Stabilisierung gegen Störungen quer zur Flugrichtung, der Sicherheitsgrad des Flugzeuges sinkt unmittelbar beim Überschreiten des zur kritischen Kleinstgeschwindigkeit gehörenden Anstellwinkels. Wir haben schon in Abschn. 28 darauf hingewiesen, daß ein Fliegen im überzogenen Bereich nur unter sehr merkwürdigen Umständen überhaupt möglich ist, hier zeigt sich, daß es nebenher gefährlich ist. Obgleich man aus diesem Grunde das Überziehen, wenn irgend möglich, vermeidet, gibt es doch Flugsituationen, wo es sehr vorteilhaft wäre zu überziehen, z. B. kurz vor der Landung (vgl. S. 330).

Beim praktischen Fliegen — für das naturgemäß diese Vorträge keine Anleitung sein wollen oder können — treten noch mannigfache andere Nebenerscheinungen auf, die sich der mit den Elementen der Fluglehre Vertraute zum Teil leicht wird erklären können. Liegt beispielsweise ein Flugzeug schräg in der Kurve, so haben sich die Achsen der Höhen- und Seitenruder auch verdreht, und man erkennt, daß infolgedessen das Höhenruder zugleich als Seitenruder, das Seitenruder zugleich als Höhenruder wirkt. Ein Aufziehen des Flugzeuges mit dem Höhenruder in der Kurve bewirkt eine Unterstützung, ein Niederdrücken bewirkt eine Verminderung der Seitenruderwirkung. Manche verwickeltere Frage bedarf aber noch eingehenderen Studiums, ehe sie völlig als aufgeklärt wird gelten können.

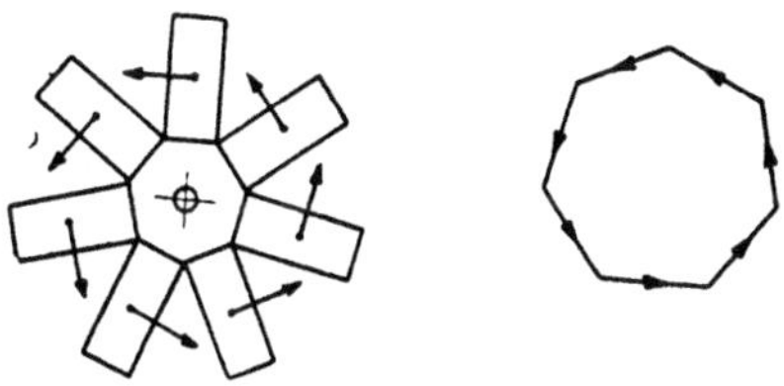

Abb. 172. Zusammensetzung der Masse mal Geschwindigkeits-Produkte.

Von einer „Kreiselwirkung“ der rotierenden Massen kann praktisch nur bei Flugzeugen mit Umlaufmotoren gesprochen werden. Die Luftschraube allein kommt in ihrem Einfluß, trotz der großen Umlaufzahl, dem großen Flugzeuggewicht gegenüber nur wenig in Betracht. Das Wesen der Kreiselwirkung ist wie das der Fliehkraft aus dem allgemeinen Gesetz der Mechanik zu erklären, wonach Größe und Richtung der mit der Masse multiplizierten Beschleunigung (d. i. der Änderung der mit der Masse multiplizierten Geschwindigkeit) stets mit der Größe und Richtung der resultierenden Kraft zusammenfallen muß. Dabei gilt sowohl für Geschwindigkeiten wie für Beschleunigungen dasselbe Additionsgesetz (Parallelogramm-Gesetz, geometrische Addition) wie für Kräfte.

Nehmen wir an, der vorn liegende Motor laufe in dem Sinne, der dem dahinter sitzenden Führer als Drehung im Uhrzeigersinn (also rechts herum) erscheint. Dann haben die einzelnen rotierenden Teile — wir können etwa die sieben Zylinder des Umlaufmotors, Abb. 172, als Repräsentanten für alle Teile des Motors und der Luftschraube nehmen — tangentielle Geschwindigkeiten, die mit der Masse multipliziert und mit ihren Anfangs- und Endpunkten aneinandergefügt wohl ein geschlossenes Vieleck, also die Resultierende null ergeben (vgl. Abb. 172, die vom Standpunkt eines vor dem Flugzeug stehenden Beschauers gezeichnet ist). Trotzdem würden sieben Kräfte, die so liegen, wie diese sieben Masse-Geschwindigkeits-Produkte, kein Gleichgewichts-System bilden, da ja ihr Moment in bezug auf die Luftschraubenachse nicht null ist. Das Moment wirkt im Drehsinn des Motors um die Luftschraubenachse und kann durch einen in diese Achse hineingelegten, von hinten nach vorn weisenden Vektor dargestellt werden (Abb. 173). Dieser Vektor liefert für den rotierenden Körper den sog. „Impuls“, oder das Moment der mit den Massen multiplizierten Geschwindigkeiten. Nun werde auf das ganze Flugzeug etwa durch Wirkung des Höhenruders und des Luftschraubenzuges ein derartiges Drehmoment ausgeübt, daß der Schwanz sich hebt (wie dies z. B. beim Start der Fall ist). Dieses Moment erscheint vom rechten Flügel aus gesehen im Uhrzeigersinn drehend, wird also in entsprechender Weise wie das obenerwähnte Moment durch einen von rechts nach links weisenden, der wagrechten Querachse parallelen Vektor (Abb. 173) dargestellt. Da die Kraft immer der Geschwindigkeitsänderung entspricht, muß man den jetzt konstruierten, von den äußeren Kräften herrührenden Vektor

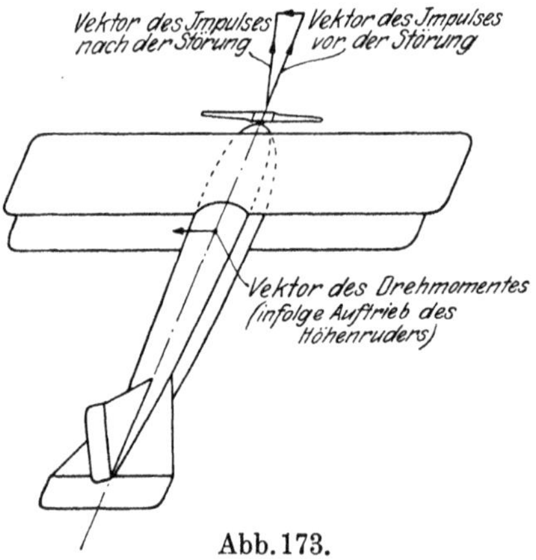

Abb. 173.
Zusammensetzung der Impulsgrößen.

zu dem früheren „Impuls"-Vektor hinzufügen, um den neuen nach Einwirkung der drehenden Kräfte geltenden „Impuls" zu erhalten. Dieser liegt, wie die Abbildung zeigt, jetzt gegen den ursprünglichen etwas nach links gedreht: in diese Lage sucht sich die Luftschraubenachse einzustellen. Mit anderen Worten: Beim Heben des Schwanzes sucht sich das Flugzeug infolge der „Kreiselwirkung" mit seiner Spitze nach links zu drehen. In derselben Weise kann man die Wirkung der rotierenden Massen auch bei jeder anderen Steuerbewegung bestimmen. Dreht man z. B. den Schwanz nach links, um in die Rechtskurve zu gehen, so sucht die Spitze zu tauchen, in der Linkskurve sucht sich die Spitze zu heben.

Sehr oft hört man von „Erfindungen" die beabsichtigen, ein Flugzeug durch Kreiselwirkung stabil zu machen. Die Erfinder gehen zumeist von der naiven Ansicht aus, daß eine rotierende Masse jeder Änderung der Achsenrichtung einen Widerstand entgegensetzt. Nach dem, was wir eben gehört haben, ist es ganz klar, daß durch einen fest eingebauten Kreisel (wofür ja der Umlaufmotor und stets die Luftschraube anzusehen sind) keine stabilisierende Wirkung hervorgebracht wird. Die rotierende Masse bewirkt nur, daß ein Teil der Energie, die dem Flugzeug in Form einer anfänglichen Drehung um die Querachse zugeführt wird, sich in eine Drehung um die Lotachse verwandelt usf. Will man eine dämpfende Wirkung hervorrufen, so muß man etwa zu der bekannten in Abb. 174 angedeuteten Anordnung des Schiffskreisels greifen. Hier ist der rotierende Körper C in einem um die Wagrechte drehbaren Rahmen A gelagert. Der Körper B, der die Lager für A trägt, ist mit dem Schiffs- oder Flugzeugkörper fest verbunden. Die Abbildung stellt die Lage des Kreisels im Schiffskörper dar, für ein Flugzeug wäre sie um 90^0 zu drehen, wenn man Stabilisierung gegen Längsschwingungen anstrebt. Hebt sich der Schwanz des Flugzeuges, so wird sich nach dem oben Gesagten der Rahmen A (dessen Drehachse also lotrecht zu denken ist) in seinen Zapfen linksherum

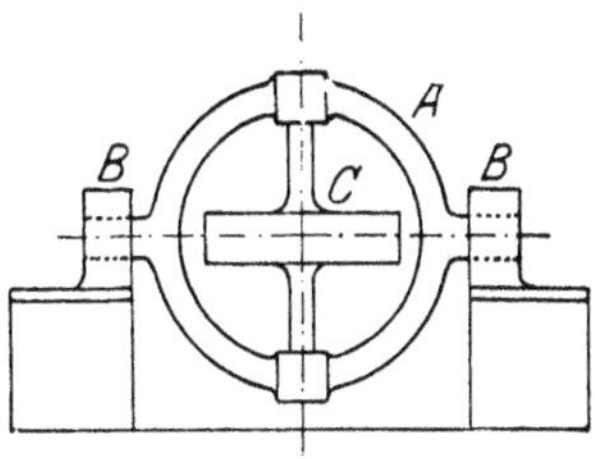

Abb. 174. Schiffskreisel.

zu drehen suchen. Eine Auf- und Abbewegung des Flugzeuges um die Querachse hätte sonach eine Schwingung des Rahmens *A* in seinen Zapfen zur Folge. Man kann nun Vorkehrungen treffen, um diese Schwingung — eine Relativbewegung der Kreiselaufhängung gegenüber dem Flugzeug — abzubremsen, und hat damit tatsächlich ein Mittel, um wenigstens einen Teil der von außen zugeführten Schwingungsenergie zu vernichten. Derartige Einrichtungen sind bei großen Ozeandampfern gelegentlich erprobt worden, für Flugzeuge erscheinen sie in Anbetracht der sehr unvollkommenen Wirkung als zu schwer und zu kompliziert. — Die landläufige Ansicht über die stabilisierende Kreiselwirkung bedarf jedenfalls, wie man sieht, sehr weitgehender Korrektur.

Überhaupt haben sich wohl mit keiner andern Frage des Flugzeugbaues unberufene Köpfe so viel beschäftigt, wie mit der Stabilität der Flugzeuge. Immer wieder tauchen irgendwelche Projekte zur Stabilisierung, sei es mittels Kreisel oder mittels Pendel, mittels Fühlflächen oder ähnlicher Elemente, auf. Keines dieser „künstlichen" Stabilisierungsmittel hat sich im Verlaufe der nun schon jahrzehntelangen flugtechnischen Entwicklung praktisch bewährt. All den Vorschlägen liegt die Vorstellung zugrunde, daß die Flugunfälle, von denen man von Zeit zu Zeit hört, eine Folge der Instabilität der betreffenden Flugzeuge sind. Das ist aber durchaus irrig, und sicherlich weisen Flugzeugtypen, die grundsätzlich unstabil sind, keine wesentlich höheren Unfallziffern auf, als andere mit großen Stabilisationsflächen. Man wird das verstehen, wenn man bedenkt, daß die fortlaufende Stabilisierung des Flugzeuges Sache des Führers ist und daß die Instinkte zur Erhaltung der Stabilität dem Menschen angeboren sind: Nicht nur das Fahren auf dem Zweirad, auch der aufrechte menschliche Gang ist eine Bewegungsform ohne Querstabilität. Soweit überhaupt Flugunfälle mit Gleichgewichtsfragen in Zusammenhang gebracht werden können, handelt es sich stets um Störungen von ungewöhnlicher Stärke, z. B. bei Sturm oder bei Versagen irgendwelcher Teile. In solch kritischen Fällen kann aber das Heil unmöglich von einer mechanischen Einrichtung erwartet werden. Hier muß der Flugzeugführer seine Eignung bewähren, indem er mit der Einsicht in das Wesen der Sache Mut und Geschicklichkeit verbindet.

VIII. Abflug und Landung.

41. Fahrgestell und Sporn, Schwimmer, Flugboot.

Wir haben bisher die Eigenschaften und Bewegungszustände eines Flugzeuges, losgelöst von allen Beziehungen zur festen Erde, besprochen. Denn beim gleichförmigen Wagrechtflug, beim Steigen, Sinken und Bogenfliegen, beim Eintritt und Ausgleich von Störungen, in all diesen Fällen gelangt das Flugzeug nur mit der umgebenden Luftmenge in Wechselwirkung. Ob und wie die Luft sich der Erde gegenüber bewegt, bleibt dabei außer Betracht (vgl. hierzu Abschn. 46 u. 47), nur in der Schwerewirkung, die aber von Lage und Bewegungszustand der Körper ganz unabhängig ist, äußert sich der Einfluß der Erdmasse. In unmittelbare Beziehung zur Erde tritt jedoch ein Flugzeug in dreifacher Weise: Vor Beginn eines jeden Fluges muß noch auf dem Boden der Bewegungszustand hergestellt werden, der einem ansteigenden Flug (Abschn. 28) entspricht, am Ende des Fluges muß das Flugzeug allmählich in den Ruhezustand übergehen, endlich muß während des Fluges ein vorgeschriebener Weg gegenüber der Erde eingehalten werden, soll das Flugzeug praktisch überhaupt verwendbar sein. Von diesen drei Aufgaben wollen wir in diesem Kapitel die beiden ersten behandeln, indem wir von Abflug und Landung sprechen; auf die Fragen der Kurshaltung gegenüber der Erde kommen wir im letzten Kapitel zurück.

Die ersten Flugzeuge der Brüder Wright bedurften zum Abflug von der Erde einer besonderen Einrichtung, die an der Abflugstelle zurückblieb. Sie bestand in einem sog. Katapult, der durch die freiwerdende Energie eines aufgezogenen und dann herabfallenden Gewichtes dem Flugzeug eine gewisse Anfangsgeschwindigkeit erteilte. Mit dieser Geschwindigkeit begann das Flugzeug seinen Anlauf, bei dem es durch die Wirkung des Propellerzuges allmählich in den Zustand kam, der das Verlassen des Bodens ermöglichte. Sehr bald hat man diese „künstliche" Bewegungseinleitung als überflüssig erkannt. Heute starten ausnahmslos alle Flugzeuge zu Wasser und zu Lande aus eigener Kraft. Nur beim Abflug von Schiffen aus und gelegentlich bei Segelflügen finden Katapulte noch Verwendung. Um die Bewegungsvorgänge, die beim Abfluge auftreten, zu verstehen, müssen wir uns nun zunächst die der Bewegung am Boden dienenden Teile der heutigen Flugzeuge, das Fahrgestell und die Schwanzkufe, ansehen.

Die bei Landflugzeugen durchaus allgemeine Anordnung zeigt unsere Abb. 175. Das Fahrgestell besteht meist aus zwei, seltener mehr Rädern, die an einer Achse, oder an mehreren in einer Geraden liegenden Achsen, laufen. Jedenfalls bietet das Fahrgestell, im Längsschnitt gesehen, dem Flugzeug nur einen Unterstützungspunkt, der stets um eine gewisse Strecke vor dem Schwerpunkt liegt. Steht das Flugzeug am Boden, so findet es einen zweiten Unterstützungspunkt am

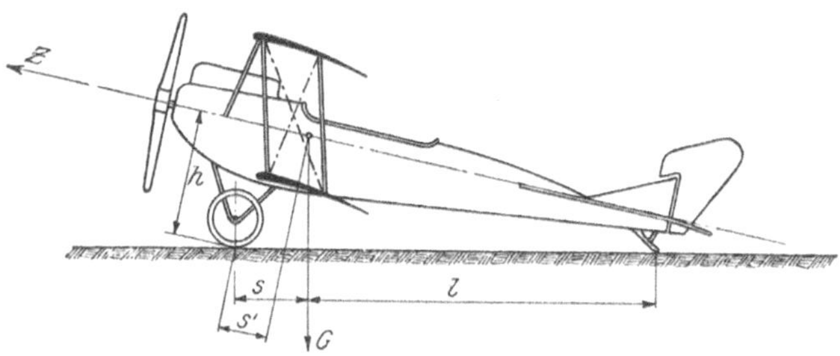

Abb. 175. Normale Fahrgestell-Anordnung.

Schwanzende, in dem sog. Sporn oder der Schwanzkufe. Dies ist ein geeignet geformtes Gleitstück, das mit einem elastischen Zwischenglied an den Rumpf anschließt. Die Spornkufe bremst dadurch, daß sie sich in den Boden eingräbt, den Auslauf des Flugzeugs, was bei großen Verkehrsflugzeugen mit langer Auslaufstrecke von Wichtigkeit ist. Andererseits ist die Verwendung von tief furchenden Schwanzkufen im Interesse der Flugplatzschonung nicht möglich, will man bei dem heute schon sehr regen Flugverkehr auf den Flugplätzen die Fläche des An- und Auslaufgebietes in gutem Zustand erhalten. Man hat deshalb zuerst versucht, die Schwanzkufe durch ein Spornrad mit Bremse zu ersetzen. Auf diese Weise erzielte man die gleiche Wirkung, ohne den Flugplatz zu beschädigen. Heute wird allerdings durchgängig die Bremswirkung auf die Laufräder ausgeübt, und die Form der Schwanzkufe so gewählt, daß sie beim Gleiten die Fläche nicht beschädigt. Es gibt auch um das Spornende drehbare Spornkufen, die sich automatisch dem jeweiligen Bodenprofil anpassen[1]). Die Länge der Schwanzkufe wird so gewählt, daß bei ruhendem Flugzeug die Motorachse einen verhältnismäßig steilen Winkel von etwa 15^0 oder darüber mit der Wagrechten bildet, damit im Augenblick des Abfluges der Sporn keinesfalls mehr den Boden berührt. Besitzt das Flugzeug, wie es hie und da der Fall ist, noch ein sog. Stoßrad (Abb. 176), d. h. ein Rad mit einer vor dem eigentlichen Fahrgestell liegenden Achse, so ist diese stets so angeordnet, daß das Stoßrad nicht zugleich mit dem Sporn den Boden berührt, sondern erst, sobald der Sporn so weit gehoben ist, daß die Motorachse mindestens wagrecht, besser etwas abwärts geneigt liegt. Das Stoßrad hat nur den Zweck, bei etwaigen ungünstigen Landungen das Vornüberkippen des Flugzeuges, das „Kopfstehen", zu verhindern. Zu demselben Zwecke wurden, namentlich früher, oft Gleitkufen seitlich neben dem Fahrgestell, Abb. 177 (Farman), oder vorn an der Spitze des Rumpfes angebracht. Bei Besprechung des Anlaufvorganges können diese Hilfseinrichtungen außer acht gelassen werden, da sie beim normalen Betrieb nicht zur Wirkung kommen.

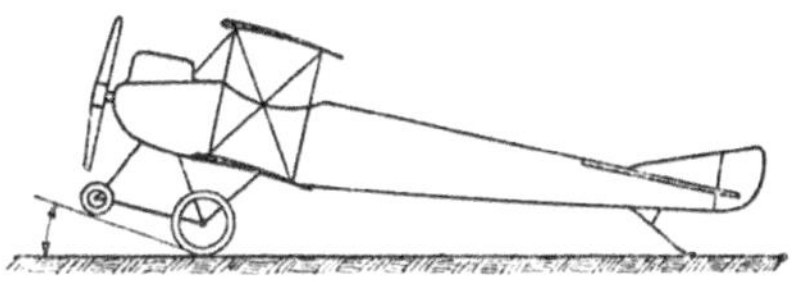

Abb. 176. Fahrgestell mit Stoßrad.

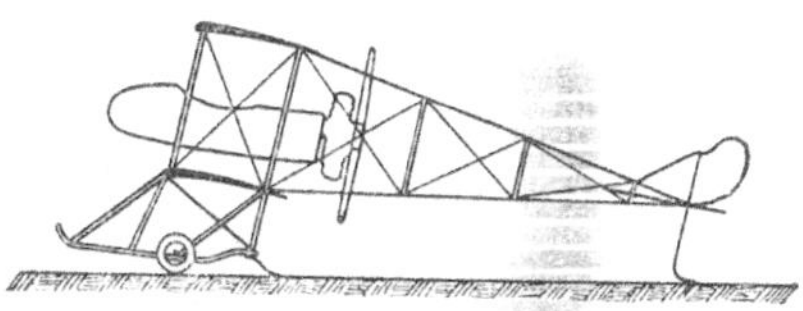

Abb. 177. Fahrgestell mit Kufe.

Die in Abb. 175 angedeutete Stellung kann das Flugzeug in der Regel nicht mehr einnehmen, sobald der Motor in vollem Gang ist, ohne daß das Schwanzende durch eine äußere Kraft niedergedrückt wird. Denn werden vor die Räder, um die Fortbewegung zu hindern, Hemmschuhe gelegt, so sucht der Luftschraubenzug Z mit dem Moment $Z \cdot h$ (h = senkrechter Abstand des Unterstützungspunktes von der Längsachse des Flugzeuges), das Flugzeug um den vorderen Auflagerpunkt zu drehen. Das der Drehung entgegenwirkende Moment der Schwere, das als Produkt des Gewichtes G in den Abstand s (Abb. 175) ge-

[1]) F. Michael, Versuche mit einer neuen Spornform für Flugzeuge. Zeitschr. f. Flugtechn. u. Motorluftsch. 1929, S. 329.

messen wird, ist infolge entsprechender Wahl des Abstandes s in der Regel kleiner als das Moment des Propellerzuges. Nimmt man an, daß die Zugkraft der Luftschraube am Stand etwa ein Drittel des Gewichtes, die Höhe h der Schraubenachse über dem Boden (in wagrechter Lage des Flugzeuges) etwa 1,80 m beträgt, so folgt, daß bei einem Abstand $s = 0{,}6$ m gerade Gleichgewicht bestehen würde. Bei den neueren, raschen Flugzeugen wird das Fahrgestell oft viel weiter vorgeschoben, weil dies beim Landen Vorteile bietet. Immer aber pflegt bei wagrechter Stellung des Rumpfes das Moment des Luftschrauben-

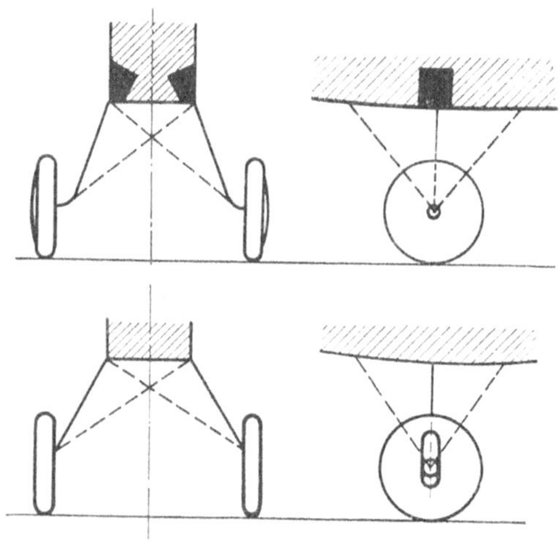

Abb. 178. Fahrgestellformen.

zuges zu überwiegen, also die Strecke s' in Abb. 175 kleiner zu sein als die in obigem Beispiel mit 0,6 m berechnete Größe. Bei wagrechter Lage der Motorachse ist $Z \cdot h - G \cdot s'$ das Moment, mit dem der Luftschraubenzug das Flugzeug um den Unterstützungspunkt zu drehen sucht.

Von der Entfernung s hängt die Größe des sog. Spornandruckes, d. i. des Gewichtsanteils, der auf dem Sporn ruht, ab. Ist l die Entfernung des Spornauflagerpunktes vom Schwerpunkt, so entfällt der Teil $\frac{s}{s+l}$ des Gewichtes auf den Sporn, also z. B. bei $l = 5$ m, $s = 0{,}50$ m rund ein Zehntel des Gewichtes (vgl. auch Abschn. 34).

Bei der konstruktiven Ausführung des Fahrgestells wird in neuerer Zeit besonders stark darauf geachtet, seinen schädlichen Widerstand niedrig zu halten. Man vermeidet daher meistens die durchlaufende Achse und verlegt die erforderliche Federung in das Innere des Rumpfes oder in das Rad. Die Stirnansicht neuzeitlicher Ausführungen von Fahrgestellen zeigt Abb. 178.

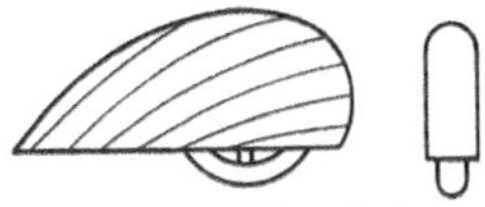

Abb. 179. Verschalte Fahrgestellräder.

Die Räder des Fahrwerks sind heute in der Mehrzahl, bei schnellen Verkehrsflugzeugen fast durchgängig, mit einer so tief reichenden Verschalung von der Gestalt eines Stromlinienkörpers versehen, daß ein Rollen gerade noch möglich, der schädliche Widerstand aber praktisch auf Null gesunken ist (Abb. 179). Eine noch durchgreifendere Verbesserung stellt das versenkbare Fahrgestell dar. Die Bestrebungen, sich von den schädlichen Widerständen des Fahrgestells freizumachen, gehen schon weit zurück. Gegen Ende des Krieges versuchte man eine kleine Kampf- und Beobachtungsmaschine, den „Sperry-Messenger“, der nach dem Start sein Fahrgestell abwerfen konnte und dann ohne Fahrgestell landete. Neuere Konstruktionen sehen einziehbare Fahrgestelle vor, die durch einen vom Führer betätigten Mechanismus für die Zeit des Fluges ganz in den Rumpf hineingezogen werden können. (S. auch weiter unten: Wasserflugzeuge.)

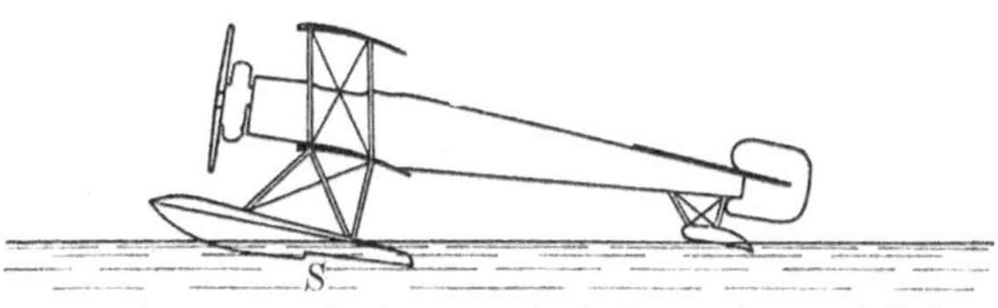

Abb. 180. Wasserflugzeug.

Soll ein Flugzeug nicht vom Lande, sondern vom Wasser abfliegen, so muß es naturgemäß Einrichtungen erhalten, die es zum Schwimmen befähigen. Es sind zwei grundsätzlich verschiedene Lösungen dieser Aufgabe durchgeführt worden. Die eine, das sog. Wasserflugzeug, besteht darin, daß an Stelle der Fahrgestellräder und des Spornes geeignet geformte, geschlossene Schwimmkörper angeordnet werden (Abb. 180).

Manchmal erhält ein solches Wasserflugzeug noch neben den Schwimmern ein hochziehbares Landfahrgestell, so daß es auch zu Land abfliegen und niedergehen kann; die Räder müssen, wenn vom Wasser abgeflogen wird, so hoch gezogen werden, daß sie den Schwimmwiderstand nicht unnütz erhöhen. Neuerdings werden auch, insbesondere bei Landflugbooten, sog. Flugboot-Amphibien, versenkbare Fahrgestelle verwendet, die bewegliche Gelenke besitzen und so in den Rumpf eingezogen werden können, daß die äußere Radfläche einen Teil der Rumpfwand bildet. Die in neuerer Zeit allgemeiner zur Geltung gekommene Lösung stellt das sog. Flugboot dar, das in Abb. 181 schematisch dargestellt ist. Hier ist der Rumpf des Landflug-

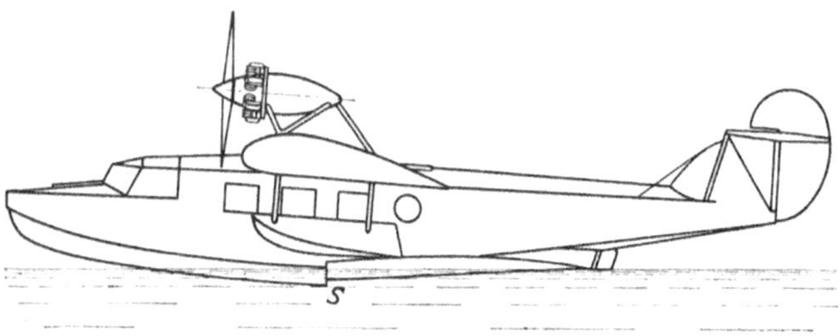

Abb. 181. Flugboot.

zeuges als Wasserboot ausgebildet, die Tragflächen, der Motor und das Leitwerk liegen entsprechend hoch darüber. Während man bisher in der Regel Flugboote mit flacher Kielung benutzte, die den Vorzug größerer Stabilität beim Starten, besonders im Seegang, haben, ist man heute dazu übergegangen, mäßig und stark gekielte Flugboote zu konstruieren, da sich bei den allmählich sehr gesteigerten Fluggeschwindigkeiten die Landung flach gekielter Flugboote nicht immer mit der nötigen Sicherheit durchführen läßt. Stark gekielte Boote, die naturgemäß eine größere Neigung haben, seitlichen Schwankungen nachzugeben, werden an der Unterseite der Flügelenden mit Hilfsschwimmern ausgestattet, die ein Tauchen des Flügels bei seitlichem Kippen verhindern. Gelegentlich werden die Flügelspitzen selbst als Schwimmkästen ausgebildet. Ganz ähnlich wie bei Schiffskörpern ist auch bei Flugbooten durch Zellenteilung des Rumpfes oft dafür Sorge getragen, daß bei Leckwerden immer nur eine oder wenige Zellen vollaufen, damit das Boot seine Schwimmfähigkeit nicht gleich verliert.

Früher hat man es immer als einen Nachteil angesehen, das gesamte Triebwerk aus dem Vorderteil des Rumpfes über die Tragfläche hinauf zu verlegen, was bei Flugbooten unerläßlich ist. Es hat sich aber gezeigt, daß diese Motoranordnung

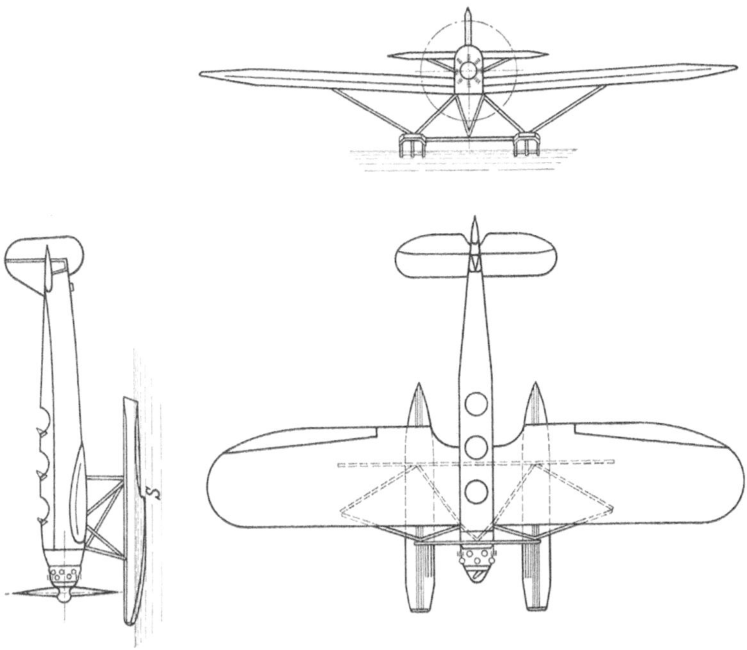

Abb. 182. Neueres Wasserflugzeug: Heinkel-Tiefdecker.

eine Reihe von Vorteilen bietet, die nicht zu unterschätzen sind. Den schädlichen Widerstand, welcher durch die Aufstellung außerhalb des Rumpfes hinzukommt, überwiegt bei weitem der aerodynamische Gewinn, den man aus dem ungestörten Verlauf des Schraubenstrahls für eine gute Ausbildung der Stromlinien und für ein sicheres Arbeiten des Leitwerkes zieht. Freilich ist die Unzugänglichkeit des Triebwerkes bei Motordefekten ein nicht leicht auszugleichender Nachteil der hochgelegten Luftschraube.

Für die konstruktive Ausgestaltung der Schwimmeinrichtung ist neben dem Gesichtspunkt möglichst geringen Luft- und Wasserwiderstandes vor allem der der Seetüchtigkeit maßgebend. Man versteht darunter die Eignung des Flugzeuges, unter Umständen auch längere Fahrten auf Wasser zu machen und vor allem die, auch bei schwerer See abfliegen und niedergehen zu können. Die Abb. 182 und 183 zeigen neuere bewährte Ausführungsformen eines Wasserflugzeuges (Heinkel-Tiefdecker [1])) und eines Flugbootes (Dornier-Libelle).

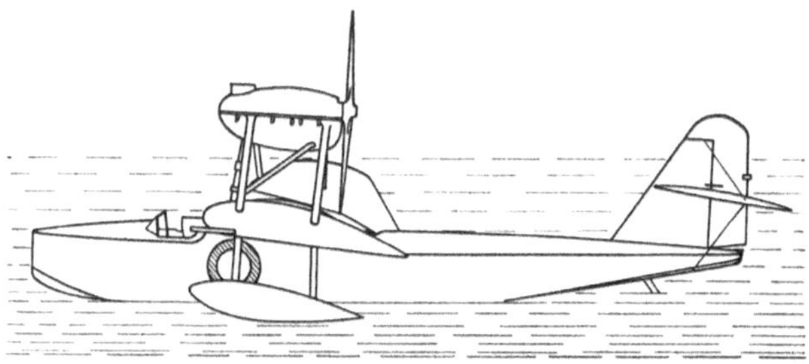

Abb. 183. Neueres Flugboot.

42. Der Abflugvorgang.

Um den mechanischen Vorgang, das Kräftespiel und den Bewegungsverlauf, beim Abflug eines Flugzeuges vom Land oder vom Wasser zu verstehen, zerlegen wir ihn in zwei Teile.

Der erste Teil des Abflugvorganges vom Land besteht darin, daß das Flugzeug bei allmählich eingeschaltetem Motor, mit den Rädern rollend und mit der Schwanzkufe schleifend, sich in Bewegung setzt. Je nachdem, wie die Lage der Räder gewählt wurde, hebt sich hierbei der Sporn entweder schon infolge des Luftschraubenzuges vom Boden ab, oder es bedarf hierzu noch einer Betätigung des Höhensteuers, das ja, sobald nur einige Geschwindigkeit vorhanden ist, so wirkt wie im Fluge, wenn auch nur in geringerem Maße. Man muß aber beachten, daß bei dem rollenden Flugzeug das Kräftespiel schon ein anderes ist als bei dem am Platz festgehaltenen. Selbst wenn angenommen wird, daß zunächst noch keine nennenswerten Luftkräfte auf die Tragfläche wirken, und daß auch

[1]) Zeitschr. f. Flugtechn. u. Motorluftsch. 1930, S. 400.

die Abnahme der Zugkraft mit wachsender Geschwindigkeit (Abschnitt 26) noch nicht wesentlich zur Geltung kommt, so ändert sich doch eines: Das Moment, das den Schwanz zu heben sucht, wird nicht mehr durch den vollen Propellerzug bestimmt, sondern nur durch die Gegenkraft, die als Reibung am Boden die Räder und den Sporn bremst. Die Reibung beträgt einen Bruchteil des Gewichtes — wir können schreiben: $k \cdot G$, indem wir mit k die „Reibungszahl" des Bodens bezeichnen — und ist sicher kleiner als die Zugkraft der Luftschraube, wenn überhaupt ein Start möglich sein soll. Der Überschuß $Z - kG$ wird zur Beschleuni-

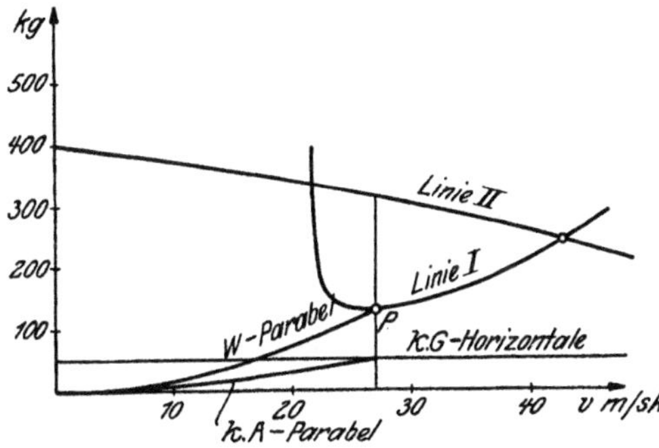

Abb. 184. Kräfteverhältnisse beim Anlauf.

gung des Flugzeuges verbraucht, und nur das Moment $k \cdot G \cdot h'$, nicht $Z \cdot h'$ wie im Ruhezustande, wobei h' die Höhe des Schwerpunktes über dem Boden ist, wirkt auf ein Heben des Schwanzes hin.

Hat sich einmal der Schwanz vom Boden abgehoben, so beginnt der zweite Teil des Abflugvorganges, der eigentliche Anlauf, bei dem das Flugzeug in der für den Flug geeigneten Stellung allmählich die zum Flug erforderliche Geschwindigkeit erhält. Wir können annehmen, daß der Anstellwinkel, mit dem die Tragfläche dabei gegen die Fahrtrichtung steht, (unter dem Einfluß des Höhensteuers) unveränderlich bleibt und jenen Wert besitzt, der einem Zustand steilen Steigfluges entspricht. Auch soll der Motor bereits voll eingeschaltet sein. Unter diesen Voraussetzungen läßt sich der Anlaufvorgang sehr gut an Hand der in den Abschnitten 27 und 28 verwendeten Diagramme verfolgen.

In Abb. 184 sind die beiden Linien I und II der „erforderlichen" und der „verfügbaren" Zugkraft, wie sie der Abb. 122

des sechsten Kapitels entsprechen, für das Flugzeug, dessen Anlauf untersucht werden soll, wiedergegeben, ferner ist eine wagrechte Gerade in der Höhe $k \cdot G =$ Gewicht mal Reibungszahl eingezeichnet. Solange das Flugzeug noch keine nennenswerte Geschwindigkeit hat, stellt, wie schon erwähnt, die Differenz $Z_2 - k \cdot G$, (oben nannten wir sie einfacher $Z - k \cdot G$) also das zwischen der Linie II und der Wagrechten liegende Ordinatenstück den zur Beschleunigung des Flugzeuges dienenden Kraftüberschuß dar. Mit zunehmender Geschwindigkeit gewinnen nun zwei weitere Kräfte Einfluß auf die Beschleunigungsgröße. Der Luftwiderstand W (schädlicher Widerstand und Tragflächenrücktrieb) ist unmittelbar von dem Kraftüberschuß abzuziehen; andrerseits wird durch den allmählich entstehenden Auftrieb A der Auflagerdruck der Räder herabgesetzt und dadurch mittelbar die Reibungskraft $k \cdot G$ um den Betrag $k \cdot A$ vermindert. Die resultierende Kraft hat somit die Größe

$$Z_2 - kG - W + kA = Z_2 - W - k(G - A).$$

Auftrieb und Widerstand ändern sich mit der Geschwindigkeit, und da wir konstanten Anstellwinkel vorausgesetzt haben, sind die zugehörigen Beiwerte auch konstant, so daß A und W einfach dem Quadrat der Geschwindigkeit proportional wachsen. In unserer Abb. 184 müssen daher sowohl W als $k \cdot A$ durch Parabeln dargestellt werden (da eine Parabel durch die Eigenschaft definiert ist, daß ihre Ordinaten dem Quadrat der Abszissen proportional sind). Die Parabel, die den Verlauf von W angibt, schneidet in einem bestimmten Punkt P die Linie I der „erforderlichen Zugkraft". Sobald die Geschwindigkeit, die der Abszisse von P entspricht, erreicht ist, befindet sich das Flugzeug in einem Zustand, der ein Fliegen gestattet, und zwar jenes Fliegen, das nach unseren Überlegungen im fünften Kapitel durch die Lage des Punktes P auf der Linie I genau bestimmt wird. Da wir den Flug nur durch eine Steigbewegung einleiten können, muß sich P innerhalb des in Abb. 122 schraffierten Bereiches befinden, weil nur dieser die verschiedenen Möglichkeiten des Steigens umfaßt. Bei derselben Abszisse aber, bei der die W-Parabel die Linie I trifft, schneidet die $k \cdot A$-Linie die Wagrechte in der Höhe $k \cdot G$. Denn daß wir einen Flugzustand erreicht haben, heißt ja nichts anderes, als daß der Auftrieb (annähernd) gleich dem Gewicht ist. Für den ganzen Anlaufvorgang stellt somit das jeweilige Ordinatenstück zwischen der Linie II und der Wagrechten in der Höhe $k \cdot G$, vermindert um das Ordinatenstück zwischen den beiden in Abb. 184 eingezeichneten Parabeln, die Größe des Kraftüberschusses dar. Am Schlusse hat wegen $A = G$ und $W = Z_1$ der Kraftüberschuß einfach den Wert $Z_2 - Z_1$: mit diesem Augenblick ist der Abflugvorgang beendet und es beginnt das eigentliche Fliegen.

Die vorstehende Betrachtung kann dazu dienen, den Einfluß verschiedener Umstände, z. B. einer Veränderung der Reibungszahl oder einer andern Wahl des Anstellwinkels beim Anlauf, zu studieren. Es ist selbstverständlich, daß jede Vergrößerung der Reibung den Kraftüberschuß vermindert, also den Anlauf ungünstiger gestaltet. Dagegen ist es nicht ohne weiteres richtig, daß man durch Verringerung des Anstellwinkels (wodurch der Widerstand vermindert werden soll) den Anlauf befördert, da ja die Entlastung der Räder durch den Auftrieb zugleich auch geringer wird. Mißt man für jede Abszisse die beiden in Betracht kommenden Ordinatenstücke, subtrahiert sie, bestimmt mittels Division durch die Flugzeugmasse $G : g$ die Beschleunigung und trägt deren reziproken Wert zu dem Geschwindigkeitswert v als Abszisse auf, so erhält man (Abb. 185) eine Linie, mit deren Hilfe man, wie aus dem Begriff der Beschleunigung folgt, die Anlaufzeit berechnen kann. Die in Abb. 185 schraffierte Fläche gibt unmittelbar ein Maß für die Anlaufzeit[1]), wenn man die Grundlinie des flächen-

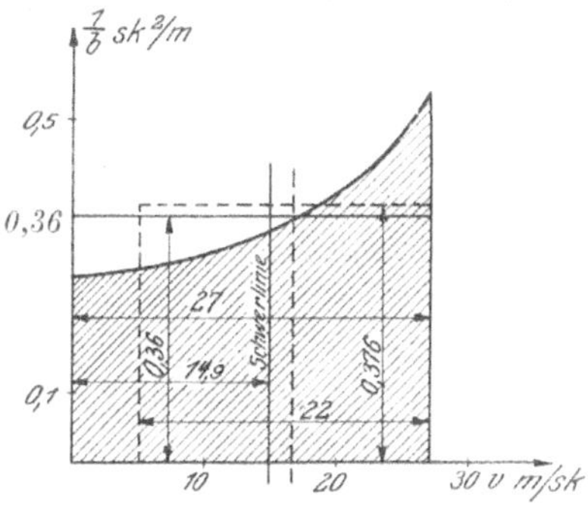

Abb. 185. Ermittlung der Anlaufzeit und des Anlaufweges.

[1]) Denn ein Flächenstreifen zwischen zwei nahe benachbarten Abszissen stellt das Produkt aus der Geschwindigkeitsänderung (Basis des Flächenstreifens) und dem Quotienten Zeit durch Geschwindigkeitsänderung (Höhe des Streifens = reziproker Wert der Beschleunigung) dar, also die Zeitgröße, in der die Geschwindigkeit vom Anfangswert der Abszissen zum Endwert anwächst.

gleichen Rechtecks im Maßstab der Abszissen, die Höhe in dem der Ordinaten abliest. In unserm Beispiel, in dem ein Flugzeuggewicht $G = 900$ kg, eine Reibungszahl $k = 0{,}05$ (feuchter Wiesengrund oder dergleichen) angenommen wurde, haben wir etwa bei $v = 20$ m/sek in Abb. 184 abgelesen: $Z_2 - k \cdot G = 280$ kg, $W - k \cdot A = 45$ kg, daher Differenz 235 kg, Beschleunigung $235 : 92 = 2{,}55$ m/sek^2 (weil Masse $= 900 : 9{,}81 = 92$), ihr reziproker Wert $1 : 2{,}55 = 0{,}394$ sek^2/m. Diese Größe ist bei der Abszisse $v = 20$ in Abb. 185 aufgetragen und in gleicher Weise die ganze Linie entworfen worden. Das dem schraffierten Bereich flächengleiche Rechteck hat eine Grundlinie von 27, eine Höhe von 0,36 Einheiten, folglich ist die Anlaufzeit $27 \cdot 0{,}36 = 9{,}7$ Sek. Auch die Anlaufstrecke läßt sich aus der Abb. 185 entnehmen. Man hat nur die gefundene Anlaufzeit mit der mittleren Geschwindigkeit zu multiplizieren, und diese ist nichts anderes als die Abszisse des Schwerpunktes der schraffierten Fläche[1]). In unserm Beispiel liegt der Schwerpunkt ungefähr bei $v = 14{,}9$ m/sek, daher ist die Anlaufstrecke $9{,}7$ sek $\cdot$ $14{,}9$ m/sek $= 144$ m. Über die Abkürzung der Anlaufstrecke durch Anwendung besonderer Kunstgriffe sprechen wir noch weiter unten.

Wird bei Wind gestartet, so ändern sich die vorstehenden Überlegungen. Denn die für den Flug notwendige Geschwindigkeit muß gegenüber dem Wind vorhanden sein, während die Beschleunigung gegenüber der Erde zu messen ist. Man sucht nun praktisch den Anlauf stets in der Richtung gegen den Wind zu nehmen. In diesem Fall ist, wenn w die Größe der Windgeschwindigkeit, die sog. Windstärke, bezeichnet, an unserer Ableitung nichts weiter zu ändern, als daß der Anlaufvorgang nicht mit der Geschwindigkeit null, sondern mit der Geschwindigkeit w beginnt. Anlaufzeit und Anlaufweg verkürzen sich entsprechend, indem man in Abb. 185 Flächengröße und Schwerpunktsabstand nicht von der ganzen schraffierten Fläche, sondern nur von dem Teil, der rechts von der Abszisse w liegt, zu rechnen hat. Nimmt man in unserm

[1]) Denn Schwerpunktsabstand mal Gesamtfläche gibt das statische Moment, dieses aber bedeutet soviel wie nochmalige Integration (Flächenbildung), führt also von der Zeit/Geschwindigkeitskurve zur Zeit/Wegkurve.

Beispiel eine Windstärke von 5 m/sek an, so ermäßigt sich die Anlaufzeit auf 8,3 sek, der Anlaufweg auf 95 m (in Abb. 185 gestrichelt eingetragene Linien).

Hat man Rückenwind beim Abflug, was nach Möglichkeit vermieden wird, so kann von einem Anlauf mit konstantem Anstellwinkel keine Rede sein, da zu Beginn der Anstellwinkel jedenfalls negativ ist. Erst von dem Augenblick an, in dem die Eigengeschwindigkeit die Windstärke erreicht, treten dieselben Verhältnisse ein, wie wir sie oben besprochen haben. Beim Start mit Seitenwind muß der Führer die Verwindung betätigen, um ein Kippen des Flugzeuges um die Längsachse zu verhindern. Die hier auftretenden verwickelten Beziehungen entziehen sich der einfachen Berechnung.

Praktisch hat beim Anlaufvorgang der Flugzeugführer für die Einhaltung der geraden Anlaufbahn und des richtigen Anstellwinkels zu sorgen. Das erstere erreicht er unmittelbar durch Betätigung des Seitenruders; seltener erhalten Flugzeuge lenkbare Fahrgestellräder, deren Lenkung mit dem Fußhebel des Seitensteuers oft zwangläufig verbunden ist. Um den Anstellwinkel einzuhalten, ist in der Regel ein mäßiges Vordrücken des Höhensteuers erforderlich, da die Kraft, die während des Anlaufens zu den in der Luft wirkenden hinzutritt, nämlich die Resultierende aus Auflagerdruck $G - A$ und Reibung $k(G - A)$ meist vor dem Schwerpunkt vorbeigeht (Abb. 175), also ein den Schwanz belastendes Moment ergibt. Wann die für den Aufstieg erforderliche Geschwindigkeit erreicht ist, merkt der Führer unschwer an dem leichten Abheben und Loslösen des Flugzeuges vom Boden. Denn sobald kein Auflagerdruck mehr da ist, folgen die Räder nicht mehr den Unebenheiten des Bodens, sondern hüpfen leicht über Mulden hinweg. In diesem Augenblick wird durch Aufziehen des Höhensteuers das Flugzeug etwas aufgerichtet, worauf man sofort, um nicht an Geschwindigkeit zu verlieren, vordrückt und, wenigstens für eine ganz kurze Strecke, Wagrechtflug einstellt.

Ein geübter Flugzeugführer wird gegenüber dem hier beschriebenen normalen oder „schulmäßigen" Anlaufvorgang verschiedene Vorteile gewinnen können. Der hauptsächlichste Kunstgriff besteht darin, daß man viel früher vom Boden weggeht, als die theoretisch richtige Geschwindigkeit erreicht ist, d. h. bevor der Drehzähler die für das Steigen charakteristische Umlaufzahl anzeigt. Das ist deshalb möglich, weil man durch Aufziehen, d. i. durch Vergrößern des Anstellwinkels, für den Augenblick immer den Auftrieb erhöhen kann. Denn der Auftriebsbeiwert wächst mit dem Anstellwinkel, und die Geschwindigkeit ist vorerst — der Trägheit des Flugzeuges wegen — noch unverändert. Demnach erhält das Flugzeug, wenn man etwas vorzeitig aufzieht, einen gewissen aufwärts wirkenden Kraftüberschuß, verliert allerdings sofort an Geschwindigkeit, was man durch Vordrücken wieder wettmachen muß. Als endgültiger Gewinn verbleibt hierbei, daß man einen Teil der am Boden zu leistenden Reibungsarbeit erspart und dadurch die Anlaufstrecke nicht unbeträchtlich vermindert hat[1]).

Die Tatsache, daß es eine kleinste Geschwindigkeit gibt, unterhalb derer nicht mehr geflogen werden kann (Abschn. 27), ist für den Start und die Landung von besonderer Bedeutung. Da es nicht möglich ist (wenn nicht besondere zusätzliche Einrichtungen getroffen werden), die Höchstgeschwindigkeit des Flugzeuges zu steigern, ohne gleichzeitig im selben Maße die untere Grenze der Geschwindigkeit heraufzusetzen, liegt diese kleinste Geschwindigkeit um so höher, je größer die Höchstgeschwindigkeit ist. Eine Steigerung der Fluggeschwindigkeit muß sich daher ungünstig auf Start und Landung auswirken. Es wird heute auch allgemein als ein großer Mangel empfunden, daß die Schwierigkeiten der Start- und Landemanöver in gleichem Maße zunehmen, wie sich der Flugverkehr durch Einsetzen moderner Verkehrsflugzeuge mit hohen Fluggeschwindigkeiten wirtschaftlicher gestaltet. Aber auch für das kleine Sportflugzeug mit geringerer Geschwindigkeit ist das Problem der Verkürzung von Start und Landung deshalb nicht bedeutungslos. Denn gerade für ein solches, dessen Aktionsradius wesentlich kleiner ist als der eines Verkehrsflugzeuges muß man fordern, daß es auch gelegentlich auf ebenem Terrain von kleinem Ausmaß sicher zu landen imstande ist, wozu natürlich eine äußerst geringe Landegeschwindigkeit Voraussetzung ist.

---

[1]) Der Abflugvorgang ist in neuerer Zeit im Einklang mit den hier vorgetragenen Grundlagen näher untersucht worden von F. Z. Diemer und R. Pröll in der Zeitschr. f. Flugtechn. u. Motorluftsch. 1926, S. 316 bis 326.

Die nachfolgenden Betrachtungen gelten fast immer in gleicher Weise für den Abflug wie für seine Umkehrung, den Vorgang des Landens; der Einfachheit halber beschränken wir uns daher in der Regel auf den ersten. Rechnerische Überlegungen, die hier nicht näher durchgeführt werden sollen, zeigen, daß eine Verringerung der Abflugstrecke auf verschiedene Weise erreicht werden kann, nämlich durch Herabsetzung der Leistungsbelastung, durch Verminderung der Flächenbelastung und durch Verwendung stark gewölbter Profile. Allerdings bereitet die Anwendung dieser Mittel zur Herabsetzung der Anlaufstrecke insofern gewisse Schwierigkeiten, als Leistungsbelastung, Flächenbelastung und Wölbung des Profils nicht ohne weiteres frei wählbar sind, weil andere wichtige Fluggrößen, insbesondere die Fluggeschwindigkeit von ihnen abhängen. Eine Verringerung der Abflugstrecke durch Herabsetzung der Leistungsbelastung wird durch Erhöhung der Motorleistung oder durch Verminderung des Gewichtes erzielt. Die Anlaufstrecke läßt sich auch verkürzen, wenn man die Flächenbelastung herabsetzt. Andererseits nimmt aber v, die Geschwindigkeit des Reisefluges, ebenfalls mit der Flächenbelastung ab, wie man aus der ersten Gleichgewichtsbedingung (Abschn. 31) erkennt, so daß eine Vergrößerung der Reisegeschwindigkeit notwendigerweise eine unerwünschte Startverlängerung nach sich zieht. Als weitere Möglichkeit der Startverkürzung bleibt die Verwendung von Profilen mit möglichst großem maximalen Auftriebsbeiwert c_a; Profile dieser Art sind stets stark gewölbt und haben aus diesem Grunde einen unverhältnismäßig hohen Widerstand. Jedenfalls wird bei solchen Profilen das Verhältnis $c_w : c_a$ und daher nach der zweiten Gleichgewichtsbedingung (Abschn. 31) Z größer als bei normalen Flügelprofilen. Die Vergrößerung der erforderlichen Zugkraft Z besagt aber, daß in Abb. 122 Abschn. 27 die Kurve I höher verläuft und infolgedessen ihren Schnittpunkt mit der Kurve II bei einem kleineren Wert von v hat. Die Verwendung stark gewölbter Profile setzt also auch die Geschwindigkeit des Reisefluges herab.

Aus vorstehenden Erwägungen erkennt man, daß es lediglich den aerodynamischen Bedingungen des Fliegens zuzuschreiben ist, wenn die Entwicklung des schnellen Flugverkehrs zu gewissen Schwierigkeiten bei Abflug und Landung führt, und daß durch konstruktive Verbesserungen diese Mängel wohl auf ein Kleinstmaß beschränkt, nicht aber — oder nur auf Kosten der Flugleistungen — behoben werden können. Es entsteht daher der Wunsch nach besonderen Einrichtungen, die bei Start und Landung, ohne die Flugleistungen zu beeinträchtigen, wirksam werden. Am naheliegendsten ist es zweifellos, das Flugzeug mit einer Tragfläche veränderlicher Größe auszustatten. Dieser Gedanke ist nicht neu, aber erst in jüngerer Zeit wurde nach Ausführung geeigneter Versuchskonstruktionen dieser Weg weiter verfolgt. Einen Querschnitt durch eine solche veränderliche Tragfläche zeigt Abb. 186 [1]. Das durchlaufende Flügelprofil ist gestrichelt eingetragen. Im Mittelteil, nahe dem Rumpf, besteht der Flügel aus einem vorderen festen Teil und einem beweglichen Ansatz (schraffiert), der seitlich schwenkbar ist. Das Aus- und Einziehen des schraffierten beweglichen Teils erfolgt durch Betätigung eines Handrades vom Führersitz aus. Bei der Konstruktion muß vor allem darauf geachtet werden, daß der bewegliche Teil der Tragfläche genügende Festigkeit besitzt, um der Inanspruchnahme durch die ziemlich großen Luftkräfte gewachsen zu sein, und daß das Profil im veränderten Zustande möglichst wenig von seiner aerodynamischen Wirksamkeit verliert. Das in der Abb. 186 gezeigte Profil (Göttingen Nr. 421) erfüllt die letzte Forderung besonders gut, es geht mit dem ausgezogenen Teil nahezu in ein anderes Göttinger Profil (Göttingen Nr. 545, in der Abbildung gestrichelt) über. Es ist auch für den vorliegenden Zweck deshalb gut geeignet, weil es durch seine gegenüber dem Profil in nicht ausgezogenem Zustande sehr verstärkte Krümmung die schon erzielte Auftriebserhöhung wirksam unterstützt.

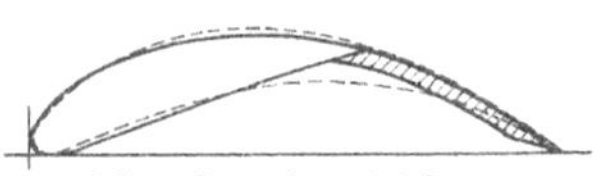

Abb. 186. Ausziehbare Tragfläche.

Welche Wirkungen bei Vergrößerung der Tragfläche und der Profilkrümmung im Einzelfalle zu erwarten sind, zeigt ein Beispiel, für welches wir die bereits oft benutzten Fluggrößen des Abschnittes 27 zugrunde legen. Für ein Flugzeug mit einer Motor-

[1] Verkehrsflugzeug der Technischen Hochschule Breslau (Professor Schmeidler). Siehe auch R. Jäschke, Ein Beitrag zur Lösung des Problems der Verkürzung von Start und Landung von Flugzeugen. Zeitschr. f. Flugtechn. u. Motorluftsch. 1931, S. 481.

leistung von $N = 150$ PS, einer maximalen Auftriebszahl $c_a = 1{,}0$ und dem Gewicht $G = 1200$ kg wurden für eine Reihe von Werten $G : F$ die zugehörigen Startstrecken berechnet und in der üblichen Weise als Ordinaten zu den Abszissen $G : F$ aufgetragen. Das Ergebnis stellt die Kurve *1* der Abb. 187 dar. Erhöht man unter sonst gleichbleibenden Bedingungen die Auftriebszahl auf $c_a = 1{,}5$, so ergibt sich Kurve *2*. Die gestrichelten Kurven *3* und *4*, die sich auf ein Fluggewicht von $G = 1000$ kg und die gleichen maximalen Auftriebsbeiwerte $c_a = 1{,}0$ und $c_a = 1{,}5$ beziehen, sind in die Abbildung eingezeichnet, um den Einfluß einer Änderung der Leistungsbelastung erkennen zu lassen. Eine Tragfläche von 24 m² ergibt bei $G = 1200$ ein $G : F = 50$, eine solche von 36 m² ein $G : F = 33{,}3$, d. h. der Übergang von der Abszisse 50 zur Abszisse 33,3 entspricht einer Vergrößerung der Tragfläche um 50%. Ein Übergang von der Linie *1* zur Linie *2* oder von der Linie *3* zur Linie *4* bedeutet andererseits eine Vergrößerung des Höchstauftriebbeiwertes um 50% und der Übergang von einer der Kurven *1* oder *2* zu der entsprechenden gestrichelten eine Verminderung der Leistungsbelastung um rund 20%. Man erkennt daher aus der Abb. 187, daß eine Vergrößerung des Auftriebbeiwertes um 50% eine Verkürzung der Startstrecke um etwa 35% (nämlich von 115 m auf 75 m), daß eine Vergrößerung der Tragfläche um 50% eine Startstreckenverkürzung um 45% (von 115 m auf 63 m) und daß die Kombination beider Möglichkeiten eine Verkürzung der Startstrecke um etwa 64% (von 115 m auf 41 m) zur Folge hat. Freilich sind diese Angaben eher zu günstig als zu ungünstig, denn abgesehen von einer Reihe von vereinfachenden Voraussetzungen sind die Gewichtszusätze, welche

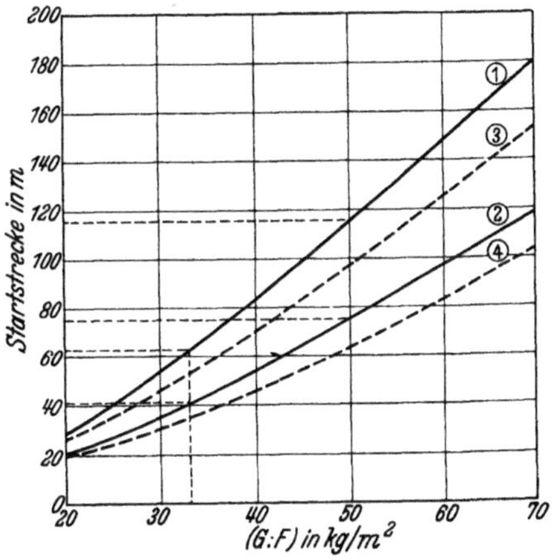

Abb. 187. Startstrecke für verschiedene Flächenbelastungen.

durch den Mechanismus zur Herstellung der veränderlichen Tragfläche hinzukommen, in unserem Beispiel nicht berücksichtigt. Veranschlagt man die Wirkung aller Vernachlässigungen auf die Verlängerung der Startstrecke mit 15 %, so kann man trotzdem bei sorgfältiger Konstruktion erwarten, daß sich 50 % an der Startstrecke sparen lassen. Die in unserem Beispiel 115 m betragende Startstrecke ließe sich also sicherlich auf etwa 55 m bis 60 m herabdrücken.

Eine zweite Möglichkeit zur Verkürzung der Abflugstrecke und zur Herabsetzung der Landegeschwindigkeit durch Erhöhung der maximalen Auftriebszahl bietet die Verwendung von Handley-Page-Schlitzflügeln mit Endklappen, auf deren Bedeutung und Wirkungsweise schon hingewiesen wurde (S. 65).

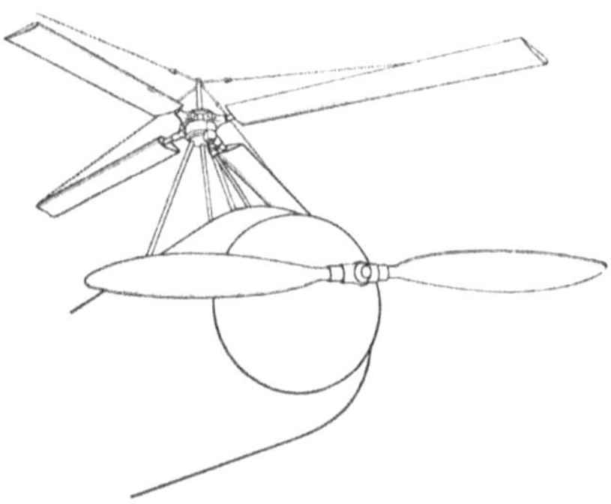

Abb. 188. Windmühlenflugzeug.

Start und Landung werden offenbar um so günstiger, je größer der bei einer bestimmten Fluggeschwindigkeit erreichbare Auftrieb ist. Wir haben bisher festgestellt, daß eine Vergrößerung der den Auftrieb bestimmenden Größen c_a und F zu einer Verbesserung des Startes führte. Eine Vergrößerung von A bei gegebenem v und damit eine Verbesserung des Abfluges und der Landung werden aber auch erreicht, wenn die Relativgeschwindigkeit der Luft gegen die Tragflächen, von welcher die Größe des Auftriebs ebenfalls abhängt, gegen v vergrößert wird. — Ein Mittel hierzu liegt in dem Übergang zu einem Schwingenflieger — Nachahmung des Vogelfluges —, doch ist eine praktisch brauchbare Ausführung bisher nicht gegeben worden. Ein anderer Weg, der schon mit Erfolg beschritten wurde, ist der, den tragenden Flächen eine rotierende Bewegung zu geben. Die Tragschraube, bekannt unter dem Namen „Autogyro“ oder „Windmühlenflugzeug“, beruht auf diesem Prinzip. Vier rechtwinklig oder drei um einen Winkel von 120° gegeneinander versetzte Flügel nach Art der Windmühlenflügel werden so um eine im Flugzeug feste Achse drehbar angebracht, daß der

Schraubenkreis parallel zur Horizontalebene des Flugzeugs liegt (Abb. 188). Abb. 189 zeigt einen solchen Tragschrauber im Fluge, und zwar neuerer Ausführung mit kleinen starren Zusatztragflächen. Fliegt das Windmühlenflugzeug, das erstmalig von dem Spanier de la Cierva konstruiert wurde, mit großer Geschwindigkeit, also mit kleinem Anstellwinkel, so tritt nur sehr wenig Luft in der Zeiteinheit durch den Schraubenkreis und die Auftriebsvergrößerung ist daher nur minimal. Der Auftrieb unterscheidet sich infolgedessen, solange mit großen Geschwindigkeiten geflogen wird, der Größe nach nur sehr wenig von dem eines Normalflugzeuges mit einer dem Schraubendurchmesser gleichen Spannweite.

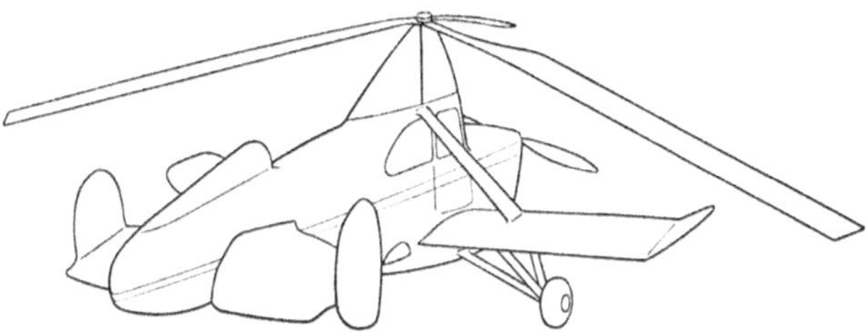

Abb. 189. Windmühlenflugzeug mit Zusatzflächen.

Dagegen treten, sobald die Windmühlenflügel nicht senkrecht oder parallel zur Längsachse stehen, infolge der Geschwindigkeitskomponenten längs der Flügelblätter zusätzliche Reibungswiderstände auf, welche den Gesamtwiderstand vergrößern. Dieser Umstand verringert die Maximalgeschwindigkeit gegenüber der des Normalflugzeuges mit gleicher Leistung und dem Schraubenkreisdurchmesser als Spannweite um etwa 15 %. Wird das Flugzeug aufgerichtet, was beim Abflug und bei der Landung geschieht, so wird die Schraubenkreisebene gegen die Flugebene um den Anstellwinkel geneigt, und es treten nun infolge des Lufttransportes durch den Schraubenkreis zusätzliche Relativgeschwindigkeiten der Luftteilchen auf, welche den Auftrieb bei gleichbleibender Fluggeschwindigkeit erhöhen, und zwar bei gut durchkonstruierten Tragschraubern um so viel, daß sich die Landungsgeschwindigkeit zu der des vergleichsweise herangezogenen Normalflugzeuges ungefähr wie 1 zu 2,5 verhält. Einer Höchstgeschwindigkeit des Normalflugzeugs von 43 m/sek entspricht eine solche des Tragschraubers von 36,5 sek. Demnach kann das Verhältnis der minimalen zur maximalen Geschwindigkeit beim Windmühlenflugzeug den Wert:

$$8{,}8 : 36{,}5 = 1 : 4{,}2$$

erreichen, da der Kleinstgeschwindigkeit von 22 m/sek eine solche von 8,8 m/sek des Tragschraubers entspricht. Dagegen ist die Geschwindigkeitsspanne des Normalflugzeugs kaum unter das Verhältnis 1:2,0 herabzudrücken. In der Abb. 190 sind die Leistungskurven *I* und *II* für ein Normalflugzeug und ein Windmühlenflugzeug mit dem Fluggewicht 1150 kg, der Motorleistung 300 PS und der Spannweite, bzw. dem Durchmesser des Schraubenkreises von 13,5 m gezeichnet. Die kleinsten, überhaupt noch möglichen Geschwindigkeiten, erhält man als Abszissen derjenigen Parallelen zur Ordinatenachse, welche die beiden Kurven *I* berühren. Man erkennt die geringe Reduktion der Höchstgeschwindigkeiten und die größere, für die Landung wichtige Verschiebung der unteren Geschwindigkeitsgrenze.

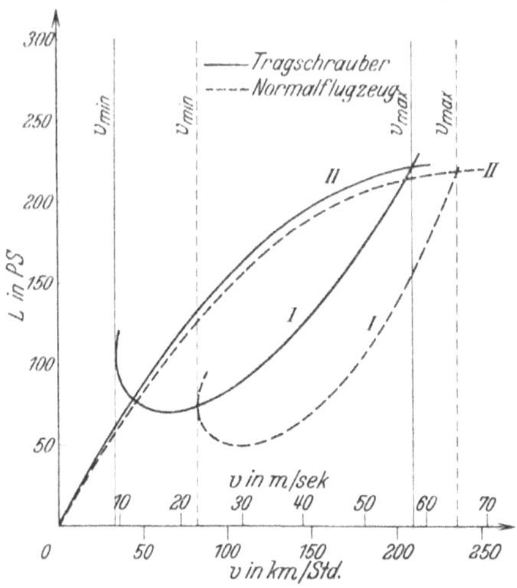

Abb. 190. Leistungskurven für Normalflugzeug und Tragschrauber.

Die Hubschrauber sind eine Weiterentwicklung des Prinzips der Tragschrauber, hier werden die Flügel nicht wie bei den letztgenannten durch den Fahrwind, sondern durch den Motor angetrieben. Das bringt den Vorteil einer noch kleineren Start- und Landegeschwindigkeit mit sich; denn die Hubschrauber können prinzipiell ohne Fluggeschwindigkeit starten und aufsetzen, sie besitzen die Fähigkeit zu schweben. Die Hubschraube wirkt wie eine große Luftschraube, deren Zug der Richtung nach mit dem Auftrieb zusammenfällt; ist die Gleichgewichtsbedingung $G = A$ für diesen Zug erfüllt, so schwebt das Flugzeug. In diesem Sinne sind also die Hubschrauber noch günstiger als die Tragschrauber, bei denen als erschwerendes Moment hinzukommt, daß sie sich beim Start erst dann vom Boden abheben können, wenn die Tragflügel in die für den Start notwendige Rotation versetzt sind. Man hat deshalb für den Start die beiden Prinzipien kombiniert, und läßt die Tragschraube, indem man durch geeignete Kuppelung den Motor zum Teil zur Erzeugung der Rotationsgeschwindigkeit heranzieht, als Hubschraube laufen[1]).

Erwähnt wurde schon die Verkürzung des Startes durch Katapultvorrichtungen. Diese Starteinrichtung, deren sich bei Beginn der Flugentwicklung die Brüder Wright bedienten, wird heute nur in besonderen Fällen angewendet, nämlich insbesondere beim Start auf Ozeandampfern, da keine zur Erlangung der Startgeschwindigkeit genügend lange Anlaufbahn auf Deck zur Verfügung steht.

Für die Untersuchung des Abfluges vom Wasser kommt als wesentlicher Unterschied gegenüber dem Landflugzeug in Betracht, daß der Wasserauftrieb und der Wasserwiderstand, die an Stelle des Auflagerdruckes und der Reibung beim Landstart treten, im Längsschnitt gesehen, nicht an einzelnen Punkten, sondern längs ganzer Linien (der eingetauchten Begrenzung der schwimmenden Teile) angreifen. Während das Flugzeug sich vom Wasser abhebt, verändert sich, da die Schwimmer bzw. die Bootsteile allmählich auftauchen, die Angriffsfläche der Wasserkräfte stetig und die Resultierende der Kräfte wandert. Wären keine besonderen Vorkehrungen dagegen getroffen, so würde das Flugzeug, da es mit etwas schräger, vorn gehobener Längsachse in die Luft gehen muß, im letzten Augenblick an einem verhältnismäßig weit hinten gelegenen Punkt Auftrieb vom Wasser her erhalten, wodurch die Spitze wieder niedergedrückt würde. Um das zu vermeiden, ist eine besondere Formgebung der Schwimmerunterseite bzw. des Bootes erforderlich. Die häufigste Lösung ist die in den Abb. 180 bis 182 kenntliche Stufe S in den Hauptschwimmern bzw. im Boot. Wenn das Flugzeug aufgerichtet wird, bleibt die Stufe immer

---

[1]) Über alle hierher gehörigen Fragen vgl. Th. v. Kármán, Die Seitenwege der Luftfahrt. Zeitschr. f. Flugtechn. u. Motorluftsch. 1931, S. 481.

noch im Wasser, und es wird dadurch verhindert, daß die Resultierende des Wasserauftriebes zu weit nach hinten rückt.

Die Formgebung der Schwimmer beruht auf Messungen des Auftriebs und Widerstands, die an Modellen im Wasserkanal vorgenommen werden. Dabei kommen für die Übertragung der Ergebnisse des Modellversuches auf die Vorgänge am Flugboot die Überlegungen in Frage, die im Schiffsbau maßgebend sind und sich z. T. von den für Versuche im Luftkanal gültigen unterscheiden (Reynoldssches Gesetz). Neben der Reynoldsschen Zahl tritt die nach Froude benannte Größe $\frac{v^2}{g \cdot l}$, worin v die Geschwindigkeit, l wieder eine charakteristische Längenabmessung und g die Erdbeschleunigung bezeichnet, als maßgebend auf. Nur wenn für Modell und wirkliche Ausführung dieser Quotient, die Froudesche Zahl, den gleichen Wert hat, wenn also die Quadrate der Geschwindigkeiten sich verhalten wie die Längen, sind gleiche Schiffswiderstände zu erwarten.

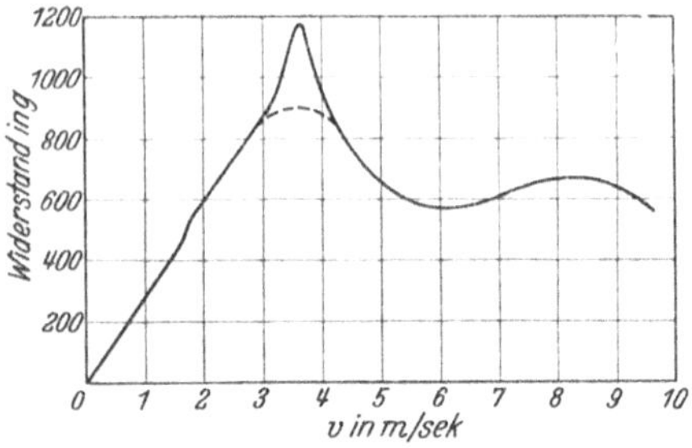

Abb. 191. Schwimmerwiderstand in Abhängigkeit von der Geschwindigkeit.

Der Widerstand der Schwimmer muß für verschiedene Anstellwinkel, die man hier „Trimmwinkel" nennt, untersucht werden. Aus den wenigen in dieser Richtung durchgeführten Versuchen kann man entnehmen, daß die Abhängigkeit des Widerstandes vom Trimmwinkel in dem Augenblick, in welchem das Flugzeug auf Stufe geht, am ausgeprägtesten ist. Diese Tatsache läßt sich auch leicht einsehen. Hat sich nämlich das Flugzeug infolge des Wasserauftriebes bis auf die Stufe aus dem Wasser gehoben, so genügt eine geringfügige Erhöhung des Trimmwinkels, um das hintere Schwimmerende einzutauchen und damit den Widerstand im Augenblick erheblich zu vergrößern. Wird andererseits der Trimmwinkel verkleinert, so verringert sich der Auftrieb, und die Stufe tritt wieder unter die Wasseroberfläche. Es wird also die benetzte Fläche, und dadurch der Widerstand vergrößert. Wesentlich ist also eine richtige Einstellung der Flugzeuglängsachse gegen die Schwimmer. Man wird zu erreichen versuchen, daß der beste, d. h. der Trimmwinkel des geringsten Schwimmerwiderstandes mit dem Anstellwinkel des größten Flugzeugauftriebes zusammenfällt, damit das Flugzeug beim Start sich gut vom Wasser abhebt. Den Verlauf des Widerstandes in Abhängigkeit von der Geschwindigkeit, gemessen an zwei gleichen Rohrbach-Flugbootmodellen, von denen nur das eine mit Schwimmern ausgerüstet war, gibt Abb. 191 wieder. Mit zunehmender Geschwindigkeit nimmt der Widerstand zuerst rasch zu, um dann, wenn der Tragflügelauftrieb wächst, und dadurch die Eintauchtiefe verringert wird, abzunehmen. Das gestrichelte Stück der Kurve bezieht sich auf die Versuchsanordnung mit seitlichen Schwimmern[1]).

43. Motorlandung und Gleitlandung.

Als Umkehrung des Abflugvorganges könnte man sich etwa folgendes Verfahren für die Landung, also für den Abschluß eines Fluges, denken. Der Führer läßt das Flugzeug bis in die Nähe des Bodens niedergehen (Abwärtsflug, vgl. Abschn. 28), stellt unmittelbar über dem Boden Wagrechtflug mit gedrosseltem Motor, etwa mit der kleinsten noch möglichen Wagrechtgeschwindigkeit (Abschn. 27) ein, drückt das Flugzeug in einem geeigneten Augenblick zu Boden und schaltet in diesem Augenblick den Motor aus, so daß ein durch Bodenreibung und Luftwiderstand gebremster Auslauf als Umkehrung des Anlaufes eintritt. Die rechnerische Verfolgung dieses Auslaufvorganges wäre an Hand der Abb. 184, soweit annähernd konstanter Anstellwinkel vorausgesetzt werden darf, leicht möglich. Man braucht nur die frühere Endgeschwindigkeit als Anfangsgeschwindigkeit anzusehen und als jeweils verzögernde Kraft die Summe der Ordinatenstücke zwischen der $k \cdot G$-Horizontalen und der $k \cdot A$-Parabel, sowie zwischen der W-Parabel

[1]) Siehe dazu auch: G. Mathias und A. Holzapfel: Technische Besonderheiten in der baulichen Entwicklung der Rohrbachflugboote. Zeitschr. f. Flugtechn. u. Motorluftsch. 1929, S. 334, und einen Bericht der D. V. L., an den sich die obigen Ausführungen z. T. anlehnen: F. Seewald: Über Schwimmer und Schwimmerversuche. Ebenda, 1931, S. 265.

und der Abszissenachse abzulesen. Die Bestimmung der Auslaufzeit und der Auslaufstrecke geschähe dann in ganz derselben Weise, wie es in Abb. 185 für den Anlauf gezeigt wurde. Führt man die Rechnung tatsächlich durch, so findet man unter gewöhnlichen Verhältnissen sehr große Auslaufwege, da, wie die Abb. 184 erkennen läßt, die in Betracht kommenden bremsenden Kräfte im Vergleich zu den Kräften beim Anlaufvorgang sehr klein sind.

Landungen der eben beschriebenen Art werden aber nicht nur des langen Auslaufes wegen, sondern hauptsächlich wegen ihrer Schwierigkeit und der mit der großen Landungsgeschwindigkeit verbundenen Gefahren, soweit als möglich, vermieden. Man führt derartige „Motorlandungen" heute nur aus, wenn sehr ungünstiges Wetter zum Aufrechterhalten der großen Geschwindigkeit bis zum letzten Augenblick des Fluges zwingt. Die normale Landung besteht im wesentlichen darin — von Einzelheiten sprechen wir noch später, — daß man schon in einiger Höhe den Motor abstellt, in immer flacher werdendem Gleitflug niedergeht und dann in Bodennähe durch „Aufziehen" eine Bewegung mit großem Anstellwinkel, aber annähernd wagrechter Flugzeugachse bei möglichst geringer Geschwindigkeit herbeiführt. Ein eigentlicher Auslauf in dem früheren Sinn tritt gar nicht ein, da der Schwanz sofort zu Boden sinkt, wenn er nicht überhaupt schon durch geeignetes Manövrieren noch vor den Rädern zum Aufsetzen gebracht wurde. Die Strecke, längs der das Flugzeug zum Stillstand kommt, kann in dieser Weise sehr stark verkürzt werden. Der Nachteil solcher Landungen mit geringer Geschwindigkeit ist, wie wir bereits in Abschn. 40 sahen, nur der, daß der Flugzustand am Ende wenig stabil, wenn nicht ganz unstabil wird, so daß er bei unruhigem Wetter vermieden werden muß. Wir werden im folgenden auf den Verlauf des Gleitfluges vor dem Landen und auf die Bedeutung des „Aufziehens" näher eingehen und schicken hier noch eine kurze Bemerkung voraus.

In Abschn. 28 ist ausgeführt worden, wie man an der Linie I der Abb. 122 in einfacher Weise die verschiedenen Zustände des Gleitfluges verfolgen kann. Liest man die Ordinaten dieser Linie als Vielfache des Flugzeuggewichtes G ab (oder dividiert man die in kg abgelesenen durch G), so stellen sie für den motorlosen Flug unmittelbar die Bahnneigung gegen die Wagrechte dar; der tiefste Punkt der Linie entspricht dem flachsten Gleitflug usf. Für die Untersuchung der Landung interessiert uns aber neben der Bahnneigung — wir wollen den Winkel der Bahn oder des Geschwindigkeitsvektors gegen die Wagrechte jetzt mit b bezeichnen — auch die Neigung der Flugzeugachse gegen den Horizont, die mit d bezeichnet sei. Bildet die Tragflächensehne mit der Längsachse des Flugzeuges (Motorachse) den Winkel c, der natürlich einen unveränderlichen Wert hat und etwa „Einstellwinkel" genannt werden mag, so hängen b, c und d mit dem Anstellwinkel a (Abb. 192) durch die Beziehung

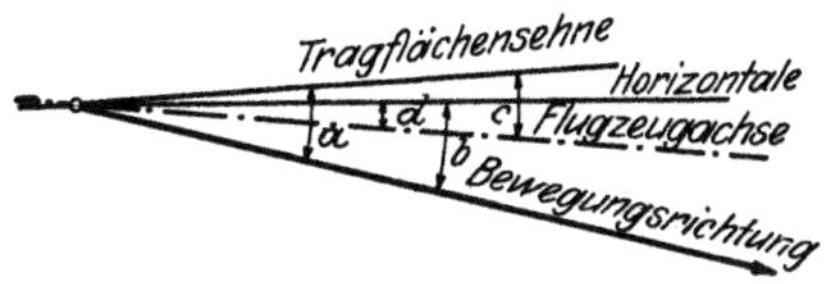

Abb. 192. Zusammenhang der Winkel.

$$a - c = b - d$$

zusammen. Wir müssen also, um unsere Aufgabe zu lösen, zu den einzelnen Punkten der Linie I die Anstellwinkel wieder aufsuchen, für die sie konstruiert wurden (Abschn. 12 und 27). Statt aber diesen Weg zurückzugehen, wollen wir lieber die Untersuchung des Gleitfluges unmittelbar auf die Ergebnisse des zweiten Kapitels aufbauen, da Motor und Luftschraube hier keine Rolle spielen, ähnlich wie bei dem im dritten Kapitel behandelten Segelflug. Zugleich werden wir uns von einer bereits am Schlusse von Abschn. 28 erwähnten, mit der allgemeinen Verwendung der Linie I verbundenen Ungenauigkeit befreien, die allerdings für die früher behandelten Aufgaben als praktisch völlig bedeutungslos gelten konnte.

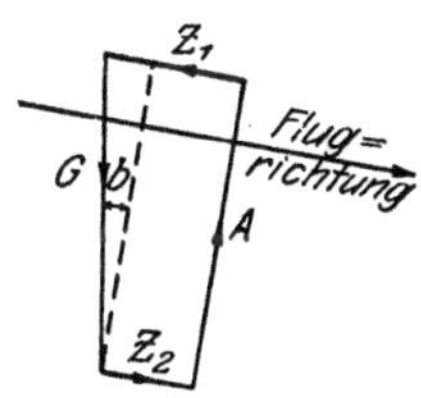

Abb. 193. Gleichgewicht beim Motorflug.

Fassen wir für den Augenblick noch den allgemeinen Fall des Motorfluges ins Auge, so ergeben die vier im Gleichgewicht befindlichen Kräfte: Gewicht G, Propellerzugkraft Z_2, Auftrieb A und Widerstand (= erforderliche Zugkraft) Z_1, aneinandergereiht das Viereck Abb. 193. Hier erkennt man mit Hilfe der gestrichelt eingetragenen Parallelen zu A, daß

$$\sin b = \frac{Z_1 - Z_2}{G}$$

also beim Gleitflug, wegen $Z_2 = 0$:

$$\sin b = \frac{Z_1}{G}$$

gilt. Dies ist die oben erwähnte Beziehung zwischen den Ordinaten Z_1 der Linie I und der Bahnneigung b. Aber die Abb. 194 läßt weiter erkennen — wieder mit Hilfe derselben Parallelen zu A —, daß

$$A = G \cdot \cos b,$$

während wir in Abschnitt 22 der Konstruktion der Linie I stets die Gleichung $A = G$ (schon bei Berechnung der zu jedem Anstellwinkel gehörigen Geschwindigkeit, vgl. Abschn. 12) zugrunde gelegt haben. Genau genommen gilt also die Linie I nur für wagrechten Flug, und für jede von null verschiedene Bahnneigung b müßte eigentlich eine besondere Linie gezeichnet werden. Aber da wir uns im allgemeinen auf Bahnwinkel von weniger als 10^0 beschränken dürfen und der cos 10^0 noch 0,985 ist, so sieht man, daß der Fehler höchstens 1,5 vH. ausmacht, daß also das ganze Büschel der Linien I in unserer Zeichnung innerhalb einer Strichstärke von wenigen Zehnteln eines Millimeter enthalten sein müßte. Im folgenden Abschnitt, für die Untersuchung beliebig steiler Gleitflüge, wollen wir den Fehler ausschalten und an die eben abgeleiteten genaueren Gleichungen anknüpfen, obwohl die Ungenauigkeit auch hier noch fast unmerkbar wäre.

Die letzte Phase eines Fluges vor der Landung ist oft ein Fliegen in überzogenem Zustand (Abschn. 28). Ein Flugzeug muß, wenn es zur Landung schreitet, seine Geschwindigkeit sehr verringern, was durch Motordrosselung geschieht. Der Einfachheit halber wollen wir annehmen, der Motor würde völlig abgestellt. Wir können dann, wie in Abschn. 28 gezeigt wurde, indem wir aus Abb. 122 die Ordinaten zu den verschiedenen v durch $G = 1200$ dividieren, die tangens-Werte der verschiedenen Gleitwinkel des Flugzeuges ermitteln. Wenn wir dann zu den v-Werten die Gleitwinkel selbst auftragen, entsteht Kurve I in Abb. 194. Das Gebiet des nicht überzogenen Fluges ist rechts schraffiert gezeichnet. Soll nun das Flugzeug in nicht überzogenem Fluge mit möglichst kleiner Geschwindigkeit landen, so kommt als kleinster Geschwindigkeitswert etwa 27 m/sek in

Frage; der zu diesem gehörende Gleitwinkel beträgt etwas mehr als 6°, ist also sehr klein. Das Flugzeug muß daher, um die Landung ungefährdet durchführen zu können, eine sehr lange Anlaufstrecke mit verminderter Geschwindigkeit durchfliegen, was mit den Forderungen, die man an den modernen Flugverkehr stellt, maximale Geschwindigkeit bis zum Schluß auszunützen und das Landungsmanöver zeitlich und örtlich weitgehend zu beschränken, nicht im Einklang steht. Wagt man aber das Flugzeug zu überziehen, so ist damit die Möglichkeit gegeben, mit noch mehr verminderter Geschwindigkeit, etwa mit $v = 22$ m/sek viel steiler, nämlich unter ungefähr 13° Neigungswinkel zu landen. Der überzogene Flug würde jedenfalls, wenn er absolut sicher wäre, bei der Durchführung der Landung von größtem Vorteil sein.

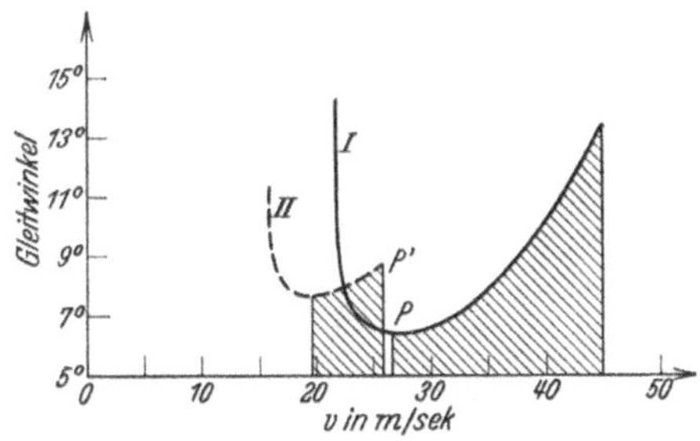

Abb. 194. Gleitwinkel in Abhängigkeit von der Geschwindigkeit.

Auch im Falle plötzlicher Notlandung ist die Herabsetzung der kritischen Kleinstgeschwindigkeit, verbunden mit der Möglichkeit steiler Landung eine der wichtigsten an die Flugeigenschaften und Flugleistungen zu stellenden Forderungen. Daß in Amerika in einem in den Jahren 1929 und 1930 durchgeführten Sicherheitswettbewerb, bei welchem gewisse Mindestleistungen im oben angedeuteten Sinne erreicht werden mußten, von 15 gestarteten Flugzeugen alle bis auf zwei bereits in den Vorprüfungen ausfielen, ist ein Beweis dafür, wieweit diese Fragen noch bis zu einer befriedigenden Lösung gefördert werden müssen. Es ist aber auch bemerkenswert, daß die beiden aus dem Wettbewerb als Sieger hervorgegangenen Flugzeuge mit Handley-Page-Schlitzflügeln und Flügelendklappen ausgerüstet waren. Es ist schon in Abschn. 9 auf die Wichtigkeit der Schlitzflügelvorrichtung mit Flügelendklappen gerade im Hinblick auf Vorteile beim Landen hingewiesen worden. Mit einer Flügelpolare eines solchen Handley-Page-Flügels mit Endklappen sind unter Zngrundelegung der zu Beginn des Abschn. 27 angegebenen Flugzeugdaten die dort ausgeführten Rechnungen wiederholt worden und es wurde mit deren Ergebnis die Kurve *II* in Abb. 194 konstruiert, die für das gleiche Flugzeug gilt, für welches die Kurve *I* gezeichnet ist; nur daß Flugzeug II mit einem anderen Profil und dem Schlitzflügel- und Endklappenmechanismus ausgestattet ist. Man erkennt, daß für ein solches Flugzeug das Landen wesentlich leichter unter den gestellten Bedingungen durchzuführen ist. Bei einer Geschwindigkeit von etwa $v = 26$ m/sek statt 27 m/sek in *I* beträgt der Gleitwinkel bereits etwa 9^0 statt 6^0 in *I*, und die Sicherheit ist gewiß größer, da die Geschwindigkeit noch genügend weit vom kritischen Kleinstwert entfernt ist, während er in *I* bereits erreicht war. Um unter dem dem Punkte P' entsprechenden Bahnneigungswinkel ohne Schlitzflügel und Endklappen zu landen, müßte man es in Kauf nehmen, daß die Landung langsamer und weit im überzogenen Fluggebiet erfolgt, während sie mit dem Handley-Page-Mechanismus rascher und mit größter Sicherheit vonstatten geht.

44. Untersuchung der Gleitlandung.

Wir wenden uns zu einer etwas eingehenderen Untersuchung beliebig steiler Gleitflüge, soweit diese mit der Landung in Zusammenhang stehen, und werden auf diese Weise einen Einblick in die Vorgänge bei der Gleitlandung gewinnen. Die folgenden Ausführungen berühren sich naturgemäß in vielen Punkten mit dem, was im dritten Kapitel über den Segelflug gesagt wurde.

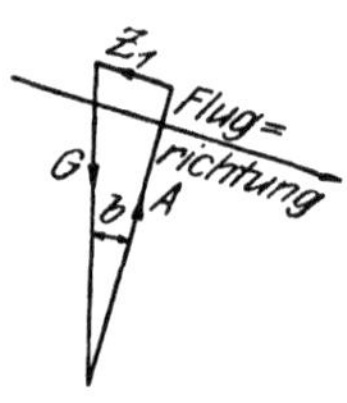

Abb. 195. Gleichgewicht beim Gleitflug.

Abb. 195, die im Falle des motorlosen Fluges an Stelle von Abb. 193 tritt, läßt erkennen, daß die Bahnneigung b auch durch $\operatorname{tg} b = Z_1 : A$ bestimmt wird. Diese Zahl heißt auch die „Gleitzahl des Flugzeuges“; sie ist, da $Z_1 = R + W$, Tragflächen-Rücktrieb + schädlicher Widerstand, um den Betrag $W : A$ größer als die Gleitzahl ε der Tragfläche (Abschn. 7). Nun drückt sich A nach Abschnitt 8 durch $A = m \cdot z_a \cdot F \cdot v^2$ und Z_1 nach Abschnitt 12 durch

$$Z_1 = m \cdot z_r \cdot F \cdot v^2 + m \cdot 0{,}65 \cdot f \cdot v^2 = m \cdot \left(z_r + 0{,}65 \frac{f}{F}\right) \cdot F \cdot v^2$$

aus, wobei m = Luftdichte, F = Tragflächengröße, f = schädliche Fläche, z_a bzw. z_r = Beiwert des Auftriebes bzw. Tragflächenwiderstandes. Setzt man diese Ausdrücke für A und Z_1 ein, so erhält man

$$\operatorname{tg} b = \frac{z_r + 0{,}65\, f/F}{z_a}.$$

In Abb. 196 ist der Verlauf der Auftriebsbeiwerte für alle Anstellwinkel a, so wie er in Abb. 19 für das als Beispiel gewählte Tragflächenprofil Abb. 17 angegeben wurde, nochmals eingezeichnet. Darunter ist in demselben Maßstab, aus Abb. 20 herübergenommen, der Verlauf von z_r wiedergegeben, aber derart, daß die einzelnen Werte von z_r nicht von der Abszissenachse an, sondern von einer um $0{,}65 \cdot 0{,}6 : 25 = 0{,}0155$ darüberliegenden Parallelen aus aufgetragen wurden (für ein Beispiel mit $f = 0{,}6\ \mathrm{m}^2$, $F = 25\ \mathrm{m}^2$). Legt man, wie dies bei $a = 8^0$ in der Abbildung ausgeführt ist, die Ordinate der unteren Kurve um, so entsteht ein rechtwinkliges Dreieck, an dessen Spitze — zufolge der Gleichung für $\operatorname{tg} b$ — eben der Winkel b erscheint. Die stark ausgezogene, durch den Punkt p gelegte Senkrechte pq zur Hypotenuse ps stellt unmittelbar die Bewegungsrichtung dar, die einem Gleitflug mit dem Anstellwinkel $a = 8^0$ entspricht. Nehmen wir an, die Tragflächensehne sei unter einem Winkel $c = 4^0$ gegen die Flugzeugachse eingestellt (etwa dem Anstellwinkel bei wagrechtem Flug entsprechend), so haben wir von pq aus aufwärts den Winkel $a - c = 8^0 - 4^0 = 4^0$ abzutragen, um die zugehörige Lage pr der Flugzeugachse zu erhalten. Der Winkel, den pr mit der Wagrechten einschließt, ist der oben mit d bezeichnete.

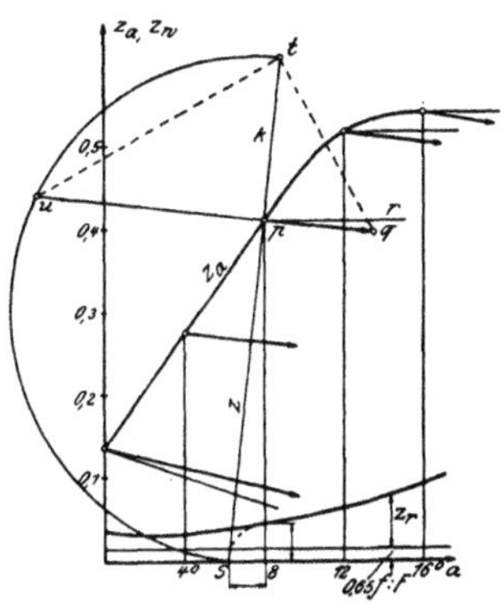

Abb. 196. Untersuchung des Gleitfluges.

Um nun auch die Gleitgeschwindigkeit genau zu bestimmen, die für $a = 8^0$ eintritt, benützen wir die Ähnlichkeit des eben konstruierten rechtwinkligen Dreiecks in Abb. 196 mit dem Dreieck Abb. 195. Hiernach ist, wenn wir die Hypotenuse ps in Abb. 196 mit z bezeichnen:

$$z : z_a = G : A = G : (m \cdot z_a \cdot F \cdot v^2),$$

also $$G = m \cdot z \cdot F \cdot v^2$$

und daher $$v = \sqrt{\frac{G}{m \cdot z \cdot F}}.$$

Demnach ist die Geschwindigkeit der Wurzel aus z umgekehrt proportional. Der Unterschied gegenüber der in den Abschnitten 12 und 27 verwendeten Formel ist nur der, daß jetzt z statt z_a steht; man erkennt in der Abbildung, daß dies nur wenig ausmacht, solange der Winkel b nicht groß ist.

Trägt man auf der Verlängerung von sp (Abb. 196) eine feste Strecke $k = pt$ auf, schlägt über st den Halbkreis und verlängert qp bis zum Schnitt u mit dem Kreis, so wird $pu = \sqrt{k \cdot z}$. Verbindet man ferner u mit t und zieht tq senkrecht auf tu so wird
$$pq = \frac{k^2}{pu} = \frac{k^2}{\sqrt{k \cdot z}} = \sqrt{\frac{k^3}{z}}.$$

Mithin ist die Strecke pq der Wurzel aus z umgekehrt, also nach der oben abgeleiteten Gleichung der Geschwindigkeit v proportional und man darf sie insbesondere in dem Ordinatenmaßstab der Abb. 196 ablesen, wenn man in diesem Maßstab $k^3 = G : mF$ macht. Wir haben in unserem Beispiel $G = 1000$ kg, $m = 0{,}125$, $F = 25$ m², also $G : mF = 320$ angenommen und $k = 0{,}20$ gezeichnet, so daß $k^3 = 0{,}0080$ im Verhältnis $0{,}008 : 320 = 1 : 4 \cdot 10^4$ verkleinert erscheint. Es ist demgemäß pq, da es sich mit der Quadratwurzel aus k^3 ändert, in dem 200fachen Maßstab der Ordinaten abzulesen, d. h. 1 cm entspricht in der Originalfigur (statt 0,05 Einheiten) 10 Einheiten, d. s. 10 m/sek. Die Konstruktion ergibt tatsächlich $pq = 27{,}2$ mm, also $v = 27{,}2$ m/sek. In gleicher Weise sind Bahnneigung b, Achsenrichtung d und Geschwindigkeit v für alle anderen Anstellwinkel aufgesucht und zum Teil in Abb. 196 eingezeichnet worden. Alle Ergebnisse wurden dann in Abb. 197 übertragen, die b, d und v in Abhängigkeit vom Anstellwinkel a zeigt.

Man erkennt in Abb. 197, wie mit wachsendem Anstellwinkel die Gleitgeschwindigkeit und die Neigung der Flugzeugachse stetig abnimmt, die letztere sogar von $a = 10^0\,40'$ an negativ wird (entsprechend einer aufwärts gerichteten Spitze), während die Bahnneigung erst abnimmt und von $a = 6^0\,50'$

an wieder wächst. Bei kleinen Anstellwinkeln, bis zu $\alpha = 6^0\,50'$, herrscht normale Steuerwirkung: Ein Vordrücken des Höhensteuers vermindert den Anstellwinkel, erhöht dadurch die Bahnneigung und die Gleitgeschwindigkeit, ein Anziehen bewirkt Verminderung der Geschwindigkeit und Flacherwerden der Bahn. Ist man aber in dem Zustand des flachsten Gleitfluges, also mit $\alpha = 6^0\,50'$, in Bodennähe gelangt, so beginnt der eigentliche Landungsvorgang. Man vergrößert durch weiteres Ziehen des Höhensteuers den Anstellwinkel, vermindert dadurch die Geschwindigkeit und die Neigung der Flugzeugachse, diese beispielsweise bis null oder noch darüber, aber die Bewegung wird dabei nicht flacher, sondern steiler: das Flugzeug „sackt durch". Das Aufziehen über den flachsten Gleitflug hinaus ist ein Zustand der verkehrten Steuerwirkung im Sinne unserer Ausführungen in Abschnitt 28.

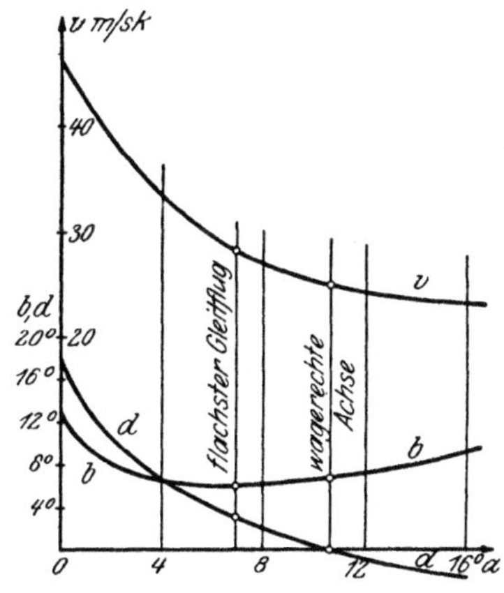

Abb. 197. Geschwindigkeit, Bahnneigung und Achsenrichtung beim Gleitflug.

Abb. 197 zeigt, daß in unserem Beispiel bei wagrecht eingestellter Flugzeugachse eine Geschwindigkeit von etwa 25 m/sek oder 90 km/Std. erreicht wird. Diese Größe muß man wohl nach der üblichen Ausdrucksweise als die „Landungsgeschwindigkeit" des Flugzeuges ansprechen. Damit soll aber nicht gesagt sein, daß mit demselben Flugzeug nicht auch bei noch kleinerer Geschwindigkeit gelandet werden kann. Denn erstens kann man — allerdings unter Aufgabe des stabilen Zustandes (s. Abschn. 43) —, um eine sog. „Schwanzlandung" zu erreichen, das Flugzeug weit über die Wagrechte hinaus aufrichten, wobei die Geschwindigkeit in unserm Fall auf wenig über 80 km/Std. sinkt. Zweitens gibt unsere Darstellung kein erschöpfendes Bild aller Verhältnisse beim Landen, weil wir immer, wie schon in Abschnitt 42 beim „schulmäßigen" Start, nur Gleichgewichtszustände betrachtet und alle Einflüsse der Massenträgheit (oder der Beschleunigungen) vernachlässigt haben.

Nur wenn das Höhensteuer sehr langsam betätigt wird, stimmen jederzeit Flugzeuglage, Geschwindigkeitsrichtung usf. entsprechend den Gleichgewichtsbedingungen miteinander überein. Durch rasches Ruderauslegen kann man für kurze Augenblicke sehr abweichende Bewegungserscheinungen hervorbringen, z. B. durch plötzliches Aufziehen nach einem steilen Gleitflug ein augenblickliches Ansteigen des Flugzeuges mit sehr starkem Geschwindigkeitsabfall. In den letzten Sekunden der Landung kann ein erfahrener Flieger durch geschickte Ausnützung der Massenträgheit die Verhältnisse gegenüber den oben dargelegten bedeutend verbessern, nämlich die Geschwindigkeit über das errechnete Maß hinaus herabdrücken und den Landungsstoß mildern. Das Wesen der Sache liegt dabei immer darin, daß durch richtig abgestuftes Aufziehen eine entsprechende Verzögerung der Abwärtsbewegung des Flugzeuges herbeigeführt wird.

Neuzeitliche Flugzeuge, die große Wagrechtgeschwindigkeit und hohe Flächenbelastung besitzen, erhalten oft besondere Einrichtungen zur Herabsetzung der Landungsgeschwindigkeit, über welche wir bereits in Abschn. 42 und 43 gesprochen haben.

45. Landungsstoß.

Bei jeder Landung, sie mag noch so sanft erfolgen, entsteht ein gewisser Landungsstoß durch die abwärts gerichtete Komponente der Landungsgeschwindigkeit. Nehmen wir an, daß das von uns als Beispiel gewählte Flugzeug „schulmäßig“ mit wagrechter Achse landet, so haben wir nach Abb. 197 ein $v = 25$ m/sek und die zugehörige Bahnneigung $b = 6^0\,30'$. Da $\sin 6{,}5^0 = 0{,}113$, so ist die Vertikalkomponente der Geschwindigkeit $v_1 = v \cdot \sin 6{,}5^0 = 25 \cdot 0{,}113 = 2{,}7$ m/sek. Dem entspricht eine Fallhöhe $v_1{}^2 : 2\,g = 2{,}7^2 : 19{,}6 = 0{,}37$ m, also von 37 cm, d. h. der Stoß erfolgt, wenn er nicht in einer der bereits in Abschn. 42 angegebenen Arten gemildert wird, so, als ob das Flugzeug aus 37 cm Höhe herabfiele. Liegt die b-Linie an der in Betracht kommenden Stelle tiefer, so ist zwar der (rechnungsmäßige) Stoß schwächer, aber das Flugzeug besitzt den

Nachteil des langen Ausschwebens, d. h. es ist eine größere Strecke erforderlich, längs der das Flugzeug mit wagrechter Achse flach gleitet, bevor es auf dem Boden aufsetzt (s. Abschn. 40). Bei steilerem Durchsacken, namentlich wenn mit dem Schwanz zuerst aufgesetzt wird, gelingt es oft, wofern der Boden nicht zu hart ist, mit außerordentlich kurzem Auslauf das Flugzeug zum Stehen zu bringen. Hierzu tragen wesentlich die beim Stoß auftretenden Formänderungsvorgänge sowohl des Bodens als der Abfederung und der Gummibereifung der Räder durch augenblicklich sehr starke Erhöhung der Reibung bei.

Kein Fahrgestell eines Landflugzeuges könnte den Landungsstoß ertragen, wenn nicht die dem Stoß unmittelbar ausgesetzten Teile federnd oder elastisch gestaltet würden. Ausnahmslos erhalten die Räder Gummibereifung mit Luftpolster, und überdies sind Radachse und Sporn durch Gummiringe oder Drahtspiralen gegen das übrige Flugzeug abgefedert.

Um das Wesen der elastischen Stoßaufnahme zu erkennen, denken wir uns alle federnden Teile durch eine einzige Spiralfeder (Abb. 198) ersetzt, und wollen uns überlegen, wie eine solche Feder, die oben durch ein Gewicht G belastet werden mag, sich gegenüber der Belastung verhält. Eine Spiralfeder — und im allgemeinen jedes elastische System — hat die Eigenschaft, daß jeder Belastung Q eine bestimmte, ihr proportionale Formänderung q,

$$q = k \cdot Q,$$

entspricht, bei der die inneren Kräfte der Feder der Belastung Q das Gleichgewicht halten. Die Größe k, die das Verhältnis der Formänderung zur Belastung angibt, ist ein Maß für die Härte oder Weichheit der Federung; je größer k, desto „weicher" nennt man die Feder. Überdies hat jedes elastische System die Eigenschaft, daß bei den Deformationsvorgängen keine Energie verloren geht: was an Arbeit zur Erzielung der Formänderung hineingesteckt wurde, ist in der deformierten Feder als „Arbeitsfähigkeit" oder „potentielle Energie" vorhanden. Natürlich hängt die Größe der potentiellen Energie sowohl von dem Maße der Zusammendrückung q als auch von der Weichheit der Feder, also von der Konstanten k ab.

Unsere Abb. 198b zeigt die Feder in einem um die Strecke q_0 zusammengepreßten Zustand, der etwa dem Gleichgewicht mit dem auf der Feder ruhenden Gewicht G, also $q_0 = k \cdot G$, entsprechen mag. Um diesen Zustand herzustellen, muß man bekanntlich das Gewicht G langsam und allmählich auf die Feder wirken lassen, genau genommen derart, daß in jeder Zwischenstellung gerade nur soviel auf die Feder drückt, wie nach der Gleichung $q = k \cdot Q$ das Gleichgewicht in der betreffenden Zwischenstellung erfordert. Bringt man jedoch das Gewicht G unvermittelt, wenn auch ohne Anfangsgeschwindigkeit, auf die ungespannte Feder auf, so sinkt es, wie die Beobachtung lehrt, nicht nur um q_0 ein, sondern geht durch diese Gleichgewichtslage mit einer gewissen Geschwindigkeit hindurch, kommt erst (wie ein Pendel!) bei dem doppelten Weg $2\,q_0$ zur Ruhe (Abb. 198c), kehrt hier um und beginnt nun eine fortdauernde Schwingung mit dem beiderseitigen Ausschlag q_0, so daß b die Mittellage, a und c die Endlagen des Gewichtes darstellen. Auf Grund dieser Beobachtung kann man leicht das Maß der Arbeitsfähigkeit der zuammengedrückten Feder bestimmen. Denn wenn das Gewicht G um die Strecke $2\,q_0$ sinkt, so hat es eine Arbeit von der Größe $G \cdot 2\,q_0$ hergegeben, für die man wegen $q_0 = k \cdot G$ auch schreiben kann:

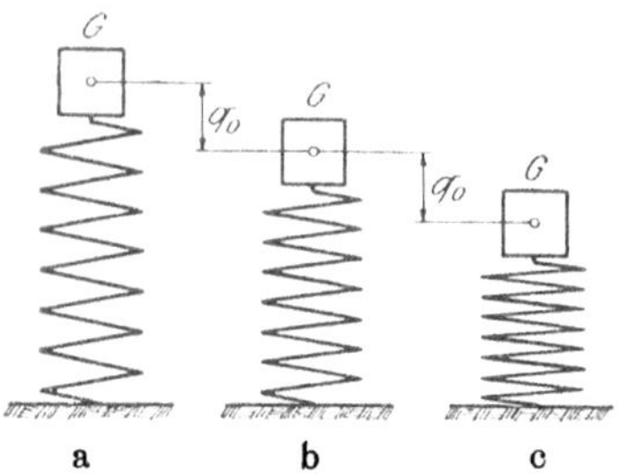

Abb. 198. Spiralfeder
a) im undeformierten Zustand;
b) im Gleichgewichtszustand;
c) in der Endlage der Schwingung.

$$G \cdot 2\,q_0 = \frac{q_0}{k} \cdot 2\,q_0 = \frac{1}{2\,k}(2\,q_0)^2.$$

Die Feder enthält diese Arbeitsgröße als potentielle Energie in dem um $2\,q_0$ zusammengepreßten Zustand c. Zwischenlagen dürfen für diese Berechnung nicht in Betracht gezogen werden, weil in ihnen ein Teil der Energie noch in Form von lebendiger Kraft besteht. Wir dürfen also schließen, daß man die potentielle Energie der Feder in einem beliebigen deformierten Zustand erhält, wenn man das Quadrat der Deformationsgröße durch $2\,k$ dividiert. Nunmehr läßt sich leicht der Vorgang bei Aufnahme des Landungsstoßes verfolgen.

Trifft das Flugzeug mit der oben berechneten Vertikalgeschwindigkeit $v \sin b$ (im Beispiel 2,7 m/sek) auf den Boden auf, so ist noch zunächst das Flugzeuggewicht G durch die Luftkräfte, Auftrieb und Widerstand, ausgeglichen, wie das Kräftedreieck Abb. 195 zur Anschauung bringt. Von einem plötzlichen Aufbringen einer Belastung auf die Federung, etwa wie in dem eben behandelten Fall, kann keine Rede sein. Dagegen ist die lebendige Kraft, mit der das Flugzeug auf die Erde trifft, als Arbeitsgröße anzusehen, die von der Federung aufgenommen werden muß. Bezeichnet h die oben berechnete Geschwindigkeitshöhe $h = v_1^2 : 2g = 0{,}37$ m, so ist $G \cdot h$ das Maß der lebendigen Kraft (nämlich gleich $G \cdot v_1^2 : 2g$). Die äußerste Zusammendrückung q, bei der die durch den Landungsstoß eingeleitete Schwingung umkehrt, ist daher nach dem obigen Resultat durch das Gleichsetzen von $G \cdot h$ mit $q^2 : 2k$,

$$\frac{1}{2k} \cdot q^2 = G \cdot h, \qquad q^2 = 2k \cdot G \cdot h = 2 q_0 \cdot h$$

bestimmt, wobei $q_0 = k \cdot G$ die Einsenkung unter der ruhenden Last G bezeichnet. Daraus folgt:

$$q = \sqrt{2 q_0 \cdot h} \quad \text{oder} \quad q : q_0 = \sqrt{\frac{2h}{q_0}}.$$

Da die Zusammendrückung q der Feder zugleich ein Maß ihrer Beanspruchung bildet, lehrt uns die letzte Gleichung, daß die Beanspruchung infolge des Stoßes ein um so größeres Vielfaches der Beanspruchung durch die ruhende Last ist, je größer das Verhältnis der Fallhöhe h zu der Einsenkung der Feder bei ruhender Last wird. Bei der üblichen Abfederung der Flugzeugfahrgestelle kann man für q_0 beispielsweise 5 bis 6 cm annehmen, als gesamte Einsenkung der Radreifen und der Achsaufhängung unter dem ruhenden Flugzeuggewichte. In unserm Beispiel mit $h = 37$ cm erhalten wir bei $q_0 = 5$ cm

$$q : q_0 = \sqrt{2 \cdot 37 : 5} = \sqrt{14{,}8} = 3{,}8,$$

d. h. die Beanspruchung durch den Landungsstoß entspricht einer ruhenden Belastung durch das 3,8fache Flugzeuggewicht. Diese Beanspruchung wird durch die Achse auf die Fahrgestellstreben und von diesen auf den Rumpf übertragen.

Man kann auch leicht berechnen, was die Streben des Fahrgestells auszuhalten hätten, wenn keine besondere Federung vorhanden wäre. Denn auch die Streben stellen ein elastisches System, allerdings ein solches von großer „Härte", dar. Bekanntlich beträgt die Elastizitätszahl von Stahl rund 2 Millionen, d. h. ein Stahlstab von der Länge L in cm, der eine Druckbeanspruchung von p kg/cm² auszuhalten hat, erfährt eine Verkürzung um $p \cdot L : 2000000$ cm. Die Fahrgestellstreben werden mit Rücksicht auf die Knickgefahr sehr reichlich dimensioniert, so daß wir mit der Annahme $p = 400$ kg/cm² sicherlich schon sehr hoch greifen. Bei einer Länge der Streben von 1,5 m haben wir somit die Formänderung durch das ruhende Gewicht $q_0 = 400 \cdot 150 : 2000000 = 0{,}03$ cm, also ein Beanspruchungsverhältnis:

$$q : q_0 = \sqrt{2\,h : q_0} = \sqrt{2 \cdot 37 : 0{,}03} = \sqrt{2467} = 50,$$

mit anderen Worten: die Streben würden durch den Stoß wenn keine besondere Federung ihn aufnehmen würde, günstig gerechnet, eine Belastung gleich dem 50fachen Flugzeuggewicht erfahren. Es liegt auf der Hand, daß keine Konstruktion solchen Anforderungen gewachsen sein kann; die üblichen Anordnungen entsprechen einer Bruchlast von ungefähr 10fachem Flugzeuggewicht.

Da die Geschwindigkeitshöhe h mit dem Quadrat der Geschwindigkeit wächst, folgt aus unserer Formel für $q : q_0$, daß die Beanspruchung des Fahrgestells der Vertikalkomponente v_1 der Landungsgeschwindigkeit direkt proportional ist. In unserm Beispiel würde also noch nahezu das Dreifache des errechneten v_1 innerhalb der üblichen Festigkeitsgrenzen der Streben liegen. Aber gerade die federnden Teile, Radreifen und Gummiringe, werden in der Regel schwächer gehalten, so daß sie bei harten Landungen zuerst versagen.

Natürlich spielen auch hier, wie bei allen anderen Gegenständen unserer Untersuchungen, Nebenumstände verschiedener Art mit, die wir — immer um ein möglichst einfaches Bild der Vorgänge zu erhalten — zunächst außer acht gelassen haben. Zu erwähnen ist etwa, daß die Achsabfederung meist eine Hubbegrenzung erhält, z. B. eine weite, neben die Gummiringe gelegte Drahtseilschlinge, die bei zu großem Ausschlag der Federung die Last übernimmt, ferner, daß das Formänderungsgesetz $q = k \cdot Q$, das wir benützt haben, wohl für die Aufhängung der Achse genügend genau gilt, für die Bereifung der Räder mit Luftschlauch aber durch ein weit verwickelteres zu ersetzen wäre. Auch über eine auffallende Erscheinung, die man bei sehr ungünstig verlaufenden Landungen oder Stürzen beobachtet und die mit unseren Ergebnissen in Widerspruch zu stehen scheint, wollen wir nicht ganz hinweggehen.

Es zeigt sich oft in Fällen, in denen das Fahrgestell oder sogar das ganze Flugzeug beim Aufprallen auf den Boden in Brüche geht, daß gerade die den ersten Stoß auffangenden Teile, Radreifen und Abfederung der Achse, unversehrt bleiben. Dies kann man nicht erklären, solange man diese Teile als vollkommen elastisch ansieht. Aber es gibt eben keine vollkommene Elastizität, was ja auch schon daraus hervorgeht, daß alle elastischen Schwingungen mit der Zeit abnehmen und bald zur Ruhe kommen. Jeder Körper besitzt auch eine gewisse Zähigkeit, d. h. er setzt einer äußeren Einwirkung auch einen Arbeit verzehrenden inneren Widerstand entgegen, der mit der Geschwindigkeit der eingeleiteten Formänderung wächst. Wenn beispielsweise auf die in Abb. 198 dargestellte Druckfeder das Gewicht G mit sehr großer Geschwindigkeit auftrifft, so entsteht im selben Augenblick eine von der Geschwindigkeit abhängige, sehr hohe Spannung, die sich durch die ganze Feder hindurch fortpflanzt, ohne daß die Feder schon die der Spannung entsprechende Formänderung angenommen hat. Denn die Formänderung bedarf infolge der Massenträgheit der einzelnen Teile einer gewissen Zeit. Zerstörung des Materials tritt aber, wie man annehmen muß, immer nur dann ein, wenn sowohl Spannung als Formänderung eine gewisse Grenze erreicht haben. So erklärt es sich, daß bei ungewöhnlich starken Landungsstößen die federnden Teile große Kräfte weiterleiten können, während sie selbst, da die großen Formänderungen, die ihrer Weichheit entsprechen, sich in der kurzen Zeit bis zum Bruch nicht ausbilden können, verschont bleiben.

Wir wollen hier einige Bemerkungen anschließen, die sich auf den Landestoß bei Wasserlandungen beziehen. Maßgebend für die Größe der Stoßkraft ist die Dauer der Impulsübertragung.

Denn nach dem Grundgesetz der Mechanik (Kraft = Masse $\times$ Beschleunigung) ist die wirkende Stoßkraft gleich der verdrängten Wassermasse m, multipliziert mit der Differenz ihrer Geschwindigkeiten w unmittelbar vor und w' unmittelbar nach dem Stoß, dividiert durch die Zeit t, in welcher der Übergang von w zu w' erfolgt. Da die Geschwindigkeit des Wassers unmittelbar vor dem Stoß Null gesetzt werden kann, so gilt die Gleichung:

$$K = m \frac{w'}{t}.$$

Ist hier t beliebig klein, so muß bei endlichem m und w' die Stoßkraft K unendlich groß werden. In zwei Fällen treten bei einer endlichen Aufsetzgeschwindigkeit w' endliche Stoßkräfte auf, nämlich wenn entweder der zeitliche Ablauf der Impulsübertragung endlich, oder wenn die Menge des verdrängten Wassers unendlich klein ist. Der erste Fall wird durch unsere früheren Betrachtungen eigentlich schon erledigt. Denken wir uns einen Körper mit flachem Boden auf das Wasser aufschlagen, so wird zunächst im Augenblick des Auftreffens die unterste, sehr dünne Schicht auf die Geschwindigkeit Null gebracht, während die übrigen Schichten noch eine von Null verschiedene Geschwindigkeit besitzen. Infolge des dadurch verursachten Zusammenpressens aller Teile werden die elastischen Kräfte des Körpers in dem Sinne wirksam, daß sie diesem Zusammendrücken entgegenwirken und die unterste Schicht mit dem darunter befindlichen Wasser beschleunigen. Die Beschleunigung ist zuerst sehr klein und nimmt zu bis zu dem Augenblicke, in welchem der Körper die stärkste Deformation aufweist. Die Impulsübertragung vom Augenblick des Auftreffens bis zum Augenblick größter Deformation nimmt also eine bestimmte Zeit in Anspruch und wird um so länger dauern, je größer die auftretenden Deformationen sind. Man erkennt daraus, daß die Stoßkräfte sich um so mehr verringern, je größer die maximalen Deformationen, d. h. je größer die innere Federung des Schwimmers ist. Flache Schwimmer müssen ein elastisches System geringer Härte bilden, sie müssen aus gut federndem Material bestehen. — Setzt dagegen ein nicht gefederter, aber stark gekielter Schwimmer, also ein solcher mit tief ausgezogener Spitze auf, so bleiben die Stoßkräfte ebenfalls im Bereich unschädlicher

Wirkungen. Denn infolge mangelnder Federung würden zwar die Deformationen und dadurch der Zeitraum der anwachsenden Beschleunigung sehr klein werden, aber andererseits ist hier die durch die Spitze verdrängte Wassermasse sehr gering, so daß die Stoßkraft doch endlich bleibt. Während bei flachen Schwimmern der gesamten Wassermenge erst allmählich endliche Geschwindigkeiten erteilt werden, ist bei stark gekielten Schwimmern zu Beginn der Impulsübertragung der Geschwindigkeitssprung endlich, dafür aber die anfangs beschleunigte Wassermasse unendlich klein. Starke Kielung ersetzt also in gewissem Maße die Federung. Da aber andererseits der Widerstand eines

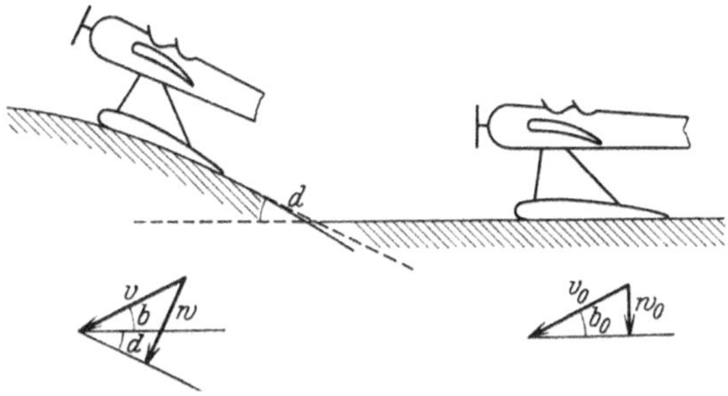

Abb. 199. Landung im Seegang.

Schwimmers mit der benetzten Fläche wächst, und diese bei starker Kielung größer ist als bei flacher — gleiche Wasserverdrängung vorausgesetzt — so wird man, um diesen Nachteil auszugleichen, bei der Konstruktion im allgemeinen den Mittelweg einschlagen und mäßig gekielten Schwimmern den Vorzug vor flachen und sehr stark gekielten Schwimmern geben. Wie Versuche, die von der Deutschen Versuchsanstalt für Luftfahrt angestellt wurden, ergaben, werden die Stoßkräfte bei flachen und gekielten elastischen Schwimmern bis unter drei Atmosphären herabgedrückt[1]).

Die Behandlung des Stoßvorganges im Seegang ist wesentlich komplizierter; einmal dadurch, daß eine Reihe von Faktoren wie Windgeschwindigkeit, Wellenlänge, Wellenhöhe, Wellenge-

[1]) Siehe den bereits erwähnten Bericht der D. V. L., Zeitschr. f. Flugtechn. u. Motorluftsch. 1931, S. 265, in welchem diese und ähnliche Gedankengänge entwickelt werden.

schwindigkeit auf die Größe des Stoßes Einfluß gewinnen, andererseits dadurch, daß die mannigfachen Überlagerungen von Wellen beim Seegang theoretisch schwer erfaßt werden können. Wir können aber unter gewissen Einschränkungen doch etwas über die Größe der Stoßkräfte aussagen. In Abb. 199 ist ein Flugzeug in ruhender und in anrollender See aufsetzend gezeichnet. Bezeichnen wir die Stoßkraft im ersten Falle mit K_0, im zweiten mit K, so muß, da diese Kräfte sich wie die Quadrate der zur Wasserfläche senkrechten Geschwindigkeiten w_0 bzw. w verhalten, die Stoßkraft bei Seegang in Hundertteilen der Stoßkraft im ruhenden Wasser durch die Beziehung:

$$Q = 100 \frac{K}{K_0} = 100 \frac{w^2}{w_0^2}$$

gegeben sein. Sind v_0 bzw. v die Fluggeschwindigkeiten, b_0 bzw. b die Winkel der Flugbahn mit der Horizontalen und d der Winkel, um den die Achse des Flugzeugs gegen die Horizontale geneigt ist, so liest man aus Abb. 199 die Beziehungen:

$$w_0 = v_0 \sin b_0\,,$$
$$w = v \sin (b + d)$$

ab. Da b_0, b und d im allgemeinen kleine Winkel sind, kann man also für Q in Annäherung setzen:

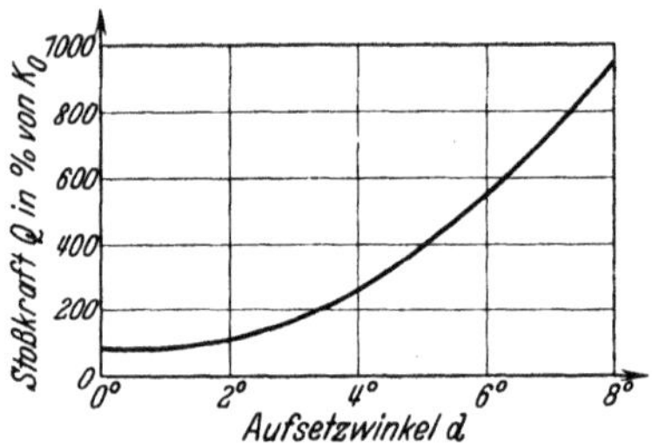

Abb. 200. Stoßkraft bei Landung auf See.

$$Q = 100 \frac{(b+d)^2}{b_0^2} \cdot \left(\frac{v}{v_0}\right)^2.$$

Um Q in Abhängigkeit von dem für den Seegang charakteristischen Winkel d zu berechnen, legen wir die für das Beispiel S. 334 gewählten Flugzeuggrößen zugrunde und benutzen die Abb. 197. Wir betrachten in dieser immer drei zugehörige Werte v, b und d. Für die Landung in ruhender See ist $d = 0$ zu setzen und daher $b_0 = 0{,}12$ (Bogenmaß) und $v_0 = 25$ m/sek abzulesen. Ganz entsprechend verfährt man jetzt für Winkel $d = 1^0$, $d = 2^0$ usw. Das Resultat dieser Rechnung ist in Abb. 200 wiedergegeben. Man erkennt, daß die Stoßkraft erheblich größer wird, wenn das Flugzeug auf dem Hang einer Welle aufsetzt, und daß daher das Aufsetzen, wenn es bei hoher See erfolgen muß, tunlichst auf den Wellenkämmen und nicht auf den Hängen geschieht. Allerdings muß man hervorheben, daß der obige Ausdruck nur einen ersten rohen Anhaltspunkt für das Anwachsen der Stoßkräfte bei verschiedenen Aufsetzwinkeln im Seegang ergibt; denn erstens blieben Wellengeschwindigkeit und Windgeschwindigkeit unberücksichtigt, zweitens ist die Annahme, daß ein Flugzeug immer mit der ganzen Fläche des Schwimmerbodens gleichzeitig aufsetzt, nicht erfüllt und drittens, was bisher immer unberücksichtigt blieb, besteht der Ablauf des Stoßvorganges nicht in einem einzigen mehr oder weniger kurzem Stoß, sondern aus einer Reihe allmählich abklingender Einzelstöße. Schließlich gilt hier auch das bereits über die schulmäßige Landung Gesagte, daß es nämlich in der Hand des Führers liegt, im Einzelfalle durch geschicktes Manövrieren auch bei nicht ruhiger See das Flugzeug in günstiger Weise zu landen.

IX. Fragen des Luftverkehrs.

46. Einfluß des Windes auf die Fluggeschwindigkeit.

Vom Einfluß des Windes haben wir bisher nur bei Betrachtung des Anlaufvorganges in Abschnitt 42 gesprochen und dabei festgestellt, in welchem Maße Anlaufzeit und -weg abgekürzt werden, sobald man gegen den Wind startet. Ähnliches gilt natürlich auch für den Auslauf nach der Landung, den man immer, wenn irgend möglich, so einrichtet, daß er dem Wind entgegengerichtet ist.

Während des gleichförmigen Fluges in der Luft bleibt ein gleichförmiger Wind ohne Einfluß auf die Bewegungs- und Gleichgewichtsverhältnisse des Flugzeuges, solange man die Bewegung nicht von der festen Erde aus beurteilt, sondern relativ gegen die das Flugzeug umgebende Luft. Was wir bisher kurz als Fluggeschwindigkeit v bezeichnet haben, ist, sobald Wind herrscht, die relative Geschwindigkeit des Flugzeuges gegenüber der bewegten Luft und soll jetzt, zur deutlichen Unterscheidung Eigengeschwindigkeit des Flugzeuges heißen. Haben wir also in Abschnitt 27 errechnet, daß das dort als Beispiel gewählte Flugzeug mit $v = 42$ m/sek wagrecht fliegt, so bedeutet das: die Eigengeschwindigkeit des Flugzeuges für wagrechten Flug ist 42 m/sek. Weht ein Wind von 10 m/sek der Flugrichtung entgegen, so bewegt sich das Flugzeug, von der Erde aus beurteilt, nur mit 32 m/sek, weht der gleiche Wind in der Flugrichtung, so geschieht die Fortbewegung gegenüber der Erde mit 52 m/sek. Wir wollen von jetzt an die wagrecht gedachte Windgeschwindigkeit oder Windstärke mit w, die aus Eigengeschwindigkeit und Windstärke resultierende „Fluggeschwindigkeit", also in unserem Beispiel die 32 bzw. 52 m/sek, mit c bezeichnen. Den durch Wind herbeigeführten Unterschied zwischen dem tatsächlich erreichten Ziel und dem Punkt, der bei Windstille erreicht worden wäre, nennt man — auch bei beliebiger Windrichtung — die „Windversetzung".

Wie man im allgemeinen Fall beliebiger Windrichtung die Fluggeschwindigkeit c aus Windstärke w und Eigengeschwindigkeit v ermittelt, zeigt Abb. 201. Hier ist die Strecke $OW = w$ in der Windrichtung aufgetragen und die Strecke $WC = v$ in der Richtung der Flugzeugachse angefügt. Die Verbindungsgerade OC liefert dann nach Größe und Richtung die Fluggeschwindigkeit c. Sie wird, wie man sieht, aus w und v so gefunden, wie man die Resultierende zweier Kräfte aus diesen ableitet.

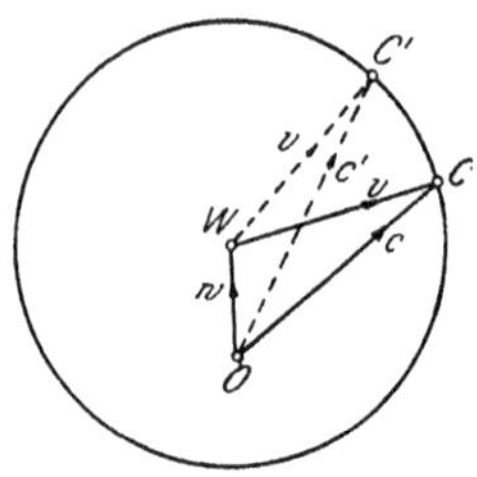

Abb. 201. Fluggeschwindigkeit bei Wind.

Wendet der Führer durch Auslegen des Seitenruders das Flugzeug derart, daß die Achse die Richtung WC' erhält, so fällt die Fluggeschwindigkeit nach Größe und Richtung mit OC' zusammen. Dabei haben die Strecken WC und WC' beide die Größe v, sind also untereinander gleich. Daraus ergibt sich der Satz: Trägt man alle bei einem bestimmten Wind möglichen Fluggeschwindigkeiten c eines Flugzeuges (natürlich bei gleicher Motorleistung usw.) nach Größe und Richtung von einem festen Punkt O aus auf, so liegen die Endpunkte dieser Geschwindigkeitsstrecken auf einem Kreis, dessen Halbmesser die Größe der Eigengeschwindigkeit v darstellt. Mit anderen Worten heißt das: Wenn mehrere Flugzeuge mit gleicher Eigengeschwindigkeit v von einem Punkte aus gleichzeitig nach verschiedenen Seiten abfliegen, so befinden sie sich zu jeder Zeit auf dem Umfang eines Kreises; der Mittelpunkt des Kreises schreitet mit Windgeschwindigkeit fort, der Halbmesser vergrößert sich mit der

Geschwindigkeit v. Bei Windstille bleibt der Ausgangspunkt dauernd Mittelpunkt der Kreise.

Wenn die Windgeschwindigkeit w größer als die Eigengeschwindigkeit c ist, so sieht das Bild des „Geschwindigkeitskreises" so aus, wie es Abb. 202 zeigt. Hier liegt der Punkt O, von dem aus die Fluggeschwindigkeiten zu messen sind, außerhalb des Kreises. Man sieht, daß jetzt nicht mehr nach allen Richtungen geflogen werden kann, sondern nur nach solchen, die von der Windrichtung nicht zu stark abweichen. Der größte Winkel φ, der zwischen Flug- und Windrichtung möglich ist, ist derjenige, für den $\sin\varphi = v : w$ ist, und den die Abb. 202 deutlich zeigt. Nach jeder Richtung, die einen kleineren Winkel mit dem Wind bildet, kann man mit zwei verschieden großen Geschwindigkeiten fliegen, die den beiden Schnittpunkten der durch O gelegten Strahlen mit dem Kreis entsprechen. Die weitere Verfolgung dieser Verhältnisse für ein c, das kleiner als w ist, hat heute kein praktisches Interesse mehr, da die Eigengeschwindigkeiten unserer Flugzeuge wohl immer größer sind als die größten vorkommenden Windstärken.

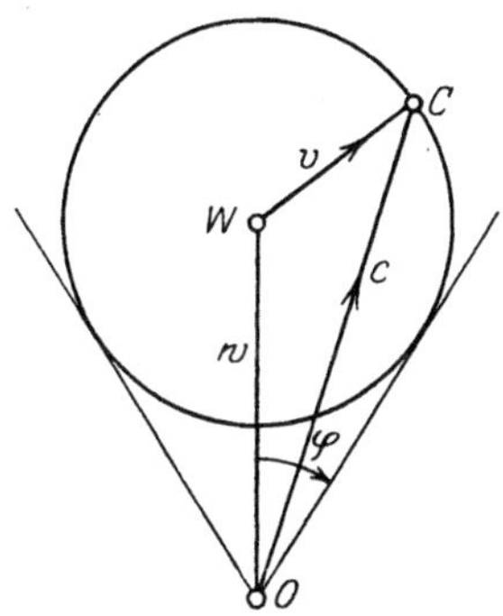

Abb. 202. Eigengeschwindigkeit kleiner als Windstärke.

Man kann den „Geschwindigkeitskreis" vor allem dazu benutzen, um die Eigengeschwindigkeit eines Flugzeuges durch Flugversuche zu bestimmen. Kennt man nämlich von einem Kreis drei Punkte, so kann man, wie bekannt, den Kreis konstruieren, also jedenfalls auch seinen Halbmesser finden. Das Verfahren des „Stoppdreiecks", wie wir es nennen wollen, besteht nun in folgendem. Auf dem Boden werden drei Strecken von verschiedenen Richtungen in geeigneter Weise abgesteckt, z. B. die drei Strecken A_1B_1, A_2B_2, A_3B_3 der Abb. 203, und ihre Längen $A_1B_1 = l_1$, $A_2B_2 = l_2$, $A_3B_3 = l_3$ gemessen. Die Zeiten t_1, t_2, t_3, die man zum Überfliegen der drei Strecken braucht, werden im Flugzeug durch eine Stoppuhr festgestellt. Hierauf berechnet man die drei Fluggeschwindigkeiten:

$$c_1 = l_1 : t_1, \qquad c_2 = l_2 : t_2, \qquad c_3 = l_3 : t_3$$

und trägt sie auf einem Blatt Papier von einem festen Punkt O (Abb. 203) aus so auf, daß $OC_1 = c_1$, $OC_2 = c_2$, $OC_3 = c_3$ und die Richtungen der drei Geraden OC_1, OC_2, OC_3 die gleichen sind wie die der durchflogenen Strecken $A_1 B_1$, $A_2 B_2$ und $A_3 B_3$. Zu den drei Endpunkten C_1, C_2, C_3 konstruiert man nun den umschriebenen Kreis (durch Bestimmen der Mittelsenkrechten mit Hilfe der in Abb. 203 gestrichelten Kreisbögen): Der Halbmesser des durch C_1, C_2, C_3 gehenden Kreises ist die ge-

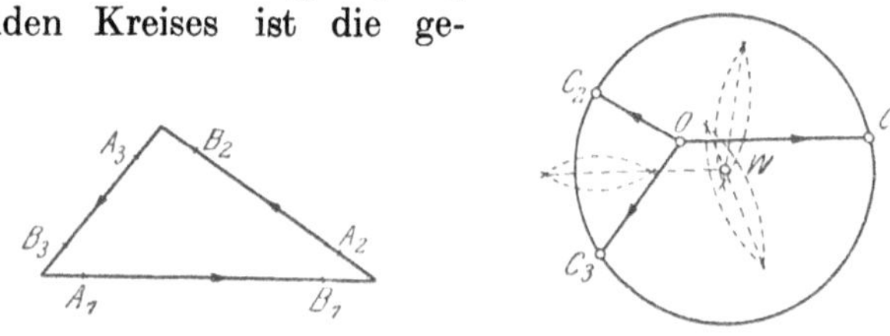

Abb. 203.
Stoppdreieck und zugehörige Geschwindigkeits-Ermittlung.

suchte Eigengeschwindigkeit v, und zwar in demselben Maßstab, in dem die c_1, c_2, c_3 aufgetragen wurden. Überdies hat man in OW nebenbei die Windrichtung und Windstärke gefunden. Praktisch wird man für wiederholte Messungen auf demselben Flugfeld ein für allemal die drei Stoppstrecken festlegen und kann dann Blätter, auf denen die Richtungen OC_1, OC_2, OC_3 vorgezeichnet sind, bereit halten, um die Konstruktion in jedem Fall in einfachster Weise rasch auszuführen. Als Kontrolle für genaues Zeichnen und richtiges Stoppen kann benutzt werden, daß die drei Sehnenhalbierenden, von denen man nur zwei zur Konstruktion des Kreises benötigt, sich in einem Punkte treffen müssen. Treffen sie sich nicht, so kann — sorgfältige Konstruktion und Zeitnahme vorausgesetzt —, auf größere Abweichungen in der Stärke und Richtung des Windes innerhalb der Zeit des Stoppversuches geschlossen werden. Jedenfalls hat man die Gewähr, sichere, von Zufälligkeiten unbeeinflußte Eigengeschwindigkeiten zu erhalten, sofern man nur solche durch Kontrolle gestützten Versuche heranzieht.

Wenn zwei von den drei Stoppstrecken zusammenfallen, aber entgegengesetzt durchflogen werden, entsteht das Bild Abb. 204. OC_1 und OC_2 sind die Geschwindigkeiten des

Hin- und Rückfluges, OC_3 ist die Geschwindigkeit einer weiteren Richtung. Man erkennt hier, daß die Eigengeschwindigkeit im allgemeinen größer ist als das Mittel zwischen den Fluggeschwindigkeiten für Hin- und Rückflug. Denn v wird durch $WC_1 = WC_2$ dargestellt, der Mittelwert durch $AC_1 = AC_2$. Die Hypotenuse eines rechtwinkligen Dreickes ist aber stets größer als eine Kathete. Nur wenn der Wind gerade in die Richtung der Stoppstrecke fällt, gibt das Mittel den wahren Wert von v. Ganz unrichtig wäre es jedoch, die doppelte Länge der durchflogenen Strecke durch die Summe der für Hin- und Rückflug aufgewendeten Zeiten zu dividieren. Man braucht, sobald Wind herrscht, für Hin- und Rückflug zusammen immer mehr Zeit als bei Windstille. Der Grund liegt darin, daß man dem ungünstig wirkenden Gegenwind länger ausgesetzt ist als dem günstigen Rückenwind. Genaueren Einblick in diese für die Navigation wichtigen Verhältnisse erhalten wir durch näheres Eingehen auf die Eigenschaften des „Geschwindigkeitskreises".

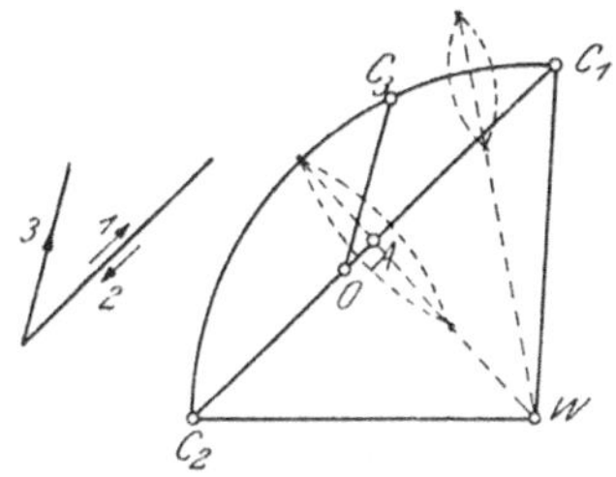

Abb. 204. Hin- und Rückflug auf der gleichen Strecke.

Abb. 205 zeigt nochmals den Kreis, der von den Endpunkten der Geschwindigkeitsvektoren gebildet wird, und daneben einen zweiten, den wir den „Zeitkreis" nennen wollen, und der dadurch entsteht, daß man in jeder Richtung eine Strecke $OT_1 = t_1$ aufträgt, gleich der Zeit, die für das Durchfliegen einer festen Strecke a in der Richtung von OT_1 benötigt wird. Nach einem bekannten Satze hat das Produkt aus den beiden Abschnitten einer Kreissehne, die um einen ihrer Punkte gedreht wird, einen unveränderlichen Wert. Es ist also (Abb. 205a):

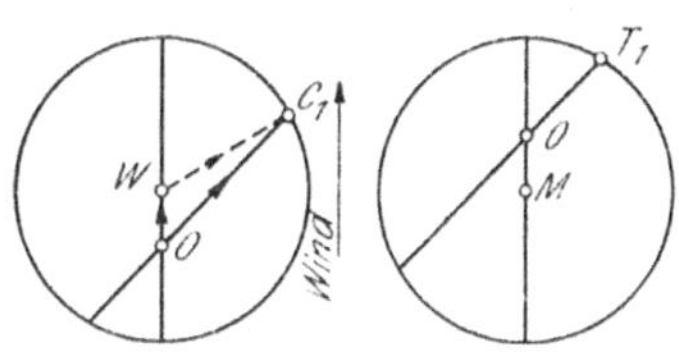

Abb. 205.
a) Geschwindigkeits-, b) Zeitkreis.

$$c_1 \cdot c_2 = (v + w)(v - w) = v^2 - w^2 = \text{konst.}$$

Für die Flugzeiten t_1 und t_2, die benötigt werden, um eine

Strecke a mit den Geschwindigkeiten c_1 und c_2 des Hin- und Rückfluges zurückzulegen, gilt,

$$t_1 = \frac{a}{c_1}; \qquad t_2 = \frac{a}{c_2},$$

also:

$$t_1 \cdot t_2 = \frac{a^2}{c_1 \cdot c_2} = \frac{a^2}{v^2 - w^2} = \text{konst}.$$

Das Produkt aus t_1 und t_2 hat also auch einen unveränderlichen Wert, die Endpunkte von t_1 und t_2 liegen daher ebenfalls auf einem Kreis. Aus:

$$t_1 = \frac{a^2}{(v^2 - w^2)\, t_2} = \frac{a}{v^2 - w^2}\, c_2 \quad \text{und} \quad t_2 = \frac{a}{v^2 - w^2}\, c_1$$

erkennt man, daß die Zeit des Hinfluges der Geschwindigkeit des Rückfluges proportional ist und umgekehrt. Wählt man als Einheit des Zeitmaßstabes das $\frac{a}{v^2 - w^2}$-fache der Einheit der Geschwindigkeiten, so wird der Halbmesser des Zeitkreises gleich dem des Geschwindigkeitskreises, man muß nur $OM = OW$ in entgegengesetzter Richtung auftragen (Abb. 205 b). Die Gesamtzeit T für Hin- und Rückflug ist nach dem vorher Gesagten:

$$T = t_1 + t_2 = \frac{a}{c_1} + \frac{a}{c_2} = \frac{a}{c_1 \cdot c_2}(c_1 + c_2) = \frac{a}{v^2 - w^2}(c_1 + c_2).$$

Kommt es nur auf die zum Hin- und Rückflug benötigte Zeit an, so genügt es, den Geschwindigkeitskreis heranzuziehen. Die Länge der Sehne in der Flugrichtung ist dieser Zeit proportional oder ihr gleich, wenn sie im $\frac{a}{v^2 - w^2}$-fachen Maßstab abgelesen wird. Die ganze Länge einer durch O gehenden Sehne in Abb. 205 a) stellt die Summe der Fluggeschwindigkeiten für Hin- und Rückflug, die halbe Sehne also den Mittelwert dar, die Länge der parallelen Sehne in Abb. 205 b) gibt die für Hin- und Rückflug zusammen erforderliche Zeit. Umgekehrt proportional dieser Zeit ist die sog. Reichweite, d. i. die Länge einer Strecke, die bei Vollgas mit einer gegebenen Benzinmenge, also in gegebener Zeit, hin und zurück geflogen werden kann. Man erkennt daher aus Abb. 205 b): Die größte Reichweite besitzt ein Flugzeug in der Richtung senkrecht zum

Wind, die kleinste parallel zum Wind. Dies ist um so bemerkenswerter, als eine oberflächliche Betrachtung zu dem umgekehrten Schluß verleiten könnte, da nach Abb. 205 a) für die Richtung parallel zum Wind die Summe der Geschwindigkeiten beim Hin- und Rückflug gerade am größten erscheint: wir wissen aber schon, daß dieser Summe keine unmittelbare Bedeutung für das Maß der Flugzeit zukommt.[1])

47. Bestimmung des Kurses und der Flugdauer.

Die wichtigste Aufgabe der Navigation besteht darin, den Kompaßkurs für jede zu durchfliegende Strecke und die für den vorgeschriebenen Flug erforderliche Zeit zu bestimmen. Man darf annehmen, daß die zu überfliegenden Punkte auf einer Karte, etwa im Maßstab 1:1000000, gegeben sind und daß von Punkt zu Punkt geradlinig geflogen werden soll. Man überträgt dann am besten die einzelnen Punkte maßstabrichtig auf ein besonderes Blatt und entwirft auf diesem auch den Geschwindigkeitskreis (Abb. 206), indem man OW gleich und parallel der Windstärke und den Halbmesser gleich der Eigengeschwindigkeit des Flugzeuges aufträgt. Der Maßstab, in dem die Geschwindigkeiten gezeichnet werden, ist gleichgültig — wir haben z. B. in der Originalzeichnung zu Abb. 206 für je 3 km/Std. einen Millimeter gewählt, so daß $v = 135$ km/Std. durch einen Halbmesser von 45 mm und $w = 32{,}4$ km/Std. (Windstärke 9 m/sek) durch eine Strecke von 10,8 mm dargestellt erscheint. Windrichtung sei NNO.

Durch den Punkt O, der der Anfangspunkt der Geschwindigkeitsvektoren ist, werden die Parallelen OC_1, OC_2, OC_3, OC_4 zu den einzelnen Flugstrecken gezogen, mit dem Kreis zum Schnitt gebracht und die Kreishalbmesser nach den Schnittpunkten C_1, C_2, C_3, C_4 gezeichnet. Diese Strahlen geben in ihrem Winkel mit der durch den Kreismittelpunkt gelegten Süd-Nordlinie bzw. mit der Richtung der Kompaßnadel unmittel-

[1]) Zu diesem und den folgenden Abschnitten vgl. die Aufsätze des Verfassers: „Über Fluggeschwindigkeit, Windstärke und Eigengeschwindigkeit des Flugzeuges.“ Zeitschr. f. Flugtechnik u. Motorluftsch. 1917, Heft 19/20 und „Zum Navigationsproblem der Luftfahrt“. Zeitschr. f. ang. Math. u. Mech. 1931, S. 373.

bar den auf jeder Strecke einzuhaltenden Kurs. Man entnimmt z. B. der Zeichnung, daß unter Annahme einer Deklination von 8^0 bei der herrschenden Windstärke auf der Strecke 1 der Kurs von $111,5^0$ zu verfolgen ist usf.

Zieht man durch die Endpunkte einer Flugstrecke die Parallelen einmal zu OW und dann zu dem der Flugstrecke entsprechenden Kreisradius und bringt die beiden miteinander

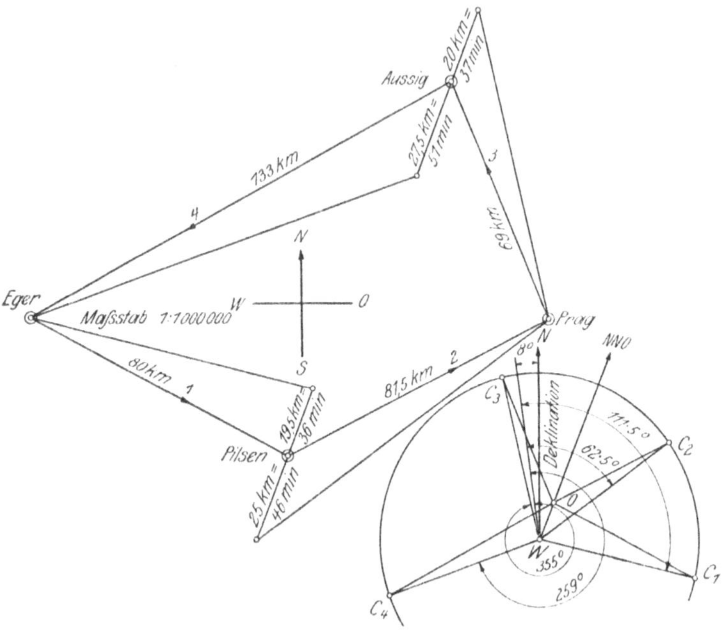

Abb. 206. Ermittlung des Kompaßkurses und der Flugdauer.

zum Schnitt, so stellt die zu OW parallele Strecke das Produkt aus w und der Flugdauer für den betreffenden Flugabschnitt dar. Die vier einzelnen Parallelen zu OW in Abb. 206, die in zwei von den vier Eckpunkten des gesamten Flugweges aufgetragen sind, geben also je ein Maß für die Flugzeiten; man muß sie nur in dem durch w bestimmten Maßstab ablesen. In unserem Beispiel haben die vier Strecken der Reihe nach die Längen 19,5, 25, 20, 27,5 km, und da für unser w gerade 32,4 km einer Stunde, also 0,54 km einer Minute, entsprechen, sind die Flugzeiten 19,5 : 0,54 = 36 Min., ferner 46, 37 und 51 Min., zusammen 2 Std. 50 Min. Wenn w sehr klein ist, kann diese Art der Ablesung sehr ungenau werden. Man hilft sich dann am besten dadurch, daß man die ursprünglichen Längen der Flugstrecken, dazu aus dem Geschwindigkeitskreis die Längen OC_1, OC_2 usw. abliest und die Längen durch die Geschwindigkeiten dividiert, z. B. in unserem Fall: erste Strecke = 80 km, zugehöriges $OC_1 = 44{,}7$ mm = 134 km/Std., daher $t_1 = 80 : 134 = 0{,}6$ Std. = 36 Min.

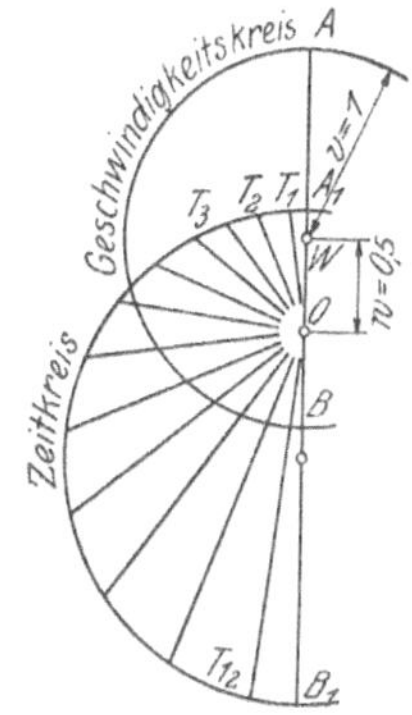

Abb. 207. Ermittlung der Flugdauer einer Kreisbahn.

Wenn man die Flugdauer für eine geschlossene Bahn wie die eben betrachtete bei verschiedenen Windstärken berechnet, so wird man finden, daß sie mit zunehmender Windstärke i m m e r z u n i m m t. Dies läßt sich nach der oben gemachten Bemerkung über die Dauer eines Hin- und Rückfluges bei Wind wohl verstehen. Wir wollen uns ein genaueres Urteil über den Einfluß des Windes bilden, indem wir die Zeit bestimmen, die zum Durchfliegen einer K r e i s b a h n erforderlich ist. Hierzu gelangt man am einfachsten, wenn man sich den Kreis als ein regelmäßiges Vieleck von großer Seitenzahl, z. B. als 24-Eck vorstellt und nun für die einzelnen Seiten nach dem in Abb. 206 durchgeführten Verfahren, oder besser mit Benutzung des „Zeitkreises" nach Abb. 205 b), die Flugzeiten ermittelt. In Abb. 207 ist die Eigengeschwindigkeit $v = 1$, die Windstärke $w = 0{,}5$ angenommen und für die Originalzeichnung die Einheit gleich 25 mm gewählt worden. A und B sind die Schnittpunkte des (nur halb gezeichneten) Geschwindigkeitskreises mit der Vertikalen OW, so daß $OA = 1{,}5$, $OB = 0{,}5$. Hierauf haben wir die reziproken Werte $OA_1 = 1 : 1{,}5 = 0{,}67$ und $OB_1 = 1 : 0{,}5 = 2$ aufgetragen und durch $A_1 B_1$ den Kreis gelegt, der nach unseren Erklärungen im vorangehenden Abschnittt nichts anderes als der „Zeitkreis" ist. Die zwölf unter gleichen Winkelabständen gezeichneten Strahlen $OT_1, OT_2, \ldots OT_{12}$ stellen die Flugzeiten für 12 Seiten des regelmäßigen 24-Ecks dar; die Zeiten für die anderen 12 Seiten sind der Symmetrie wegen ebenso groß und daher gar nicht erst gezeichnet worden. Die Summe der 12 Strecken ergab sich durch Abmessen zu

375 mm, und da im Falle der Windstille $w=0$ einfach 12 Radien des Kreises $v=1$ von der Gesamtlänge $12 \cdot 25 = 300$ mm erscheinen würden, so sieht man, daß die Verzögerung des Kreisfluges durch eine Windstärke gleich der halben Eigengeschwindigkeit $(375 - 300):300 = 0{,}25$, also 25 vH beträgt.

Wird diese Rechnung noch für andere Werte des Verhältnisses $w:v$ durchgeführt, so erhält man die in Abb. 208 dargestellten Ergebnisse. Zu jeder Abszisse $w:v$ kann hier das Zeitverhältnis $t:t_0$ als Ordinate abgelesen werden, z. B. zeigt für $w:v = 0{,}25$ die Kurve die Ordinate 1,055, d. h. bei einer Windstärke gleich einem Viertel der Eigengeschwindigkeit dauert das Durchfliegen einer Kreisbahn um 5,5 vH länger als bei Windstille; beträgt die Windstärke drei Viertel der Eigengeschwindigkeit, so ist die Flugdauer schon die doppelte der für Windstille. Nähert sich die Windstärke der Größe der Eigengeschwindigkeit, so wächst die Flugzeit t ins Unendliche. Bei Überschreitung der Größe von c ist ein Kreisflug überhaupt unmöglich (s. S. 347). Für geschlossene Linien, die in ihrer Gestalt nicht viel von einem Kreis abweichen, behalten diese Ergebnisse noch annähernd ihre Gültigkeit.

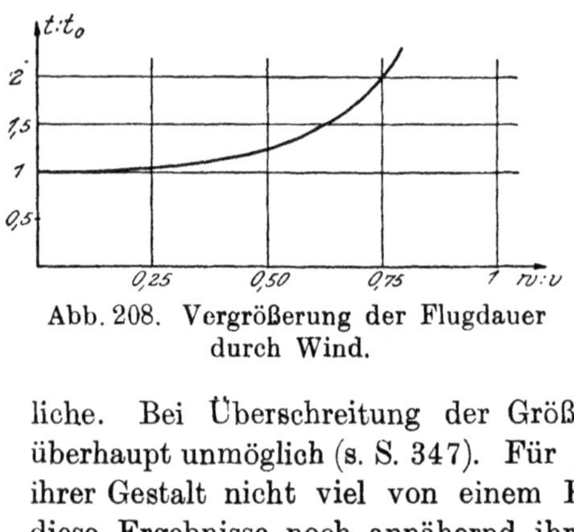

Abb. 208. Vergrößerung der Flugdauer durch Wind.

Wenn wir oben betont haben, daß der Wind ohne unmittelbaren Einfluß auf den Bewegungszustand des Flugzeuges ist, darf nicht außeracht gelassen werden, daß dies nur für gleichförmigen Wind und für gleichförmige Bewegung gilt. Windstöße, sog. Böen und besonders Vertikalbewegungen der Luft an einzelnen Stellen der Erdoberfläche machen sich als Störungen des Fluges sehr empfindlich bemerkbar. Ebenso ist bei Ungleichförmigkeit der eigenen Bewegung, z. B. beim Kurvenflug, der Wind zu spüren. Fliegt man beispielsweise in der Richtung 1, Abb. 209, unter 45° gegen den Wind und macht, indem man den Boden im Auge behält, eine scharfe Linkskurve durch 90°, so daß man mit 45° Rückenwind in die Richtung 2 kommt, so muß das Flugzeug, um sich mit gleicher

Eigengeschwindigkeit im Wagrechtflug zu erhalten, wie der Geschwindigkeitskreis zeigt, eine viel größere Fluggeschwindigkeit, OC_2 statt OC_1, annehmen. Die hierzu notwendige Beschleunigung der Flugzeugmasse erfordert eine gewisse Zeit, und im ersten Augenblick wird man eben noch für die Richtung 2 zu wenig Geschwindigkeit haben. Die Folge davon ist, daß das Flugzeug das Bestreben zeigt, zu sinken und daß der Drehzähler des Motors zurückgeht (vgl. Abschn. 26); der Vorgang ist nicht ohne Gefahr. Man vermeidet sie, indem man beim Kurvennehmen genau auf das Verhalten des Flugzeuges achtet und für die gleich große Schwenkung je nach der Windlage verschieden viel Zeit läßt.

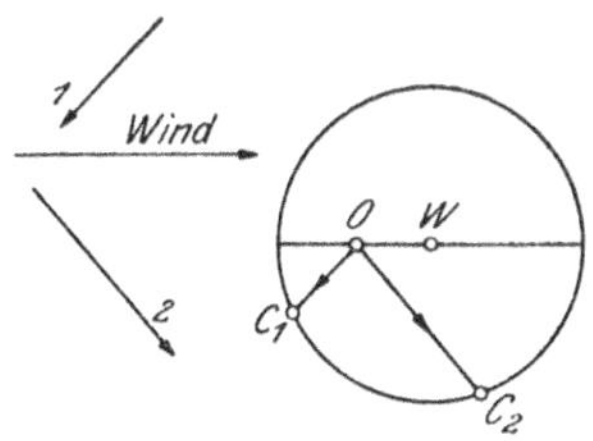

Abb. 209. Scharfe Wendung im Winde.

Man kann schließlich die Frage aufwerfen, ob bei jeder Windstärke und -richtung die rascheste Verbindung zwischen zwei gegebenen Punkten die gerade Flugbahn ist. Fliegt man nämlich (Abb. 210) von A nach B über C, so hat man zwar im ganzen einen etwas längeren Weg, weil $AC + CB$ größer ist als AB, aber auf dem größten Teil dieses Weges, nämlich auf AC, ist die Geschwindigkeit größer als sie auf der geraden Bahn AB wäre, wie der beigefügte Geschwindigkeitskreis zeigt. Hier ist OC_3 parallel zu AC und OC_1 parallel zu AB gezogen und man sieht, daß OC_3 größer ist als OC_1. Um die Frage zu entscheiden, ziehen wir durch C eine Hilfslinie CC' parallel der Strecke C_3C_1 im Geschwindigkeitskreis. Es sind dann die Dreiecke ACC' und OC_3C_1 ähnlich. Da OC_3 die Geschwindigkeit für AC ist, haben wir in dem Quotienten $AC:OC_3$ die Zeit, die man zum Durchfliegen der

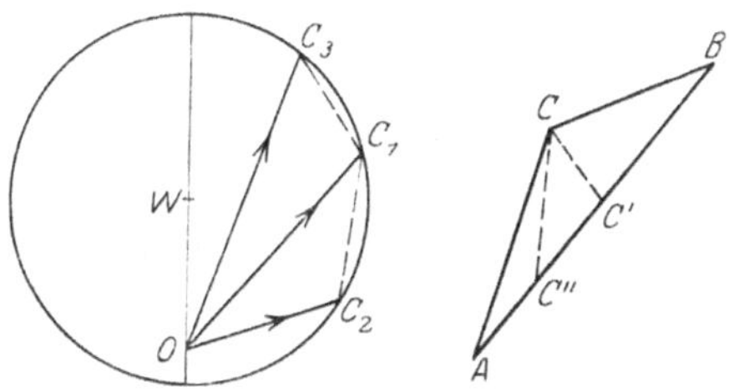

Abb. 210. Gerade als rascheste Flugbahn.

Geraden AC braucht, und die t_3 heißen möge. Aus der Ähnlichkeit folgt:

$$AC' : OC_1 = AC : OC_3 = t_3, \quad \text{also } AC' = t_3 \cdot OC_1.$$

Ebenso erhält man, wenn CC'' parallel C_1C_2 gezogen und die zum Durchfliegen von BC erforderliche Zeit $BC : OC_2$ mit t_2 bezeichnet wird, aus der Ähnlichkeit der Dreiecke BCC'' und OC_2C_1 die Proportion

$$C''B : OC_1 = BC : OC_2 = t_2, \quad \text{also } C''B = t_2 \cdot OC_1.$$

Addiert man die beiden Ergebnisse, so erhält man:

$$AC' + C''B = (t_2 + t_3) \cdot OC_1 \quad \text{oder} \quad t_2 + t_3 = \frac{AC' + C''B}{OC_1}.$$

Die Zeit t_1, die man zum Zurücklegen der geraden Strecke AB brauchen würde, ist gleich $AB : OC_1$. Nun ist aber $AC' + C''B$ größer als AB, weil dabei das Stück $C'C''$ doppelt gezählt wird. Daher ist auch der Quotient von $AC' + C''B$ durch OC_1 größer als der Quotient $AB : OC_1$, d. h. $t_2 + t_3$ größer als t_1. Wir sehen daraus, daß die Flugzeit auf jeden Fall vergrößert wird, wenn man nicht geradlinig auf das Ziel zu fliegt, sondern einen Umweg macht. — Auch für den in Abb. 202 angedeuteten Fall größerer Windstärke gilt dasselbe, allerdings nur dann, wenn man in jeder möglichen Richtung mit der größeren der beiden möglichen Geschwindigkeiten steuert.

Die bisher angestellten Betrachtungen über den Einfluß des Windes auf Fluggeschwindigkeit und Flugdauer und über die Bestimmung des Kurses galten nur für den Fall konstanter Windrichtung und Windstärke im ganzen Fluggebiet. Wir haben hierfür soeben das Resultat gefunden, daß die Gerade als kürzeste Verbindung zwischen zwei Punkten auch die rascheste ist. Dieses Ergebnis gilt nicht mehr, sobald im Fluggebiet veränderlicher Wind herrscht. Wir wollen der sich daraus ergebenden Frage, welche Bahn zwischen zwei Punkten o_1 und o_2 im örtlich veränderlichen Windgebiet die rascheste ist, zunächst in einem besonders einfachen Falle nähertreten und sie untersuchen für zwei durch eine Gerade A getrennte Windgebiete. Links von A liege o_1, rechts o_2, die Windgeschwindigkeit links sei w_1, rechts w_2 (Abb. 211). Da die Flugbahn in jedem der beiden Gebiete geradlinig verlaufen muß, weil innerhalb jedes

Gebietes unveränderlicher Wind herrscht, kann sie nur aus zwei Geradenstücken bestehen, die in irgendeinem Punkte p_1 auf der Geraden A zusammentreffen. Wir fragen uns nun, welcher Zeitverlust oder -gewinn entstehen würde, wenn das Flugzeug statt der Strecke $o_1 p_1$ die Strecke $o_1 q$ zurücklegte. Die Parallelen zu $o_1 p_1$ und $o_1 q$ im Geschwindigkeitsplan liefern die Geschwindigkeiten $o p$ und $o p'$. Dabei sind p und p' Punkte des Geschwindigkeitskreises, dessen Mittelpunkt m ist, so daß

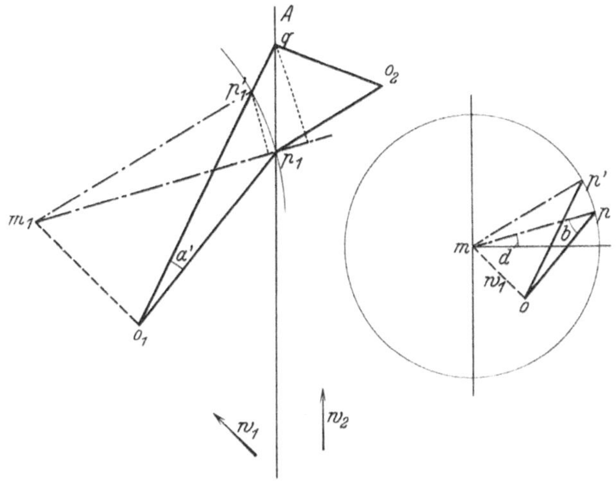

Abb. 211. Raschester Flugweg durch zwei Windgebiete.

$o m$ der Größe und Richtung nach die Windstärke bestimmt. Wir bezeichnen jetzt mit c_0 die Länge $\overline{op}$ und mit $c_0 + c'$ die Länge $\overline{op'}$, die Strecke $\overline{p_1 q}$ heiße x' und der von $o_1 q$ und $o_1 p_1$ gebildete Winkel heiße a'. Ziehen wir $o_1 m_1$ parallel zu $o m$ und $p_1 m_1$ parallel zu $p m$, endlich $m_1 p_1'$ parallel zu $m p'$, so entsteht ein Viereck $o_1 p_1 p_1' m_1$, das dem Viereck $o p p' m$ des Geschwindigkeitsplanes ähnlich ist und in dem alle Strecken im Maßstabe $\overline{o_1 p_1} : \overline{op}$ vergrößert sind. Es liegt dann p_1' auf dem Kreis um m_1 mit dem Halbmesser $m_1 p_1$ und auf der Geraden $o_1 q$. Wenn zum Zurücklegen der Strecke $o_1 p_1$ die Zeit t_0, für die Strecke $o_1 q$ die Zeit $t_0 + t'$ benötigt wird, so ist:

$$\overline{p_1' q} = (c_0 + c')(t_0 + t') - (c_0 + c')\,t_0 = (c_0 + c')\,t'.$$

Ist d der Winkel, den $\overline{op}$ mit einer Senkrechten zur Achse A

und b der Winkel, den die Eigengeschwindigkeit oder, was dasselbe ist, die Flugzeugachse mit der Flugrichtung bildet, so sind die Projektionen der Strecken $p_1'q$ und $p_1 q$ auf die Richtung $m_1 p_1$ durch die Ausdrücke:

$$\overline{p_1'q}\cos(b+a') = (c_0+c')\cdot t'\cdot\cos(b+a')$$

und

$$\overline{p_1 q}\cos(90-d) = x'\sin d$$

gegeben. Nach einem bekannten Satze aus der Trigonometrie ist:

$$\cos(b+a') = \cos b\cdot\cos a' - \sin b\sin a'.$$

Also haben die beiden Projektionen die Werte:

$$t'[c_0\cos b\cos a' + c'\cos b\cos a' - c_0\sin b\sin a' - c'\sin b\sin a']$$

und

$$x'\sin d.$$

Bis hierher haben wir über den Abstand x' des Punktes q von p_1 auf A nichts vorausgesetzt. Wählen wir q jetzt in unmittelbarer Nähe von p_1, so werden alle mit Strichen versehenen Größen sehr klein. Wir können daher in den obigen Ausdrücken alle Glieder fortlassen, in denen das Produkt aus mindestens zwei gestrichenen Größen auftritt. Beachten wir, daß der sinus eines kleinen Winkels diesem (im Bogenmaß) gleich und der cosinus gleich 1 gesetzt werden kann, so gehen die beiden letzten Ausdrücke über in:

$$c_0\cos b\cdot t' \quad \text{und} \quad \sin d\cdot x'.$$

Wenn wir q als unmittelbar benachbart zu p_1 annehmen, können wir uns den Kreisbogen $p_1'p_1$ durch ein sehr kurzes auf $m_1 p_1$ senkrechtes Geradenstück ersetzt denken. Dann werden aber die beiden Projektionen gleich und wir erhalten, indem wir die beiden letzten Ausdrücke gleichsetzen, für t' die Beziehung:

$$t' = \frac{\sin d}{c_0\cos b}x'$$

oder, da $c_0\cdot\cos b$ gerade die Komponente u der Fluggeschwindigkeit in Richtung der Flugzeugachse ist:

$$t' = \frac{\sin d}{u}\cdot x'.$$

In der gleichen Weise wie der Zeitverlust beim Übergang von $o_1 p_1$ zu $o_1 q$ rechnet sich der Zeitgewinn beim Übergang von

$p_1 o_2$ zu $q o_2$ im zweiten Teil des Weges, es ist nur für d und u einmal d_1 und u_1 und einmal d_2 und u_2 zu setzen. Dabei bedeuten d_1 und d_2 die Winkel der Flugzeugachse mit der Begrenzungssenkrechten vor und nach dem Durchgang durch die Windgrenze, u_1 und u_2 die jeweiligen Komponenten der Fluggeschwindigkeit in der Achsrichtung. Rechnen wir einen Zeitverlust (Vergrößerung von t_0) positiv, so haben wir:

$$t_1' = \frac{\sin d_1}{u_1} x', \qquad t_2' = -\frac{\sin d_2}{u_2} x'.$$

Der gesamte Zeitverlust beim Befliegen der Strecke $o_1 o_2$ über q statt über p_1 ist dann:

$$\left[\frac{\sin d_1}{u_1} - \frac{\sin d_2}{u_2}\right] \cdot x'.$$

Wenn die Flugbahn über p_1 die rascheste Bahn sein soll, muß der Ausdruck in der Klammer gleich Null sein. Hätte er nämlich einen negativen Wert, so wäre die Flugzeit für die Bahn über q kürzer; wäre er aber positiv, so müßte eine Verlegung des Schnittpunktes nach der anderen Seite (in der Abb. nach unten), weil dann x' negativ ist, einen Zeitgewinn ergeben. Wir erhalten damit folgenden Satz: Die rascheste Verbindung zwischen zwei Punkten in verschiedenen Windgebieten besteht aus zwei Geradenstücken, die an der Trennungslinie der Gebiete so aneinanderstoßen, daß die Gleichung:

$$\frac{\sin d_1}{u_1} = \frac{\sin d_2}{u_2}$$

erfüllt ist. Oder anders ausgedrückt: Die Sinus der Winkel zwischen der Flugzeugachse und der Senkrechten zur Windgrenze müssen sich vor und nach dem Durchgang durch die Grenze so verhalten wie die Komponenten der Fluggeschwindigkeit in der Achsrichtung.

Ein praktisches Verfahren zur Konstruktion von Bahnlinien, die der letzten Gleichung entsprechen, zeigt Abb. 212. Von einem Festpunkt o aus trägt man zunächst in den beiden Windrichtungen die Windstärken w_1 und w_2 auf und zieht durch o eine Parallele A' zur Trennungslinie A. Die beiden Geschwindigkeitskreise K_1 und K_2 mit den Mittelpunkten m_1 bzw. m_2

und dem Halbmesser v enthalten die Endpunkte aller Geschwindigkeiten c_1 und c_2, die in den beiden Windgebieten möglich sind. Wählt man nun einen beliebigen ersten Strahl op_1, so findet man den zu einer raschesten Bahn gehörigen Strahl im Windgebiet 2 folgendermaßen: Man ziehe durch p_1 an K_1 die Tangente bis zum Schnitt k mit A' und von k die Tangente an K_2. Der Fahrstrahl von o zu dem so gefundenen Berührungspunkt p_2 bestimmt die Richtung des zweiten Teils der raschesten Bahn. Zieht man nämlich durch o zu $m_1 p_1$ und zu $m_2 p_2$ Parallelen bis zum Schnitt r_1 und r_2 mit den jeweiligen Tangenten, so ist, da im Punkte k die Winkel d_1 und d_2 auftreten:

$$1 : \overline{ok} = \frac{\sin d_1}{\overline{o r_1}} = \frac{\sin d_2}{\overline{o r_2}}.$$

Da aber or_1 und or_2 gerade die Komponenten der Geschwindigkeiten c_1 und c_2 in Richtung der Flugzeugachse sind, ist die oben geforderte Beziehung für die beiden Strahlen $\overline{op_1}$ und $\overline{op_2}$ erfüllt.

Ist ein Punkt o_1 im ersten und o_2 im zweiten Windgebiet gegeben, und beginnt man, von o_1 ausgehend mit einer beliebigen Richtung, so findet man in der eben beschriebenen Weise als Fortsetzung zu dieser einen Strahl im zweiten Windgebiet, der die rascheste Verbindung zwischen allen auf ihm liegenden Punkten und o_1 darstellt. Der gegebene Punkt o_2 wird aber im allgemeinen von diesem Strahl nicht getroffen werden. Eine Bestimmung der raschesten Bahn von o_1 nach o_2 ist nur so möglich, daß man probeweise eine Reihe von Linienzügen auf die eben geschilderte Art konstruiert und durch Zwischenschaltung neuer Strahlen schließlich zu einem gelangt, der o_2 trifft. In Abb. 212 sind vier derartige Linienzüge gezeichnet, gleichzeitig wurden die jeweiligen Stellungen der Flugzeugachse eingetragen, die im Geschwindigkeitsplan z. B. für die Richtungen op_1 und op_2 durch $m_1 p_1$ und $m_2 p_2$ gegeben sind.

Die bisherigen Betrachtungen gelten unverändert, wenn die beiden Windgebiete nicht durch eine Gerade A, sondern durch eine Kurve C voneinander getrennt sind, man muß nur A durch die Tangente an die Kurve C im Punkte p_1 ersetzen. Allerdings ist p_1 nicht von vornherein bekannt, sondern ist nur durch Probieren zu finden. Von noch allgemeinerem Interesse wäre die Frage, wie bei einer beliebigen gegebenen Windverteilung, wenn also nicht nur zwei verschiedene Windstärken mit einer Grenze bestehen, die rascheste Bahn zu bestimmen wäre. Abgesehen aber davon, daß es in den seltensten Fällen gelingen wird, die örtlichen Windverhältnisse im gesamten Fluggebiet vor dem Abflug für die Dauer des Fluges aufzunehmen, führt die theoretische Behandlung der raschesten Bahn in einem

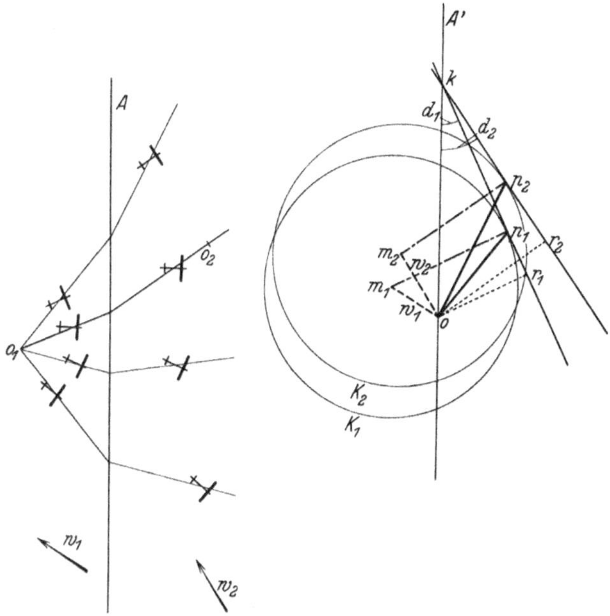

Abb. 212. Konstruktion raschester Flugwege.

stetig örtlich veränderlichen Windgebiet der mathematischen Schwierigkeiten wegen über den hier gesteckten Rahmen hinaus. Andererseits ist der Fall nur zweier Windgebiete auch bisweilen verwirklicht, insbesondere z. B., wenn ein größeres Gebirge als Windscheide wirkt. In der Abb. 213 deute die Kurve *C* die Haupterstreckung der zentralen Ostalpen an, und es sei der Flug Agram—München auf dem raschesten Wege von einem Flugzeug mit 108 km/Std. Eigengeschwindigkeit bei zwei verschiedenen Windlagen durchzuführen. Südlich der Alpen werden in beiden Fällen schiebende Südostwinde von 5 m/sek Stärke, nördlich der Alpen einmal Südwest- und einmal Nordostwind, beide von der Stärke 7 m/sek, angenommen. Die Konstruktion der raschesten Bahnen und der zugehörigen Achsrichtungen ist in der Abb. 213 durchgeführt. Man erkennt, daß in beiden Fällen die rascheste Verbindung — ausgezogen für Südwestwind, strichpunktiert für Nordostwind — nicht unmittelbar eingeschlagen werden kann, weil für ein normales Verkehrsflugzeug mit nicht besonders hoher Steigreserve die Alpen nur an den niedrigen Pässen überflogen werden können und überdies durch jede Höhenüberwindung Zeit verloren geht. Wer einen Rekordflug unternehmen will, wird gut tun, Windverhältnisse abzuwarten, unter denen die rascheste Bahn über einen Paß führt.

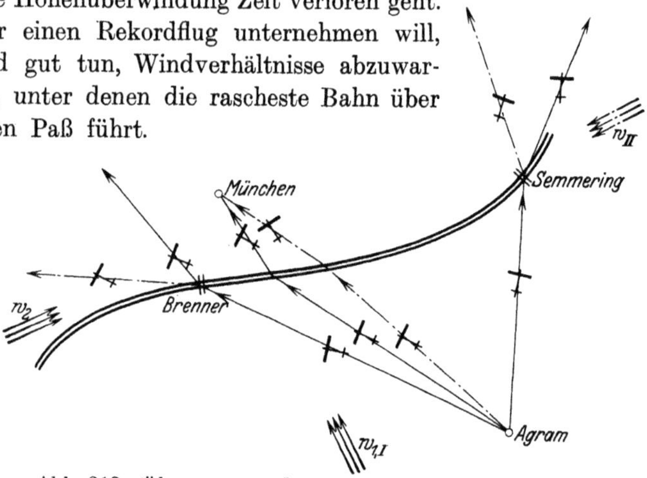

Abb. 213. Überquerung der Alpen auf raschestem Wege.

Für die Festlegung günstigster Routen des Transozeanflugverkehrs können Überlegungen wie die folgenden von Bedeutung werden. Die Aufgabe, rascheste Flugbahnen durch eine Folge von Windgebieten mit den Windgeschwindigkeiten $w_1, w_2, \ldots$ zu legen, erledigt sich durch sukzessive Anwendung der oben angegebenen Konstruktion. Sind die Windgebiete durch die Geraden $A_{1,2}$, $A_{2,3}$, ... (Abb. 214) getrennt, so erhält man einen raschesten Weg folgendermaßen: Von einem festen Punkt o aus trägt man in den vorgegebenen Windrichtungen der Reihe nach die Größen der Windstärken $w_1, w_2, \ldots$ sowie die Parallelen $A'_{1,2}$, $A'_{2,3}$, ... zu $A_{1,2}$, $A_{2,3}$, ... auf. Das ergibt die Mittelpunkte $m_1, m_2, \ldots$, um welche man Kreise $K_1, K_2, \ldots$ mit dem Halbmesser v schlägt. Legt man durch die Geraden

$A'_{1,2}$, $A'_{2,3}$, ... ein Vieleck derart, daß seine Seiten Tangenten der Kreise K_1, K_2, ... mit den Berührungspunkten p_1, p_2, ... sind, so sind die Richtungen op_1, op_2, ... die Flugrichtungen in den einzelnen Windgebieten. Zieht man daher zu diesen Parallele im Flugplan, so erhält man einen raschesten Linienzug. Die Richtungen $m_1 p_1$, $m_2 p_2$, ... ergeben wieder die Lage der Flugzeugachsen. Diese Konstruktion ist für verschiedene Windgebiete in Abb. 214 durchgeführt.

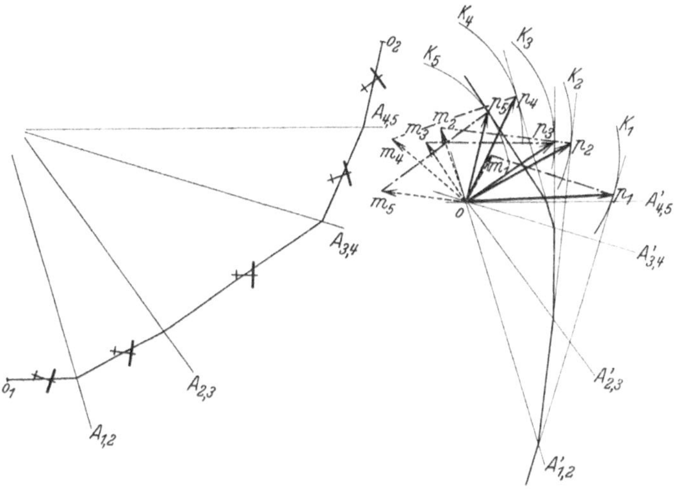

Abb. 214. Raschester Flugweg durch mehrere Windgebiete.

Damit sind nur die Grundfragen der Orientierung gestreift. Die Praxis wirft noch eine ganze Reihe von Fragen auf, auf welche hier nicht näher eingegangen werden kann. Der Flugzeugführer wird sich auch mit den Grenzgebieten der Astronomie, Kartographie und Nautik, soweit sie für die Kursbestimmung in Frage kommen, zu beschäftigen haben, insbesondere aber mit dem heute sehr wichtigen Gebiet der Funkortung. Nur ein kurzes Beispiel möge das Grundsätzliche der Funkpeilung erläutern. Hat ein Flugzeug sich z. B. im Nebel verirrt, so kann mittels eines Empfangsgerätes der Ort folgendermaßen festgestellt werden. Es werden drei durch ihre Rufzeichen bekannte, möglichst weit vom Beobachtungsorte entfernte Stationen angepeilt, d. h., es wird die Rahmenantenne so eingestellt, daß die drei Stationen p_1, p_2, p_3 nacheinander in größter oder meist in geringster Lautstärke zu hören sind. Dann bildet die jeweilige Richtung der Rahmenantenne bzw. die Senkrechte dazu mit der Richtung der Kompaßnadel oder der Nordrichtung Winkel a_1, a_2, a_3, die man am Gerät ablesen kann. Die Winkel $a_2 - a_1$ und $a_3 - a_2$ stellen dann die Sichtwinkel der Strecken $\overline{p_1 p_2}$ und $\overline{p_2 p_3}$ vom Beobachtungspunkt aus dar (Abb. 215). Daß die Punkte p_1, p_2, p_3 in Wirklichkeit nicht zu sehen sind, ist für die Ortsbestimmung ohne Bedeutung. Verbindet man p_1 mit p_2 und p_2 mit p_3 auf der Karte und zeichnet über ihnen als Sehnen die Kreise mit den Mittelpunktswinkeln $2(a_2 - a_1)$ bzw. $2(a_3 - a_2)$, so sind nach einem bekannten Kreissatz die Umfangswinkel der beiden Kreise gleich den Sichtwinkeln $a_2 - a_1$ bzw. $a_3 - a_2$. Das Flugzeug muß sich also gleichzeitig auf beiden Kreisen, d. h. in einem ihrer beiden Schnittpunkte befinden. Die Eindeutigkeit ist dadurch sichergestellt, daß einer der beiden Schnittpunkte eine der drei Stationen ist. In Abb. 215 ist angenommen, daß vom Peilungsort die Stationen p_1, p_2, p_3 unter den Winkeln 45^0, 75^0 und 98^0 gegen die Nordrichtung gehört wurden. Wird die Konstruktion auf der Karte durchgeführt, so ergibt sie im Punkte p mit ziemlicher Genauigkeit die Lage des Flugzeugs über dem Gelände.

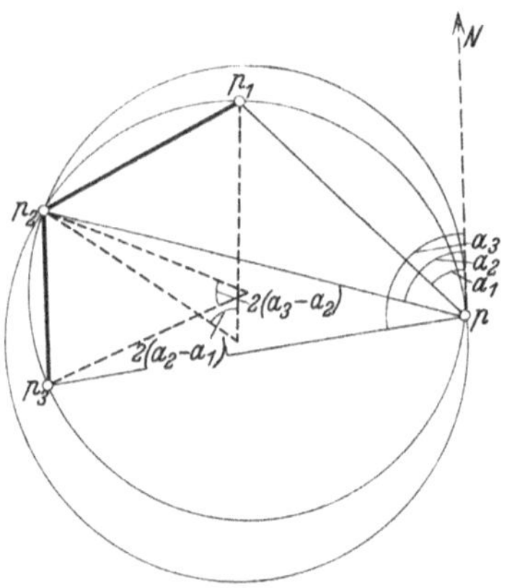

Abb. 215. Anpeilung eines Flugzieles.

48. Wirtschaftlichkeit des Flugverkehrs.

In dem Maße, in dem man das technische Problem des Fliegens beherrschen lernte, begann man sich mehr und mehr auch der Frage nach wirtschaftlicher Gestaltung des Flugverkehrs zuzuwenden. Die anfängliche praktische Entwicklung der Flugtechnik ist allerdings fast ganz unbeeinflußt von wirtschaftlichen Gesichtspunkten geblieben, infolge der vorzugsweise militärischen Verwendung, die die Flugzeuge zunächst gefunden hatten.

Solange man militärische Ziele im Auge hat, zögert man nicht, einen Arbeitsaufwand, der hinreicht, um eine große Fabrik zu betreiben, ein Dutzend Automobile oder einen Eisenbahnzug in Gang zu erhalten, für die Luftbeförderung von ein oder zwei Personen einzusetzen. Dagegen versteht man unter einem wirtschaftlichen Verfahren ein solches, bei dem Aufwand und Leistung in ein vernünftiges Verhältnis zueinander gebracht sind. Nun läßt sich das, was man als „wirtschaftliche Leistung" einer Flugbeförderung zu bezeichnen hat, sehr schwer genau abgrenzen oder abschätzen. Man hat den Vorteil größerer Schnelligkeit, für Personenverkehr in mancher Hinsicht den einer gewissen Bequemlichkeit (Freiheit von Erschütterungen, von Staub usw.), und schließlich den Umstand in Rechnung zu stellen, daß man ohne langwierige Vorbereitung der Strecke, wie sie der Bau von Straßen oder von Eisenbahngleisen darstellt, fliegen kann. Mit einer Abwägung dieser Leistungen werden wir uns im folgenden nicht weiter befassen, sondern nur den wirtschaftlichen Aufwand, den der Flugverkehr erfordert, in seiner Abhängigkeit von einigen technischen Einzelheiten untersuchen.

Aber auch diese Abgrenzung des Problems ist noch zu weit. Der Aufwand, den die Aufrechterhaltung eines regelmäßigen Flugverkehrs erfordert, setzt sich in der Hauptsache aus drei Teilen zusammen: den Kosten des eigentlichen Betriebes, also des Brennstoffes usf. und der Flugzeugführung, dann den Kosten der Flugzeugherstellung und drittens denen der übrigen Einrichtungen wie Flughäfen u. dgl. Der letzte Punkt spielt eine entscheidende Rolle bei der Bewertung der Flugzeuge gegenüber den Luftschiffen, die den Bau viel größerer und kostspieligerer Hallen notwendig machen; innerhalb des Flugwesens im engern Sinne bilden die Fragen, die mit der Einrichtung der Landungs- und Abflugplätze zusammenhängen, kein unterscheidendes Merkmal für die verschiedenen in Betracht kommenden Flugzeugbauarten. Die Herstellungskosten der Flugzeuge kann man wohl, in Anlehnung an ähnliche Aufgaben in anderen Gebieten der Technik, einigermaßen abschätzen. Allein es bleibt hier eine Unsicherheit zurück, die allen wirtschaftlichen Berechnungen im Flugwesen den Stempel größter Unzulänglichkeit verleiht: solange man nicht durch umfassende statistische Erhebungen unter Berücksichtigung der bisher unvermeidlichen, immer sich wiederholenden Bruchschäden, zu einem zuverlässigen Begriff der Lebensdauer eines Flugzeuges gelangt ist, erscheint es durchaus unmöglich, den Herstellungswert im richtigen Verhältnis zum Betriebsaufwand in Rechnung zu stellen. Wir werden daher im folgenden in der Hauptsache nur den Aufwand an Betriebsmitteln, namentlich an Brennstoff, behandeln und nur nebenher die Herstellungskosten und andere Einflüsse berücksichtigen.

Zunächst etwas über den Begriff des „sparsamsten Fluges". Man kann mit einem Flugzeug neuzeitlicher Bauart, das große Steigreserve (Abschn. 28) besitzt, mit sehr verschiedenen Geschwindigkeiten wagrecht fliegen, je nachdem man den Motor einstellt. Die größte Geschwindigkeit erreicht man natürlich bei Vollgas; daß es eine kleinste gibt, die nicht unterschritten werden kann, haben wir in Abschnitt 28 ausführlich erörtert. Bei welchem dieser Flugzustände erreicht man ein gegebenes Ziel mit dem kleinsten Betriebsmittelaufwand? Sei a der Brennstoffverbrauch des Motors (oder der Motoren) für eine Pferdekraftstunde (bei den heutigen Flugmotoren ist a durchschnittlich 250 g/PS-Stunde, s. Zahlentafel 6), und η der Wirkungsgrad der Luftschraube, L die erforderliche Zugleistung des Flugzeuges in kgm/sek. Dann haben wir in $L:\eta$ die erforderliche Motorleistung in kgm/sek und in $L:75\eta$ die Leistung in PS. Also ist

$$\frac{a}{75\eta} L$$

der Brennstoffverbrauch in einer Stunde. Zum Zurücklegen einer Strecke von s km oder $1000\,s$ m mit der Geschwindigkeit v (in m/sec) bedarf man $1000\,s:v$ Sekunden oder $1000\,s:3600\,v = s:3{,}60\,v$ Stunden. Demnach beträgt der Brennstoffverbrauch auf der Strecke s, da $75 \cdot 3{,}6 = 270$

$$\frac{1}{270} \cdot \frac{a}{\eta} \cdot \frac{L}{v} \cdot s \quad \text{oder} \quad \frac{1}{270} \cdot \frac{a}{\eta} \cdot Z \cdot s,$$

da der Quotient $L:v$ nichts anderes als die bei der Geschwindigkeit v erforderliche Zugkraft (Abschn. 12) darstellt. Wäre der Quotient $a:\eta$ unveränderlich, d. h. für alle Geschwindigkeiten und Drosselungsgrade gleich groß, so würde der sparsamste Flug derjenige sein, bei dem Z am kleinsten ist. Das wäre nach unseren Ausführungen in Abschnitt 28 der Flug mit der kleinsten überhaupt noch möglichen Wagrechtgeschwindigkeit. Nun sind aber α und η vom Betriebszustand des Flugzeuges nicht unabhängig. Wird ein Motor stark gedrosselt, so erhöht sich der Benzinverbrauch für die Leistungseinheit nicht unerheblich. Dieser Nachteil wird freilich ausgeschaltet bei Mehrmotorenflugzeugen, sobald man hier, statt alle Motoren zu drosseln, einzelne ganz stillegen und die anderen ungefähr normal laufen lassen kann (vgl. Abschnitt 49). Aber die Veränderlichkeit des Schraubenwirkungsgrades mit der

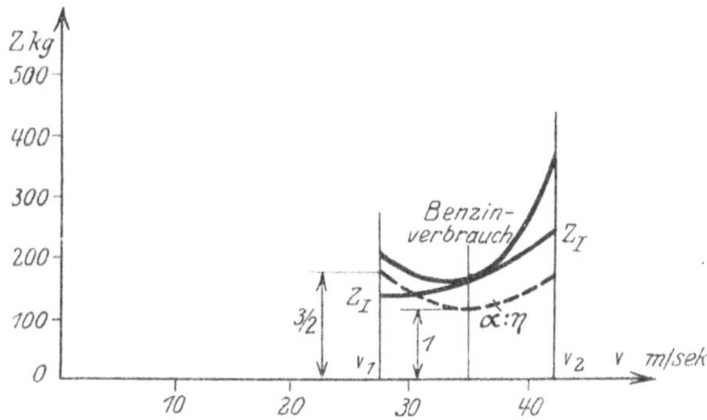

Abb. 216. Sparsamster Wagrechtflug.

Fluggeschwindigkeit läßt sich niemals ganz vermeiden. In der Regel wird der Konstrukteur darauf bedacht sein, daß der beste Wirkungsgrad, und auch der kleinste Wert von $\alpha : \eta$, bei einer Geschwindigkeit erreicht wird, die zwischen der kleinstmöglichen und der größten Wagrechtgeschwindigkeit liegt. In Abb. 216 ist von der Z_1-Linie der Abb. 122 jener Teil aufgetragen, der ungefähr den möglichen Wagrechtflugzuständen entspricht. Der Verlauf der $\alpha : \eta$-Linie ist so angenommen, daß ihr Minimum ungefähr in der Mitte der möglichen v-Werte liegt und daß sie bis zu den Enden auf das Anderhalbfache ansteigt. Ein Bild für den Benzinverbrauch für eine gegebene Weglänge s erhält man in der Kurve, deren Ordinaten die Produkte der Ordinaten der beiden ersten Kurven sind. In unserm Falle liegt, wie man sieht, die sparsamste Fluggeschwindigkeit, nämlich die dem tiefsten Punkt der Produktkurve entsprechende, oberhalb der des langsamsten Wagrechtfluges, etwa bei 34 m/sec. Will man ein Flugzeug beim Entwurf ganz besonders dem Gesichtspunkt sparsamen Wagrechtfluges anpassen, so muß man es so einrichten, daß $\alpha:\eta$ nahe beim Zustand des langsamsten Wagrechtfluges seinen Kleinstwert erreicht.

Die vorstehenden Betrachtungen sind ohne Rücksicht auf etwaige Windversetzung durchgeführt. Man kann sich leicht überlegen, wie sie sich bei Annahme eines beliebigen Windes gestalten. Es ist in dem Ausdruck $L:v$ für v die Fluggeschwindigkeit, für s der wirkliche Reiseweg einzusetzen, während $\alpha:\eta$ von der Eigengeschwindigkeit v abhängt. Diese ist jetzt natürlich, anders als in den beiden vorangehenden Abschnitten, nicht als eine ein für allemal unveränderliche Größe anzusehen, da wir ja verschiedene Drosselstellungen in Betracht ziehen. Abb. 217 zeigt, wie bei gegebenem Wind w und vorgeschriebener Flugrichtung OA die Größen v und c miteinander zusammenhängen. Wenn φ den Winkel zwischen Wind- und Reiserichtung, ψ den veränderlichen Winkel bei W bezeichnet, so hat man

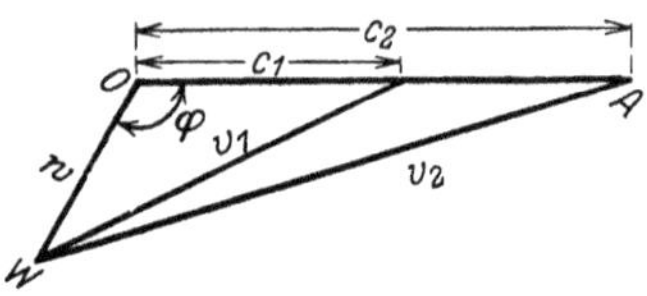

Abb. 217. Flug- und Eigengeschwindigkeit.

$$v:c = \sin\varphi : \sin\psi.$$

Da wir nun in dem oben abgeleiteten Ausdruck für den Brennstoffverbrauch $L:c$ zu belassen haben, während die Zugkraft natürlich durch $Z = L:v$ gegeben wird (die Größe v in den früheren Kapiteln bedeutete ja immer die Eigengeschwindigkeit des Flugzeuges), so haben wir jetzt für den Brennstoffverbrauch

$$\frac{1}{270}\cdot\frac{\alpha}{\eta}\cdot\frac{L}{c}\cdot s = \frac{1}{270}\cdot\frac{\alpha}{\eta}\cdot Z\cdot s\cdot\frac{v}{c} = \frac{\sin\varphi}{270}\cdot\frac{\alpha}{\eta}\cdot Z\cdot\frac{s}{\sin\psi}.$$

Mit anderen Worten: es ist statt des wirklichen Flugweges s der „scheinbare" Flugweg $s\cdot v/c$ in den Ausdruck einzuführen. Um den Verlauf der Benzinverbrauchskurve für verschiedene Flugzustände zu finden, muß man die Produktkurve der Abb. 216 noch mit dem jeweiligen Verhältnis $v:c$ oder $\sin\varphi:\sin\psi$ multiplizieren. Da für die in Abb. 217 angenommene Flugrichtung, bei der im wesentlichen gegen den Wind geflogen wird, dies

Verhältnis mit wachsendem c-Wert kleiner wird (φ ist unveränderlich und $\sin\psi$ wächst), so werden die größeren Geschwindigkeiten jetzt hinsichtlich des Brennstoffbedarfes etwas günstiger. In Abb. 218 ist die Verbrauchslinie aus Abb. 216 nochmals aufgetragen, dazu das Verhältnis $c:v$ und schließlich das Produkt, dessen Kleinstwert sich tatsächlich nach rechts verschoben zeigt. Das Ergebnis läßt sich ungefähr dahin aussprechen, daß man bei Gegenwind mit größerer, bei Rückenwind mit kleinerer Eigengeschwindigkeit fliegen muß, wenn man mit geringstem Brennstoffverbrauch eine bestimmte Strecke bewältigen will. Für verschiedene Flugrichtungen bei gegebenem Wind ist danach der sparsamste Drosse-

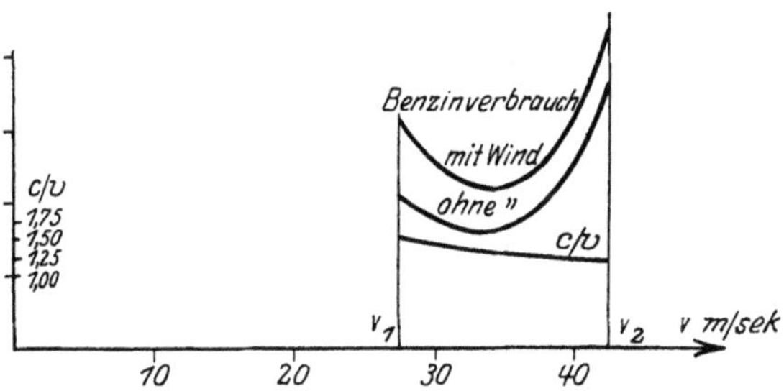

Abb. 218. Einfluß des Windes auf den Benzinverbrauch.

lungsgrad jedesmal ein anderer und es steht daher auch gar nicht fest, ob die gerade Verbindung zweier Punkte, die immer die kürzeste und, wie wir aus Abschnitt 47 wissen, die rascheste ist, auch die sparsamste sein muß. Wir verfolgen diese Frage, die grundsätzlich leicht zu erledigen wäre, nicht weiter und wenden uns einem andern, für die Wirtschaftlichkeit des Flugbetriebes sehr wichtigen Gesichtspunkt zu.

Bei allen Arten von Fahrzeugen ist von ausschlaggebender Bedeutung das Verhältnis zwischen dem der Beförderung zu unterziehenden, eigentlichen „Nutzgewicht“ und dem „toten Gewicht“, das als Fahrzeug- und Betriebsmittelgewicht mitgeführt werden muß. Ein Eisenbahnzug (Schnellzug) mit 9 Wagen und einer Lokomotive befördert etwa 350 Personen und 10 t Gepäck, also eine Nutzlast von zusammen etwa 35 t. Dazu führt er an Kohle und Wasser durchschnittlich etwa 20 t mit sich, während das Gewicht der Wagen und der Lokomotive sich auf etwa 445 t beläuft. Von den 500 t Gesamtgewicht entfallen somit 89 vH auf das Fahrzeug selbst, 4 vH auf Betriebsmittel und 7 vH auf Nutzlast. Dagegen weist ein neuzeitliches Verkehrsflugzeug (Vickers, 1300 PS) bei einem Gesamtgewicht von 8,3 t ein Leergewicht von 5,5 t gleich 66 vH auf und bedarf für etwa 6stündigen Flug (bei gedrosselten Motoren) 1,1 t Betriebstoffe gleich 13 vH, so daß es eine Nutzlast von 1,7 t gleich 21 vH des Gesamtgewichtes mitnehmen kann. Das Verhältnis Nutzlast : Leergewicht beträgt beim Flugzeug 1,7 : 5,5 = 0,31, dagegen beim Schnellzug 35 : 445 = 0,08, d. i. nur den vierten Teil. Darin liegt jedoch nur scheinbar eine Überlegenheit des Flugzeuges. Denn das geringe Leergewicht ist nicht etwas von vornherein Beabsichtigtes und es hat zur Folge, daß die Widerstandsfähigkeit des Flugzeuges gegenüber den normalen Betriebsbeanspruchungen keinen Vergleich mit der eines Eisenbahnzuges aushält. Die große Beschränkung des Leergewichtes wird erzwungen durch das außerordentlich geringe Maß von Leistungsbelastung (vgl. Zahlent. 7), das im Flugbetrieb möglich ist. Das 8,3 t schwere Flugzeug und der Eisenbahnzug von 500 t Gesamtgewicht erfordern beide eine motorische Leistung von etwa 1300 PS. Wir haben also im ersten Fall rd. 6,4 kg/PS, im zweiten 385 kg/PS oder die 60fache Leistungsbelastung! Die Größe der Nutzlast auf die Pferdestärke ist beim Eisenbahnzug immer noch 15mal so groß als beim Flugzeug. Würde man ein Flugzeug so bauen, daß es nur einigermaßen den Anforderungen an Widerstandsfähigkeit und Dauerhaftigkeit genügt, denen ein Landfahrzeug entspricht, so käme man zu ganz ungeheueren Leistungszahlen. Von dem Verhältnis Nutzlast : Leistungsaufwand hängt aber die Wirtschaftlichkeit des Betriebes in erster Linie ab.

Die Frage, wie das verfügbare Maß an Zuladung auf Betriebsmittel und Nutzlast am zweckmäßigsten zu verteilen ist, kann etwa in folgender Weise beurteilt werden. Maßgebend für den unmittelbaren wirtschaftlichen Wert eines Fluges, d. h. für den aus einem Flug zu erzielenden Geldbetrag, ist etwa das Produkt aus Nutzlast und zurückgelegter Strecke. Teilt man das Gesamtgewicht G in die drei Teile: Leergewicht G_1, Betriebsmittel G_2 und Nutzlast G_3, so ist der Betriebswert proportional G_3 mal der durchflogenen Strecke, und diese letztere kann in dem Maße wachsen wie G_2 größer wird. Andrerseits hat man $G_2 + G_3$ als konstant anzusehen. Nun hat ein Produkt zweier Faktoren, deren Summe fest gegeben ist, seinen Größtwert, sobald beide Faktoren gleich werden, also hier, wenn $G_2 = G_3$. Daher die oft ausgesprochene Regel, daß die Hälfte der verfügbaren Zuladung aus Betriebsmitteln, die andere aus Nutzlast bestehen soll.

Begreiflicherweise hat man sich besonders eingehend mit der Frage beschäftigt, wie die Wirtschaftlichkeit des Flugzeuges mit seiner Größe zusammenhängt. Die einfachste Grundlage für eine derartige Überlegung ist die, daß Flächenbelastung und Leistungsbelastung unverändert bleiben. Es müssen also Gesamtgewicht und Motorleistung proportional der Fläche, d. i. mit dem Quadrat der linearen Abmessungen zunehmen. Hier gelangt man nun zu folgender Schwierigkeit. Wenn man die Lastverteilung beim großen Flugzeug ähnlich der des kleinen macht, also alle Lasten im wesentlichen in einem Mittelrumpf unterbringt und durch die weit ausgebreiteten Flügel tragen läßt, so wachsen die Beanspruchungen, denen die Flügel dort, wo sie an den Rumpf anschließen, ausgesetzt sind, stärker als die Gewichte. Denn die Lasten im Rumpf suchen die Flügel zu brechen, so wie ein in der Mitte belasteter, beiderseits gelagerter Balken durch eben diese Last beansprucht wird (vgl. Abb. 38). Die Größe einer solchen Beanspruchung wird durch das sog. Biegungsmoment gemessen, nämlich durch das Produkt aus der Auflagerkraft (dem halben Gewicht) und dem Abstand des Auflagers (der Flügelmitte) von der Trägermitte (dem Rumpf). Demnach wächst die Beanspruchung mit dem Produkt aus Gewicht und Längenabmessung oder nach dem oben Dargelegten mit der dritten Potenz der Längen. Daraus muß man schließen, daß eine Verstärkung des Flügelquerschnittes in einem Maße erforderlich ist, die das reine Flügelgewicht jedenfalls stärker wachsen läßt als mit dem Quadrat der Längen; diesem proportional wächst aber das Gesamtgewicht, wenn die Flächenbelastung unverändert bleibt. Daraus folgt also, daß der Anteil des Leergewichtes am Gesamtgewicht mit zunehmender Größe des Flugzeuges auch zunimmt und damit würde der Vergrößerung bald eine Grenze gesetzt sein.

An dieser Überlegung ist vor allem das eine unrichtig, daß die Verteilung der Lasten beim Riesenflugzeug der des kleinen gleich gemacht werden müßte. Da man schon aus Gründen der Betriebssicherheit (und weil größere Motoreinheiten verschiedene Schwierigkeiten mit sich bringen), bei Großflugzeugen die Leistung auf mehrere Motoren verteilt, ergibt sich von selbst eine Anordnung mit weniger stark gehäuften Gewichten. Legt man alle Belastungen weit auseinander, so fällt der Nachteil, den sonst große Spannweite mit sich bringt, fort. Gewichte, die etwa unmittelbar auf den Flügeln angebracht sind, werden durch den Auftrieb an Ort und Stelle aufgehoben und tragen nichts oder nur wenig zu dem Biegungsmoment bei, das die Tragfläche an ihrer Wurzel abzubrechen sucht. Andererseits wird die Trägheit des Flugzeuges durch derartiges Auseinanderziehen der Massen ungünstig beeinflußt (Abschn. 36) und man kann sich fragen, ob dann ein großes Flugzeug noch genügend viel Vorteile gegenüber einem Geschwader von kleinen bietet.

Aus diesen Gesichtspunkten heraus ist auch der Vorschlag gemacht worden, mit zunehmenden Abmessungen des Flugzeuges die Flächenbelastung proportional der Längenabmessung zu steigern. Es wachsen dann die Gesamtgewichte mit der dritten Potenz der Länge, die Biegungsmomente allerdings mit der vierten. Aber abgesehen davon, daß dieses Verhältnis (3 : 4) schon etwas günstiger ist als das bei der Vergrößerung mit konstanter Flächenbelastung auftretende (2 : 3), hat man jetzt noch den Vorteil der vergrößerten Geschwindigkeit, der ja auch als ein wirtschaftlicher anzusehen ist, und auch relativ günstigere Verhältnisse beim Steuern. Denn die Geschwindigkeit des Wagrechtfluges wächst, z. B. nach der Formel S. 222, mit der Quadratwurzel aus der Flächenbelastung. Die Steuerwirkung ist abhängig von dem Verhältnis des Ruderkraftmoments zum Trägheitsmoment (Abschn. 36). Das erstere wächst mit Fläche, Abstand und Quadrat der Geschwindigkeit, also mit der vierten Potenz der Längen, das letztere mit Gewicht und Längenquadrat, also der fünften Potenz der Länge. Dagegen sind bei Vergrößerung unter Beibehaltung der Flächenbelastung die beiden Exponenten, drei und vier, etwas ungünstiger. Natürlich hat diese Art der Flugzeugvergrößerung auch wieder bald eine Grenze, da man aus mehrfach schon erwähnten Gründen, wie der Landungsgeschwindigkeit wegen, mit der Flächenbelastung nicht allzu hoch hinaufgehen kann. Was in bisherigen Ausführungen tatsächlich erreicht wurde, lassen die Angaben des folgenden Abschnittes, namentlich Zahlentafel 9, erkennen.

Die Frage der Wirtschaftlichkeit, die wir jetzt an einer Reihe von Einzelheiten erörtert haben, läßt sich noch in anderer Weise zusammenfassend verfolgen[1]). Es bedeute k die Kosten, welche durch den Motorantrieb in einer Stunde verursacht werden, in Pfennigen gerechnet und auf 1 PS bezogen, ferner N_p die Antriebsleistung in PS pro Sitzplatz, d. h. $N_p = \frac{N}{n}$, wenn n die Anzahl der Sitzplätze ist. Für eine Stunde Flugdauer wäre also mindestens von jedem Fluggast die Summe $k \cdot N_p$ zu fordern. Dividiert man diese Größe durch die Fluggeschwindigkeit $c = v - v_w$ in km/Std., wobei v_w die Stärke des Gegenwindes, bei negativem Vorzeichen die des Rückenwindes bedeutet, so erhält man den auf den Fluggastplatz entfallenden Preis pro Flugkilometer. Bei n Sitzen wäre die Gesamtsumme der Kosten also:

$$\frac{n \cdot k \cdot N_p}{v - v_w}.$$

Sind von den n Sitzen nur m durch Fluggäste besetzt, so entfällt auf jeden Reisenden der m-te Teil des eben berechneten Betrages. Setzen wir $\frac{m}{n} = a$, wobei a, der „Besetzungsfaktor", zwischen Null und Eins liegt, so folgt für den Mindestflugpreis pro Person und Kilometer:

$$K = \frac{k \cdot N_p}{a\,(v - v_w)}.$$

Die Reichweite eines Flugzeugs ist gegeben durch die Beziehung:

$$R = T \cdot (v - v_w),$$

wenn T die Zeit bedeutet, für welche die Brennstoffvorräte gerade noch ausreichen. Bezeichnen wir den Verbrauch an Betriebsmitteln in kg pro PS während einer Stunde mit e, so werden in T Stunden $e\,T$ kg pro PS verbraucht. Diese Ver-

[1]) Zu den nachfolgenden Betrachtungen siehe A. Koyemann: „Flugmechanische Beziehungen zwischen Fluggeschwindigkeit, Flugkosten und Flugweite und ihre Abhängigkeit von der Widerstandsfläche des Flugzeugs". Zeitschr. f. Flugtechn. u. Motorluftsch. 1931, S. 329.

brauchsmenge mit der Zahl der PS multipliziert ist aber gleich der Zuladung G' an Brennstoff; es gilt also:

$$e \cdot T = \frac{G'}{N} \qquad \text{oder} \qquad T = \frac{G'}{N} \cdot \frac{1}{e}.$$

Nun ist aber die gesamte Zuladung $G_z = G' + n\,G_p$, wenn G_p das Gewicht einer Person nebst Gepäck ist. Wir finden daher:

$$T = \left(\frac{G_z}{N} - \frac{n\,G_p}{N}\right)\frac{1}{e} = \left(\frac{G_z}{N} - \frac{G_p}{N_p}\right) \cdot \frac{1}{e}$$

oder, in den Ausdruck für die Reichweite eingesetzt:

$$R = \frac{v - v_w}{e}\left(\frac{G_z}{N} - \frac{G_p}{N_p}\right).$$

Löst man die letzte Gleichung nach N_p auf, und setzt den so gefundenen Ausdruck in die Beziehung für K ein, so erhält man in:

$$K = \frac{k \cdot G_p}{a\left(\frac{G_z}{N}(v - v_w) - e\,R\right)} \tag{A}$$

den Mindestflugpreis pro km in Abhängigkeit von Reichweite und Geschwindigkeit. Ist R gegeben, so sind noch v und K als unbekannt anzusehen; für k, G_p und a kann man ebenso wie für v_w mittlere Werte ansetzen, $\frac{G_z}{N}$ ist nach den vorangehenden Erörterungen als im allgemeinen unveränderlich zu betrachten. Zur Bestimmung der beiden Unbekannten v und K leiten wir nun eine zweite wichtige Beziehung her. Führen wir die Gesamtwiderstandsfläche f_p pro Sitzplatz ein, d. h., den Quotienten des wiederholt betrachteten Ausdrucks $z_r \cdot F + 0{,}65\,f$ durch die Zahl n der Sitzplätze, so erhält man aus der beiderseits mit v multiplizierten Gleichgewichtsbedingung (s. S. 227)

$$Z \cdot v = (z_r \cdot F + 0{,}65\,f)\,m \cdot v^3 = n \cdot f_p \cdot m \cdot v^3.$$

Hier haben wir in $Z \cdot v$ die „erforderliche Zugleistung" (s. S. 228), die wir der mit dem Schraubenwirkungsgrad η multiplizierten Motorleistung gleichsetzen dürfen (s. S. 230)

$$Z \cdot v = L = 75 \cdot \eta \cdot N = n \cdot f_p \cdot m \cdot v^3$$

oder, weil in Bodennähe $m = \frac{1}{8}$ gilt:

$$f_p = \frac{8 \cdot 75\,\eta \cdot N_p}{v^3} = \frac{600\,\eta\,N_p}{v^3}.$$

Dabei ist v auf m und sek bezogen. Da wir v in km/Std. einsetzen wollen, haben wir rechts noch mit $3{,}6^3$ zu multiplizieren und erhalten dann mit dem für η gebräuchlichen Wert 0,75:

$$f_p = \frac{20995}{v^3} N_p.$$

Lösen wir die erste Gleichung für K nach N_p auf und setzen den gefundenen Wert in die vorstehende Gleichung ein, so folgt:

$$f_p = \frac{20995\,a \cdot K}{k \cdot v^2}\left(1 - \frac{v_w}{v}\right)$$

oder, nach K aufgelöst:

$$K = \frac{k \cdot f_p\,v^3}{20995 \cdot a\,(v - v_w)}. \qquad \text{(B)}$$

Die beiden Gleichungen (A) und (B) werden, wenn alle anderen Größen gegeben sind, durch ein Wertepaar K und v erfüllt.

Zahlentafel 8.

Gesamtwiderstandsfläche einiger Verkehrsflugzeuge.

Nr.	Hersteller	Type	n	N in PS	v in km/Std	f_p
1	Detroit-Aircraft-Corporation	Lockheed TD „Orion“	6	450	293	0,06
2	Societé Générale Aeronautique Nieuport	Nieuport-Delage HD „540“	8	600	196	0,21
3	Fokker	HD „F 32“	30	2300	198	0,21
4	Focke-Wulf-Flugzeugbau A.-G.	Focke-Wulf HD „Möwe“	10	510	168	0,22
5	Chantier-Aeronautique Wibault-Penhoët	Wibault-Penhoët TD „281“	10	1020	206	0,24
6	Dornier Metallbauten	„Do K“	10	960	200	0,25
7	„ „	Dornier Wal 1931	14	1000	165	0,33
8	„ „	„Do X“	100	7200	165	0,33

Ist die Motorleistung des Flugzeugs bekannt, und seine Eigengeschwindigkeit durch Stoppversuche bestimmt, so läßt sich seine Gesamtwiderstandsfläche pro Sitzplatz aus:

$$f_p = 20995 \cdot \frac{N_p}{v^3}$$

ermitteln. Zu diesem Zwecke sind in Zahlentafel 8 für eine Reihe von modernen Verkehrsflugzeugen die Größen n, N und v zusammengestellt. Aus ihnen wurde f_p berechnet, um einen Überblick zu gewinnen, in welchen Grenzen sich diese aerodynamische Gütezahl bewegt. Die f_p moderner Verkehrsflugzeuge liegen also, wie man sieht, etwa zwischen 0,20 und 0,25, Flugboote haben naturgemäß größere f_p, ungefähr $f_p = 0{,}33$. Das erste hier aufgeführte Verkehrsflugzeug „Lockheed TD Muster Orion“ bildet mit $f_p = 0{,}06$ heute noch eine Ausnahme, seine Gesamtwiderstandsfläche wird durch besondere bauliche Vorteile (Verschalung des Führersitzes, der Motoren, einziehbares Fahrwerk, windschnittige Form usw.) so bedeutend herabgedrückt. Man sieht daraus, daß es heute schon möglich ist, wenigstens kleine Verkehrsflugzeuge mit so geringem f_p zu konstruieren.

Um in einem speziellen Fall die Mindestflugkosten zu berechnen, setzen wir $f_p = 0{,}22$. Die Reichweite betrage 700 km, es sei also z. B. die Flugstrecke München—Paris ohne Zwischenlandung zurückzulegen. Zulässige Annahmen sind:

$$G_p = 100 \text{ kg}; \qquad k = 30 \text{ Pf/PS Std.}; \qquad e = 0{,}25 \text{ kg/PS Std.}$$

(s. S. 150) und $\frac{G_z}{N} = 7$ kg/PS für Flugstrecken ohne Höhenflug. Die Windversetzung nehmen wir mit $v_w = 20$ km/Std. an und wollen nur die Hälfte aller Plätze als besetzt annehmen $(a = \frac{1}{2})$. Es ist dann:

$$K = \frac{30 \cdot 100}{\frac{1}{2}[7(v - 20) - 0{,}25 \cdot 700]} = \frac{857}{v - 45}, \tag{A}$$

$$K = \frac{30 \cdot 0{,}22 \cdot v^3}{20995 \cdot \frac{1}{2}(v - 20)} = 0{,}00063 \frac{v^3}{v - 20}. \tag{B}$$

Nimmt man jetzt eine Reihe von Werten v an, bestimmt nach (A) und (B) die zugehörigen K und trägt sie als Ordinaten zu den Abszissen v auf, so entstehen die in der Abb. 219 mit A

und B bezeichneten Kurven. Die Ordinaten des Schnittpunktes sind die Lösungen v und K der beiden Gleichungen (A) und (B). Man erhält also im vorliegenden Falle für Mindestkosten und zugehörige Geschwindigkeit $K = 11$ Pf/km und $v = 120$ km/Std. (Der Fahrpreis II. Klasse Schlafwagen beträgt nach Reichsbahntarif 12 Pf/km. Doch ist zu beachten, daß in den 11 Pf. noch nichts für Personal, Flugplatz, Bruchrisiko usf. enthalten ist.)

Um die zu einer anderen Geschwindigkeit gehörenden Kosten für das gegebene Flugzeug zu bestimmen, müssen wir Gleichung (B) verwenden, die bei veränderlichem v für unveränderliches f_p, d. h. immer für ein und dasselbe Flugzeug gilt. Dabei fallen die links vom Schnittpunkt p im schraffierten Gebiet gelegenen Punkte der Kurve B aus, weil unter den gegebenen Verhältnissen eine Strecke von der Größe R mit Geschwindigkeiten, die kleiner sind, nicht mehr geflogen werden kann. Man erkennt jetzt, daß für alle möglichen v- und zugehörigen K-Werte auf der Kurve B das früher berechnete K den Kleinstwert an Betriebsmittelkosten darstellt, und daß das Fliegen um so teurer wird, je höher die Fluggeschwindigkeiten liegen. Am ehesten verringert man die Flugkosten, wenn man die Widerstände des Flugzeugs so weit wie möglich herabsetzt. In der Abb. 219 ist, um das zu zeigen, nach Gleichung (B) die Kurve B' unter Beibehaltung aller Angaben nur mit $f_p = 0{,}06$, dem f_p des ersten der in der Zahlentafel 8 genannten Flugzeuge, gezeichnet. Für ein solches Flugzeug würde der Mindestflugpreis auf der Strecke München—Paris nur mehr reichlich die Hälfte betragen bei einer um rund 60 km erhöhten Geschwindigkeit. Beim künftigen Ausbau eines Transozeanflugverkehrs wird man daher, um den Betrieb wirtschaftlich zu gestalten, in erster

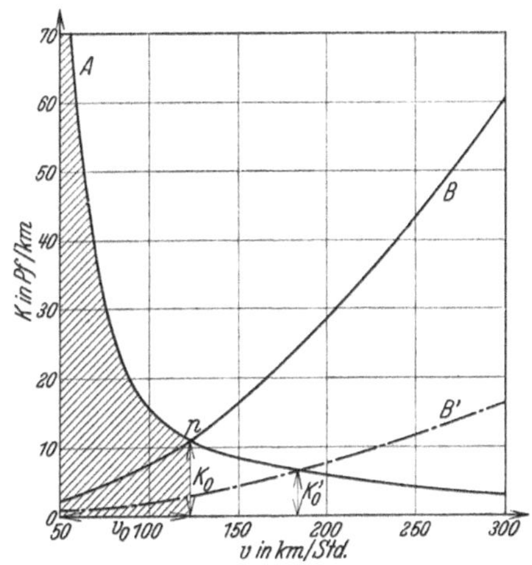

Abb. 219. Diagramm zur Flugkostenberechnung.

Linie darauf bedacht sein müssen, nur Flugzeuge mit größter Windschnittigkeit (f_p sehr klein) und sehr hohen Fluggeschwindigkeiten einzustellen.

49. Einige neuzeitliche Verkehrsflugzeuge.

Um einigen Einblick in die Mannigfaltigkeit der Flugzeugbauarten zu gewähren, die heute für Verkehrszwecke Verwendung finden, sind im folgenden sechs, meist neuere Flugzeugtypen verschiedener Herkunft im Bilde dargestellt und kurz beschrieben. Überdies geben wir in Zahlentafel 9 eine Zusammen-

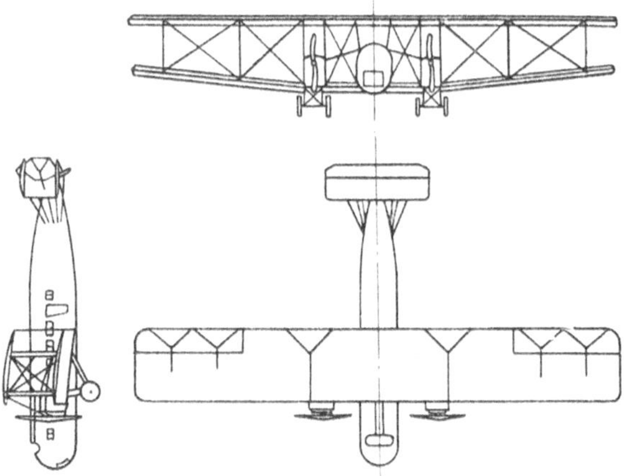

Abb. 220. 1300 PS - Vickers.

stellung der wichtigsten Hauptabmessungen einer größeren Zahl von Bauarten.

Abb. 220 zeigt in Aufriß, Grundriß und Kreuzriß — die Darstellungsart ist bei den Bildern 220—224 immer die gleiche, nur die Maßstäbe sind verschieden — ein etwas älteres englisches Flugzeug, den „Vanguard" der Firma Vickers in London, die in den letzten Jahren mehrere große Typen für Kriegs- und Verkehrszwecke herausgebracht hat. Der „Vanguard", ein Doppeldecker von 27 m Spannweite, ist zur Beförderung von 23 Reisenden bestimmt und mit zwei Motoren von je 650 PS ausgerüstet. Die Motoren sitzen zu beiden Seiten des eigentlichen Rumpfes, der die Unterbringungsräume für die Fluggäste usf. enthält, auf den Tragflächen selbst und werden bei der Landung durch zwei getrennte Fahrgestelle unmittelbar getragen. Diese Anordnung bringt eine Entlastung des Flügeltragwerkes mit sich und ist sehr günstig für die Aufnahme der Landungsstöße, in gewissem Sinn auch für die Sicherung der Reisenden gegenüber Landungsunfällen. Der Nachteil gegenüber geschlossener Anordnung in einem Rumpf ist vor allem der größerer schädlicher Widerstände. Nach Angaben der Erbauer soll das vollbelastete Flugzeug bei Ausnützung der vollen Motorkraft eine Größtgeschwindigkeit von 181 km/St erzielen. Querruder (Ver-

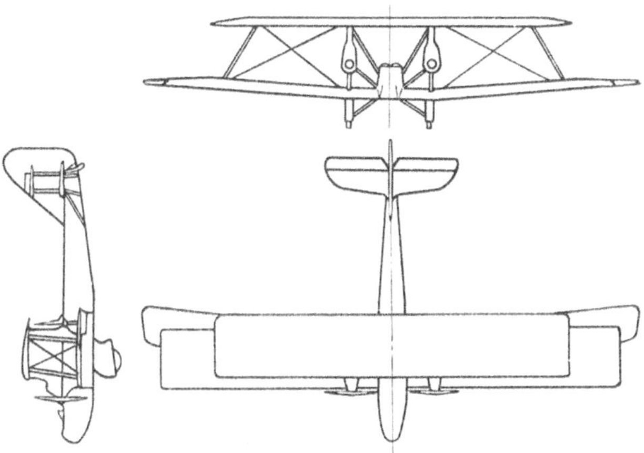

Abb. 221. 800 PS - Caproni.

windungsklappen) sind an dem oberen und unteren Tragdeck vorhanden, Höhen- und Seitenruder als „Doppeldecker“ ausgebildet.

Der viermotorige, italienische, Caproni, Abb. 221, ist für Nachtflüge mit Bombenlast oder Reisenden, bis zu 2 t Nutzlast, bestimmt. Je zwei Motoren stehen hintereinander auf der unteren Tragfläche, beiderseits des Rumpfes. Das vordere Paar von Motoren hat, wie üblich, die Schrauben auf der Vorderseite, das andere Paar trägt die Schrauben am hinteren Ende; man spricht dann von sog. „Druckpropellern“ im Gegensatz zu „Zugpropellern“, obwohl es sich um keinerlei Unterschied in der Wirkungsweise der Schrauben handelt. Man erkennt, daß das obere Tragdeck viel kleiner ist, als das untere und daß auf diese Weise eine überaus einfache Tragkonstruktion ermöglicht wurde: Außerhalb der Motorgondeln nur je ein Stiel mit Kreuzverspannung. Gegenüber den bedeutenden Abmessungen des Flugzeuges: größte Spannweite 25 m, Gesamtgewicht 3500 kg, Motorkraft 800 PS, sind die Ruderflächen verhältnismäßig klein; nur das Höhenruder ist doppelt, Querruder befinden sich nur

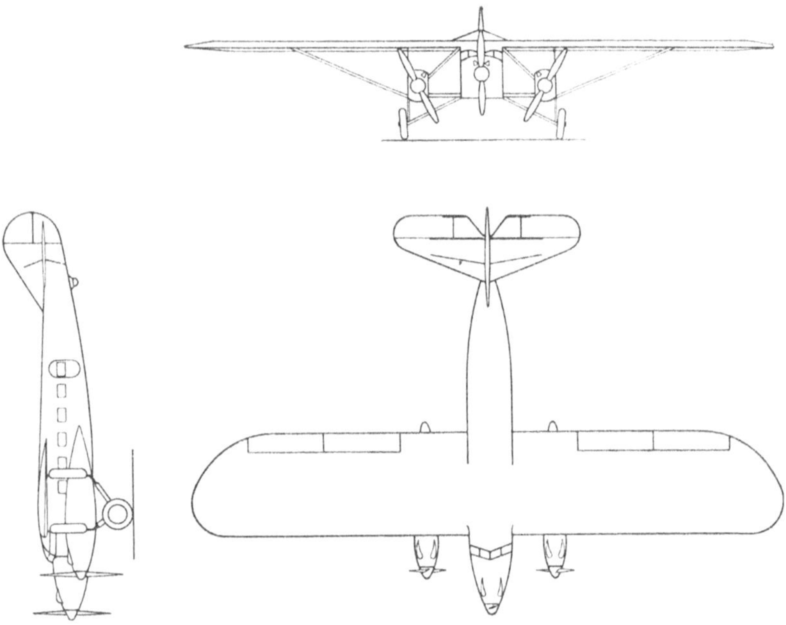

Abb. 222. Latécoère-Hochdecker.

im unteren Tragdeck, das Seitenruder, teilweise entlastet (Abschnitt 37), bildet mit der Seitenflosse ein Dreieck von etwa 4,5 m^2 Fläche. Man muß annehmen, daß zur Seitensteuerung auch die Motoren ausgenutzt werden, in dem Sinne, daß man etwa in der Linkskurve links drosselt usf. Übrigens ist die Flächenbelastung mit 38,4 kg/m^2 nicht hoch gewählt, so daß die Lenkung keine großen Schwierigkeiten bieten wird. Das einfache Fahrgestell ohne durchgehende Achse mit je einem Rad unter jeder Motorgondel ist zur Verminderung des Luftwiderstandes verschalt. Das Flugzeug soll voll belastet 180 km/St zurücklegen.

Ein französisches neuzeitliches Verkehrsflugzeug mit drei Motoren, einen Latécoère Hochdecker, Muster 35, zeigt Abb. 222. Das Tragwerk ist einfach abgestrebt und in $^2/_3$ Spannweite gestützt. Die Flügeltiefe ist unveränderlich, die Flügelenden sind halbelliptisch abgerundet. Bemerkenswert ist die Anordnung des

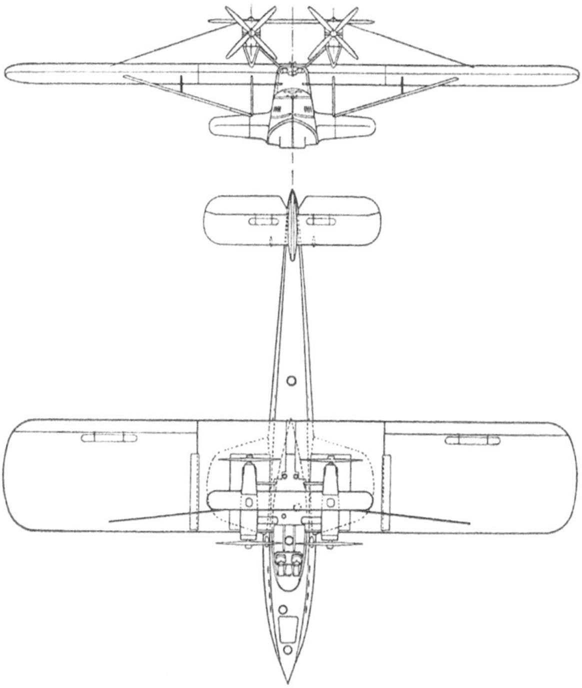

Abb. 223. Dornier-Flugboot Do S.

Führersitzes vor dem Tragwerk. Die Fluggastkabine, die Platz für 10 Fluggäste bietet, befindet sich dahinter. Die 12 Zylinder jedes der drei Motoren sind in Reihen angeordnet und mit Wasser gekühlt, zwei der stromlinienförmig verschalten Motoren liegen seitlich zu beiden Seiten des Rumpfes, der dritte in der Flugzeuglängsachse. Das Fahrgestell ist achslos und wird am Lager der Seitenmotoren verstrebt. Bei einem Leergewicht von 3700 kg und einer Zuladung von 2100 kg wird eine Betriebsgeschwindigkeit von 210 km/Std. erzielt. Die Nennleistung beträgt 1200 PS.

Von deutschen Bauarten zeigt Abb. 223 zunächst das Dornier-Flugboot Do S. Alle Flugboote der Dornier-Bauart haben den Rumpf als Stufenboot mit starker Kielung ausgebildet. Das Tragwerk besteht aus drei Flügelpaaren, von denen die obersten und untersten nur $^1/_3$ der Spannweite der in Höhe der Rumpfoberseite liegenden Hauptflügel haben. Diese sind etwa in der Mitte durch einfache Rumpfstreben gestützt. Das untere Tragdeck dient gleichzeitig zur Auftriebserteilung im Wasser (siehe Abschn. 41). Der Rumpf ist in wasserdichte Zellen eingeteilt, um bei Leckwerden des Bootes die Trag- und Schwimmfähig-

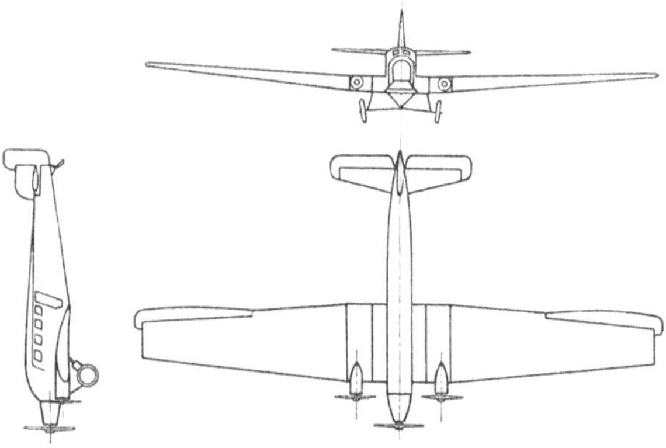

Abb. 224. 400 PS - Junkers.

keit zu erhalten. Der Rumpf enthält außer dem Fluggastraum für 10 Personen einen Lade- und Gepäckraum, einen Waschraum, Bordbibliothek, Bordapotheke und Bordküche. Das Triebwerk, vier Hispano Suiza Motoren mit insgesamt 1860 PS Nennleistung, ist in der Regel wie bei Flugbooten oberhalb des Rumpfes angeordnet. Die Besatzung setzt sich aus einem Führer und einem Funker zusammen. Das Leergewicht beträgt 10000 kg, die Zuladung 5000 kg. Die Größtgeschwindigkeit wird zu 215 km/Std. angegeben.

Zu den bekanntesten deutschen Flugzeugkonstrukteuren gehört Junkers, dessen dreimotorige Bauart *G* 23 in Abb. 224 skizziert ist. Der in Ganzmetall ausgeführte Eindecker mit freitragenden Flügeln von 28,5 m Spannweite besitzt zwei in die Flächen selbst eingebaute Seitenmotoren (100 PS-Daimler) und im Mittelrumpf einen 200 pferdigen Junkersmotor. Alles ist hier auf möglichste Ersparnis an schädlichem Widerstand angelegt, und in der Tat ist erreicht, daß trotz der großen Leistungsbelastung von mehr als 12 kg/PS die Geschwindigkeit noch 170 km/St beträgt. Das Leergewicht stellt sich auf 2800 kg, die Zuladung auf 2000 kg. Die für Junkers kennzeichnendste Eigentümlichkeit ist das besonders dicke Flügelprofil, das die freitragende Konstruktion gestattet und damit bei guten aero-

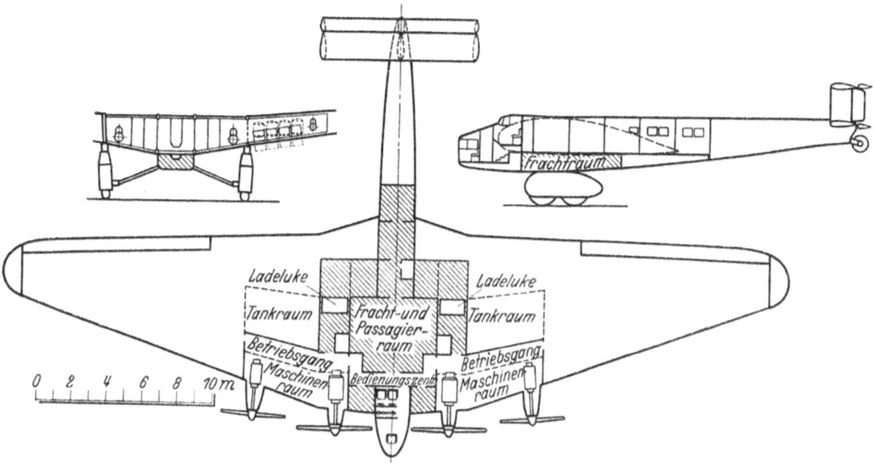

Abb. 225. Junkers-Schulter-Hochdecker.

dynamischen Eigenschaften eine Niedrighaltung der schädlichen Widerstände ermöglicht.

In vieler Hinsicht bemerkenswert ist der Schulter-Hochdecker G 38 der Junkers-Werke A.-G. (Abb. 225)[1]. Besonders deswegen, weil der Flügel nicht allein als Tragwerk dient, sondern in der Tragfläche vier Motoren und den Fluggastraum beherbergt. Der Flügelumriß ist trapezförmig. Diese Anordnung der Motoren und des Fluggastraumes in den Flügeln ist durch die für Junkersflugzeuge charakteristischen dicken Profile ermöglicht. Der Flügel ist trotz der hohen Belastung völlig freitragend, was den schädlichen Widerstand bedeutend herabsetzt. Vier wassergekühlte Reihenmotoren sind seitlich des Rumpfes

[1]) Zeitschr. f. Flugtechn. u. Motorluftsch. 1930, S. 49.

angebracht. Die außen gelegenen Motoren sind nur halb so stark wie die inneren mit je 12 Zylindern ausgerüsteten. Ein nicht zu unterschätzender, durch die beschriebene Anordnung erzielter Vorteil ist die hier gegebene Möglichkeit, die Motoren während des Fluges zu überwachen und zu warten. Das Fahrwerk besteht aus zwei Paaren hintereinander gelagerter Räder. Im Hinblick auf die Größe des Flugzeuges sind die angebrachten Radbremsen von Wichtigkeit. Das Fluggewicht beträgt nach Angaben der Firma 20000—24000 kg, die Spannweite 45 m, die Gesamtleistung 2400 PS.

Die Zahlentafel 9 gibt eine Übersicht über die Abmessungen und Leistungen einer Reihe von deutschen und ausländischen Flugzeugbauarten. In der ersten Spalte ist neben dem Namen der Herstellungsfirma und der Handelsbezeichnung der betreffenden Bauart eine kurze Angabe über den Verwendungszweck des Flugzeuges gemacht, soweit ein solcher feststeht. Hierauf folgen die Angaben über Anzahl, Firma und Nennstärke der eingebauten Motoren. Über die meisten Motoren liefert Zahlentafel 7, S. 180 nähere Auskunft. Die Ziffer der Flächengröße bezieht sich natürlich auf die tragende Fläche der Flügel, wobei die Verwindungsklappen in der Regel nicht mitgerechnet sind. Unter „Spannweite", „Länge", „Höhe" sind jedesmal die größten Abmessungen in den Richtungen der Querachse, Längsachse und Lotachse verstanden. Etwas unsicher und nur mit Vorsicht zu gebrauchen sind die Gewichtsangaben, da keine ganz einheitlichen Gesichtspunkte für die Abgrenzung dessen, was zum „Leergewicht" gehört, bestehen. Das Gewicht der Besatzung (einschl. des Führers) und das der Betriebsmittel, Benzin und Öl (einschl. des im Motorgehäuse befindlichen Ölvorrates) zählt jedenfalls zur „Zuladung". Die Zahlen der Flächen- und Leistungsbelastung sind aus dem Gesamtgewicht unter Zugrundelegung der angegebenen Flächengröße und Nennleistung gerechnet. Man erkennt, daß Flächenbelastung und Leistungsbelastung nur in verhältnismäßig engen Grenzen schwanken, die erstere zwischen 35 und 93,4 kg/m^2, die letztere zwischen 4,5 und 10,7 kg/PS, während die Gesamtmotorstärke zwischen 100 und 2300 PS, das Gesamtgewicht zwischen 0,60 und 15,0 t, die Tragflächengröße zwischen 14,3 und 266 m^2 liegen. Die in den letzten beiden Spalten stehenden Zahlen

Zahlentafel 9. Abmessungen einiger neuzeitlicher Flugzeuge.

Name, Baumuster, Verwendung	Motoren Zahl	Motoren Baumuster	Gesamtstärke PS	Flächengröße m²	Spannweite m	Länge m	Höhe m	Leergewicht t	Zuladung t	Gesamtgewicht t	Flächenbelastung kg/m²	Leistungsbelastung kg/PS	Geschwindigkeit km/St	Gipfelhöhe km
1. Albatros, L 83, Fracht u. Verk. TD	1	Junkers	310	58	25,0	13,22	3,41	1,50	1,20	2,76	47,7	8,9	165	4,6
2. Bayrische Flugzeugw. . Sport TD	1	Argus	110	14,3	12,0	—	—	0,32	0,28	0,60	42,0	5,45	175	—
3. Bréguet . . . . . . Verk. 1½ D	3	Gnome-Rhône	690	60,5	18,7	12,8	—	2,85	1,75	4,00	66,1	5,8	177	—
4. Caproni, 73 . . . . . Verk. DD	2	Lorraine-Dietrich	900	143,0	25,0	15,1	—	7,30	1,90	5,20	36,4	5,8	180	5,0
5. Dornier, Do K . . . . Verk. HD	4	Walter-Castor	960	88	25,0	16,5	4,2	4,0	2,0	6,0	68,0	6,25	200	6,3
6. Dornier, Do S . . . . Flugboot	4	Hispano-Suiza	1860	209	31,0	25,75	7,85	10,0	5,0	15,0	71,7	8,07	215	—
7. Farman . . . . Reise HD	1	„ „	100	25	11,2	8,66	2,44	0,69	0,38	1,07	42,8	10,7	133	—
8. Farman, Super Goliath, Bomb. DD	4	Farman	2000	266	35,0	19,7	—	7,15	4,50	11,60	43,6	5,8	190	6,0
9. Focke, Wulf . . . Verkehrs HD	1	Siemens-Jupiter	510	62,5	20,0	15,4	5,3	2,7	1,7	4,4	70,3	8,6	168	3,5
10. Fokker, F 32 . . Verkehrs HD	4	Pratt-Whitney	2300	123,6	30,2	21,4	4,93	6,77	4,24	11,01	89,0	4,87	198	4,0
11. Handley-Page, W 8, Verkehrs DD	3	Rolls-Royce	960	135,0	22,8	18,3	—	4,30	1,16	5,46	40,5	5,7	164	—
12. Heinkel . . . . Sport TD	1	Argus	155	14,4	10,8	—	—	0,47	0,31	0,78	54,0	5,0	245	—
13. Junkers . . . . . Fracht TD	1	BMW VII	700	116	29,0	18,3	—	4,0	3,0	7,0	60,3	10,0	160	—
14. Junkers . . Höhenflugzeug TD	1	Junkers	800	100	28	—	—	4,0	—	—	40,0	5,0	91	(16)
15. Klemm . . . . Sport TD	1	Argus	120	20	13	—	—	0,42	0,28	0,70	35,0	5,83	170	—
16. Latécoère . . . . . Torpedo HD	1	Hispano-Suiza	650	58,4	19,25	14,40	4,25	2,84	2,06	4,90	84,0	7,55	230	4,5
17. Lockheed, „Orion", Verkehrs TD	1	Pratt-Whitney	450	25,5	13,0	8,38	2,74	1,45	0,91	2,36	92,2	5,2	293	6,6
18. Messerschmitt . . . . Sport TD	1	Argus	155	14,4	10,8	—	—	0,39	0,31	0,70	48,6	4,5	264	—
19. Vickers, Vanguard . . Verk. TD	2	Rolls-Royce	1300	204,0	26,9	18,4	5,3	5,45	2,85	8,30	40,7	6,0	181	—
20. Wibault, Penhoët . . Verk. TD	3	Gnome-Rhône	1020	63,25	22,6	17,0	5,75	3,71	2,22	5,93	93,4	5,6	206	5,2

über Fluggeschwindigkeit und Gipfelhöhe sind mehr oder weniger unsichere Schätzungswerte, die den Mitteilungen der Firmen entstammen.

50. Die wirtschaftliche Verwendung der Flugzeuge.

In steigendem Maße gewinnt das Flugzeug als Verkehrsmittel Bedeutung innerhalb des gesamten Verkehrswesens. In sämtlichen Kulturländern bestehen öffentliche, vom Staate getragene oder doch von ihm weitgehend geförderte und kontrollierte Einrichtungen, die dem Luftverkehr innerhalb der Landesgrenzen und über diese hinaus zu dienen bestimmt sind. Wenn hier gleichwohl noch vieles zu wünschen übrig bleibt, so liegt dies an den allgemeinen politischen Verhältnissen, die einer wirklichen Gemeinschaftsarbeit der Staaten, wie sie der internationale Luftverkehr erfordern würde, nicht günstig sind.

Die hauptsächlichsten Schwierigkeiten für eine rasche Ausbreitung des Luftverkehrs liegen aber heute auf wirtschaftlichem Gebiet. Die älteren Verkehrsunternehmungen, namentlich die Eisenbahnen, bieten mit ihren alten soliden Einrichtungen einen Wettbewerb, der vom Luftverkehr nicht leicht aufgenommen werden kann. Man muß bedenken, daß kaum eine Eisenbahnlinie (von ganz dicht befahrenen Stadtbahnen abgesehen) von den Einnahmen aus dem Personenverkehr, einschließlich des Reisegepäckdienstes, erhalten werden könnte. Die Tarife für die Reisenden werden künstlich niedrig gehalten, da der Ausfall leicht aus dem Erträgnis des starken Frachtverkehrs gedeckt werden kann. Der Luftverkehr aber, der voraussichtlich für alle Zeiten sich auf Personen- und leichten Gepäckdienst sowie Postbeförderung, höchstens noch unter Einschluß der Beförderung sehr leichter, wertvoller oder rasch verderblicher Waren, beschränken wird, kann diesem Verfahren nicht folgen. Ein gerechter Ausgleich ist nur in der Weise möglich, daß der Staat selbst einen Teil der Kosten der Luftbeförderung übernimmt, in der Weise, daß er entweder auf eigene Rechnung den Verkehr mit Verlust betreibt oder den privaten Unternehmungen Beihilfen nach dem Maße der geleisteten Personen- und Warenkilometer gewährt. Fast in allen Ländern ist dieser Weg auch eingeschlagen worden und er wird aller Wahrscheinlichkeit nach noch für lange Zeit der einzig gangbare sein. Aber es ist verständlich, daß unter solchen Umständen, namentlich bei der ungünstigen Finanzlage aller Staaten, die Entwicklung des Luftverkehrswesens nur verhältnismäßig langsam vor sich gehen kann.

Es ist ohne weiteres klar, daß eine Konkurrenzfähigkeit des Flugzeugs gegenüber den beiden Hauptverkehrsmitteln, dem Eisenbahn- und Schiffsverkehr, nur dann bestehen kann, wenn alle Vorteile, welche die letztgenannten den Reisenden bieten, auch vom Flugverkehr erzielt oder überboten werden. In erster Linie kommt es da auf die Reisegeschwindigkeit an. Schon zur Niedrighaltung der Kosten wird es, wie in Abschn. 48 gezeigt, erforderlich sein, dem Beispiele einiger amerikanischer Fluggesellschaften folgend, Verkehrsflugzeuge mit hochwertigen aerodynamischen Eigenschaften und sehr viel höheren Fluggeschwindigkeiten als bisher zu bauen. Während die von Sportflugzeugen erreichten Höchstgeschwindigkeiten in den letzten Jahren sehr bedeutend verbessert worden und seit 1929 auf mehr als das Doppelte gestiegen sind, liegen die Reisegeschwindigkeiten der heutigen Verkehrsflugzeuge nur um etwa 30% höher als vor 10 Jahren. Es wäre an sich möglich, auch mit den heutigen Typen von Verkehrsflugzeugen die Reisegeschwindigkeiten heraufzusetzen, allerdings, wie wir in Abschn. 48 sahen, nur bei Erhöhung der Kosten. Andrerseits muß man, wenn man zu aerodynamisch günstigeren Formen übergeht, um mit höheren Geschwindigkeiten bei herabgesetztem Tarife fliegen zu können, auch der Bequemlichkeit einige Opfer bringen. Durch die Verkürzung der Flugzeit wird ein doppelter Vorteil erzielt; erstens steht die Flugzeit in gewisser Wechselwirkung zum Preis, denn eine Zeitersparnis bedeutet für den Reisenden eine gewisse Verbilligung; zweitens können eine Reihe von Flugverbindungen, die heute ausfallen müssen, noch innerhalb der für den Flug zur Verfügung stehenden Tagesstunden ausgeführt werden. Darin liegt überhaupt eine der Hauptschwierigkeiten des Flugverkehrs gegenüber den anderen Verkehrsmitteln, daß er von den atmosphärischen Verhältnissen abhängig ist, bisher zum größten Teil nur am Tag durchgeführt werden kann und in den Wintermonaten stark eingeschränkt bzw. ganz eingestellt werden muß. Die geplante und z. T. schon durchgeführte Einrichtung von Nachtflugstrecken entspricht einem

25*

Hauptbedürfnis des Reisenden. Um einen Nachtflug mit größter Sicherheit durchführen zu können, bedarf es auf der ganzen Flugstrecke einer Nachtbefeuerung, die in der Regel aus einer großen Anzahl in kürzeren Abständen aufgestellter Neonlampen mit ausgedehnter Leuchtfläche besteht. Die Abstände müssen in den Grenzen der Sichtweite gehalten werden, so daß der Führer dauernd Kurs halten kann. Aus Sicherheitsgründen muß außerdem eine Reihe von Hilfslandeplätzen eingerichtet und durch besondere Beleuchtung kenntlich gemacht werden. Besonders schwierig gestaltet sich die Landung eines Flugzeugs bei Nacht. Es muß zu diesem Zweck der Flugplatz durch ein Ansteuerungslicht weithin sichtbar und die Auslaufbahn durch eine Doppelreihe von Landungslichtern gekennzeichnet sein. Da es aber gerade bei Nacht unerläßlich ist, die Landung gegen den Wind vorzunehmen, darf diese Landbefeuerung nicht festliegen, sondern muß beweglich sein und den jeweiligen Windverhältnissen entsprechend aufgestellt werden können. Die im Jahre 1926 angelegte Nachtflugstrecke Berlin—Danzig—Königsberg scheint sich bewährt zu haben. Weiterhin wurden die Nachtflugstrecken Berlin—Köln, Nürnberg—München und andere teils geplant, teils fertiggestellt.

Die Reichweiten der Flugzeuge sind heute bereits so groß, daß für einen Überlandflugverkehr innerhalb Europas kein ernsthaftes Hindernis mehr besteht. Als einziges großes Entfernungsproblem bleibt noch das des Überseeflugs. Auf diesen ganzen Fragenkomplex hier einzugehen, würde zu weit führen. Es darf aber zweierlei hervorgehoben werden, was die Schwierigkeit des Problems beleuchten kann. Aus Sicherheitsgründen werden für einen Transozeanflugverkehr nur mehrmotorige Flugboote in Frage kommen, die bei Ausfall eines oder mehrerer Motoren noch genügend Motorreserve haben und die andererseits bei erzwungenem Niedergehen auf dem Wasser die Rolle des Bootes oder kleinen Schiffes übernehmen können. Aus Zahlentafel 8 und den an dieser Stelle gemachten Bemerkungen wissen wir aber, daß Flugboote am wenigsten wirtschaftlich sind. Die Forderungen der Sicherheit und der Wirtschaftlichkeit widersprechen also einander. Die Wirtschaftlichkeit wird ferner durch die großen erforderlichen Reichweiten sehr ungünstig beeinflußt. Es wird daher — nach dem gegenwärtigen Stand der

Flugtechnik — notwendig sein, für die Überfahrt nach Amerika bestimmte Stützpunkte heranzuziehen, gegebenenfalls fest im Ozean stationierte Schwimmdocks einzurichten. Auch dann wird der Überseeflugverkehr wohl nur als eine Unterstützung und Ergänzung des Schiffsverkehrs anzusehen sein.

Um die Sicherheit des Flugverkehrs zu erhöhen, ist es erforderlich, die sich ereignenden Unfälle statistisch zu erfassen und aus den sich ergebenden Resultaten Lehren für die Zukunft zu ziehen. Die Ursachen eines Unfalles festzustellen ist nun freilich bei Flugzeugen oft nicht ganz leicht, insbesondere wenn mehrere Ursachen zusammenwirken, oder wenn das Flugzeug vollständig zu Bruch geht. Die „Deutsche Versuchsanstalt für Luftfahrt“ sammelt indessen seit Jahren alles hierher gehörende Material. Aus den Ergebnissen dieser Untersuchungen[1]) geht hervor, daß der Anteil aller bei Verkehrsflügen gezählten Unfälle nur einen kleinen Anteil aller Flugunfälle ausmacht, und daß die Hauptursachen dieser Unfälle im Versagen des Triebwerkes, in äußeren Einflüssen (Wetter, Nebel usw.) und in Führungsfehlern zu suchen sind. Bemerkenswert ist, daß die Anzahl der durch Triebwerkstörungen und äußere Einflüsse verschuldeten Unfälle im Jahre 1930 gegenüber den Vorjahren bedeutend zurückgegangen ist. Die statistischen Untersuchungen haben ferner ergeben, daß die Unfälle durch Absturz noch nicht 10%, die Unfälle bei der normalen Landung dagegen fast 40%, die bei Notlandung etwa 30% aller Unfälle ausmachen. Die meisten Unglücksfälle ereignen sich im Winter und Herbst, jedoch zeigt die Unfallkurve auch ein bemerkenswertes Ansteigen in den Monaten Mai bzw. Juni. Als Maß für die Sicherheit im allgemeinen mag gelten, daß von 1000 Verkehrsflügen 998,9 ohne Unfall verlaufen.

Die geographische Gliederung des Personenflugverkehrs in Mitteleuropa wird durch die Übersichtskarte Abb. 226, die das Streckennetz der Deutschen Lufthansa nach dem Stande vom Sommer 1928 darstellt, veranschaulicht. Die mit Namen bezeichneten Knotenpunkte sind dabei nicht genau in ihrer richtigen gegenseitigen Lage gezeichnet, so daß die Strecken auch nicht

---

[1]) L. Weitzman, Flugzeug-Unfallstatistik 1930. 246. Bericht der DVL., abgedruckt in Zeitschr. f. Flugtechn. u. Motorluftsch. 1932, S. 13.

in der wahren Länge erscheinen. Es werden nur die bestehenden Luftverbindungen zum Ausdruck gebracht[1]).

Einen Einblick in die Ergebnisse des Luftverkehrs kann man nur durch die Aufstellung umfassender Statistiken erhalten. Die wichtigsten Erhebungen müssen offenbar zwei Punkte erfassen: Die eben schon erwähnte Frage der Durchführbarkeit bzw. Regelmäßigkeit des Verkehrs, d. h. das Verhältnis zwischen den

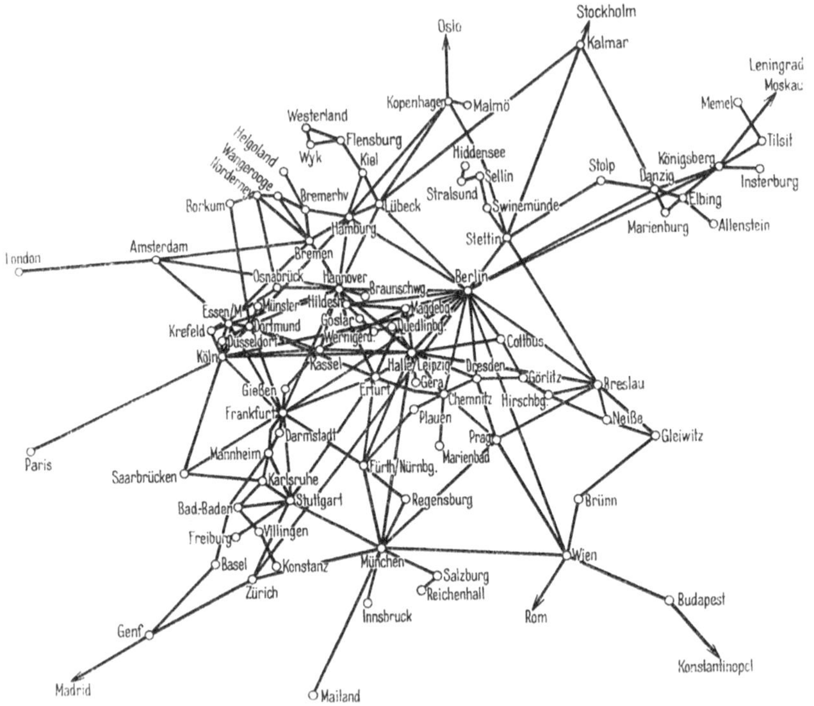

Abb. 226. Streckennetz der Deutschen Lufthansa 1928.

fahrplanmäßig vorgesehenen und den wirklich durchgeführten Flügen, und sodann das Maß der tatsächlichen Ausnutzung der Flüge, also das Verhältnis zwischen dem zur Verfügung gehaltenen und dem benutzten Personen- und Frachtraum. Natürlich sind dabei die verschiedenen Flugstrecken mit Rücksicht auf ihre besonderen Verhältnisse zu untersuchen. In den sechs Hauptflug-

[1]) Jahrbuch für Luftfahrt 1928, München, Richard Pflaum.

monaten des Jahres 1925 sind auf den deutschen Linien vier Millionen Flugkilometer geleistet und dabei 48000 Personen befördert worden. Im Jahre 1927 war die Kilometerleistung über neun Millionen, die Zahl der Fluggäste über 100000 gestiegen. Die Ausnützung des verfügbaren Nutzlastmaßes wird dabei durchschnittlich kaum 50 bis 60 vH erreicht haben. Dagegen lag die Zahl der ausgeführten Flüge im Verhältnis zu den fahrplanmäßigen über 90 vH.

Neben dem Personen- und Warenverkehr ist die Beförderung von Postsachen eine der wichtigsten Aufgaben für die wirtschaftliche Verwertung von Flugzeugen. Die größte technische Schwierigkeit besteht hier darin, daß der Postbetrieb nur lohnend wird, wenn man eine sehr große Zahl von Aufnahme- und Abgabestellen vorsieht, daß aber häufige Landung die Kosten und die Unsicherheit des Flugbetriebes außerordentlich erhöht. Es ist noch verhältnismäßig leicht, kleinere Postsachenmengen über einem Flugplatz abzuwerfen, allein die verschiedentlich ersonnenen Vorkehrungen zur Aufnahme von Postsäcken im Fluge haben sich bisher nicht durchzusetzen vermocht. (Das mechanische Problem besteht darin, der mitzunehmenden Last die Fluggeschwindigkeit zu erteilen, ohne die Stoßbeanspruchung des Flugzeuges zu hoch werden zu lassen.) Eine vollständige Beförderung der Post auf dem Luftwege ist versuchsweise zwischen München und Zürich eingerichtet worden und hat sich bisher ganz gut bewährt.

Eine kurze Überlegung zeigt, daß die Postbeförderung durch das Flugzeug eine wirtschaftlich gesicherte Zukunft hat. Der Flugpreis Berlin—London beträgt etwa pro Person 150 RM. Die Frachtkosten sind diesem Preis angepaßt. 1 kg Fracht wird also für durchschnittlich 1,50 bis 1,80 RM auf dieser Strecke befördert. Auf ein kg gehen im Durchschnitt 75 Briefe, bei einer Frankierung mit 25 Pfg. könnte die Reichspost für die Beförderung $0{,}25 \cdot 75 =$ rund 19 RM zahlen, also mehr als den zehnfachen Tarifpreis. Der Grund für die immer noch unzulängliche Benutzung der Luftposteinrichtung dürfte nicht in den Zuschlägen zu suchen sein, welche die Reichspost für die Luftpostbeförderung fordert, sondern eher darin, daß eine große Zeitersparnis bei der im Vergleich zu den Eisenbahnen geringen täglichen Dichte des Flugverkehrs heute noch nicht zu erreichen ist.

Vielleicht wird man in Zukunft, weil die Luftpostbeförderung die einzige, schon jetzt gesunde wirtschaftliche Betriebsleistung des Flugverkehrs darstellt, besonders schnelle Flugzeuge ausschließlich zur Postbeförderung einsetzen und auf diese Weise die beförderte Postmenge erhöhen.

Über wirtschaftliche Ausnutzung der Flugzeuge außerhalb der eigentlichen Verkehrsaufgaben mögen zum Schluß noch einige Andeutungen gegeben werden. Zum Schutz von Waldungen gegen Zerstörung durch die „Nonne“ hat man mit Erfolg versucht, die Bäume von Flugzeugen aus mit Schutzmitteln zu bestreuen. Auch als Überwachung gegen Ausbruch von Waldbränden sind Flugzeuge in Amerika in Verwendung. Die ausgedehnteste Flugzeugverwendung außerhalb der Verkehrszwecke stellt das Luftbildwesen dar. Zu mannigfachen Zwecken und in verschiedener Weise kann man Lichtbildaufnahmen aus Flugzeugen machen. Zunächst bekommt man sehr anschauliche und übersichtliche Bilder von Einzelgebäuden, Hafen- oder Industrieanlagen usf., durch einfache Aufnahme in schräger Richtung. Die Bilder bieten eine sog. Vogelperspektive, etwa das, was das Auge unmittelbar sehen würde, wenn man an Stelle des wirklichen Gegenstandes ein stark verkleinertes Modell vor sich hinstellte. Auch für wissenschaftliche Zwecke finden solche Luftbildaufnahmen Verwendung. So ist es z. B. in England und Deutschland gelungen, die im Boden abgedrückten Umrißformen einiger römischer Kastelle, welche sich für ein in geringer Höhe befindliches Auge nicht mehr abheben, durch das Luftbild an den vermuteten Stellen aufzufinden. In vielen Ländern, auch im Deutschen Reich, bestehen heute schon zentrale Organisationen, die sich mit der planmäßigen Herstellung von Luftbildern aller bemerkenswerten Kunst- und Naturdenkmäler befassen. Einen besonderen Zweig bildet dabei die Benutzung von Doppelbildern, sog. Stereoskopaufnahmen, die einen deutlich ausgeprägten räumlichen Eindruck von dem abgebildeten Objekt vermitteln. Weit wichtiger ist aber die Verwertung der Lichtbildaufnahmen für kartographische Zwecke. Nimmt man ein Gelände mit vertikal gestellter optischer Achse auf, so erhält man — bei genügend genauer Linse — schon nahezu einen richtigen Grundriß, also eine „Karte“ des Geländestückes. Dabei erscheinen nicht nur die Umrisse von Wäldern, Wiesen usf., wie sie auf gewöhnlichen Karten verzeichnet sind, sondern — zufolge der verschiedenen Färbung — auch die Grenzen zwischen Laub- und Nadelwald usf. Vollkommene Genauigkeit einer Karte läßt sich erreichen, sobald man das unmittelbare Ergebnis der Aufnahme einer Bearbeitung nach den Regeln der sog. Bildmeßkunst (Photogrammetrie) unterwirft. Für diese „Luftbildmessung" sind in ausgedehntem Maße die theoretischen und praktischen Verfahren entwickelt und zur Erleichterung der Arbeit geeignete Apparate durchgebildet worden. Alle Kulturländer arbeiten jetzt in vollem Eifer daran, ihre Karten einem Grade der Vollendung zuzuführen, der mit den früheren Mitteln unerreichbar war[1]).

Mit diesen kurzen Andeutungen, die ja über das eigentliche Thema unserer Vorträge, die Flugmechanik, schon etwas hinausgehen, wollen wir hier schließen. Werfen wir noch einmal einen Blick auf das Ganze, so müssen wir uns bewußt werden, überall und immer wieder nur Stückwerk geleistet zu haben. Wie schon oft im Verlaufe der Vorträge hervorgehoben wurde, haben wir überall vieles unterdrückt, was in einer vollständigeren Darstellung nicht fehlen dürfte, immer in dem Bestreben, die wesentlichsten Züge der Erscheinungen hervortreten zu lassen. Man muß, um ein Wort Bacons zu gebrauchen, die Natur „zerschneiden", um sie zu erklären. Indem wir die Stücke, die uns die wichtigsten schienen, einer Betrachtung unterzogen, sind uns nicht nur die übrigen entgangen, sondern auch das, was an den Schnittstellen liegt, ist großenteils verloren. Diese Lücken wird vor allem der am unmittelbarsten empfinden, der den Erscheinungen nicht zergliedernd gegenübertritt, sondern sie in ihrer Gesamtheit und Geschlossenheit aufzunehmen gewohnt ist: das ist in unserem Fall der Flieger selbst. Aber wir dürfen dem Satz, daß man die Natur zerstückeln müsse, um sie zu erklären, den andern hinzufügen: Man muß aus dem Stückwerk das Ganze erfassen können, um eine Theorie zu verstehen.

[1]) Nähere Ausführungen hierzu und einige weitere Literaturangaben in: Jahrb. f. Luftverkehr 1925, S. 143 bis 158. München: R. Pflaum.

Namen- und Sachverzeichnis.

(Die Zahlen bedeuten Seitenzahlen.)

Druck von Oscar Brandstetter in Leipzig.

GPSR Compliance

The European Union's (EU) General Product Safety Regulation (GPSR) is a set of rules that requires consumer products to be safe and our obligations to ensure this.

If you have any concerns about our products, you can contact us on ProductSafety@springernature.com

In case Publisher is established outside the EU, the EU authorized representative is:

Springer Nature Customer Service Center GmbH
Europaplatz 3
69115 Heidelberg, Germany

Batch number: 10682427

Printed by Printforce, the Netherlands